两淮矿区地面定向多分支水平井高效钻进技术

LIANG HUAI KUANGQU DIMIAN DINGXIANG DUOFENZHI SHUIPINGJING GAOXIAO ZUANJIN JISHU

章云根　李　华　蔡记华　石耀军　等编著

内容提要

本书由安徽省煤田地质局和中国地质大学(武汉)联合编写,由绪论、两淮煤田工程地质特征、井身结构与井眼轨迹设计、两淮矿区煤层井壁稳定性、不同井段钻进施工技术、复杂情况下的水平井下管与固井技术、钻遇复杂情况与防治措施和典型工程案例等内容组成,该书所介绍的地面定向多分支水平井高效钻进技术可用于类似地质条件的煤矿水害防治和瓦斯区域治理工作,也可为相关高校、科研院所和生产单位钻探技术人员提供技术指导。

图书在版编目(CIP)数据

两淮矿区地面定向多分支水平井高效钻进技术/章云根等编著.—武汉:中国地质大学出版社,2023.11

ISBN 978-7-5625-5675-6

Ⅰ.①两…　Ⅱ.①章…　Ⅲ.①煤矿-矿区-水平井-定向钻进-安徽　Ⅳ.①P634.7

中国国家版本馆 CIP 数据核字(2023)第 172609 号

两淮矿区地面定向多分支水平井高效钻进技术　　章云根　李　华　蔡记华　石耀军　等编著

责任编辑:韩　骑　　选题策划:张晓红　韩　骑　　责任校对:张咏梅

出版发行:中国地质大学出版社(武汉市洪山区鲁磨路 388 号)　　邮编:430074
电　　话:(027)67883511　　传　　真:(027)67883580　　E-mail:cbb@cug.edu.cn
经　　销:全国新华书店　　http://cugp.cug.edu.cn

开本:787 毫米×1092 毫米　1/16　　字数:410 千字　　印张:17.5
版次:2023 年 11 月第 1 版　　印次:2023 年 11 月第 1 次印刷
印刷:武汉中远印务有限公司

ISBN 978-7-5625-5675-6　　定价:158.00 元

《两淮矿区地面定向多分支水平井高效钻进技术》参编人员

章云根　李　华　蔡记华　石耀军
周化忠　张　强　查显东　孙家应
程　万　杨现禹　吴　翔　向龙斌
蒋国盛

序 言

两淮矿区(或煤田)地处安徽省北部淮河两岸,为全国14个大型煤电基地之一。该矿区均为隐伏煤田,煤系地层无出露,石炭系、奥陶系、寒武系局部有出露,主要含煤地层为二叠系山西组至上石盒子组。煤系底板为石炭—二叠系太原组和奥陶系马家沟组,其灰岩含水层对矿井安全生产构成了直接水害威胁。两淮矿区煤层气资源较为丰富,主要富集在二叠系山西组、下石盒子组和上石盒子组,2000m以浅煤层气资源量共计5 151.42亿m^3。由于两淮矿区存在构造煤普遍发育而导致的煤层松软、透气性差、渗透率低、地应力较大等特点,要实现该矿区大规模商业性地面抽采,需攻克煤层气井的钻井、固井和完井等技术难题。

长期以来,安徽省煤田地质局以两淮煤田矿井水害地面区域治理、煤层气商业性地面抽采等重大工程为背景,联合国内有关高校,结合两淮煤田水文地质与工程地质特点,致力于地面定向多分支水平井高效钻进关键技术研究与工程实践,构建了两淮煤田矿井水害地面区域治理、煤层气商业性地面抽采共性技术体系,为消除该矿区矿井安全生产直接水害威胁、推动煤层气商业性地面抽采技术进步做出了重要贡献。

本书由安徽省煤田地质局和中国地质大学(武汉)的专业技术人员基于理论研究和室内实验,并综合大量的地面定向多分支水平井工程实践案例总结完成。本书主要内容包括:两淮煤田工程地质特征;两淮矿区井身结构与井眼轨迹设计,煤层井壁稳定性;一开、二开、三开井段钻进工艺与施工技术;复杂情况下的水平井下管与固井技术,钻遇复杂情况与防治措施;典型工程案例等。本书内容丰富、图文并茂,所介绍的理论与先进关键技术,已成功应用于两淮煤田,亦可推广至我国类似地质条件的煤矿水害防治和瓦斯区域治理。

鉴此,我谨向读者推荐此书,希望能为有关学者和工程技术人员在今后的工作中提供借鉴。

2023年5月

前 言

两淮煤田包含淮北煤田的濉萧、宿县、临涣、涡阳和淮南煤田的阜东、潘谢、淮南7个矿区。矿区内除中奥陶世晚期至早石炭世地层缺失外,其他各时代地层均较发育,主要含煤地层为二叠系山西组至上石盒子组。煤系底板为石炭—二叠系太原组和奥陶系马家沟组,其灰岩含水层作为煤层底板充水含水层对矿井安全生产构成了直接水害威胁。与其他水害防治技术相比,地面定向顺层多分支钻探注浆技术具有以下突出的技术优势:①可实现顺层定向钻进;②实现了"随探随注,探治结合"的目标;③彻底解决井下防治水探注施工与掘进工序无法同时进行的技术难题;④探查目标的准确性通过随钻测量实时监测。因此,地面定向顺层多分支钻探注浆技术是对矿井主要含水层源头治理最治本、最治根的技术。

另一方面,两淮煤田煤层气资源总体较为丰富,主要富集在二叠系山西组、下石盒子组和上石盒子组,2000m以浅煤层气资源量共计5 151.42亿m^3。其中,淮南潘谢矿区煤层气资源量为2 902.45亿m^3,占全省煤层气资源量的56%以上。两淮煤田构造煤普遍发育,导致煤层松软、透气性差、渗透率低、地应力较大等问题,同时煤层气井的钻井、固井和完井工作尚存有待突破的技术难题。两淮煤田煤层气的地面开发虽已得到广泛的重视和实际投入,但煤层气抽采仍以煤矿井下抽采及井上联合井下抽采瓦斯为主。"十三五"以来,煤层气地面抽采取得了淮北芦岭LG01井单井连续92日产气量破万方,淮南潘二矿单井日产气量突破5000m^3等重要进展,为煤层气规模化开采与瓦斯区域治理奠定了基础。

本书由安徽省煤田地质局和中国地质大学(武汉)的专业技术人员基于理论研究和室内实验,通过调研分析两淮煤田地质特征、工程地质特征、水文地质特征、地球物理特征,结合已完成和正在实施的水平井注浆水害防治和煤层气勘探开发工程实践汇总而成。本书研究分析了两淮矿区地面定向水平井钻进工程相关技术方案、工艺技术、孔内复杂情况和事故特征,突破了高效钻进防塌钻井液技术、多分支水平井轨迹控制方法、多分支水平井分支技术、煤层气水平井水平段下套管技术等关键技术,系统集成并整合直井段、造斜段、水平段钻进工艺技术,形成了两淮矿区水害防治地面定向多分支水平井、煤层气抽采地面定向水平井高效钻进成套技术体系,可为两淮煤田水害防治和瓦斯区域治理提供钻井技术支撑。

本书集成了安徽省煤田地质局及中国地质大学(武汉)广大工程技术及科研人员的长期工程施工经验与研究成果。本书编著者分工如下:第一章、第二章由章云根、孙家应和向龙斌编写，第三章、第四章、第八章由石耀军、程万和杨现禹编写，第五章、第六章、第七章由蔡记华、周化忠、张强和查显东编写，第九章、第十章由李华和吴翔编写，全书由章云根和蒋国盛统稿。

由于时间仓促，专业跨度较大，技术日新月异，内容很难全面顾及，不足之处敬请同行批评指正！

编著者

2023年9月

目　录

1 绪 论

地面定向多分支水平井是从一个地面井场在目的层顺层侧钻一口以上的水平和近似水平的井眼，并将其回接在一个主井眼中，主井眼可以是直井、斜井、水平井(图 1-1)。本书研究的多分支水平井主要为羽状分支水平井(图 1-1e)，且可以是目标层中的多个羽状、半羽状井(图 1-2)，井身剖面包括“直井段＋造斜段＋沿目的层的多个长距离近水平分支孔段(水平段)”。

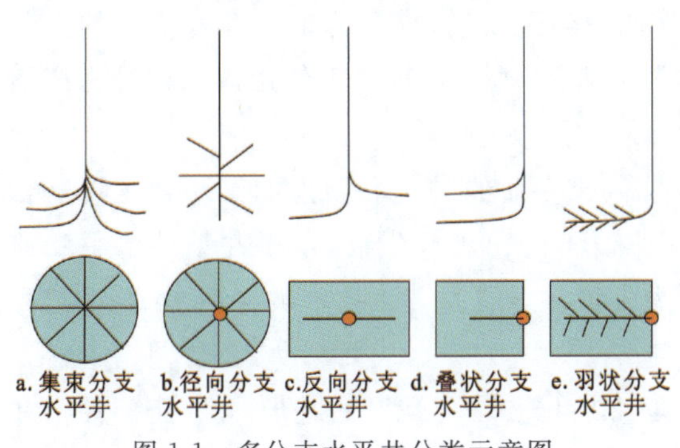

图 1-1 多分支水平井分类示意图

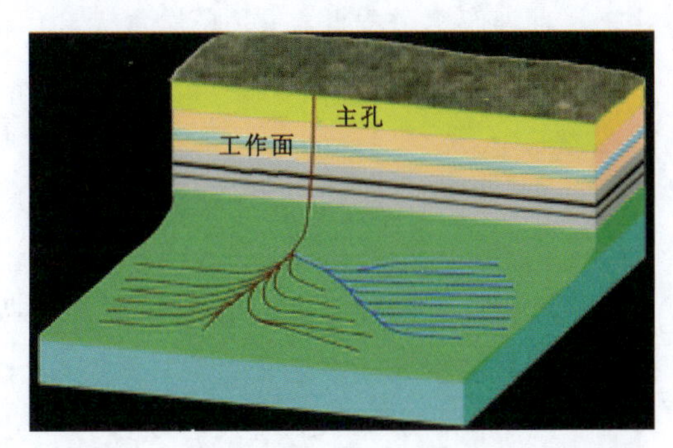

图 1-2 羽状、半羽状多分支水平井示意图

1.1 地面定向多分支水平井的国内外发展与应用现状

1.1.1 地面定向多分支水平井的国内外发展概况

20 世纪 50 年代初，苏联工程师格里高扬提出了生产层中的井眼分叉能够扩大油层的裸露面积，如同一颗树的根露于土壤一样的理论。著名科学家查偌维奇在格里高扬理论的基础上提出均匀渗透率的生产层中的分支井可以提高石油产量，并与分支井的数量成正比。1952 年，巴什基里亚·卡尔塔什夫油田成功地进行了第一批分支井试验，一些分支井的井底距离达 300m，几乎是直接穿透产油层厚度的 80%。苏联的水平井技术主要表现在钻水平分支井方面，到 1975 年苏联共钻进了 30 多口分支井。他们的典型做法是将垂直井打到产层之上，而后使用涡轮钻具或电动钻具，钻 5 个或 6 个倾斜成水平的分支井眼，使之在油层中延伸 60～300m。每口分支井的钻井成本虽然为一口直井钻井成本的 1.3～1.8 倍，但其产量最高可达直井的 17 倍。

为加速建设分支井系统，苏联制订并批准了利用水平井和分支井开发油田的新设计，在11个试验区和油田推广新的工艺系统，认为能有效地利用水平井和分支井的条件是：①厚度小的产油层；②低渗透和非均质油层；③垂向裂缝发育的油层；④有底水的油气藏；⑤大陆架区域的油藏；⑥高黏性油藏和天然沥青矿藏。

到1990年，苏联共钻111口分支井(其中开发井57口、探井36口、救险井8口、注入井10口)，在这些井中，部分倾斜成水平的分支，它们在油层中总长度为175 260m。分支井主要分布在巴什基尔、克拉斯诺达尔、乌克兰、古比雪夫、乌兹别克斯坦等。亚列格1号分支井的钻井过程中试验了导向钻井工艺和13种钻具组合，其中包括带螺杆造斜器的钻具组合、马达传动轴之间带有弯角的钻具组合、铰接的转盘钻具组合、带柔性件的钻具组合等。钻井平均造斜率达7°/10m，局部井眼造斜率达18.2°/10m，曲率半径为33m，一口这样的井的产量可代替13口直井。

美国和其他国家的多分支井钻井是在20世纪90年代以后开始钻进的，发展速度很快，到1998年已钻进了1000多口多分支井，仅在奥斯汀白垩系就钻进了300多口裸眼多分支井。这种裸眼多分支井在美国、加拿大和中东等地区迅速发展，被视为最有商业价值的工艺技术。达拉斯地区多分支井钻完井技术发展非常迅速，该地区是世界上使用该工艺最为广泛的地区之一。

自20世纪80年代以来，随着先进的测量仪器、长寿命的马达和新型的聚晶金刚石复合片(polycrystalline diamond compact，PDC)钻头等设备的出现与发展，水平井钻井水平和速度大幅度提高。国外在20世纪90年代后期大力发展多分支井，该技术被认为是21世纪石油工业领域的重大技术之一。

我国定向钻井技术的发展可以分为3个阶段：20世纪50年代开始起步，先在玉门油田和四川油田钻成定向井及水平井(玉门油田的C2-15井和四川油田磨三井)，其中磨三井总井深168m，垂直井深350m，水平位移444.2m，最大井斜角92°，水平段长160m；20世纪70年代扩大试验，推广定向井钻井技术；20世纪80年代通过相关行业联合技术攻关，我国定向钻井从软件到硬件都有了很大的发展。

1.1.2 水平井曲率半径及水平井分类

水平井曲率半径对造斜段井壁稳定性、管柱可通过性、管柱摩阻力、井眼平滑性等有较大影响。表1-1为水平井分类表，表1-2为不同曲率水平井的基本特征表。

表1-1 水平井分类表

地区	造斜率分类	造斜率	曲率半径
国外	长	2°～8°/25.4m	716～2865m
	中	8°～30°/25.4m	191～716m
	中短	30°～60°/25.4m	95～191m
	短	60°～200°/25.4m	28～95m

续表 1-1

地区	造斜率分类	造斜率	曲率半径
国内	长	＜8°/30m	286.5m
	中	8°～20°/30m	86～286.5m
	中短	20°～70°/30m	24～86m
	短	70°～300°/30m	5.77～24m

表 1-2 不同曲率水平井的基本特征表

项目	长半径水平井	中半径水平井	短半径水平井
造斜率	＜6°/30m	6°～20°/30m	15°～30°/30m
曲率半径	304～914m	87～291m	6～12m
井眼尺寸	无限制	$12\frac{1}{4}$～$4\frac{3}{4}$in	$6\frac{1}{4}$～$4\frac{3}{4}$in
钻井方式	转盘钻/顶部驱动钻机或导向钻井系统	造斜段：马达或导向钻井系统；水平段：转盘钻/顶部驱动钻机或导向钻井系统	以使用特种工具的转盘钻进为主，或使用特种马达
测量工具	无限制	有线随钻测斜仪（MWD），但井眼＜$6\frac{1}{8}$in 时不能使用	转盘钻井时使用多点测斜仪；马达钻井时使用有线随钻测斜仪
地面设备	常规钻机	常规钻机	顶部驱动钻机
完井方式	无限制	无限制	裸眼或割缝管

注：1in＝2.54cm。

1.1.3 水平井的主要技术问题

1）水平段长度的约束因素

水平段过长，摩阻力增大，可能导致下钻困难、滑动钻进加不上钻压、受压钻柱发生屈曲失稳等，进一步增大摩阻力。在某种工况下，钻柱受力可能超过钻柱的强度极限，导致钻柱破坏。另外，水平段过长，下钻或开泵井内波动压力过大，可能压漏地层，起钻的抽吸可能导致井壁坍塌。

2）井眼轨迹控制要求高、难度大

水平井的目标靶区是一个扁平的立方体，如图 1-3 所示，不仅要求井眼准确进入窗口，而且要求井眼的方位

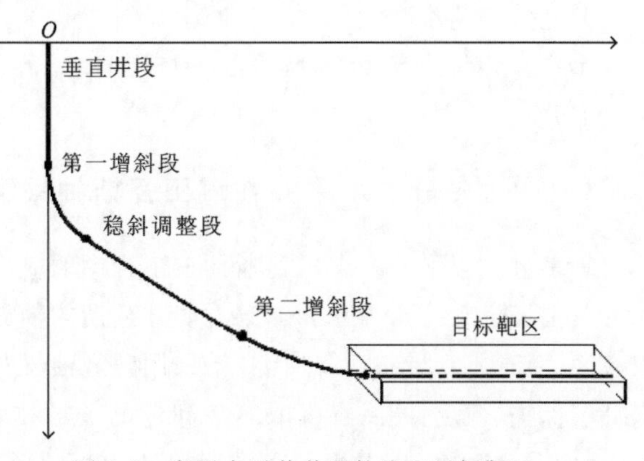

图 1-3 常用水平井井眼轨迹和目标靶区

与靶区轴线一致,即"矢量中靶"。水平井井眼轨迹控制存在两个不确定性因素:一是目标垂深的不确定性,即对目标层垂深的预测有一定的误差;二是造斜工具造斜率的不确定性。因此,轨迹控制的精度稍差,就有可能脱靶。

3)管柱受力复杂

(1)由于井眼的井斜角、井眼曲率大,管柱在井内运动受到巨大的摩阻力,致使起下钻、下套管、给钻头加压困难。

(2)在大斜度井段和水平井段需要使用"倒装钻具",下部钻杆受轴向压力过大会出现失稳弯曲,进而摩阻力更大。

(3)摩阻力、摩扭矩和弯曲应力的显著增大,使钻柱的受力分析、强度设计和强度校核比直井和普通定向井更为复杂。

(4)由于弯曲应力很大,钻柱在旋转条件下受交变应力,将加剧钻柱的疲劳破坏。

4)钻井液密度窗口小,易出现井漏、井塌

地层的破裂压力和坍塌压力随井斜角和井斜方位角而变化。随着井斜角的增大,地层破裂压力将减小,坍塌压力将增大,所以泥浆密度选择范围变小,容易出现井漏和井塌。

在水平井段,地层破裂压力不变,而随着水平井段长度的增长,井内泥浆液柱的激动压力和抽吸压力将增大,也将导致井漏和井塌。

5)携带岩屑困难

由于井眼倾斜,岩屑在上返过程中将沉向井壁的下侧,堆积形成"岩屑床"。特别是在井斜角45°～60°的井段,已形成的"岩屑床"会沿井壁下侧向下滑动,形成严重的堆积,从而堵塞井眼。

6)保证固井质量难度大

水平井固井存在的主要问题有套管顺利下入井内问题,套管在井内的居中及顶替效率问题,井眼高边的自由水通道问题。

7)井下缆线作业困难

在大斜度和水平井段,测井仪器不能依靠自重滑到井底。钻进过程中的测斜和随钻测量,均可利用钻柱将仪器送至井下。射孔测试时亦可利用油管将射孔枪弹送至井下。完井电测时井内为裸眼,利用钻柱送入仪器不甚理想。

8)完井工艺难度大

水平井井眼曲率较大时,难以将套管下入,无法使用射孔完井法,只能采用裸眼完井法或筛管完井法等。

1.1.4 多分支水平井在煤田瓦斯抽采和注浆堵水工程中的应用

1)多分支水平井在煤田瓦斯抽采工程中的应用

英国、法国、德国等欧洲国家对矿井瓦斯的抽放和利用已有多年历史,但对煤层气地面开发较晚。美国20世纪50年代开始采用常规油气井钻井工艺开发煤层气,80年代形成了解决煤储层保护、煤层钻井、煤层取芯等问题的关键技术。地面煤层气开发方式主要有地面垂直井、地面采动区井、丛式井、多分支水平井和"U"形井等方式。这些开发方式可系统地划分为定向井开发方式和直井开发方式两类。其中,地面垂直井和地面采动区井为地面直井开发方式;丛式井、多分支水平井和"U"形井为定向井开发方式,地面定向井开发方式已被广泛应用。国外水平井技术由单口水平井向整体井组、多底井、多分支水平井转变,如图 1-4 所示。实践表明,多分支水平井单井产量将是常规直井(水力压裂增产)的 10~15 倍,在 5~8 年内采出程度高达 70%~80%,两年左右可收回全部成本,经济效益是常规直井的 3~5 倍。相比之下,常规直井投资回收期接近 10 年,采出程度最大也只能达到 50%,且直井井场占用土地面积是多分支水平井的 3 倍,直井井网之间的管网投资也比多分支水平井的管网投资高出许多。应用分支井技术开发低渗透储层的煤层气将是产业化发展的一个突破口。美国 CDX 天然气国际公司从 1999 年才开始进行分支水平井技术研究与试验,到 2004 年底完成钻煤层气分支水平井 200 余口,发展了煤层气多分支水平井钻井、开采设计与施工的一系列工程技术,被美国国家环境保护局和天然气产业部门指定为开发煤层气的推广技术。美国、加拿大、澳大利亚等国在水平井与直井的连通技术上已成熟,也有水平井与定向井连通成功的案例。

我国煤层气勘探开发始于 20 世纪 90 年代初。2004 年以前中国煤层气产业未受到重视,钻井数累计不足 250 口。2004 年起,在国家政策的扶持下,煤层气产业迅速发展。至 2008 年底,我国实施的各类煤层气井已有 3000 余口,钻井方式从平衡钻井到欠平衡钻井,从直井到水平井及多分支井;完井方式从射孔到裸眼洞穴;增产措施从水力压裂到注 N_2/CO_2 助排或爆炸压裂。目前,"U"形井在我国已被广泛应用,如图 1-5 所示。

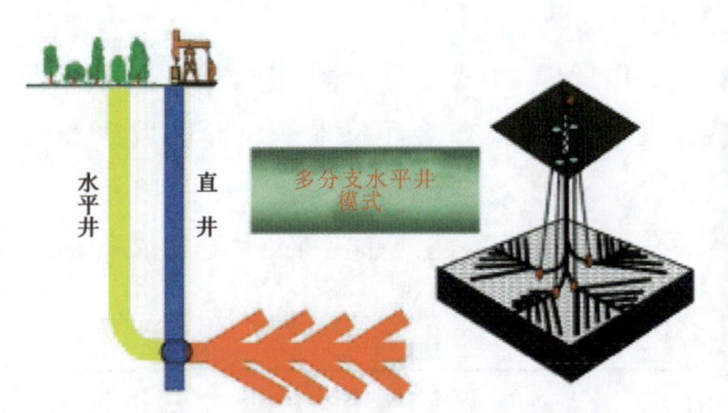

图 1-4 煤层气地面多分支水平井抽采

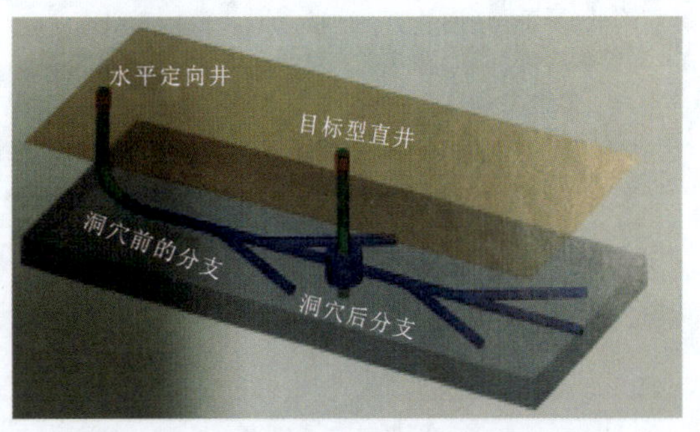

图 1-5 多分支水平井与直井连通技术

2)多分支水平井在煤田注浆堵水工程中的应用

陷落柱与断层诱发矿井水害是煤矿水害的最主要形式。最初,陷落柱与断层诱发矿井水害是相互独立治理的。对陷落柱采用地面钻孔注浆的方法封堵陷落柱突水;对断层水害则根据断层诱发矿井水害的模式,主要采用关键层段导水性能注浆改造、超前疏放水等方法治理。该方法以穿层钻孔方式施工,有效孔段短,盲区范围大,可靠性差,不能有效预防岩溶水害事故。

随着矿井采掘深度增加,煤矿水害(特别是煤层底板灰岩水害)威胁越来越大,上述方法难以满足灰岩探查治理要求。2013 年在淮北矿区朱庄煤矿首先使用井下超前探查治理技术,先进行井下超前探查,然后对探查出的导水构造进行局部注浆封堵(图 1-6)。井下超前探查治理技术采用近水平定向顺层钻探技术和注浆改造技术对煤层底板进行区域探查与改造。

该技术顺层段长度大，可连续穿过灰岩，与灰岩充分接触，钻孔利用率高，在工作面形成之前从区域上最大限度地超前揭露岩溶裂隙，增强注浆改造效果。该技术在焦作赵固一矿、韩城桑树坪矿等多个矿得到应用，效果较好。

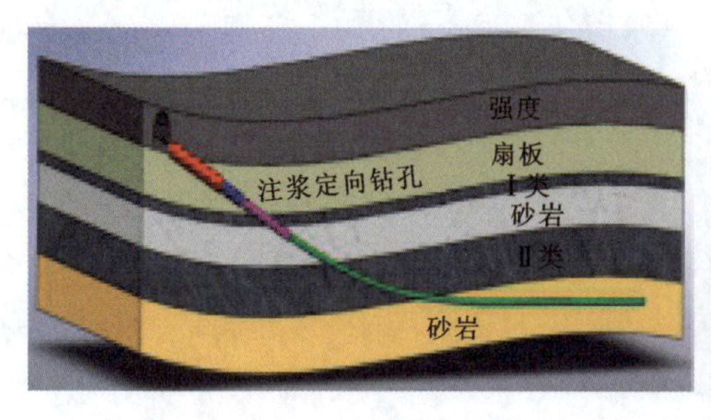

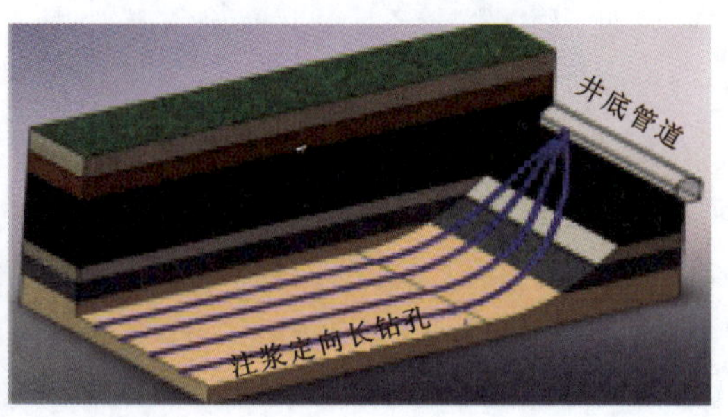

图 1-6　井下超前探查治理技术

随着煤田浅部资源逐渐枯竭，华北型煤田多数矿井进入深部开采，约有 50 口矿井采掘活动向深部延拓，最深已达到 1501m，每年还以 10～25m 的速度延深。煤矿水灾防治面临巨大挑战：①采深大，承压水头高，岩溶含水层埋深千米仍发育强径流带，一旦突水即为灾害性突水；②深部矿井隐伏陷落柱及构造探测技术难度大，对深部煤层安全开采存在极大威胁；③大采深矿井底板破坏深度大；④深部矿井井下防治水安全风险大，一旦揭露导水构造将面临高水压、大流量水的极大安全风险，且井下施工严重影响采掘衔接，并受采掘进度影响，生产与防治水矛盾突出。

针对大采深高承压水矿井井下钻探施工安全难以保障、小型陷落柱及构造难以探明等难题，结合钻探技术发展和矿井防治水现实，诞生了地面区域探查治理技术。地面区域探查治理采用地面定向钻进方法对可能发生透水的含水层或薄弱地带(如顶、底板，断层、陷落柱等构造)层(部)位进行多分支井近水平井施工，然后分段分次带压注入单液浆、水泥粉煤灰浆或黏土水泥浆，对含水层导水通道进行封堵，或改造、加厚隔水层(图 1-7)。

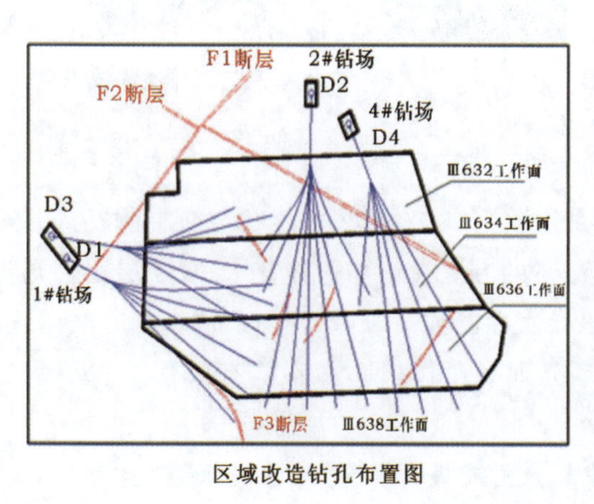

区域改造钻孔布置图

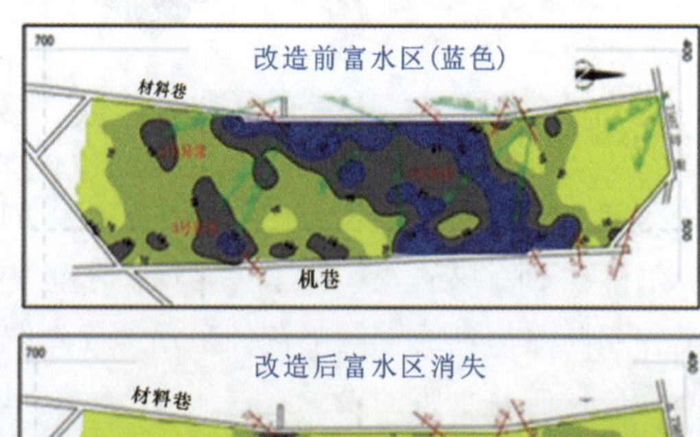

区域改造前后物探探查成果图

图 1-7　地面区域探查治理技术应用

与其他水害防治技术相比，地面定向顺层多分支钻探注浆技术具有以下几点突出的技术优势。

(1)实现顺层定向钻进，通过特殊孔内工具、测量仪器和工艺技术有效控制钻孔轨迹，使钻头沿着特定方向钻进并到达地下预定目标靶区。

(2)实现了“随探随注，探治结合”，消除因孤立多点式井下注浆加固产生的盲区，形成面状封闭层，高效杜绝底板突水事故的发生，且该技术注浆压力高、孔径大、扩散广、注浆流量大、连续性强，能大幅度地提高矿井防治水工作效率和防治效果。

(3)彻底解决井下防治水探注施工与掘进工序无法同时进行的技术难题，通过井下防治水地面施工技术及工程，显著降低了施工中的安全风险。

(4)探查目标的准确性通过随钻测量实时监测，准确判断探查目标的位置，控制探查区域范围、距离及方位。避免探查目标的盲目性和位置的不确定性。

因此，地面定向顺层多分支钻探注浆是目前对矿井主要含水层源头治理的最治本、治根的技术。

1.2 两淮矿区地面定向多分支水平井应用概况

1.2.1 两淮矿区地面定向多分支水平井注浆堵水应用

两淮煤田地处安徽省北部淮河两岸，为全国14个大型煤电基地之一，包含淮北煤田的濉萧矿区、宿县矿区、临涣矿区、涡阳矿区和淮南煤田的阜东矿区、潘谢矿区、淮南矿区共7个矿区。两淮地区均为隐伏煤田，煤系地层无出露，石炭系、奥陶系、寒武系局部有出露。煤田区发育的地层由老到新为青白口系、震旦系、寒武系、奥陶系、石炭系、二叠系、侏罗系、古近系、新近系和第四系，主要含煤地层为二叠系山西组至上石盒子组。煤系底板为石炭—二叠系太原组和奥陶系马家沟组，灰岩含水层作为煤层底板充水含水层对矿井安全生产构成了直接水害威胁。

两淮煤田位于中国煤矿的6大水害分区的1分区东南隅，属华北石炭—二叠纪煤田岩溶-裂隙水水害区。华北型煤田与岩溶水系统相重叠，煤系基底发育着600m左右的巨厚碳酸盐岩含水层，分布范围广，富水性强，煤层底板水压大，对安全开采造成严重威胁，是岩溶突水事故的根源。区内煤田均为深井开采，平均开采深度达710m，随着开采向深部拓展，底板灰岩水害威胁日益严峻。另外，由于井工煤矿开采深度加大、多煤层开采等情况，出现了一种新的顶板水害类型——采场覆岩离层水水害。这种灾难类型因突水征兆不明显、瞬时水量大、危害大等特点而逐渐引起重视。两淮煤田曾经发生过此类型水害事故，比较典型的有淮北煤田的海孜煤矿火成岩离层突水事故和淮南煤田的新集煤矿片麻岩离层突水事故。

淮北矿区煤层底板存在三灰、四灰(石炭—二叠系太原组灰岩，三灰埋深比四灰浅)和奥灰(奥陶系灰岩)3个高压强富水含水层，其中三灰、四灰岩溶裂隙发育，含水层之间存在水力联系，各强富水含水层均可通过断层裂隙或陷落柱等垂向导水通道对矿井生产构成水害威胁，矿井水害属于“高水压复合灰岩水害”类矿井。为消除底板各灰岩含水层水害隐患，须封堵三灰含水层以上导水通道。鉴于三灰含水层突水系数小于0.06MPa/m，发育稳定，含水层内部岩溶裂隙比上下层发育，有利于在钻探和注浆过程中探查和封堵。因此利用定向水平孔顺层探查改造三灰含水层，从区域上最大限度地超前揭露岩溶裂隙，增强注浆改造效果。与此同时，注浆改造后的三灰含水层能有效阻隔其以下灰岩水。

以淮北朱庄煤矿Ⅲ634/6工作面区域探查治理工程为例，地面共布置4个扇形定向水平主孔，21个分支孔，孔间距为60m，如图1-8所示。选取与6煤间距74～80m、发育较为稳定的三灰作为目标治理层，注浆改造三灰含水层的同时，也阻隔了其下部含水层的导水构造。

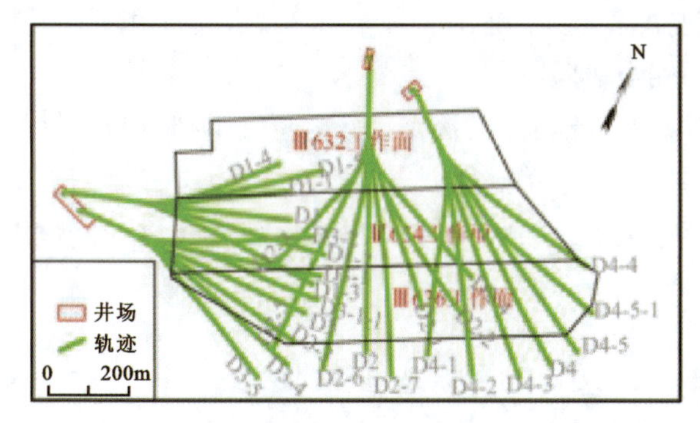

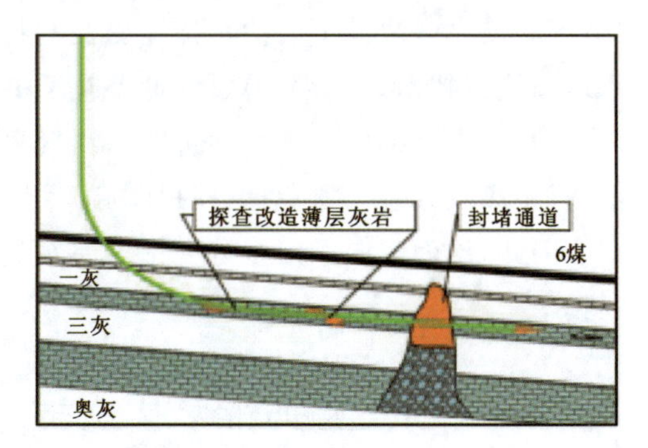

图1-8　朱庄煤矿Ⅲ634/6工作面地面定向多分支水平井施工图

朱庄煤矿工作面底板以三灰含水层作为目标探查治理层，因三灰含水层厚度较薄，岩溶裂隙发育有限，注浆腔体为相对封闭型空间。当奥灰含水层与三灰含水层存在隐伏陷落柱等导水构造时，注浆腔体构造为半封闭型。针对半封闭—封闭型注浆腔体，注浆过程中应采用“高密度低压充填＋低密度高压劈裂式”注浆，即钻探工程中揭露大裂隙腔体时，先采用大流量低压充填方式将半封闭空间底部加固，封堵奥灰含水层与薄层灰岩之间的导水通道，形成注浆基底，然后注浆逐渐起压，形成高压对薄层灰岩进行高压劈裂，低压充填和高压劈裂可循环重复，使注浆扩散半径达到分支孔孔间距要求，通过区域范围内各分支孔探查治理施工，最终达到封堵通道和含水层改造的双重目的。

淮南矿区煤层底板奥灰含水层水害威胁特征为煤层底板隔水层不完整，存在隐伏导水构造垂向导水通道。煤层底板主要充水水源为奥灰＋寒灰(寒武系灰岩)含水层，奥灰＋寒灰多以隐伏陷落柱和裂隙带复合体的形式对矿井安全生产构成直接水害威胁。煤层底板灰岩水防治的主要任务为探查封堵垂向导水通道。导水通道的发育特征为底部构造裂隙空间大，上部裂隙空间小。从探查治理角度而言，上部裂隙空间易于封堵，但从钻探角度而言，增加了钻孔揭露断层裂隙的难度。因此在淮南矿区选用定向水平孔从平面上探查垂向导水通道，并且利用低密度高压水泥浆液连续注浆的方式补充探查孔间距之间的空白带，一方面增加了揭露岩溶裂隙的概率，另一方面易于封堵导水通道。

以潘二煤矿12123工作面区域探查治理工程为例，地面共布置5个扇形多分支定向水平孔，32个分支孔(图1-9)，分支孔孔间距为60m。由于五灰含水层发育稳定，平均厚度为4.6m，与3煤距离60m，满足奥灰含水层突水系数要求，故选取五灰含水层作为目标层，主要探查与治理隐伏裂隙导水通道。当注浆封堵五灰含水层垂向导水通道后，直接切断了奥灰含

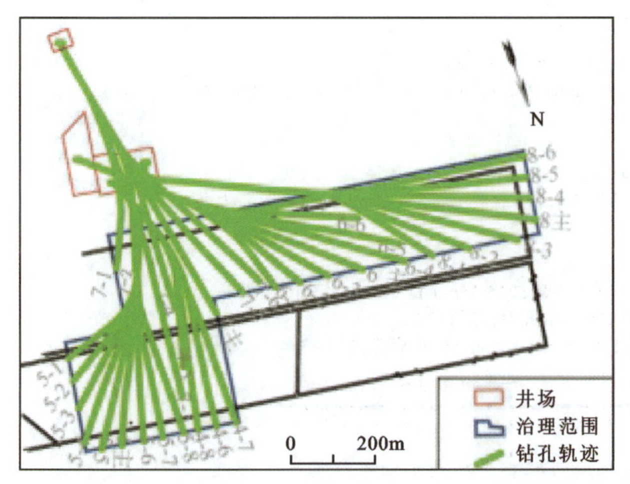

图 1-9 潘二煤矿 12123 工作面地面定向多分支水平井施工图

水层与工作面之间的水力联系，保证工作面不受奥灰含水层水威胁。

潘二煤矿太灰（太原组灰岩）含水层构造裂隙多以隐伏陷落柱和裂隙带复合体的形式存在，陷落柱发育高度低，太灰含水层中裂隙空间小，裂隙连通性差，注浆腔体为相对封闭独立型空间。针对封闭独立型注浆腔体，必须结合高压注浆劈裂地层原生裂隙的方式综合查找隐伏导水通道，然后注浆封堵。

1.2.2 两淮矿区地面定向水平井煤层气抽采应用

两淮煤田的煤层气勘查、开发及研究工作始于 20 世纪 80 年代，目前两淮矿区煤层气开发初步形成了以煤矿井下抽采为主，地面大口径垂直井联合井下抽采利用的开发格局，如图 1-10所示。

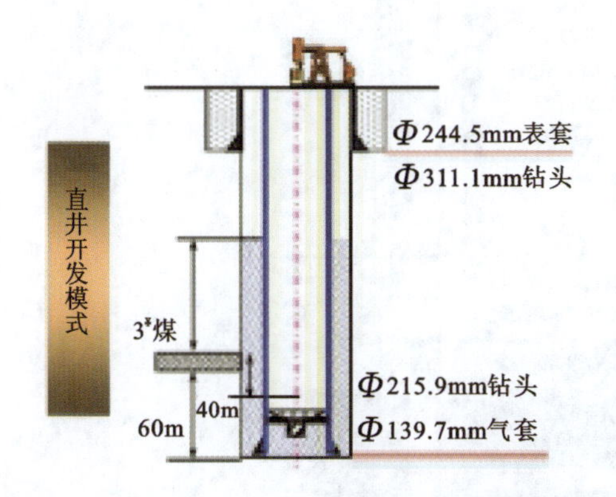

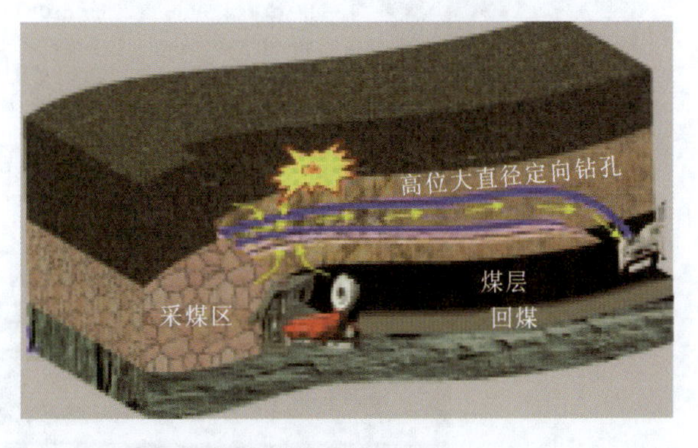

图 1-10 煤层气垂直井和地下顶板高位定向井抽排示意图

2007 年在刘庄煤矿实施了长距离定向水平瓦斯抽采钻孔，包括直孔段、造斜段和水平段。首采工作面地面瓦斯抽放 L_1 孔，在新集矿区是首次运用，其水平段代替井下高抽巷，直接从地面抽采瓦斯，如图 1-11 所示。整个水平段工作面推进 332m，总抽采量为 45 501m³。造斜段日平均抽采量 16 058m³，总抽采量达 401 457m³。工作面过开孔点后，日平均抽采量 9933m³，

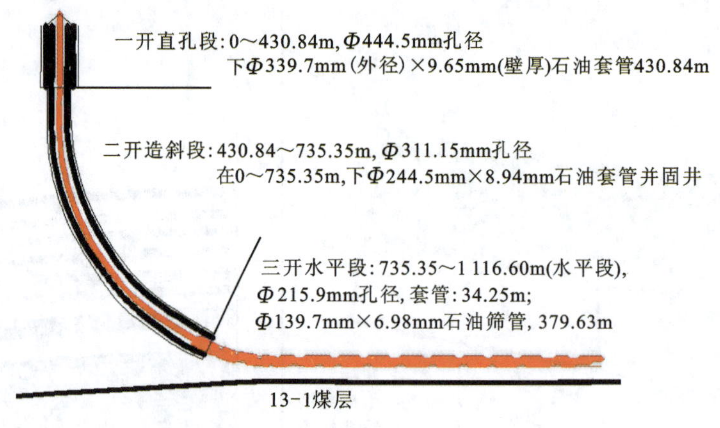

图 1-11　沿煤层定向水平井 L_1 孔剖面示意图

总抽采量达 188 720m³,地面 L 型钻孔瓦斯抽采率可达 42.06%。

2014 年安徽淮北芦岭井田施工了一口 LG01 试验水平井组,包括 1 口排采直井 LG01-V 和 1 口水平对接井 LG01-H 组成的“U”形煤层气井,如图 1-12 所示。水平井 LG01-H 采用套管完井,在水平段进行向下定向射孔和分段压裂(采用电缆桥塞＋射孔联作)。试验结果表明:LG01 水平试验井组日产气量超过 1.0×10^4 m³,与同一井田的压裂直井相比,产量相当于 4 口直井,截至 2019 年 12 月 24 日,累计产气 670×10^4 m³,实现了碎软煤层从地面高效抽采煤层气的目标。2020 年 3 月淮南矿业集团宣布其首口煤层气水平试验井(新谢 1 号井)点火成功,排采初期日产气量 1000m³,至 2020 年 4 月 10 日,该井累计产气量首次突破20 000m³,达20 415m³,为煤层气规模化开采奠定了基础。

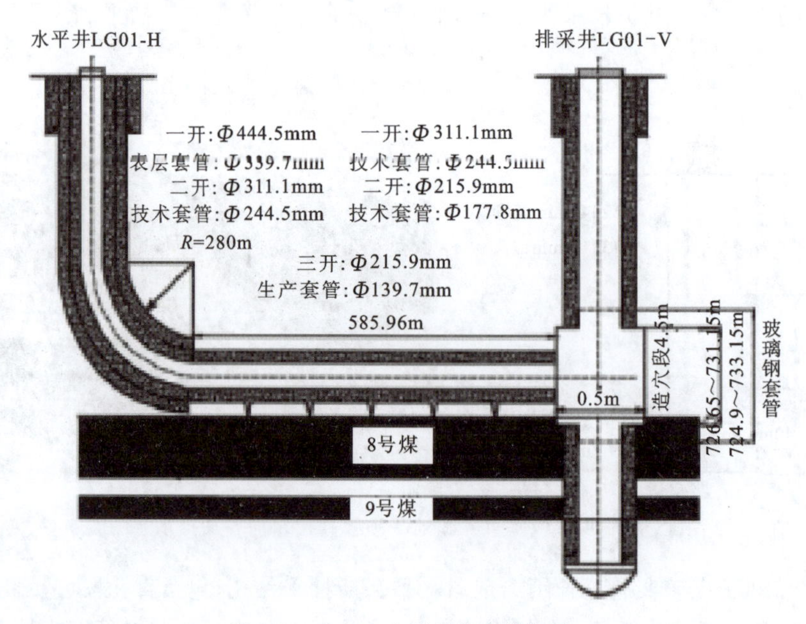

图 1-12　LG01 水平井井身结构图

2 两淮煤田工程地质特征

2.1 松散层工程地质特征

第四系、新近系松散层岩性为黏土、砂质黏土、粉砂岩、粉细砂岩、中细砂，局部含砂砾石、砾粗砂岩。第四系松散层未固结，主要为软塑性黏土、砂质黏土及松散的细砂、黏土质砂，黏土可塑性强，膨胀量大。松散层上部岩性以砂层为主，砂层厚度大，结构松散；中下部以未固结黏土为主，其厚度大，可塑性强，膨胀量大，局部遇水易崩解松散；底部以黏土质砂、细砂、黏土砾石为主，砂质黏土次之，可塑性差。

(1)土的密度随埋深大致上略呈递增关系，但不明显。

(2)土的含水量与埋深、固结程度密切相关。一般是含水量随埋深、固结程度增加呈递减关系。

(3)土的压缩系数随埋深呈递减关系。

(4)土的塑性指数与土的矿物成分密切相关，与土的固结程度呈正比关系。

(5)总的来说，第四系黏土层土的压缩性大于新近系黏土层土的压缩性。新近系底部半固结状黏土的压缩系数最低。第四系黏土压缩系数在0.15～0.26之间，一般在0.18左右。新近系黏土压缩系数在0.07～0.20之间，一般在0.13左右。压缩系数随着深度的增加而递减。

2.2 软弱层工程地质特征

软弱岩层主要包括基岩风化带岩层、破碎带岩层和碳质泥岩层。

1)基岩风化带岩层工程地质特征

风化带岩层指基岩顶部一定深度范围内具有已风化特点的岩石。风化带岩组有泥岩、粉砂岩、细砂岩，风化带岩石一般呈土黄色、灰黄色，RQD(岩芯质量指标)值都很小，裂隙发育。风化带岩石由于受风化作用及地下水作用，产生溶蚀或泥化，泥岩风化严重时呈高岭土状，砂岩风化严重时呈疏松状。风化岩层由上到下风化程度逐渐减弱，但一些处于弱风化带中的钙质胶结的粉砂岩、细砂岩等，其物理力学强度虽有所降低，仍有较好的工程地质特征。强风化带原岩结构被破坏，疏松破碎、孔隙度大、含水率增高、强度减小。当风化带岩性以砂岩为主时，砂岩风化后裂隙发育，砂岩风化裂隙中含有一定数量的地下水。

2)破碎带岩层工程地质特征

破碎带岩层主要分布在断层带及构造裂隙带附近，由于受构造破坏及应力挤压作用的影响，破碎带岩层段裂隙发育，无论是泥岩、粉砂岩或是砂岩，RQD值都很小。破碎带岩石受构造应力作用而破坏，岩石抗压强度也会明显降低。

3)碳质泥岩层工程地质特征

碳质泥岩主要出现在煤层附近。碳质泥岩为原生软弱岩层，由粒径小于0.003 9mm的细颗粒组成，主要成分为黏土矿物，其次为石英、白云母及少量的长石。碳质泥岩(煤线)厚度很小，抗压强度低。

2.3 稳定基岩工程地质特征

1)二叠系上石盒子碎屑岩组

二叠系上石盒子碎屑岩组由砂岩、粉砂岩、泥岩、煤层组成。抗压强度7.16～99.8MPa，凝聚力1.03～14.05MPa，含水率0.3%～4.37%，视密度2.40～2.78g/cm^3，RQD值10%～90%。本组大部分为中等稳定及稳定岩层，少数为弱稳定岩层，围岩稳定性中等。

2)下石盒子组碎屑岩组

下石盒子组碎屑岩组由砂岩、粉砂岩、泥岩、岩浆岩和煤层组成。抗压强度14.0～101MPa，凝聚力0.97～10.84MPa，含水率0.30%～1.77%，视密度2.28～2.91g/cm^3，RQD值10%～95%。本组岩层主要为中等稳定岩层，其次为稳定岩层，个别为不稳定岩层，总体围岩稳定性为中等。

3)碳酸盐岩组

碳酸盐岩组由石炭系、奥陶系的碳酸盐岩组成，岩性以灰质白云岩、白云质灰岩及生物碎屑灰岩为主，隐晶—细晶结构，层状构造，单轴抗压强度60.0～150.0MPa，为硬质岩石。

表2-1为两淮代表性煤矿岩石抗压强度概况表，表2-2为两淮代表性煤矿主要可采煤层顶底板岩性、抗压强度特征表。

表2-1 两淮代表性煤矿岩石抗压强度概况表 单位:MPa

岩性	新庄孜矿	谢一矿	潘一矿	潘二矿	潘三矿	谢桥矿	张集矿	丁集矿	刘庄矿	钱营孜矿	任楼矿
泥岩	38.9～43.7	38.9～43.7	20～25	1.90～73.70	26.6～61.6	33.6～117.3	14.3～85.6	24.09～44.48	2.9～37.6	7.16～80.6	6.78～93.79
砂质泥岩	36.5～67.6	36.5～67.6	6～50	3.50～75.40	20～78.5	22.8～128.5	13.3～47.6	11.45～55.52	16.53～35.8		
粉砂岩	54.1～89.6	54.1～89.6	13～76	22.90～95.90	34.8～54.8	84.9～126.7	52.7～73.3	21.53～97.91	13.4～84.7	12.9～97.2	7.97～151.90

续表 2-1

岩性	新庄孜矿	谢一矿	潘一矿	潘二矿	潘三矿	谢桥矿	张集矿	丁集矿	刘庄矿	钱营孜矿	任楼矿
细砂岩	74.1～127.5	74.1～127.5	59～105	22.70～166.70	46.9～82.9	141.2～258	99.6～175.9	32.71～115.79	42.4～101.5	35.2～70.5	14.72～217.07
中砂岩			60～110	20.60～137.00		96.1～126.4	99.4～239.0		126.4		30.94～208.74
粗砂岩				48.87～109.80						57.9～61.8	
灰岩								111.29～125.19	74.2～112.5		

表 2-2 两淮代表性煤矿主要可采煤层顶底板岩性、抗压强度特征表

矿别	煤层	顶板				底板		
		岩性	直接顶板厚度/m	抗压强度/MPa	节理裂隙发育情况	岩性	直接底板厚度/m	抗压强度/MPa
新庄孜矿	C13、B11b、B8、B4b、A1	以砂质泥岩、泥岩为主，细砂岩次之	1.5～10.5	38.9～67.0（细砂岩74.1～127.5）	裂隙发育，局部裂隙特别发育	以泥岩为主	1.5～4.3	38.9～43.7
谢一矿	C13、B11b、B9、B4b、A1	以砂质泥岩、细砂岩为主	3～8	36.5～89.6	裂隙发育	以泥岩为主，砂质泥岩次之	0.6～5	38.9～67.6
潘一矿	13-1、11-2、8、4-1、1	以泥岩、砂质泥岩、粉砂岩为主，其次为中细砂岩	4～8	6～50（中细砂岩20～110）	13-1 顶板裂隙发育，其余煤层发育NE、NW两组裂隙，局部裂隙发育	以泥岩、砂质泥岩为主	1.44～4.10	13～37
潘三矿	13-1、11-2、8、4-1	以泥岩、砂质泥岩为主，其次为粉细砂岩、细砂岩	3～15	20.7～52.3（粉细砂岩14.8～54.8，细砂岩82.9）	发育NE、NW两组裂隙，局部裂隙发育	以泥岩、砂质泥岩为主，粉细砂岩次之	2～4	20～78.5（粉细砂岩46.9～56.7）

续表 2-2

矿别	煤层	顶板				底板		
		岩性	直接顶板厚度/m	抗压强度/MPa	节理裂隙发育情况	岩性	直接底板厚度/m	抗压强度/MPa
谢桥矿	13-1、11-2、8、4-1、1	以砂质泥岩、泥岩为主，中细砂岩次之，部分区段为页岩、粉细砂岩互层	3～5		发育NE、NW两组裂隙，以NE方向裂隙为主	以泥岩、砂质泥岩为主	0.84～4.5	
张集矿	13-1、11-2、8、6、1	以泥岩、砂质泥岩为主，其次为细砂岩，有时为砂页岩互层		13.3～47.8（砂岩99.6～175.9）	发育NE、NW两组裂隙，区内东部裂隙方向受断裂控制		2.1～4.8	14.3～85.6（粉细砂岩52.7～193.4）
钱营孜矿	3_2、7_2、8_2、10	泥岩、粉砂岩、细砂岩	0.64～55.28	泥岩6.66～46.34，粉砂岩7.37～104.60，细砂岩14.45～96.8	顶、底板较平整，局部凹凸不平	泥岩、粉砂岩、细砂岩	0.05～0.98	泥岩4.82～74.45，粉砂岩13.42～65.90，细砂岩14.45～123.30
任楼矿	3_1、5_1、7_2、8_2	泥岩、粉砂岩、细砂岩、中砂岩	0.64～41.24	泥岩6.97～93.79，粉砂岩7.97～151.90，细砂岩14.72～217.07，中砂岩30.94～208.74	顶底板部分地段凹凸不平，顶板裂隙较发育	泥岩、粉砂岩、细砂岩、中砂岩	0.25～0.99	泥岩5.20～85.15，粉砂岩7.97～138.67，细砂岩14.58～147.39，中砂岩41.75～192.86

2.4 两淮煤田地层岩石物理-力学特性测试分析

在淮南贺疃矿、朱集西矿、潘二矿、淮北袁一矿等的井段进行了取样，采样深度在400～1200m之间，结合收集的两淮煤田地层岩石结构、组分与力学参数相关资料，对两淮煤田地层岩石结构、组分与力学参数进行了定性和定量测试与分析。

2.4.1 XRD测试分析

结合采集样品的全岩X-射线衍射(XRD)分析和收集的测试数据的统计分析,XRD测试结果表明(表2-3),两淮地层煤层顶板地层复杂多变,主要由泥岩、砂质泥岩及灰岩组成,岩芯成分复杂,细砂岩石英含量最高,同时还有部分黏土矿物(伊利石+高岭石)。泥岩主要矿物为黏土矿物(伊利石+高岭石),含有部分石英;砂质泥岩以黏土矿物(伊利石+高岭石)为主,石英含量较高;灰岩主要成分为方解石,滴稀盐酸可起泡,另含有黏土矿物(伊利石+高岭石)、石英。

表2-3 代表性样品XRD测试结果表

编号	取样深度/m	岩性描述	矿物成分
1-24	1014	细砂岩	石英45.3%,钠长石6.2%,伊利石25.4%,高岭石13.4%,钾长石8.2%,方解石1.5%
1-15	1082	泥岩	石英31.4%,伊利石22.0%,高岭石44.2%,钾长石2.4%
1-10	1105	砂质泥岩	石英37.4%,钠长石0.9%,伊利石36.4%,高岭石17.3%,钾长石8.0%
3-2	1448	灰岩	石英17.4%,伊利石24.5%,高岭石6.7%,钾长石10.8%,方解石37.4%,菱铁矿0.7%,黄铁矿1.0%,白云石1.5%

泥页岩中黏土矿物含量高,且各层系泥页岩在矿物组成上具有一定的差异性。以潘集外围地区为例,该地区上石盒子组、下石盒子组与山西组泥页岩储层的矿物成分以黏土矿物和陆源碎屑矿物为主,其次为碳酸盐矿物和硫酸盐矿物。

上石盒子组泥页岩矿物组成以陆源碎屑矿物和黏土矿物为主(图2-1、图2-2)。其中,陆源碎屑矿物含量44.99%~52.91%,平均值为49.06%,成分主要为石英,含少量钠长石;黏土矿物含量36.66%~53.71%,平均值为43.18%,成分以高岭石为主,含量一般在17.55%~24.96%之间,蒙脱石次之,含量在8.69%~22.18%之间,其余为伊利石和绿泥石,伊利石含量一般在3.76%~14.90%之间,少见绿泥石;碳酸盐矿物含量0.24%~14.57%,平均值为5.96%,成分主要为菱铁矿,含少量方解石。

下石盒子组泥页岩矿物组成以黏土矿物和陆源碎屑矿物为主(2-3、图2-4)。其中,黏土矿物含量35.58%~78.28%,平均值为48.85%,成分以高岭石、蒙脱石为主,其余为伊利石,高岭石含量一般在10.61%~26.62%之间,蒙脱石含量一般在9.00%~24.07%之间,伊利石含量一般在3.20%~11.85%之间;陆源碎屑矿物含量在11.09%~54.38%之间,平均值为44.06%,成分主要为石英,含少量钠长石以及极少量正长石;碳酸盐矿物含量一般在0.90%~19.56%之间,平均值为7.09%,成分为菱铁矿。

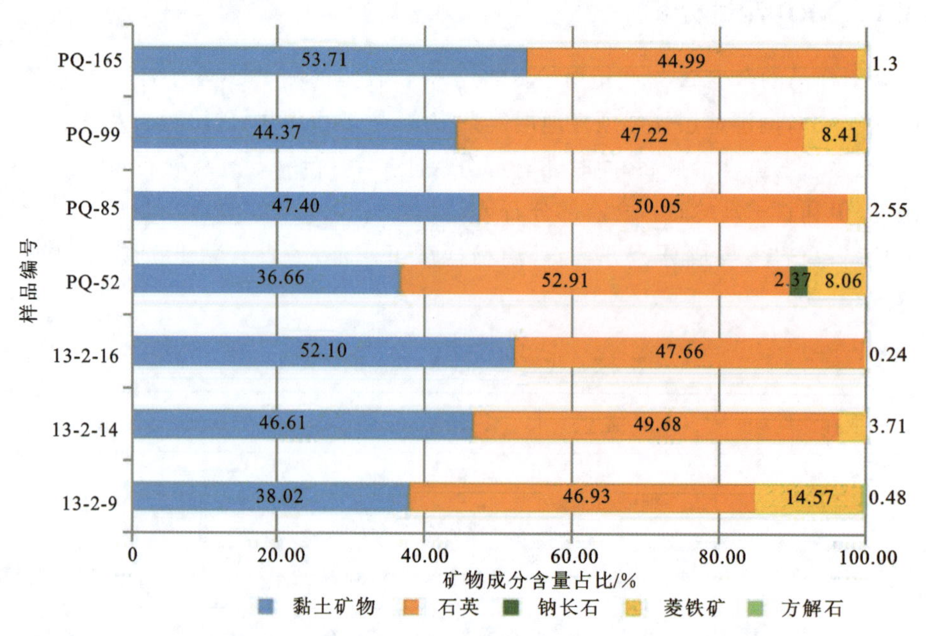

图 2-1　潘集外围地区上石盒子组泥页岩全岩矿物成分含量对比图

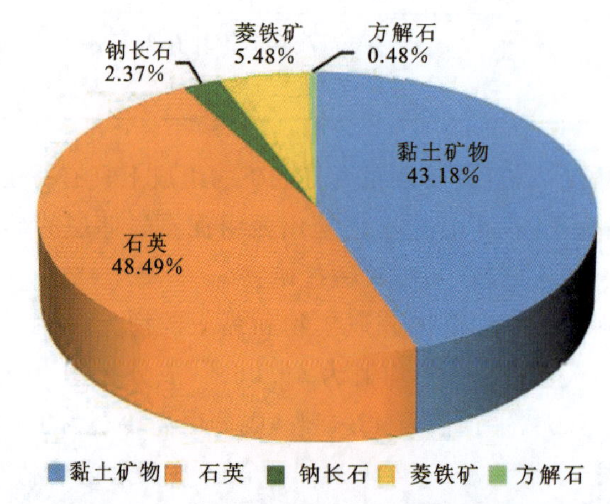

图 2-2　潘集外围地区上石盒子组泥页岩全岩矿物成分含量平均值对比图

山西组泥页岩矿物组成以陆源碎屑矿物和黏土矿物为主(图 2-5、图 2-6)。其中,陆源碎屑矿物含量 41.14%～54.84%,平均值为 43.33%,成分主要为石英,含少量钠长石;黏土矿物含量一般在 31.56%～56.70%之间,平均值为 46.16%,成分以蒙脱石、高岭石为主,其余为伊利石,蒙脱石含量一般在 16.54%～22.92%之间,高岭石含量一般在 10.18%～17.40%之间,伊利石含量一般在 4.58%～13.96%之间;碳酸盐矿物含量一般在 2.16%～16.53%之间,平均值为 5.88%,成分主要为菱铁矿;硫酸盐矿物含量一般在 1.60%～11.69%之间,平均值为 4.63%,成分主要为黄铁矿。

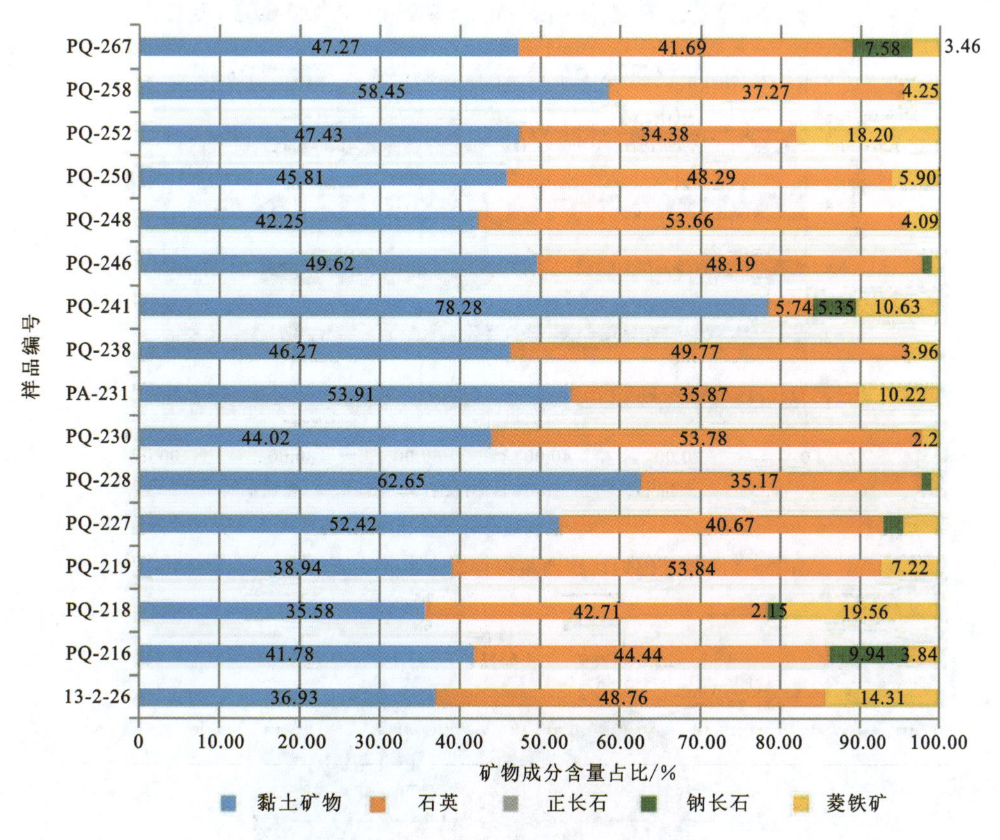

图 2-3 潘集外围地区下石盒子组泥页岩全岩矿物成分含量对比图

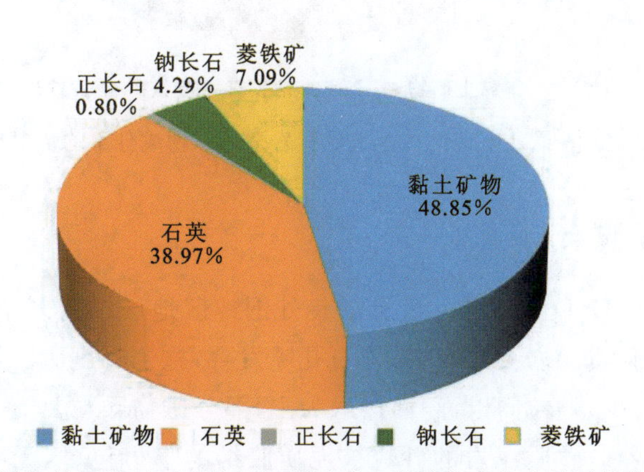

图 2-4 潘集外围地区下石盒子组泥页岩全岩矿物成分含量平均值对比图

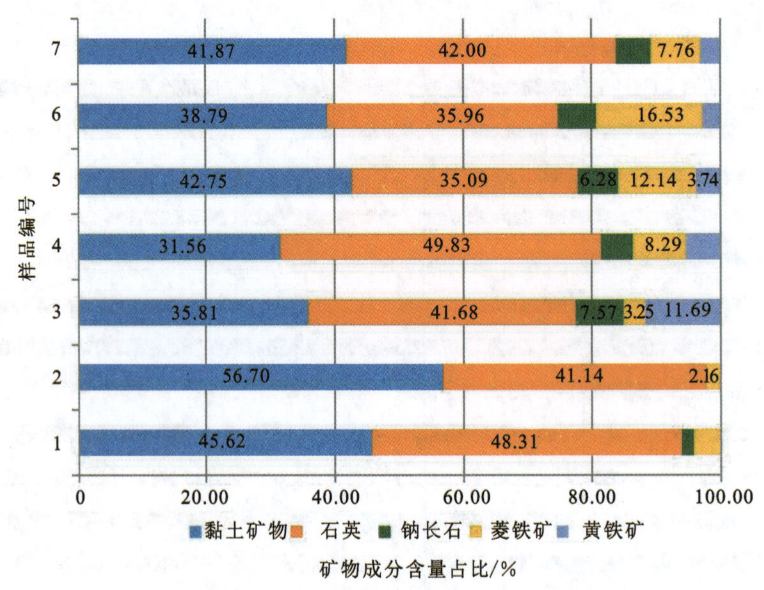

图 2-5　潘集外围地区山西组泥页岩全岩矿物成分含量对比图

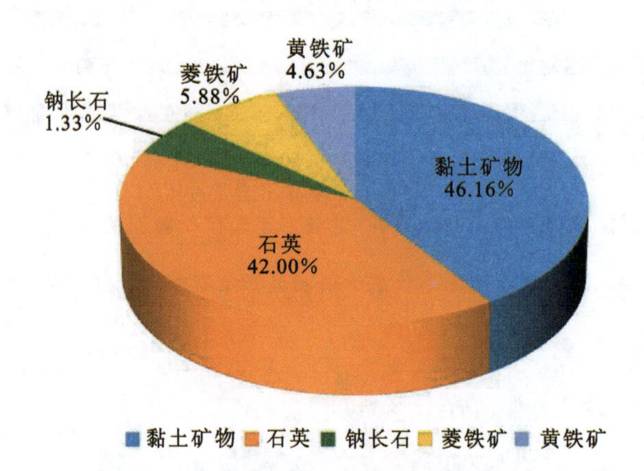

图 2-6　潘集外围地区山西组泥页岩全岩矿物成分平均值对比图

2.4.2　SEM 测试分析

扫描电子显微镜(SEM)测试结果显示潘集外围地区地层结构复杂，泥岩、砂质泥岩强度较低，局部异常破碎，碳质泥岩夹层发育，岩石孔隙发育，施工难度大。泥岩结构致密，颗粒结构完整，内部孔裂隙较少，颗粒间以面-面接触为主，部分矿物颗粒具有显著的片状结构，且表面有少量黏土矿物附着。砂质泥岩的砂粒被泥质胶结物牢牢包裹，无明显裂隙发育，岩样表现出较好的整体性。泥质砂岩的矿物颗粒相互胶结紧密，完整性好，中间并无明显裂隙。灰岩呈碎屑结构，由颗粒、泥晶基质和亮晶胶结物构成，颗粒中含内碎屑及生物碎屑等，岩样表面有横向裂隙和纵向裂隙，颗粒之间的裂隙空间被大量的胶结物和黏土矿物充填，裂隙宽度比较小，在 1μm 左右。

图 2-7 为朱集西 30-B6 孔 1-1 泥岩样的 SEM 测试结果，该岩样采取深度为 1 158.92m。经 SEM 分析发现，岩样表面存在少量的裂隙发育不完全解理，少量孔隙发育。结合 XRD 试验结果来看，岩样为灰黑色泥岩，属于泥岩地层，钻进至岩样采集处地层时，可能遭遇的施工问题为塌孔、泥岩水化等井壁失稳。预防井壁失稳可采取以下几种措施：①在工艺条件允许的情况下，增大泥浆的黏度和切向力，增强流变性，强力携渣；②添加钻井液抑制处理剂和盐类，降低泥岩水化效应；③添加钻井液降滤失剂，降低井筒中进入地层的水分，降低泥岩水化的同时增强井壁稳定性。

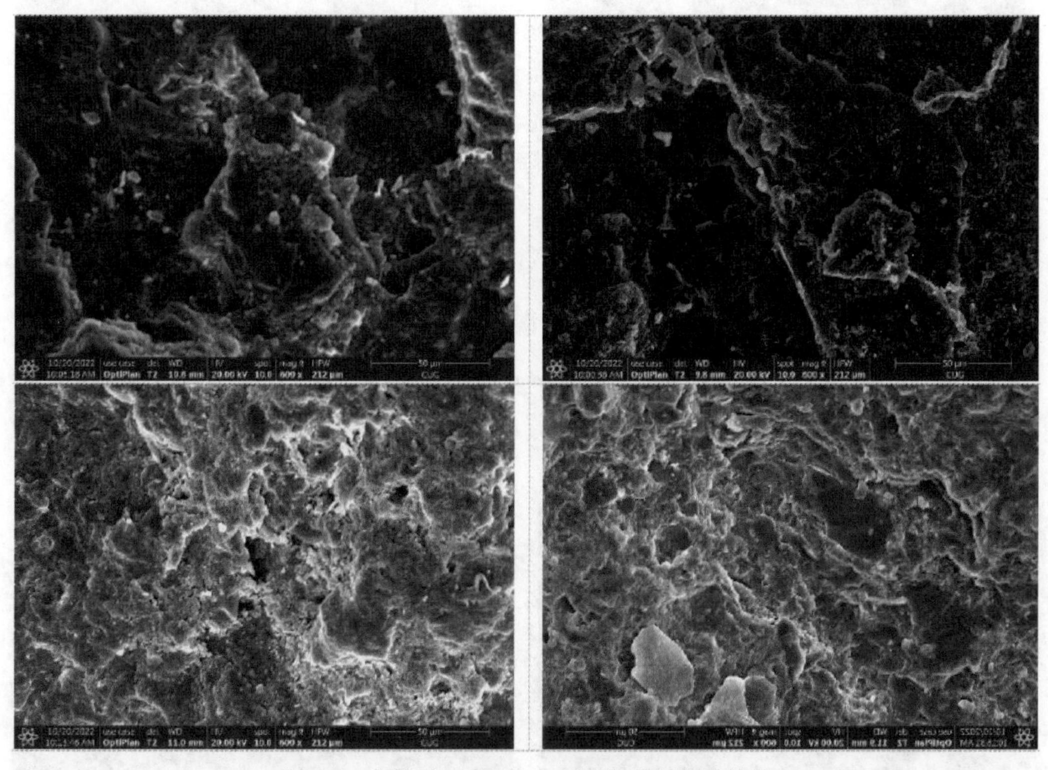

图 2-7　朱集西 30-B6 孔 1-1 岩样 SEM 测试结果

图 2-8 为朱集西 30-B6 孔 1-5 泥岩样的 SEM 测试结果，该岩样采取深度为 1 140.08m。经 SEM 分析发现，岩样表面存在孔洞，且云母呈片状堆砌，可以观察到解理结构。结合 XRD 试验结果来看，岩样为灰黑色泥岩，伊利石含量占比 32.8%。SEM 结果表明地层存在较大孔隙和裂隙。钻进至岩样采集处地层时，可能存在浆液漏失并引起泥岩进一步水化，可在泥浆中加入适量的降滤失剂、封堵剂和水化抑制剂，防止泥岩进一步水化，以保持井壁稳定。

图 2-9 为朱集西 30-B6 孔 1-10 砂质泥岩样的 SEM 测试结果，该岩样采取深度为 1105m，经过 SEM 分析可知，岩样表面多孔隙发育，云母呈片状堆砌且杂乱的堆在岩样表面。结合 XRD 试验结果来看，岩样为灰色砂质泥岩。观察岩芯可知，岩芯较破碎松散。因而，在钻进至岩样采集处地层时，钻井泥浆应该保持良好的黏度与重度，保证岩石在钻进过程中不会进一步破碎坍塌。另外也要保持泥浆的堵漏及降滤失能力，防止泥浆漏失及泥页岩水化包钻现象。

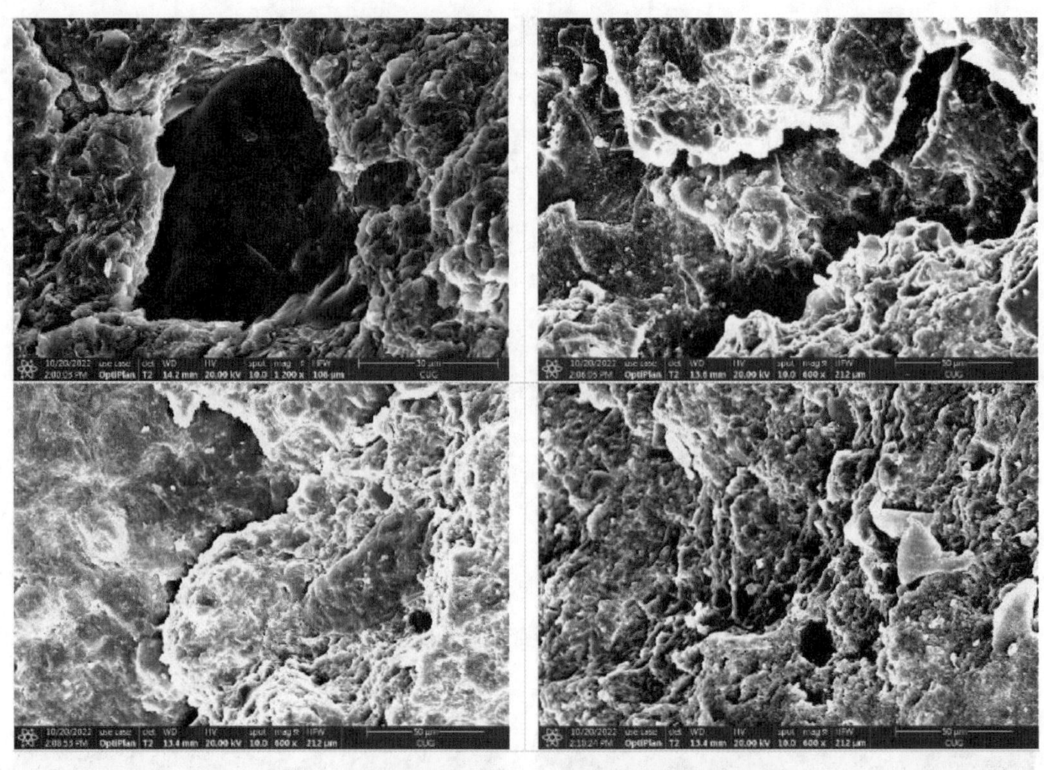

图 2-8　朱集西 30-B6 孔 1-5 岩样的 SEM 测试结果

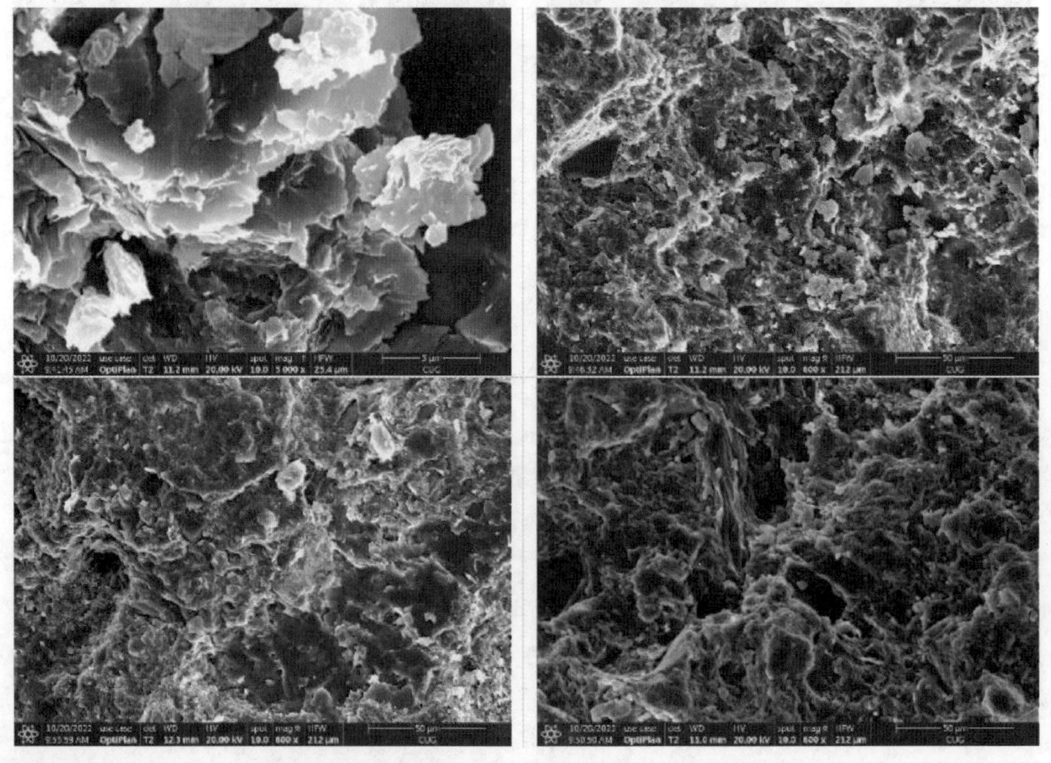

图 2-9　朱集西 30-B6 孔 1-10 岩样的 SEM 测试结果

图 2-10 为朱集西 30-B6 孔 1-25 砂质泥岩样的 SEM 测试结果，该岩样采取深度为 998m，经过 SEM 分析后发现，岩样表面无裂隙发育，矿物呈片状堆积，存在极不完全解理，微孔隙发育。根据 XRD 实验分析，判断岩样为砂质泥岩，结构致密。钻进至岩样采集处地层时，可能遭遇的施工问题为循环浆液漏失、孔壁掉块甚至垮塌等。预防孔壁坍塌可采取以下几种措施：①适当提高钻井液密度，使井内压力稍大于岩层的坍塌压力；②在工艺条件允许的情况下，时刻关注泥浆的黏度和切向力，基于泥岩水化情况调节钻井液性能；③在条件允许的条件下采用套管护孔。

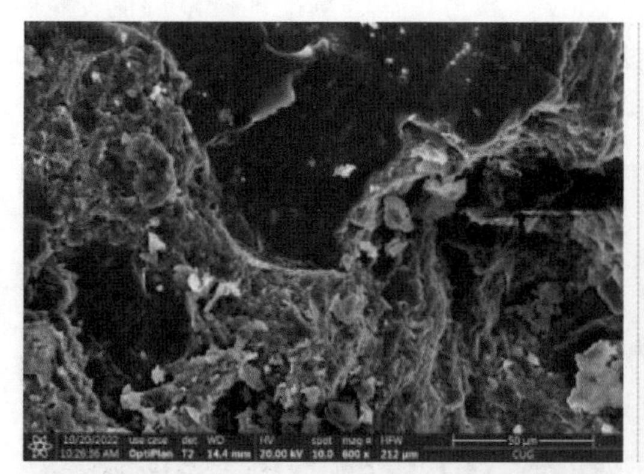

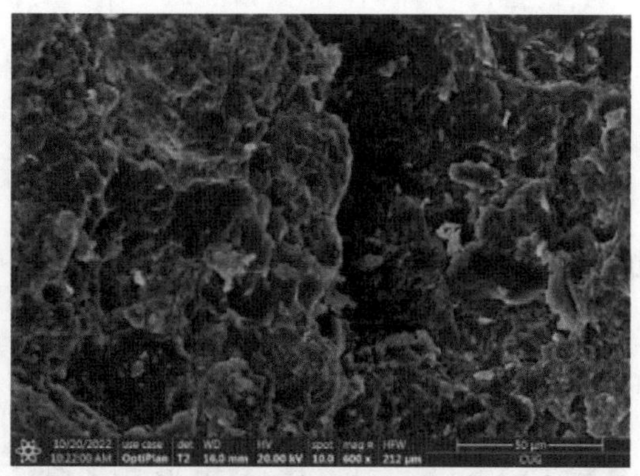

图 2-10 朱集西 30-B6 孔 1-25 岩样的 SEM 测试结果

图 2-11 为朱集西 28-B3 孔 2-5 砂岩样的 SEM 测试结果，该岩样取自深度 446m 的地层中，岩石表面不平整，局部有孔隙，矿物片状堆积，解理明显。结合 XRD 实验结果分析，该岩样为砂岩，结构致密，强度大。在钻进岩样采集处应注意钻头的磨损情况，避免烧钻，采用润滑性好的钻井液，以求快速钻进。具有一定黏性的矿物油、植物油、表面活性剂、乳化油等可以作为液体润滑剂；石墨等特殊的固体粉末、塑料和玻璃小球等可以用作固体润滑剂。

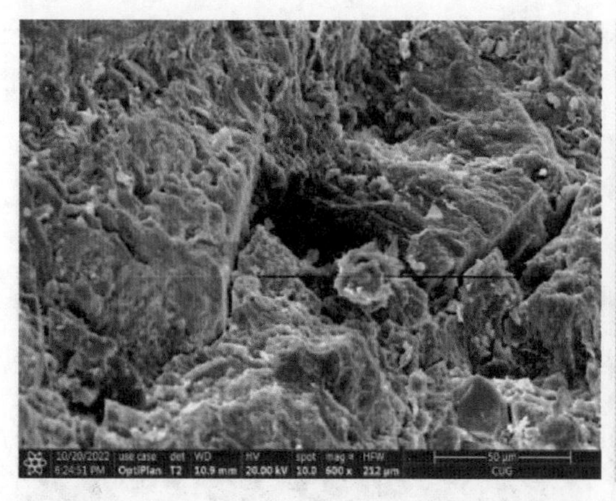

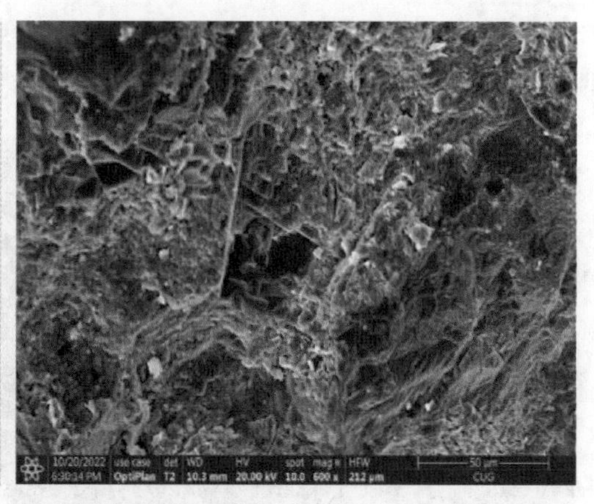

图 2-11 朱集西 28-B3 孔 2-5 岩样的 SEM 测试结果

图 2-12 为袁一煤矿 2022 -补 9 孔 5-10 泥岩样的 SEM 测试结果，该岩样采取深度为 355m。经过 SEM 测试分析可知，岩样表面较为破碎，有微孔隙发育，较大的一处孔隙直径约为 11μm，矿物呈片状堆积，不完全解理。XRD 结果显示，高岭石含量为 60.2%，加之 11.5% 的伊利石，黏土矿物含量为 71.7%，因此，在工程施工时易发生水敏和埋钻等问题。为了避免这些问题，在工程施工中应该采取以下措施：①完善钻进技术及工艺措施。钻具配备及组合、工艺规程和钻进操作等各方面的措施均应合理，如井身结构与钻具的配备应尽量用最小的泵量来保证环空中有必要的流速；漏失孔段尽量限制冲洗液流量，减小升降钻具次数和限制升降钻具的速度，操作平稳等，以降低环空压力损失和激动压力值。②调节冲洗液的流变特性。在实际钻进中，要降低漏失量，除钻孔结构及钻机组合应合理外，还要尽可能地降低泥浆的黏度和切向力，以降低冲洗液的流变特性，但需保持钻井液携带岩屑的能力。

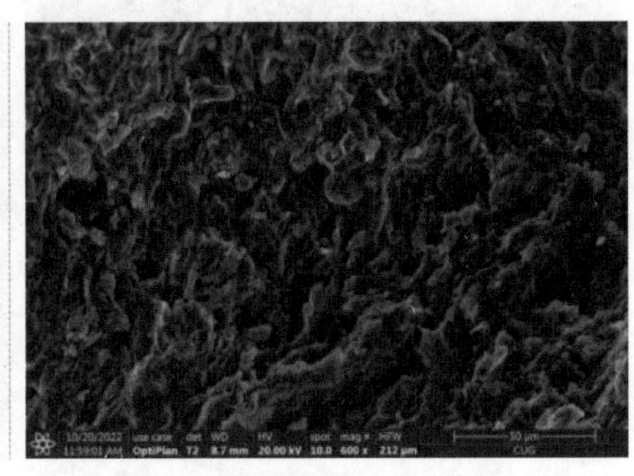

图 2-12　袁一煤矿 2022 -补 9 孔 5-10 岩样的 SEM 测试结果

图 2-13 为袁一煤矿 2022 -补 9 孔 5-23 灰质砂岩样 SEM 测试分析结果，该岩样采集深度为 470m，经过 SEM 扫描后分析可知，岩样表面广泛分布的矿物主要呈现片状结构，片状结构直径在1～10μm。同时，片状结构之间含有一定量大小不一的孔隙。岩样表面出现少量裂隙，少量孔洞，附着少量分散的石英。XRD 结果显示，岩样为灰质砂岩，含有 23.1% 方解石。岩芯表面有明显颗粒胶结物，岩样收集处地层较稳定，钻进时可采用快速钻进方法，快速通过即可。

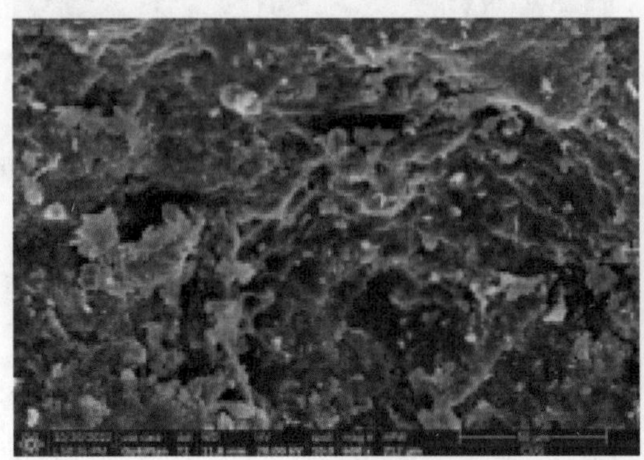

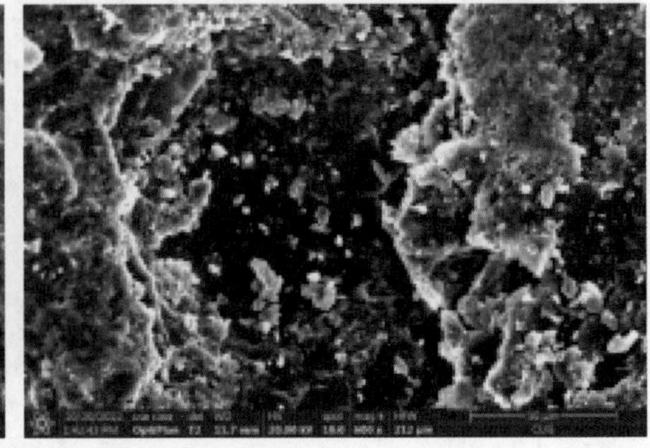

图 2-13　袁一煤矿 2022 -补 9 孔 5-23 岩样 SEM 测试结果

图 2-14 为袁一煤矿 2022 -补 9 孔 5-5 砂岩样的 SEM 测试结果，该岩样采样深度 292m。经过 SEM 测试分析可知，岩样表面较为平整，有多处孔隙发育，最大一处孔隙直径约为 44μm，局部有微裂隙，表面矿物呈片状堆积。SEM 结果显示有较大的孔径发育。XRD 结果显示，石英含量较高，达 55.2%，岩石表面可观察到明显颗粒胶结物，为砂岩。因此，工程中常用的钻进措施有：①采用优质土造浆，不仅可以降低冲洗液的密度，还可提高泥浆的流变参数；②调节冲洗液的流变特性。实际钻进中要降低漏失量，除钻孔结构及钻机组合应合理外，还要尽可能地降低泥浆的黏度和切向力，以降低冲洗液的流变特性。

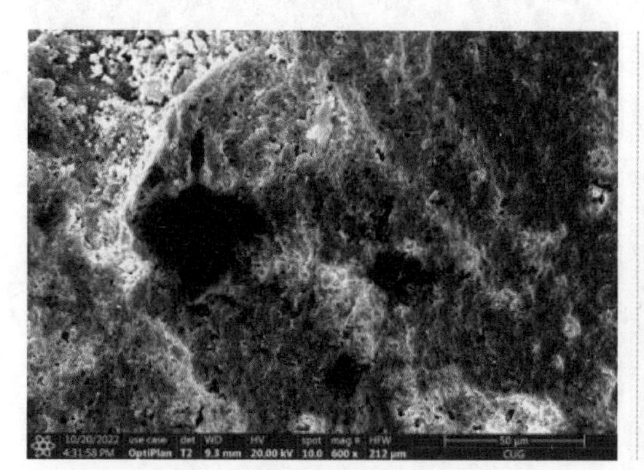
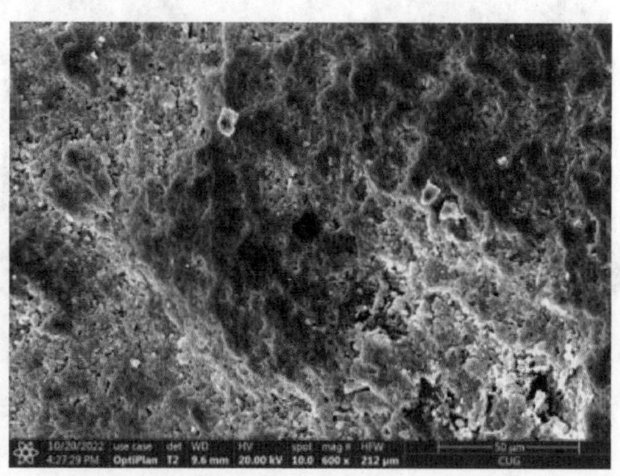

图 2-14　袁一煤矿 2022 -补 9 孔 5-5 岩样的 SEM 测试结果

图 2-15 为袁一煤矿 2022 -补 9 孔 5-3 灰岩样的 SEN 测试结果，该岩石采取深度为 263m。经过 SEM 测试分析可知，表面矿物呈片状堆积，发育不完全解理，矿物结晶杂乱无序。SEM 结果显示，岩样表面有较多的细小孔径。岩芯为灰岩，使用稀盐酸滴于岩芯表面会产生气泡。XRD 结果显示方解石含量为 58.7%。工程施工预防措施包括：①在施工前广泛收集区域地质资料，认真调查，深入研究地层规律，对矿区地层标志层应当准确把握。②钻遇岩样采集处地层时，主要考虑的问题为防止水害。在钻进过程中需添加钻井液降滤失剂，降低钻井液对地层的侵入。

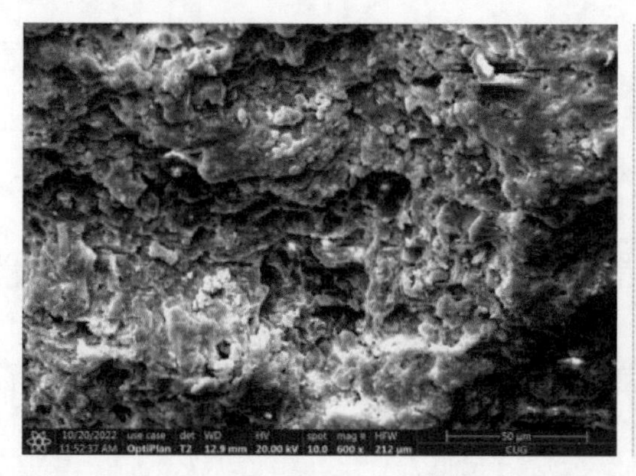

图 2-15　袁一煤矿 2022 -补 9 孔 5-3 岩样的 SEM 测试结果

图 2-16 为袁一煤矿 2022 -补 9 孔 5-25 灰岩样 SEM 测试结果，该岩样采集深度为 491m。经过 SEM 扫描后可知，岩样表面矿物呈片状结构，大小在几微米到十几微米，且片状结构中含有一定量大小不一的孔隙，有多处明显的孔洞，表面附着少量石英，较大一处裂隙达到 15μm。XRD 结果显示，该岩样为灰岩，钻遇岩样采集处地层时，主要考虑的问题为防止水害。在钻进过程中需添加钻井液降滤失剂，降低钻井液对地层的侵入。

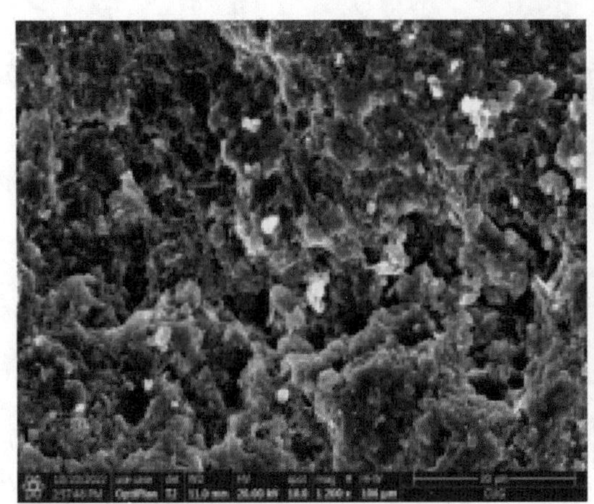
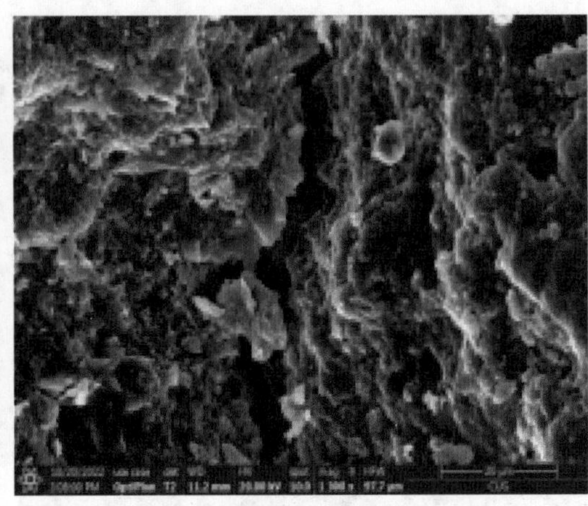

图 2-16　袁一煤矿 2022 -补 9 孔 5-25 岩样 SEM 测试结果

2.4.3　两淮煤田岩石力学参数分布规律分析

项目组收集了淮北钱营孜、任楼、连塘李、刘庄、潘二矿、潘一矿、谢一矿、新庄孜、淮南罗园等煤矿顶底板 1200 多组岩样的岩石力学参数，总结两淮煤田岩石力学参数的基本分布规律如下。

(1)岩石的力学性质与层位、深度无明显关系(图 2-17～图 2-19)。抗压强度大小主要分布在 20～60MPa 之间，抗拉强度大小主要分布在 0.5～4MPa 之间，内摩擦角主要分布在 30°～40°之间，黏聚力主要分布在 3～15MPa 之间，弹性模量主要分布在 5～35GPa 之间，泊松比主要分布在 0.14～0.3 之间。

(2)主采煤层顶、底板岩石相同岩性的物理力学性质变化范围都较大，力学指标平均值有所波动并与其他岩石有较大范围的交叉。

(3)岩石的力学性质与岩性有一定关系。不同岩石的载荷能力大小不同，一般是砂岩>粉砂岩>泥岩。

(4)各种岩石抗压强度值变化范围较大。岩石抗压强度值与岩石胶结物的成分、结构、构造及岩石裂隙的发育程度有关。

(5)断层破碎带岩石受构造应力作用的破坏，抗压强度也会明显降低。同时风化带岩石受风化作用及地下水作用，产生溶蚀或泥化，岩石强度也会明显降低。

(6)煤层顶底板孔隙度主要分布在 1%～8%之间，随视密度的增大而减小，与埋深无明显关系，如图 2-20、图 2-21 所示。

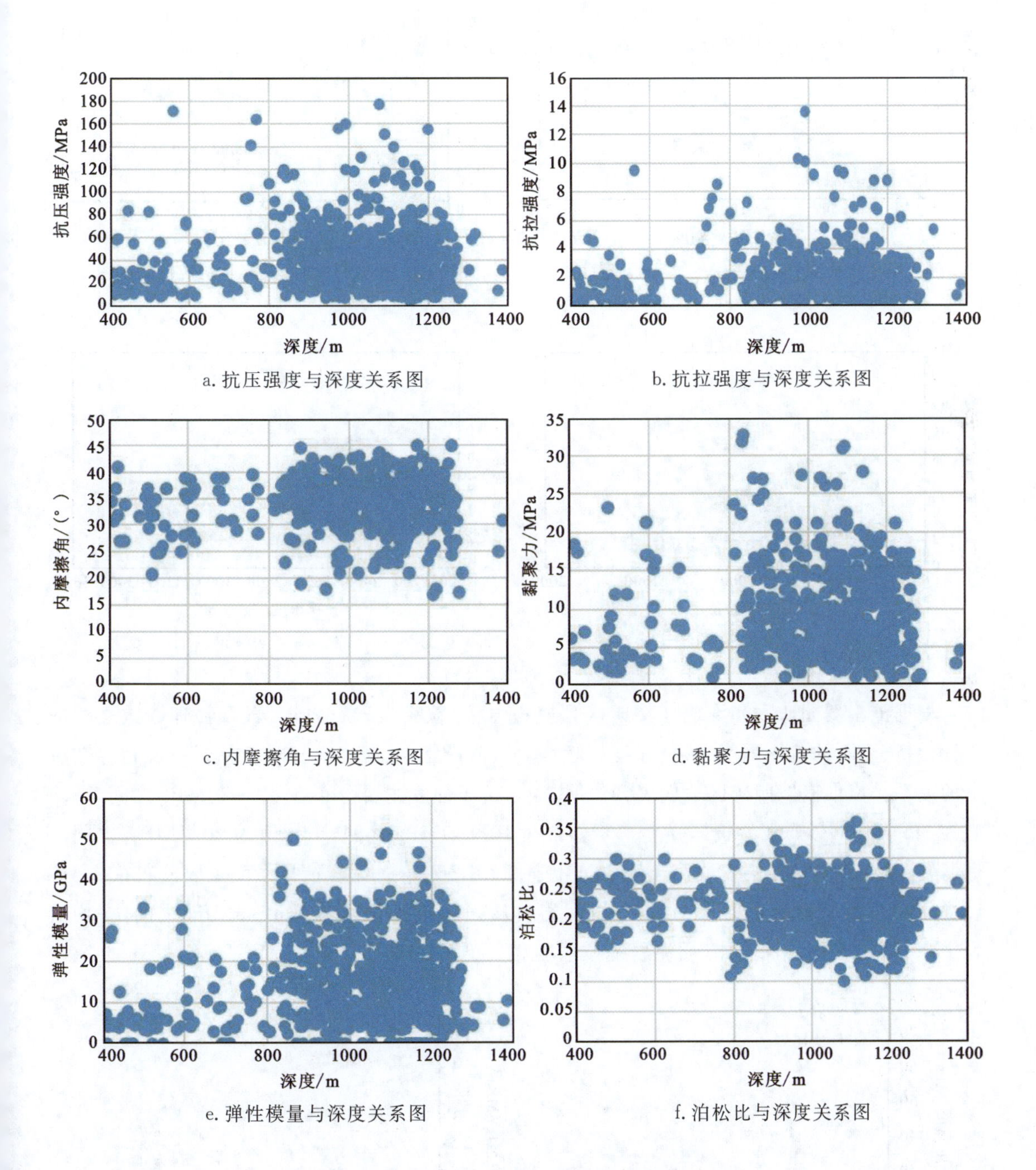

图 2-17　岩石力学参数与深度的关系图

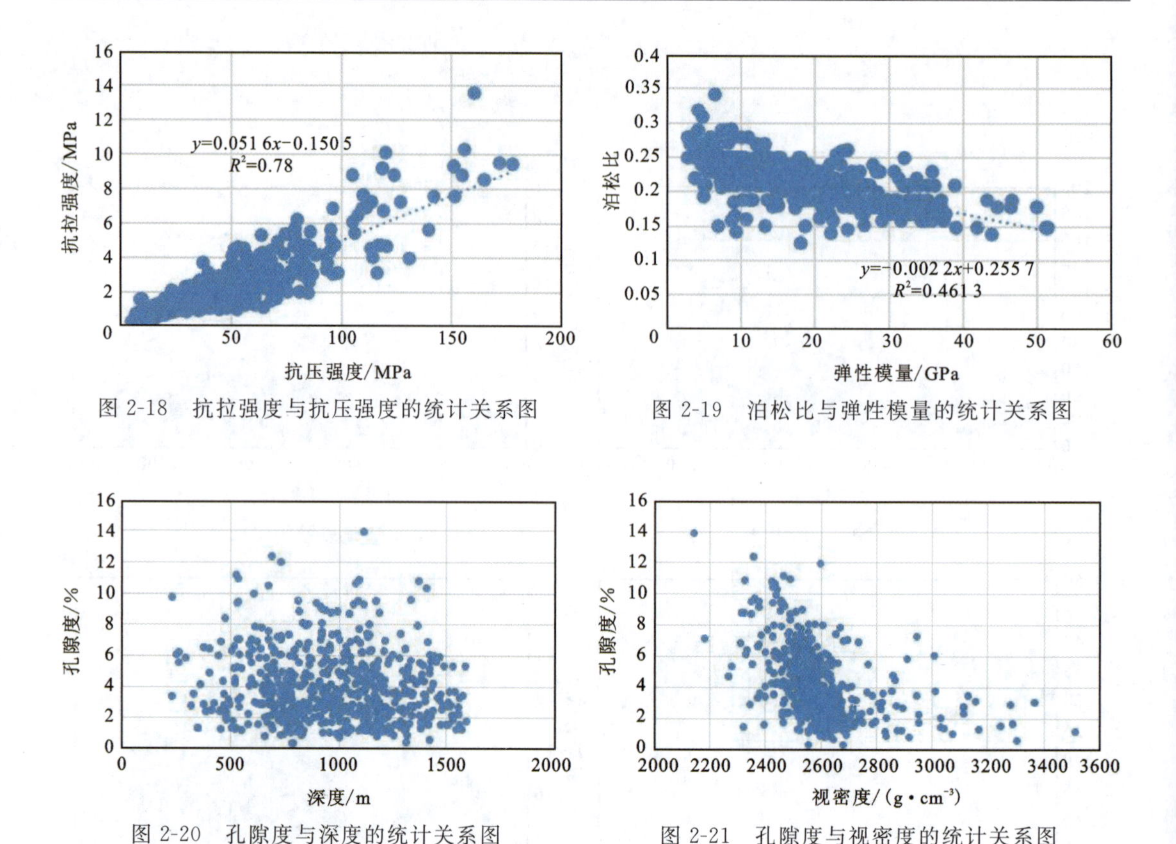

图 2-18 抗拉强度与抗压强度的统计关系图

图 2-19 泊松比与弹性模量的统计关系图

图 2-20 孔隙度与深度的统计关系图

图 2-21 孔隙度与视密度的统计关系图

根据淮南罗园矿区和淮北任楼矿区顶底板岩性、粒径与岩石力学、岩石物理参数之间的统计分析，岩石的抗压强度、抗拉强度、弹性模量、泊松比、视密度、孔隙度与岩性、粒径存在一定的关系。以淮南罗园矿区为例展开说明，泥岩抗压强度主要分布在 10～30MPa 之间，平均值为 18.6MPa，砂质泥岩抗压强度主要分布在 10～50MPa 之间，平均值为 30.1MPa，在同一深度处，砂质泥岩抗压强度略高于泥岩抗压强度(图 2-22a)。泥岩抗拉强度主要分布在 0.5～1.5MPa 之间，平均值为 1.24MPa，砂质泥岩抗压强度主要分布在 0.5～3MPa 之间，平均值为 1.95MPa，在同一深度，砂质泥岩抗拉强度略高于泥岩(图 2-22b)。

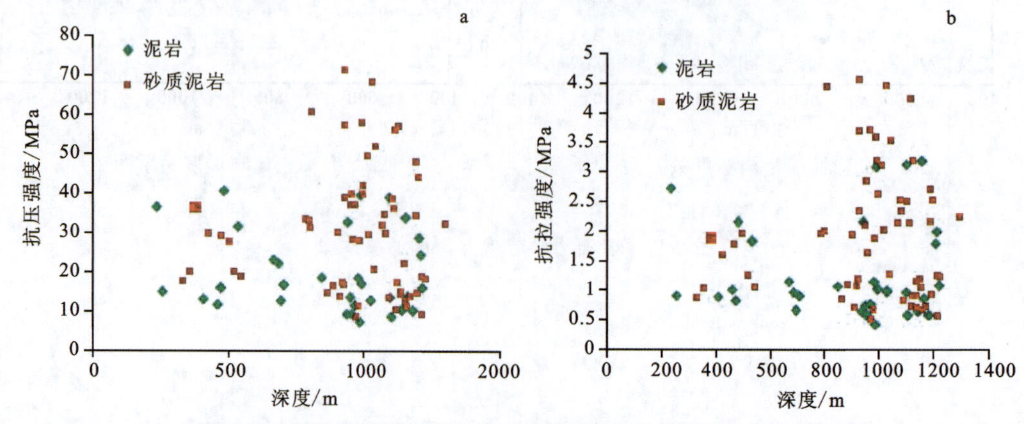

图 2-22 泥岩和砂质泥岩的抗压强度、抗拉强度与深度的关系图

泥岩弹性模量平均值为 5.91GPa，砂质泥岩弹性模量平均值为 5.97MPa，二者弹性模量相当(图 2-23)。泥岩泊松比平均值为 0.22，砂质泥岩泊松比平均值为 0.20，二者泊松比相当，一般分布于 0.2～0.3 之间(图 2-24)。

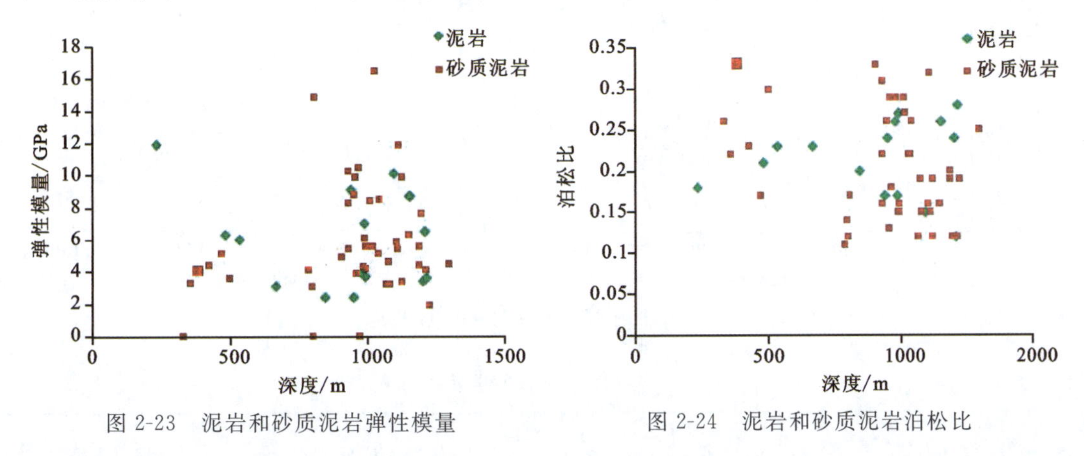

图 2-23　泥岩和砂质泥岩弹性模量

图 2-24　泥岩和砂质泥岩泊松比

泥岩视密度平均值 2.48g/cm^3，砂质泥岩视密度平均值 2.51 g/cm^3，二者视密度相当，一般分布在 2.3～2.6 g/cm^{3}之间。泥岩孔视密度略小于砂质泥岩的视密度(图 2-25)。泥岩孔隙度主要分布在 3%～7%之间，平均值为 5.10%；砂质泥岩孔隙度主要分布在 2%～6%之间，平均值为 3.98%；泥岩孔隙度略高于砂质泥岩的孔隙度(图 2-26)。

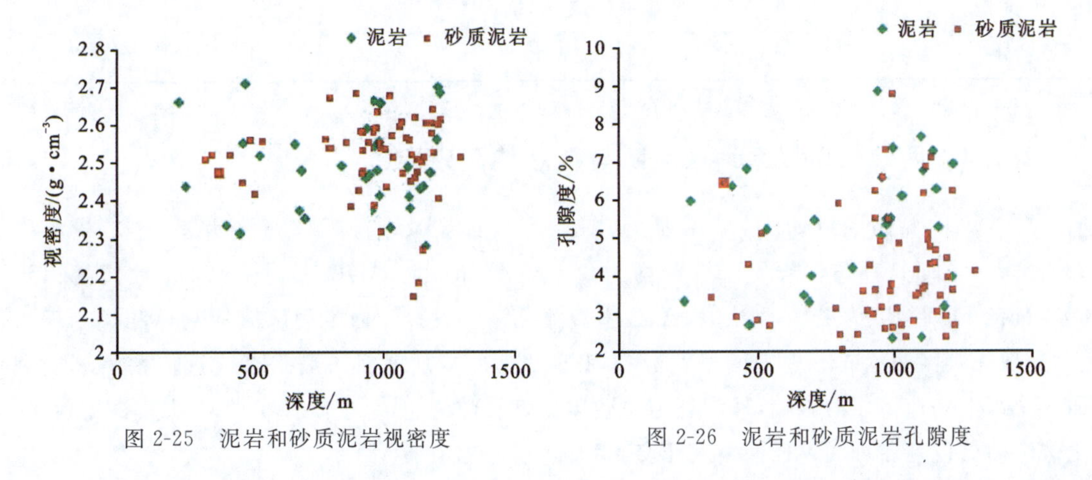

图 2-25　泥岩和砂质泥岩视密度

图 2-26　泥岩和砂质泥岩孔隙度

砂泥岩互层的强度与泥岩抗压强度和抗拉强度相当，但纯砂岩的抗压强度、抗拉强度通常高于泥岩。砂泥岩互层、粉砂岩、细砂岩、中砂岩和石英砂岩的抗压强度和抗拉强度与深度的关系如图 2-27 所示。

砂岩粒径越大，平均抗压强度越大，平均抗拉强度和平均弹性模量也越大。砂岩的平均视密度越大，平均孔隙度越小。砂岩的平均泊松比与砂岩粒径无明显关系。具体数据见表 2-4。

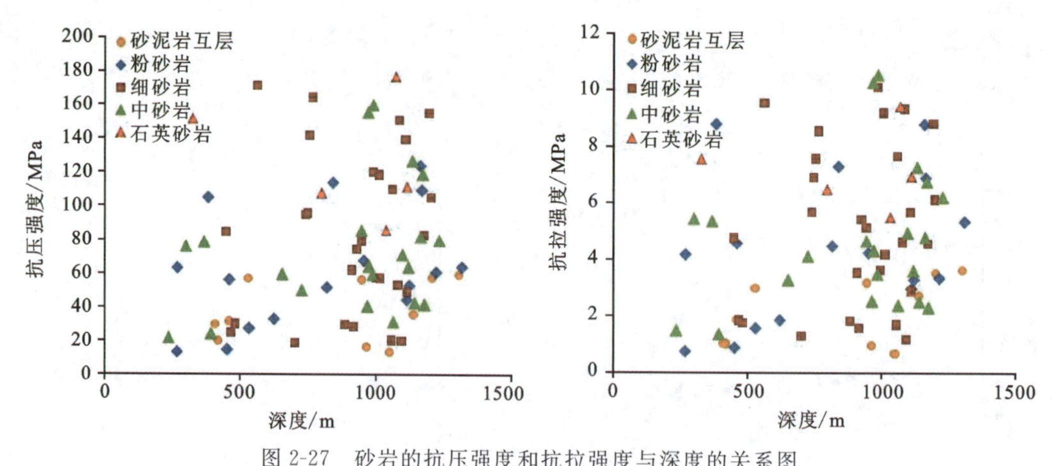

图 2-27　砂岩的抗压强度和抗拉强度与深度的关系图

表 2-4　砂岩粒径与岩石力学参数的关系表

岩性	平均抗压强度/MPa	平均抗拉强度/MPa	平均弹性模量/GPa	平均泊松比	平均视密度/(g·cm^{-3})	平均孔隙度/%
砂泥岩互层	32.5	1.87	6.06	0.2	2.503	4.65
粉砂岩	62.2	4.35	10.23	0.23	2.565	2.73
细砂岩	79.4	4.99	10.86	0.22	2.621	1.8
中砂岩	100.8	4.4	9.06	0.215	2.53	3.91
石英砂岩	126.5	7.2	17.46	0.226	2.6	1.97

2.4.4　两淮煤田煤系地层裂隙与孔渗特征分析

两淮煤田煤储层以粉煤、碎煤为主(图 2-28),且显微裂隙发育密度级差较大,最小为 23 条/9cm^2,最多为 563 条/9cm^2,平均为 110 条/9cm^2,且多以宽度小于 5μm 且长度小于 300μm 的 D 型裂隙为主,C 型次之,A、B 型裂隙几乎不发育。内生裂隙以面割理和端割理为主,呈现规则网格状或不规则网格状分布,以张性为主,割理面一般垂直或近似垂直于层理面。受水平构造挤压的影响,外生裂隙主要以剪性裂隙为主,呈现阶梯状、“X”状和叠瓦状,外生裂隙面可以与层理面以任何角度相交。

图 2-28　淮南新谢 1 井钻孔煤岩照片

淮北煤田各主采煤层的平均孔隙度为3.36%～10.34%，平均值为5.8%，其中7煤的孔隙度最高可达10.34%，其他煤层孔隙度一般为3%～6%。淮南煤田各主采煤层的平均孔隙度位于2.47%～9.03%之间，平均值为6.19%，且表现出上部煤层的孔隙度整体高于下部煤层孔隙度的特征。下石盒子组煤储层视密度介于1.15～1.26g/cm^{3}之间，平均值为1.21g/cm^3，压汞孔隙度介于3.67%～7.47%之间，平均值为5.72%(表2-5)。

表2-5 淮南下石盒子组煤层孔隙度测试结果

样品编号	煤层	视密度/(g·cm^{-3})	压汞孔隙度/%
13MY-3	8煤	1.26	4.37
PX-16	8煤	1.24	5.84
PX-17	8煤	1.15	7.47
PX-18	8煤	1.25	3.67
13MY-5	7-1煤	1.16	7.13
14MY-5	6煤	1.23	4.98
14MY-6	5-2煤	1.15	5.85
13MY-6	4-2煤矿	1.19	4.73
13MY-7	4-1煤	1.25	7.47
平均值		1.21	5.72

煤层试井渗透率测试表明，两淮煤田煤层渗透率主要分布在(0.002～3.21)×10^{-3}μm^2，两淮煤田煤层渗透率普遍偏低。淮北桃园矿区的CQ4孔7-1、7-2煤层和淮南潘集矿区的ⅥG1孔13-1煤层的渗透率分别达到3.21×10^{-3}μm^{2}和2.10×10^{-3}μm^2。淮南潘集5煤的渗透率在(0.004 9～2.57)×10^{-3}μm^{2}之间，平均值为0.41×10^{-3}μm^2；7煤的渗透率在(0.081～1.55)×10^{-3}μm^{2}之间，平均值为0.32×10^{-3}μm^2；8煤的渗透率范围在(0.105～3.71)×10^{-3}μm^{2}之间，平均值为0.59×10^{-3}μm^2。

钻孔岩芯脉冲渗透率测试结果表明(表2-6)，两淮煤田泥岩孔隙度一般分布在2.7%～3.9%之间，脉冲渗透率一般分布在(0.028～0.677)×10^{-3}μm^{2}之间。砂岩层孔隙度和渗透率略高，孔隙度分布在4.2%～4.7%之间，脉冲渗透率分布在(0.087～1.547)×10^{-3}μm^{2}之间。

表2-6 两淮煤田泥岩及砂岩脉冲渗透率测试结果

岩性	层位	孔号	孔隙度/%	脉冲渗透率/×10^{-3}μm^2
泥岩	上石盒子组	PQ-1	3.2	0.037
泥岩	上石盒子组	Ⅰ3-2	3.6	0.028
泥岩	下石盒子组	PQ-1	2.9	0.035
泥岩	下石盒子组	Ⅰ3-2	3.4	0.677

续表 2-6

岩性	层位	孔号	孔隙度/%	脉冲渗透率/×10^{-3} μm^2
泥岩	下石盒子组	PQ-1	2.7	0.046
泥岩	山西组	PQ-1	3.9	0.071
泥岩	山西组	PQ-1	3.2	0.053
细砂岩	上石盒子组	PQ-1	4.5	1.547
粉砂岩	上石盒子组	Ⅰ3-2	4.2	0.324
粉砂岩	下石盒子组	Ⅰ3-2	4.7	0.087

3 井身结构与井眼轨迹设计

3.1 井身结构设计

油气及煤矿井下多分支水平井钻井工程实践表明，合理的井身结构设计是安全钻井、快速钻达目的层及顺利完井并实现工程目的的前提，是提高钻井效率，保护好储层的基础。

井身结构设计的主要依据是地质基础和工程目的、地质设计要求、地层结构、完井方法、孔隙压力、水文地质条件、破裂压力、钻井设备条件和钻进工艺技术水平等。

3.1.1 井身结构设计程序

井身结构设计程序参照以下流程进行：①确定最优生产套管规格和下深；②确定套管结构和井身结构设计系数；③确定三开井径和井深；④确定二开井径和井深；⑤确定合理表层套管规格和下深；⑥确定一开井径和深度；⑦确定各层套管、钻头的尺寸和水泥返深。

3.1.2 井身结构设计原则

井身结构设计包括套管层次设计和各层套管下入深度的确定，以及井眼尺寸（钻头尺寸）与套管尺寸的配合设计。井身结构设计应遵循下列原则：①井身结构应充分满足钻井、完井生产需要以及参数获取的需要；②固井工艺技术应有利于保护煤储层；③充分考虑到出现漏、涌、塌、卡等复杂情况的处理作业需要（一般应留有余地），以实现安全、优质、快速、低成本钻井；④应尽可能地简化井身结构，以降低成本、避免工程失误；⑤水平井水平段井径应满足抽排气或注浆要求。

3.1.3 井身结构优化方法

井身结构优化宗旨是在满足钻井工程安全和压裂要求的基础上，实现节能减排，即实现加快钻井速度，缩短钻井周期，减少钢材、水泥用量，减少钻机油料、泥浆材料消耗，减少岩屑、废液排放。

因此，井身结构的总体优化目标为：①提高机械钻速；②减少入井套管用量；③减少固井水泥用量。

两淮水害防治和瓦斯治理水平井目前采用的都是三开井身结构，从表 3-1、表 3-2 看出，可进行井身结构优化的井段主要为瓦斯治理水平井一开和三开井段。根据一开井段工程地质条件，精准把握易漏失、易垮、易坍塌层位，确定必封点，尽量减少一开井段的下入深度，可以节约套管材料。根据 William 钻速方程，缩小钻头尺寸，可以提高钻头单位面积机械破岩能量和水力能量，从而达到提高机械钻速的目的。William 钻速方程如下。

表 3-1 瓦斯治理水平井井身结构表

单位：mm

开钻程序	钻头尺寸	套管类型	套管尺寸
一开	Φ444.5	表层套管	Φ339.7
二开	Φ311.1	技术套管	Φ244.5
三开	Φ215.9	生产套管	Φ139.7

表 3-2 注浆堵水定向多分支水平井井身结构表

单位：mm

开钻程序	钻头尺寸	套管类型	套管尺寸
一开	Φ311.1	表层套管	Φ244.5
二开	Φ215.9	技术套管	Φ177.8
三开	Φ152.4、Φ132	裸孔	

$$R = 108.6\left(\frac{W}{4D}\right)^{0.62}\left(\frac{N}{100}\right)^{0.75} \tag{3-1}$$

式中，R 为机械钻速，m/h；W 为钻压，kN；N 为转速，r/min；D 为钻头直径，mm。

两淮煤田瓦斯治理水平井的一开钻头直径为 Φ444.5mm，下入 Φ339.7 套管，可考虑打 50m 左右深度的直径为 Φ609.6mm 的导眼，下入 Φ473.1mm 导管，然后一开直径为 Φ406.4mm 钻头钻进，下入 Φ339.7mm 套管；二开采用直径为 Φ311.1mm 钻头，下入直径为 Φ244.5mm 技术套管；三开采用直径为 Φ215.9mm 的钻头，下入 Φ139.7mm 套管，在满足采气要求和套管可下入性的情况下，可考虑采用直径为 Φ171.5mm 的钻头，下入 Φ114mm 套管，以提高机械钻速。

3.1.4 两淮煤田适用井身结构

两淮煤田瓦斯治理水平井井身结构采用表 3-1 所示参数，结构如图 3-1。注浆堵水地面定向多分支水平井井身结构宜采用表 3-2 所示参数，结构如图 3-2。一开钻开表土层，进入基岩或稳定地层 5～10m，下表层套管；二开钻至目标层着陆点以上，下技术套管；三开顺目的层钻至设计深度，下生产套管完井或裸眼完井。对于瓦斯治理井，二开时一般首先使用 Φ311mm 钻头钻至造斜点，然后用 Φ215.9mm 钻头钻进导眼孔，钻穿煤层底板 5m，获取煤层深度及厚度等参数，完钻后用水泥封孔至造斜点，继续采用 Φ311.1mm 钻头钻至水平井侧钻井深，下入 Φ244.5mm×8.94mm 技术套管。表层套管、技术套管一般选用 J55 套管，生产套管一般选用 P110 套管。在实际生产过程中，根据工程需要调整套管尺寸与钻头尺寸。

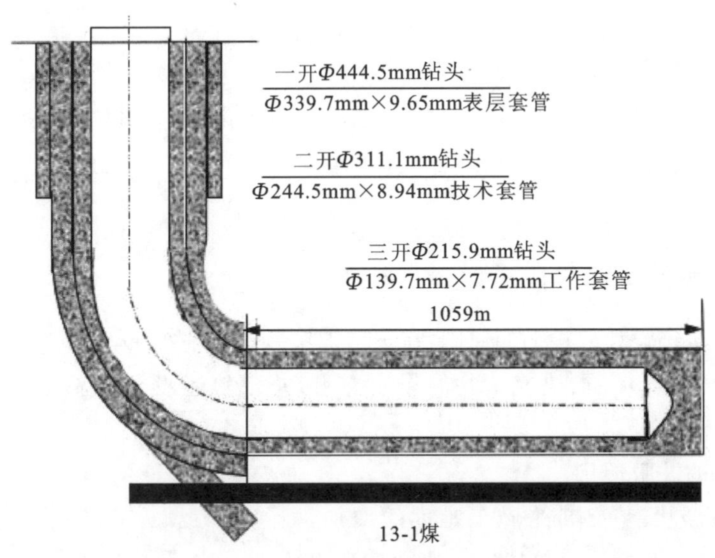

图 3-1 瓦斯治理水平井井身结构图

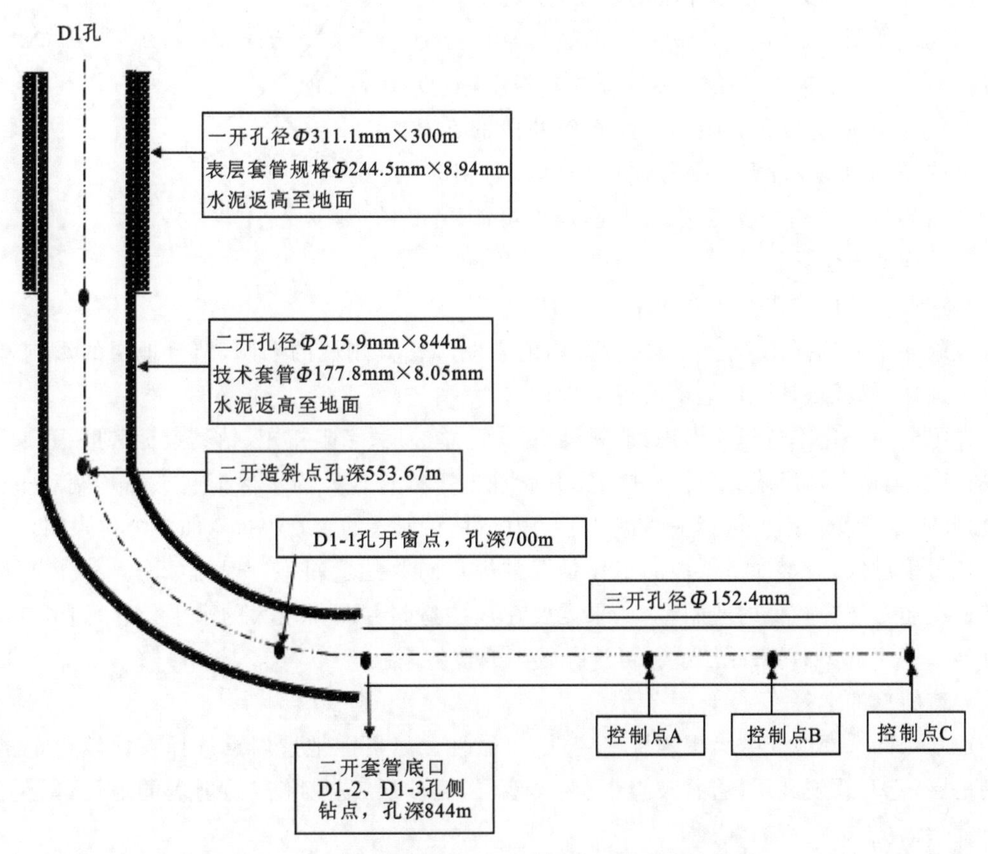

图 3-2 注浆堵水地面定向多分支水平井井身结构图

3.2 井眼轨迹设计

定向井井眼轨迹设计将影响井深、摩阻扭矩、井眼净化、套管磨损和工程作业成功率等，优化定向井井眼轨迹设计可以降低定向井施工难度。定向井井眼轨迹设计应充分结合地层特征和工程目的。

3.2.1 井眼轨迹设计要点

定向井井眼轨迹设计应遵循的原则：在不增加钻井难度前提下，尽量减少钻井总进尺；井眼轨迹要有利于安全、优质、快速钻井的作业要求；井眼轨迹设计要满足完井、生产作业的要求。

1)选择合适的井眼形状

复杂的井眼形状，势必带来施工难度的增加，因此井眼形状的选择，力求越简单越好。从钻具受力的角度来看，降斜井段会增加井眼的摩阻，引起更多的复杂情况。如图3-3所示，增斜井段的钻具轴向拉力的径向的分力，与重力在径向的分力方向相反，有助于减小钻具与井壁的摩擦阻力。而降斜井段的钻具轴向力的径向分力，与重力在径向的分力方向相同，会增加钻具与井壁的摩擦阻力。因此，应尽可能不采用降斜井段的轨道设计。

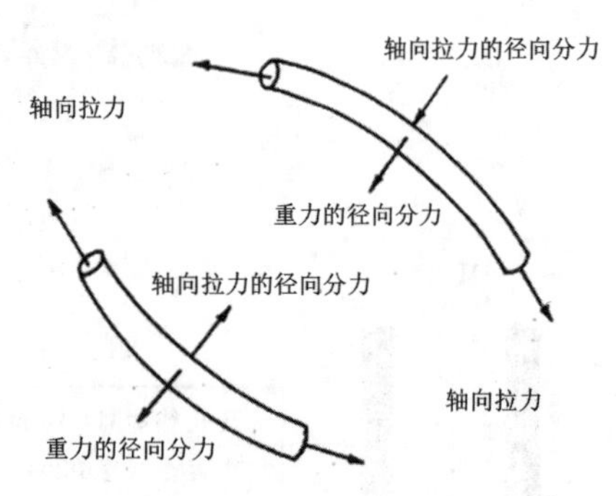

图3-3 增斜井段与降斜井段受力示意图

2)选择合适的井眼全角变化率

井眼曲率的选择要考虑工具造斜能力的限制和钻具刚性的限制，结合地层的影响，留出充分的余地，保证设计轨迹能够实现。

井眼全角变化率选择应考虑：造斜段的长短、总进尺、摩阻扭矩、钻具疲劳和磨损、起下钻难易程度、键槽卡钻风险、电缆测井和完井管柱的下入作业。为了保证起下钻顺利和下套管安全，井眼全角变化率的选择应考虑井下动力钻具和下入的套管串抗弯曲能力的限制。

造斜率过低，会增加造斜段的工作量。常规定向井的造斜率一般为(2.1°～4.2°)/10m。浅层造斜通常选择较低的造斜率，如果需要在浅层造斜并获得较大的水平位移，造斜率可提高到(4.2°～4.8°)/10m；深层造斜可选择较高的造斜率。

3)造斜点的选择

造斜点的选择应充分考虑地层稳定性、可钻性。尽可能把造斜点选择在比较稳定、均匀的硬地层，避开软硬夹层、岩石破碎带、漏失地层、流沙层、易膨胀或易坍塌的地段，以免出现井下复杂情况，影响定向施工。

造斜点的深度应根据设计轨迹的垂深、水平位移和选用的轨迹类型来决定，为减少定向作业磁干扰，造斜点通常选在上一层套管鞋30m以下。应充分考虑井身结构的要求，以及设计垂深和位移的限制，选择合理的造斜点位置。

4)选择合适的造斜井段长度

造斜井段长度的选择,影响着整个工程的工期进度,也影响着动力钻具的有效使用。若造斜井段过长,一方面由于动力钻具的机械钻速偏低,使施工周期加长,另一方面由于长井段使用动力钻具,必然造成钻井成本的上升。所以,过长的造斜井段是不可取的。若造斜井段过短,则可能要求很高的造斜率。一方面造斜工具的能力限制,不易实现,另一方面过高的造斜率给井下安全带来了不利因素。所以,过短的造斜井段也是不可取的。因此,应结合钻头、动力马达的使用寿命限制,选择出合适的造斜段长,一方面能达到要求的井斜角,另一方面能充分利用单只钻头和动力马达的有效寿命。

5)选择合适的稳斜段井斜角和入靶井斜角

井斜角太小时,方位不好控制;井斜角太大时,施工难度又会增加。因此,稳斜段井斜角和入靶井斜角的选择,应充分满足轨迹控制的需要。另外,它对方位控制、电测、钻速都有明显的影响。

一般来讲,井斜角的大小与轨迹控制的难度包括:①井斜角小于15°时,方位难以控制。②井斜角在15°～40°时,既能有效地调整井斜角和方位,也能顺利地钻井、固井和电测,是较理想的井斜角控制范围。③井斜角在40°～50°时,钻进速度慢,方位调整困难。④井斜角大于60°,电测、完井作业施工难度很大,易发生井壁垮塌。稳斜段井斜角一般选择大于15°,以利于控制井眼方位角;稳斜段的井斜角尽量避开45°～65°,因为在该角度范围内携砂困难,易形成岩屑床。

6)二开套管底口(着陆点)合理选择

二开套管底口(着陆点)合理选择应加强对地层构造特征研究分析,原则上二开套管着陆点前方50m范围内,不能存在软硬交替地层、破碎带等,尽量远离煤层、软弱层或断层,应从造斜段的轨迹设计进行调整,为分支井施工创造有利条件。

7)靶前距控制

靶前距指着陆点和第一靶点之间的水平距离。合适的靶前距可以给轨迹着陆后调整轨迹姿态、准确进入靶窗提供必要的条件。当目标层近似水平时靶前距控制在20～30m,上倾目标层控制在10～20m,下倾目标层控制在20～40m。

3.2.2　煤层底板注浆多分支水平井布置

1)煤层底板注浆多分支水平井的适用条件及布置原则

国内煤层底板多以薄层灰岩含水层为主要治理目标,利用地面多分支水平井对薄层灰岩进行区域性探查和注浆改造,为工作面安全回采创造条件。一般情况下,采用多分支水平井进行煤层底板水害防治主要适应于以下几种地质条件。

(1)煤层底板下伏含水层顶部发育一定厚度的隔水层,泥质填充较好,与灰岩接触紧密,透水性和导水性较差,能够承受较高的注浆压力。

(2)治理区域目的层发育较好且地层稳定,岩性硬度及厚度适中,距主采煤层垂距适合定向钻进,定向施工时突水风险较小。

(3)对某一工作面而言,若煤层底板岩性各向异性较强,隔水层厚度较薄,存在隐伏导水陷落柱、断层及伴生裂隙带等灰岩高压岩溶水威胁，底板含水层富水性不均一、受构造破坏区域突水系数远高于临界突水系数，疏排水成本较高，不宜采用疏水降压开采方法，可考虑通过多分支水平井对底板进行注浆加固。

(4)采用常规注浆钻孔防治水，布设钻孔数量较大，施工周期较长，治理效果欠佳，或需在未成型工作面运输巷和回风巷布置注浆钻孔时，可采用地面多分支水平井进行区域超前治理。

分支井的目的是在一定的进尺前提下，尽可能多地扩大覆盖面积，以提高注浆堵水治理面积和效果。在总钻进进尺相同的条件下，增加分支数量意味着增加钻进难度与费用。分支井分布形态与井壁稳定性、单位长度注浆量有关系。在地面布置施工多分支水平注浆井，应结合煤层底板超前注浆加固技术和地层条件，遵循以下原则。

(1)多分支水平注浆井设计应结合治理区域三维地震资料、邻近工作面实际揭露的地质资料等，井位布设应兼顾多个工作面以及主井附近的盲区。

(2)一般采用扇形或半扇形多分支水平井的方式，技术套管应下入至稳定层段，以保证水平井眼钻进安全。

(3)多分支水平井应呈“线网”状布置，尽量揭露含水层，使顺层近水平井眼与更多的层间结构面接触。

(4)因分支井眼较多、水平位移较大，钻具在水平井段摩阻和扭矩较大，导致井眼清洁困难、托压严重等问题，限制水平井高效钻进，应尽可能地选择摩阻扭矩小的井眼轨迹。

(5)多分支水平井空间位置应选择在煤层底板之下的隔水层或弱含水层中，以保证浆液扩散边界涉及至有效治理范围内。分支井眼应尽量分布均匀，覆盖整个工作面，超出工作面外围 30m 以上的为加固改造范围。

(6)分支井间距的确定应依据该地区地层条件下注浆浆液的扩散范围，为确保目的层构造、岩溶空隙的全面填充，各分支间距应不大于 2 倍的浆液扩散距离，不小于单井注浆浆液扩散距离。

(7)治理区域目的层发育较好且地层稳定，岩性硬度及厚度适中，距主采煤层垂距适合定向钻进，降低定向施工时突水风险。

2)孔口布置原则

钻孔孔口位置的选择至关重要，决定了钻孔施工的难易程度与能否有效完成钻探任务。孔口位置的选择，应从以下几个方面进行考虑：①工程目标范围以及构造发育的优势方位；②孔口位置至二开着陆点距离(曲率半径)一般大于 200m；③孔口位置应保证钻孔轨迹远离井下巷道及塌陷区，结合钻孔轨迹初步设计，选择的孔口位置尽可能地使钻孔轨迹避开采空区与巷道，并保持 20m 以上的安全距离；④结合地面建筑物与地形情况，选择较为空旷，便于施工区段。

施工前的施工组织设计阶段，应按照上述孔口布置要求，根据现场场地实际情况、掌握的地层具体情况及施工单位装备技术条件等，对初步设计的井眼轨迹进行详细设计，确定具体的孔口坐标、着陆点、控制点、靶点坐标等，同时对主井井身及分支井进行设计。潘二矿西四 D2 孔组主孔原设计孔口坐标 X：32 601m，Y：85 323m，Z：+22m，因靠近塌陷区，不便进场安装井架，故向矿方申请变更孔口坐标 X：32 594.59m，Y：85 311.01m，Z：＋19.37m，重新设计的着陆点、控制点、靶点坐标见表 3-3。

表 3-3　D2 孔组主孔轨迹控制点设计参数表

潘二矿		孔口坐标	X/m	Y/m	埋深 H/m
西四 A 组煤采区			32 594.59	85 311.01	＋19.37
地面标高	2 孔组主孔		X/m	Y/m	埋深 H/m
＋19.37m	着陆点	A	32 738.71	85 173.05	706.17
	控制点	B	32 869.38	85 030.77	900
	靶点	C	33 141	84 735	1 295.68

3）厚层非完整隔水层灰岩水害治理多分支水平井布置

淮南矿区矿井属“厚层非完整隔水层灰岩水害”类矿井，煤层底板主要充水含水层包含太灰含水层和奥灰含水层，对矿井构造威胁，煤层底板灰岩水防治的主要任务为探查封堵垂向导水通道。

潘二煤矿太灰含水层构造裂隙多以隐伏陷落柱和裂隙带复合体的形式存在，必须结合高压注浆劈裂地层原生裂隙方式综合查找隐伏导水通道，然后注浆封堵。因此需采用“连续高压劈裂注浆”方式，利用低密度高压水泥浆液代替钻探对裂隙通道进行探查。以潘二煤矿 12123 工作面 8～6 定向分支孔注浆过程为例，如图 3-4，该钻孔先期注浆压力上升极快，当达到 7.7MPa 高压力之后，劈裂岩石裂隙通道，注浆压力降为零，表明探明较大的岩溶裂隙腔体。随后持续注浆之后，压力发生 3 次小幅下跌，表明注浆探明 3 个较小裂隙腔体。

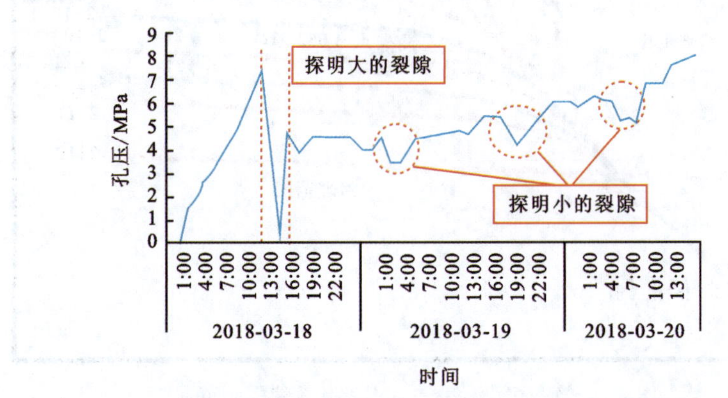

图 3-4　潘二煤矿 12123 工作面 8～6 定向多分支水平井注浆压力曲线

4）高水压复合灰岩水害治理多分支水平井布置

朱庄煤矿Ⅲ634/6 工作面 D-2 分支孔注浆过程为低压充填、高压劈裂、低压充填、高压劈裂和高压裂隙加固 5 个阶段，各阶段可循环重复（图 3-5）。

5）多分支水平井布置设计方案变更

工程施工过程中应根据钻遇地层、注浆异常等实际情况，结合治理工程要求及时研判，必要时对多分支水平井布置设计方案进行变更。

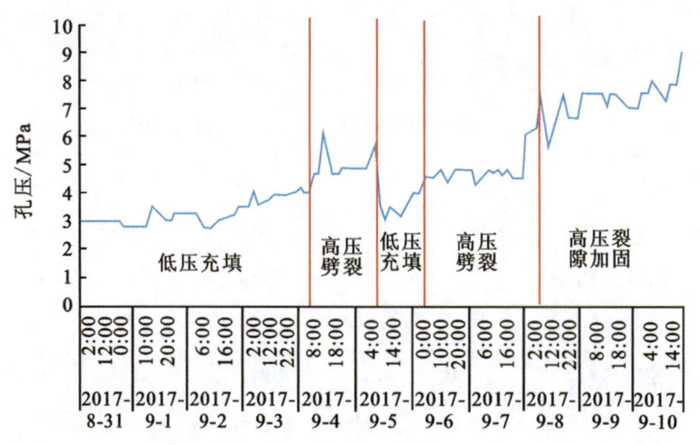

图 3-5 朱庄煤矿Ⅲ634/6 工作面 D-2 定向分支孔注浆压力曲线

潘二矿西四 D2 孔组原设计 1 个主孔，12 个分支孔。在 D2 孔组 D2-10、D2-11、D2-12 范围内，地层垂向裂隙极发育，水流通畅。出现地质异常的根本原因为受陷落柱（带）的影响，该地层垂向上受牵引力，形成极为通畅的垂向导水通道。

D2-10 分支孔钻进过程中，在 1 052.91m 处出现浆液漏失（最大漏失量 1.9m^3/h），并在注浆前期出现孔口压力突然降至 0，表明该钻孔揭露范围存在注浆全漏区域。为进一步探查 D2-10 分支孔周边地层和构造发育情况，并加固注浆，在 D2-10 分支孔两侧分别增加了验证孔 D2-10-1 孔和 D2-10-2 孔（第一次变更），如图 3-6。

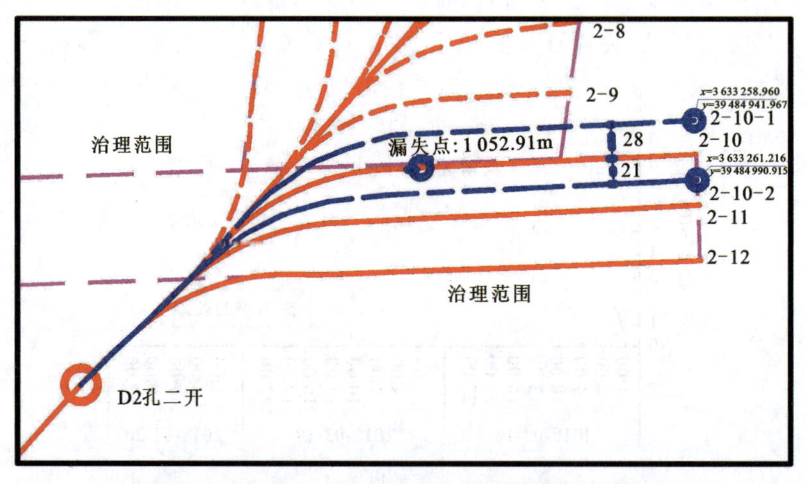

图 3-6 第一次设计变更方案钻孔轨迹平面布置图

D2-10-2 钻探施工期间，在孔深 1 169.74m 处冲洗液消耗量增大，注浆期间压力有突变现象；水平段长度 569.45m，单位水泥注入量 6.04t/m，吃浆量大；注浆期间，距离钻孔水平段上方 86m 左右的西四 A 组煤采区矸石胶带机上山巷道多次跑浆，且此巷道在施工掘进期间曾有出水现象，如图 3-7；第二次透孔复注，压力在 10MPa 左右时，平面距离 300m，垂高相差 60m 左右的 12123 切眼底板巷 5 号钻场水文前探钻孔发生跑浆，跑浆量 3～4m^3/h；D2-5 孔注浆压力为 6～7MPa 时，平面距离 300m，垂高相差 60m 的 12123 切眼底板巷 5 号钻场水文前探钻孔再次跑浆，跑浆量约 2m³/h。综上所述，该区域垂直及水平方向裂隙极其发育，存在隐伏导水构造可能性较大。为了进一步探查 D2-10-2 分支孔漏失点与巷道出水点之间涌水通道的发育情况，对 D2-10-2 分支孔两边地层注浆加固，在 D2-11 与 D2-12 中间、平行于 D2-11 与 D2-12 孔再施工一个水平分支孔并注浆 D2-10-3，在 D2-10-1 孔水平段侧钻并过西四 A 组煤矸石胶带机上山巷道漏水点下部交叉施工一个机动验证分支孔 D2-10-4，如图 3-8。

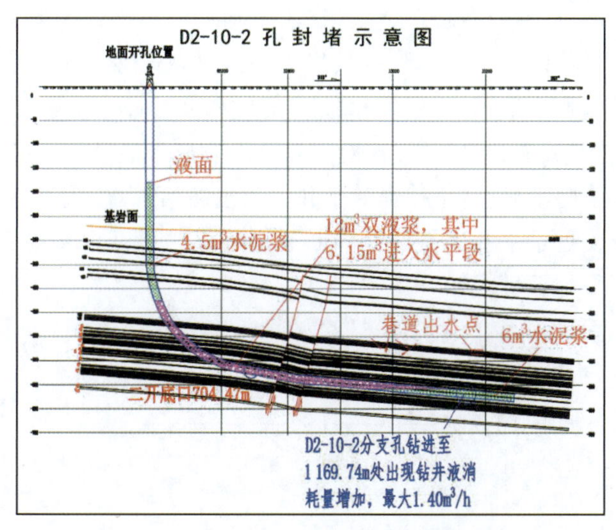

图 3-7 D2-10-2 分支孔封堵示意剖面图

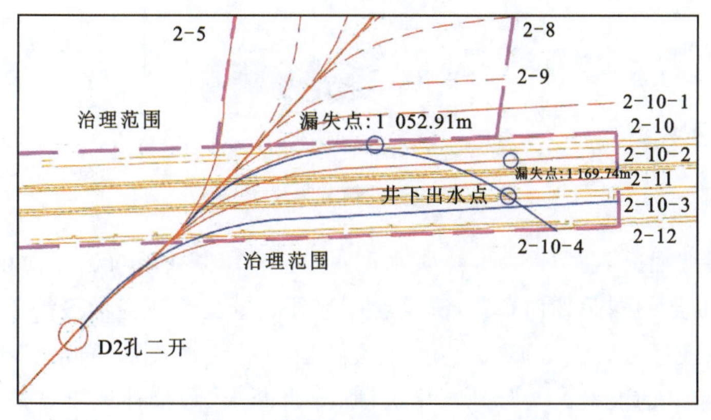

图 3-8 变更钻孔轨迹平面布置图

变更后的布置方案达到了设计注浆要求，完成了煤层底板灰岩溶隙、裂隙以及垂向导水构造等富水区域探查治理任务。

3.3 多分支水平井水平间距优化与应用

3.3.1 多分支水平井注浆浆液扩散模拟

以潘二西四 D2 井组(图 3-9)为例，对淮南矿区奥灰水防治中注浆浆液进行扩散模拟研究，为多分支水平注浆井井间距布置提供了理论依据。

1)工程地质背景

淮南矿区太原组灰岩含水层总体富水性弱，但因含水层水压高，巷道掘进至断层带及裂隙发育处，存在底板灰岩水涌出的可能，进而威胁巷道施工安全。井田内奥灰含水层单位涌水量为 0.000 13～0.769L/(s·m)，弱—中等富水性，奥陶系和寒武系灰岩岩溶裂隙发育不均一，局部岩溶极发育，应为弱—强富水性且富水不均一。奥陶系与寒武系地层平行不整合接触，接触面没有隔水层，因此可将奥陶系灰岩与寒武系灰岩视为同一含水层组。寒武系顶部岩石破碎，裂隙发育，见小溶洞，为弱富水性。奥灰水可通过导水断层、陷落柱地质异常体造成垂向裂隙发育，充入太灰含水层，进而对 1 煤开采及底板巷道施工产生突水威胁。

根据底板灰岩水害防治思路，坚持奥灰水和太灰水防治并重，重点探治垂向导水构造，采用地面定向顺层多分支近水平孔进行注浆隔断巷道底板与奥灰含水层间水力联系。注浆井筒与地层示意图如图 3-9 所示。

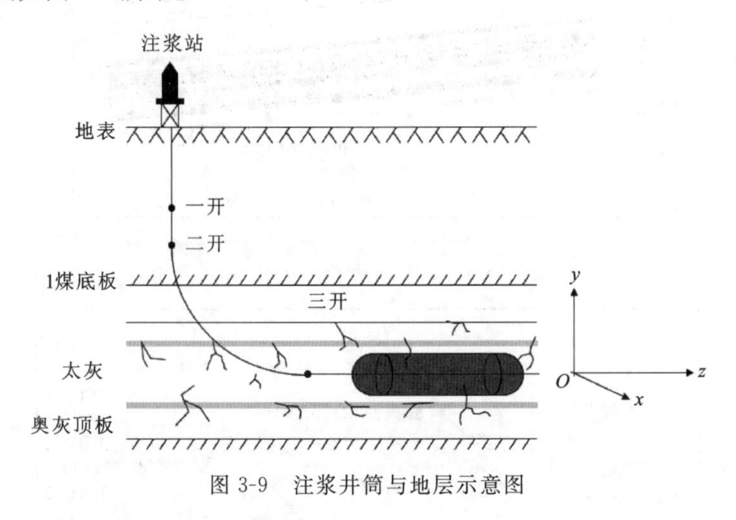

图 3-9　注浆井筒与地层示意图

D2 孔组设计工程量 6 821.85m，注浆水泥量 9715t。主井眼轨迹剖面设计完成后，各分支井眼轨迹在平面上的间距如何布置，决定着该治理区域注浆改造的最终效果。各分支井间距过大，会造成浆液扩散后无法形成交集，达不到预期的注浆效果；间距过小，则会导致钻井成本的增加以及浆液的浪费。实际地层中裂隙、导水断层、陷落柱地质体造成了介质的复杂性，以及众多因素对浆液扩散过程的影响。浆液在裂缝、孔隙都发育的双重介质地层中的一般扩散距离作为多分支井水平注浆井间距布置的依据。

2)模型基本假设

通过对注浆介质概化，需要作出以下基本假设：①裂缝-孔隙发育的底板灰岩地层假设为各向异性孔隙介质；②水泥浆液在底板灰岩中的渗流为多孔介质达西渗流，水泥浆液为不可压缩的均质稳定的牛顿流体；③水泥浆液和原孔隙水为两种相态的流体介质，忽略浆水相交界面水对浆液的稀释作用；④底板灰岩中原始裂隙为水饱和状态，水泥浆液注入后为两相共存；⑤由于分支井眼长达数百米，故在井眼轴线横截面上水泥浆液渗流满足二维径向渗流，如图 3-10 所示。

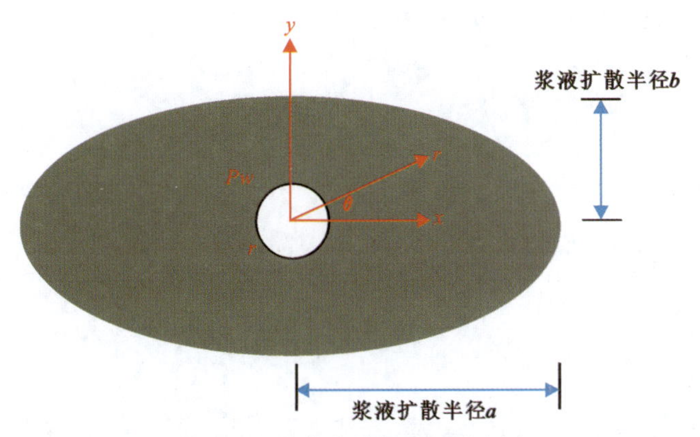

图 3-10 注浆井筒与地层示意图

3)数学模型

水泥浆液在岩层中运动的过程实质上是浆液躯替地下水并填充多孔介质中裂隙、溶隙和断层带等导水通道的过程。孔隙水和水泥浆液在底板灰岩中流动时的质量守恒方程分别为

$$\begin{cases}-\dfrac{\partial}{\partial x}(\rho_{\mathrm{w}} v_{\mathrm{w}x})-\dfrac{\partial}{\partial y}(\rho_{\mathrm{w}} v_{\mathrm{w}y})=\dfrac{\partial(\phi\rho_{\mathrm{w}} S_{\mathrm{w}})}{\partial t}\\-\dfrac{\partial}{\partial x}(\rho_{\mathrm{c}} v_{\mathrm{c}x})-\dfrac{\partial}{\partial y}(\rho_{\mathrm{c}} v_{\mathrm{c}y})=\dfrac{\partial(\phi\rho_{\mathrm{c}} S_{\mathrm{c}})}{\partial t}\end{cases} \tag{3-2}$$

式中，$v_{\mathrm{w}x}$、$v_{\mathrm{w}y}$ 分别为 x 和 y 方向上孔隙中水相渗流速度，m/s；$v_{\mathrm{c}x}$、$v_{\mathrm{c}y}$ 分别为 x 和 y 方向上孔隙中水泥浆液渗流速度，m/s；ρ_{c}、ρ_{w} 分别为孔隙中水泥浆液和水的密度，kg/m^3；S_{c}、S_{w} 分别为孔隙中水泥浆液和水的饱和度；ϕ 为平均孔隙度。

在不可压缩流体流体体积法中，浆水流体的混合密度会随运动位置的变化而变化：

$$\frac{\partial(\rho\varphi)}{\partial t}+\nabla(\rho v)=0 \tag{3-3}$$

混合液密度和黏度可为水泥浆液与孔隙水的加权平均：

$$\begin{aligned}\rho&=\rho_{\mathrm{c}} S_{\mathrm{c}}+\rho_{\mathrm{w}} S_{\mathrm{w}}\\\mu&=\mu_{\mathrm{c}} S_{\mathrm{c}}+\mu_{\mathrm{w}} S_{\mathrm{w}}\end{aligned} \tag{3-4}$$

式中，μ_w 为水的黏度，Pa·s；μ_{c} 为水泥浆液的黏度，Pa·s；ρ 为混合液的密度，kg/m^3；μ 为混合液的黏度，Pa·s；其他同上。

根据广义达西定律，流体渗流速度为

$$v_x=-\frac{k_x}{\mu}\frac{\partial p}{\partial x} \qquad v_y=-\frac{k_y}{\mu}\frac{\partial p}{\partial y} \tag{3-5}$$

式中，k_x、k_y 分别为岩体在 x 方向与 y 方向的渗透率，m^2；v_x、v_y 分别为流体在 x 方向与 y 方向的渗流速度，m/s。

孔隙水和水泥浆液在底板灰岩中流动时速度分别为

$$\begin{bmatrix}v_{\mathrm{w}x}\\v_{\mathrm{w}y}\end{bmatrix}=\begin{bmatrix}v_x\\v_y\end{bmatrix}S_{\mathrm{w}} \qquad \begin{bmatrix}v_{\mathrm{c}x}\\v_{\mathrm{c}y}\end{bmatrix}=\begin{bmatrix}v_x\\v_y\end{bmatrix}S_{\mathrm{c}} \tag{3-6}$$

孔隙水和水泥浆液两相饱和度之和为1,即

$$S_c + S_w = 1 \tag{3-7}$$

初始条件:

$$S_w(r,t=0)=1 \quad S_c(r,t=0)=0 \quad p(r,t=0)=p_0 \tag{3-8}$$

式中,p_0 为灰岩地层原始孔隙压力,Pa。

边界条件:

$$\begin{gathered} S_w(r=r_w,t>0)=0 \quad S_c(r=r_w,t>0)=1 \\ p(r=r_w,t>0)=p_w \quad 或者 \quad \lim_{r\to r_w}\frac{2\pi rk}{\mu}\frac{\partial p}{\partial r}=q(t) \end{gathered} \tag{3-9}$$

式中,q 为单位井眼长度上的注浆排量,m^2/s;r_w 为井眼半径,m;k 为岩体等效渗透率,$k=\sqrt{k_x k_y}$,m^2。

该分支井眼长度为 L,注浆排量为 $Q(t)$,则单位井眼长度上的注浆排量为

$$q(t)=\frac{Q(t)}{L} \tag{3-10}$$

累计注浆量为

$$Q_{in}=\int_0^{time} Q(t)\,dt \tag{3-11}$$

在各向异性地层注浆过程中,由渗流力学可知,孔隙压力等值线呈现近似椭圆形分布,椭圆长轴与较大的主渗透率方向重合。水泥浆液黏度远大于孔隙水黏度,注浆过程实际上可等同于高黏度流体驱替低黏度流体的物理过程,则可得到简化的理论模型。根据注浆区域全局范围内体积平衡,可初步推算出注浆扩散区域满足:

$$(\pi ab-\pi r_w^2)\varphi L+\pi r_w^2 L=Q_{in} \tag{3-12}$$

式中,a、b 分别为椭圆长轴和短轴;r_w 为水扩散半径。

注浆扩散区域成椭圆形,其长轴短轴满足:

$$ab=\frac{Q_{in}-\pi r_w^2 L}{\pi\varphi L}+r_w^2 \tag{3-13}$$

在各向异性渗流条件下,注浆扩散区域椭圆长轴与短轴之比为 $\beta=\sqrt{k_x/k_y}$,则椭圆形扩散区域长轴为

$$a=\sqrt{\beta\left(\frac{Q_{in}-\pi r_w^2 L}{\pi\varphi L}+r_w^2\right)} \tag{3-14}$$

若水平渗透率与垂向渗透率相等,即 $\beta=1$,则注浆扩散区域成圆形,则浆液扩散半径为

$$r=a=\sqrt{\frac{Q_{in}-\pi r_w^2 L}{\pi\varphi L}+r_w^2} \tag{3-15}$$

4)案例分析与模型验证

以潘二矿水文地质条件和区域治理的资料为例开展分析,地层渗透率变化范围为 $1\times10^{-14}\sim1\times10^{-10}\,m^2$,水平方向为顺层方向,其水平渗透率是垂向渗透率的10~1000倍,孔

隙率变化范围设定为 0.01～0.05。潘二矿西四 A 组煤底板隔水层承受的奥灰水水压约 6.2MPa，要求底板隔水层厚度大于 62m，注浆层位到 1 煤底板间岩层在注浆后可视为相对隔水层，1 煤下 80m（C39 灰层位）作为注浆目的层基本满足规范要求。孔口压力最高为 9.6MPa，注浆最大垂深 666.32m 井底注浆压力约为 15MPa。浆液的水灰比变化范围设定为 1.2∶1～1.4∶1，模拟时长设为 24h，与实验室条件下的浆液初凝时间相同。水泥浆液的黏度为

$$\mu_c = 0.005\,6\,(W_c)^{-2.309} \tag{3-16}$$

式中，μ_c为水泥浆黏度，Pa·s。

$$\rho_c = \frac{m+1}{m+0.322\,6} \tag{3-17}$$

式中，ρ_c为水泥浆密度，g/cm^3；m 为水灰比（质量比）。

图 3-11a 为各向同性渗透率条件下注浆 24h 井周地层孔隙水饱和度分布，深红色区域的孔隙水饱和度为 1，蓝色区域孔隙水饱和度为 0，过渡带较窄。图 3-11b 为各向同性渗透率条件下注浆 24h 井周地层孔隙中水泥浆饱和度分布，深红色区域的水泥浆液饱和度为 1，对应的水泥浆液完全充填区，浆液凝固后胶结紧密，范围内注浆效果良好，将该区域的半径视为数值模拟的扩散半径；图 3-11a 深蓝色区域表示水泥浆液饱和度为 0，对应裂隙二次发育水体充填区和原生裂隙区；在深红色与深蓝色之间的区域，浆液饱和度介于 0～1 之间，对应非完全充填过渡区。

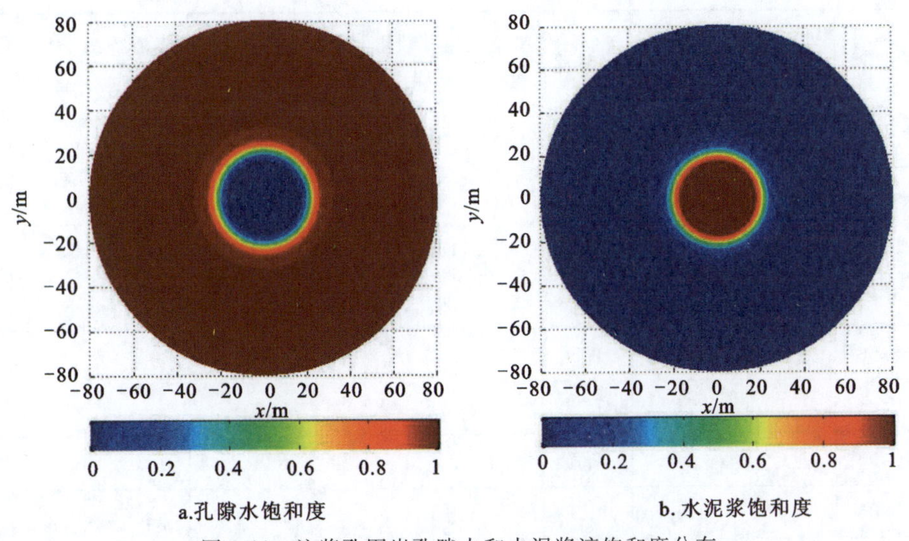

图 3-11　注浆孔围岩孔隙水和水泥浆液饱和度分布

图 3-12 为注浆过程中，围岩孔隙压力、孔隙水饱和度和孔隙中水泥浆饱和度随注浆时间的变化规律。随着注浆时间的推进，水泥浆浆液躯替孔隙水沿着径向方向运动。井周围岩的浆液扩散范围逐步增大，而孔隙水饱和度逐渐降为零，水泥浆浆液与原孔隙水过渡界限明显。

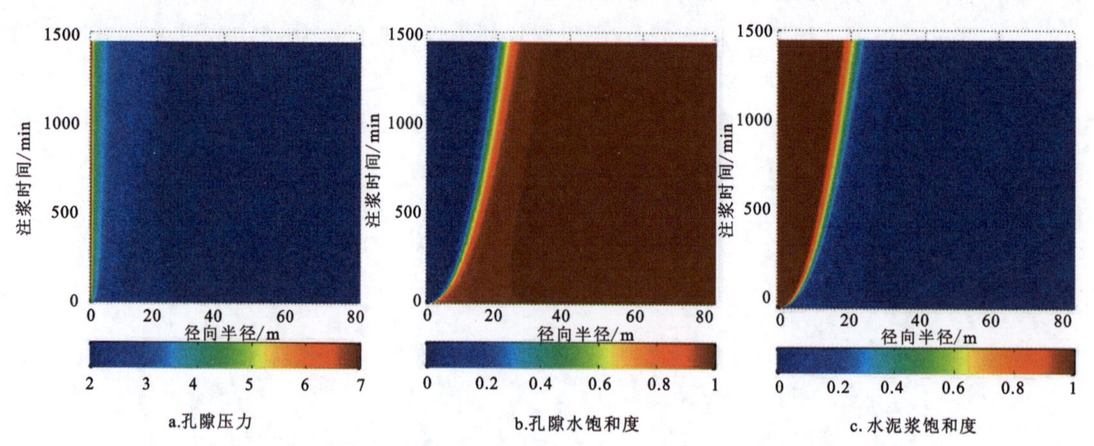

图 3-12　注浆过程中孔隙压力、水饱和度和水泥浆饱和度随注浆时间的变化规律

由于潘二矿太灰含水层和奥灰顶板渗透率、孔隙度变化较大，且实际注浆过程中水灰比也是一个范围，故设定一系列参数进行注浆数值模拟。在各向同性渗透率的情况下，注浆 24h 的扩散半径数值解和简化理论解如表 3-4 所示。在各向异性渗透率的情况下，注浆 24h 的扩散半径数值解和简化理论解如表 3-5 所示。由表可以看出，水泥浆浆液扩散半径数值和理论解吻合良好，表明简化的理论模型可靠性较高。

表 3-4　各向同性注浆 24h 的扩散半径

序号	孔隙度	渗透率/μm^2	注浆压差/MPa	水灰比	单位长度井段上累计注浆量/m^3	浆液扩散半径/m（数值解）	浆液扩散半径/m(理论解)	相对误差/%
1	0.01	10	15	1.3	45.46	38.8	38.0	1.96
2	0.03	10	15	1.3	49.75	23.2	23.0	0.87
3	0.05	10	15	1.3	51.85	18.28	18.16	0.66
4	0.03	1	15	1.3	6.4	7.88	8.0	2.03
5	0.03	5	15	1.3	26.33	16.78	16.7	0.40
6	0.03	10	15	1.3	49.75	23.2	23.0	0.87
7	0.03	1	15	1.3	6.4	7.88	8.0	2.03
8	0.03	1	12.5	1.3	5.18	7.28	7.40	0.48
9	0.03	1	10	1.3	4.22	6.48	6.68	0.13
10	0.03	1	15	1.2	5.16	7.28	7.38	1.54
11	0.03	1	15	1.3	6.4	7.88	8.0	2.03
12	0.03	1	15	1.4	7.12	8.57	8.68	1.17

表 3-5　各向异性注浆 24h 的扩散半径

序号	孔隙度	水平渗透率/μm^2 与垂向渗透率/μm^2	注浆压差/MPa	水灰比	单位长度井段上累计注浆量/m^3	浆液水平扩散半径/m（数值解）	浆液水平扩散半径/m（理论解）	相对误差/%
1	0.03	100,1	15	1.3	47.75	75.4	71.17	5.94
2	0.05	100,1	15	1.3	52.15	59.4	57.61	3.10
3	0.07	100,1	15	1.3	55.45	52.7	50.21	4.96
4	0.05	10,0.1	15	1.3	6.5	22.7	20.32	11.71
5	0.05	25,1	15	1.3	29.5	32.4	30.63	5.78
6	0.05	100,1	15	1.3	52.15	59.6	57.61	3.45
7	0.05	100,1	15	1.3	52.15	59.4	57.61	3.11
8	0.05	100,1	12.5	1.3	44.15	55.7	53.01	5.07
9	0.05	100,1	10	1.3	36.50	51.4	48.19	6.66
10	0.05	100,1	15	1.2	41.65	52.5	51.48	2.0
11	0.05	100,1	15	1.3	52.15	59.7	57.61	3.63
12	0.05	100,1	15	1.4	63.04	64.2	63.34	1.4

岩层孔隙度和渗透率对浆液扩散半径的影响

岩层孔隙度和渗透率是客观存在的地层地质条件。如果孔隙度越大，且孔隙度增加对渗透率没有影响，则注浆过程中新增的孔隙为死端孔隙，不仅没有提高介质的导水性能，反而会对浆液的扩散产生阻碍作用。

在各向同性渗透率的情况下，如果介质渗透率增加的同时孔隙率保持不变，则说明死端孔隙减少，有效孔隙增多，有利于浆液的扩散。对于同一研究区岩性相同的地层，孔隙率和渗透率应同步增长和减少，并在一定范围内变化。不同岩性地层存在孔隙率相同而渗透率不同的情况。因此，就介质内因而言，水泥浆液扩散主要受到孔隙率和渗透率影响。当渗透率一定时，介质的孔隙率越大，则浆液扩散半径越小，如表 3-4 所示，原因为扩散导致死端孔隙的存在；当孔隙率一定时，介质的渗透率越高，则浆液的扩散半径越大。

在各向异性渗透率的情况下，浆液扩散区域呈现椭圆形，孔隙压力分布呈现椭圆形分布，如图 3-13、图 3-14 所示。椭圆长轴与较大的水平渗透率方向重合。由表 3-5 可知，等效渗透率越大，浆液扩散越远，扩散半径越大；水平方向渗透率与垂向渗透率比值越高，浆液水平扩散距离越远，扩散区域椭圆长轴可定义为水泥浆液在水平方向上的扩散半径。

注浆压力和水灰比对浆液扩散半径的影响

注浆压力和水灰比是可以人为控制的工程条件。压力是浆液运动驱动力，保持其他条件不变，注浆压力越高，推动浆液颗粒运动的作用力就越大，颗粒移动的距离也就越远。对于低渗透率地层，可通过提高注浆压力的方式使浆液扩散得更远；而在断层、陷落柱等破碎带的区域，浆液可能沿导水通道扩散到极远处，甚至产生“跑浆”现象，此时宜选用较低水灰比的浆液注浆，利用高黏度浆液阻止“跑浆”现象。

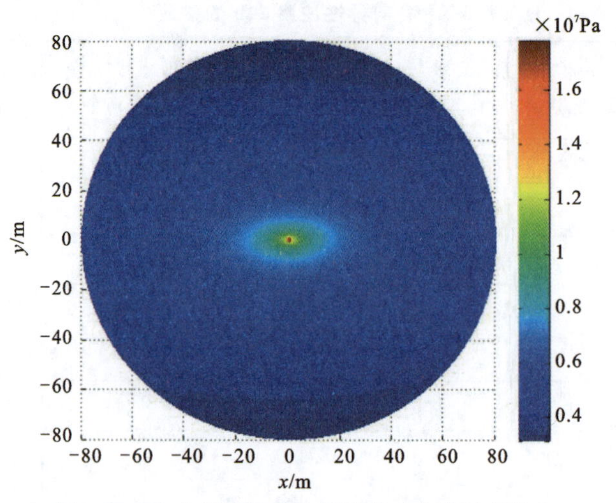

图 3-13　各向异性渗流地层注浆时孔隙压力分布

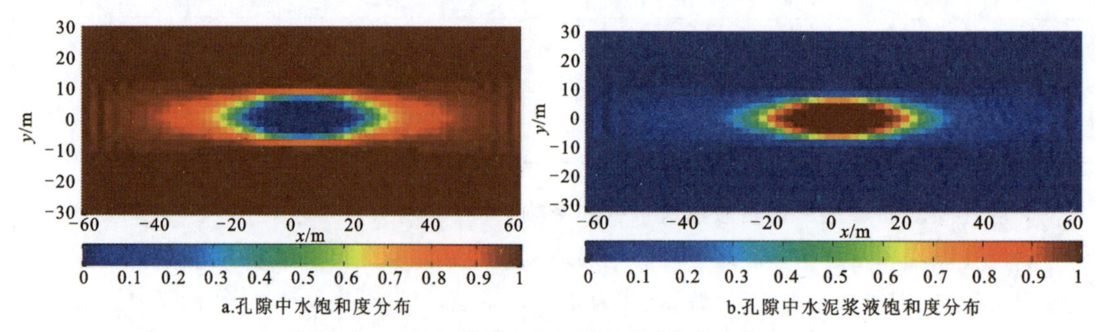

图 3-14　各向异性渗流地层注浆时饱和度分布

浆液的水灰比越高，单位体积浆液中的水泥颗粒就越少，初始动力黏度及其提升的速率也就越小，颗粒运动相同距离所消耗的能量更少。在施工过程中，提高水灰比有助于浆液扩散到更远处，在保证浆液能够有效凝固和胶结的前提下可以适当提高水灰比以提高能效。注浆压力和浆液水灰比是施工过程中影响扩散半径的主要因素。保持其他条件不变，注浆压力越高，则浆液扩散半径越大；浆液的水灰比越大，则浆液扩散半径越大。

3.3.2　煤层底板多分支水平井注浆技术方案优化应用

根据上述模拟分析，对两淮矿区煤层底板多分支水平井注浆技术方案提出了如下优化建议，取得了较好的应用效果。

(1)多水平分支井应呈“线网”状布置，尽量揭露含水层，使顺层近水平井眼与更多的层间结构面接触。分支井眼宜在同一水平面上平行均匀布置。

(2)多分支水平井空间位置应选择在煤层底板之下的隔水层或弱含水层中，以保证浆液扩散边界涉及至有效治理范围内。分支井眼应尽量分布均匀的覆盖整个工作面，并且超出工作面外围 30m 以上的加固改造范围。

(3)分支井间距的确定应依据该地区地层条件下注浆浆液的扩散范围，为确保目的层构造、岩溶空隙的全面填充，各分支水平间距应不大于2倍的浆液扩散距离，不小于单井注浆浆液扩散距离。

(4)在理想条件下，水灰比选用1.4，注浆压力设定为额定注浆泵压，分支井水平间距等于浆液水平扩散半径的2倍，即

$$W_{hd} = 2\sqrt{\beta\left(\frac{Q_{in} - \pi r_w^2 L}{\pi \varphi L} + r_w^2\right)} \tag{3-18}$$

式中，W_{hd}为分支井水平间距，m；其他同前。

分支井距离目标煤层底板垂向距离不小于浆液垂向扩散半径，即

$$W_{vd} \geqslant \sqrt{\frac{1}{\beta}\left(\frac{Q_{in} - \pi r_w^2 L}{\pi \varphi L} + r_w^2\right)} \tag{3-19}$$

式中，W_{vd}为分支井距离目标煤层底板垂向距离，m；其他同前。

将(3-18)和(3-19)结合，可以推导出下述关系：

$$W_{vd} \geqslant \frac{W_{hd}}{2\beta} \tag{3-20}$$

(5)在注浆施工过程中，对于注浆量不足、理论注浆扩散半径偏小、出现巷道“跑浆”等较为严重的情形，使得注浆施工达不到设计要求的分支井，可通过提高水灰比进行二次补浆，或在分支井之间进行加密钻井后再进行注浆作业，从而达到注浆设计要求。

4 两淮矿区煤层井壁稳定性

井壁稳定是指钻井形成的井眼在钻井过程中保持规则的尺寸与形状。钻井过程因井壁失稳而造成复杂情况,如井壁垮塌、缩径、漏失等问题。井壁围岩失稳所造成的钻井质量和安全问题,严重影响了勘探开发。因此,正确认识和有效评价井壁围岩的应力状态,探索井壁稳定机理,创立预测理论和建设控制模型,有效地控制钻井过程中井壁失稳,是实现优质、安全、高效和低成本钻井的关键。

4.1 井壁失稳概述

4.1.1 两淮矿区钻遇地层特征

1)一开钻遇地层特征

一开钻遇地层为风化基岩、新近系松散层,主要是砂类、黏土类,局部含砂砾石和鹅卵石。主要岩性为软塑性黏土、砂质黏土及松散的细砂、黏土质砂,且经常交替出现。黏土可塑性强,膨胀量大,局部遇水易崩解松散。

风化基岩主要包括泥岩、粉砂岩、细砂岩,裂隙发育,遇水产生溶蚀或泥化。泥岩风化严重时呈高岭土状,砂岩风化严重时呈疏松状。强风化带原岩结构破坏,疏松破碎,孔隙度大,含水率增高,强度减小。风化岩层由上到下风化程度逐渐减弱,但一些处于弱风化带中的钙质胶结的粉砂岩、细砂岩等,物理力学强度虽有所降低,仍有较好的工程地质特征。一开要求穿过基岩风化带,进入稳定的基岩段。

2)二开钻遇地层岩体特征

二开钻遇地层主要有二叠系煤系地层及石炭系太原组灰岩(瓦斯治理井主要为二叠系煤系地层)。

二叠系煤系地层上部有上石盒子组、下石盒子组、山西组,主要由泥岩、粉砂岩、细砂岩及煤层组成;下部由石炭系的碎屑岩、碳酸盐岩组成。上石盒子岩组大部为中等稳定及稳定岩层,少数为弱稳定岩层;下石盒子组主要为中等稳定岩层及稳定岩层,个别为不稳定岩层。局部地区煤层顶板夹薄层碳质泥岩。碳酸盐岩组岩性以生物碎屑灰岩为主,层状构造,为硬质岩石。局部地区夹薄层碳质泥岩及煤。

二叠系煤系地层岩体结构特征表现为岩层软硬互层频繁,总体上泥岩、砂质泥岩、粉细砂岩及细中砂岩交替出现,在砂岩段中经常夹有厚度不大的泥岩、砂质泥岩、粉细砂岩及煤层等软弱岩层，在泥岩段中常夹有薄层粉砂岩、细砂岩以及煤层等。

两淮矿区二开钻进常遇断层破碎带(图4-1)，破碎带岩层主要分布在断层带及构造裂隙带附近，裂隙发育，岩石抗压强度低。

图4-1　断层破碎带岩芯

石炭系灰岩岩性主要为灰—深灰色结晶灰岩、生物碎屑灰岩与深灰色砂质泥岩/页岩互层、薄层砂岩、薄层煤，层状构造，岩性稳定。

3)三开钻遇地层岩体和水文特征

水害治理井水平段轨迹主要在石炭系、奥陶系的碳酸盐岩，单轴抗压强度60.0～150.0 MPa，为硬质岩石。石炭系太原组岩性为生物屑灰岩与粉砂质泥岩互层，夹薄层碳质泥岩及煤，本溪组为泥岩、粉砂质泥岩及灰岩。奥陶系以白云岩、白云质灰岩和生物碎屑灰岩为主。

淮南矿区煤层底板奥灰含水层水害威胁特征为煤层底板隔水层不完整，存在隐伏导水构造垂向导水通道，属于"厚层非完整隔水层灰岩水害"类矿井。淮北矿区煤层底板存在三灰、四灰和奥灰3个高压强富水含水层，含水层之间存在水力联系，各强富水含水层均可通过断层裂隙或陷落柱等垂向导水通道对矿井生产构成水害威胁，矿井水害属于"高水压复合灰岩水害"类矿井。因此，两淮矿田水害治理的总体思路是奥灰含水层顶部进行地面超前探查及注浆加固，并对煤层底板薄弱地段进行加固，有效封堵奥陶系灰岩顶部岩溶裂隙及隐伏导水通道。

瓦斯治理井水平段轨迹距煤层顶板0～5m。淮南煤田煤层顶板总体裂隙发育，一般发育有NE、NW二组裂隙，顶板岩性以泥岩、砂质泥岩为主，砂岩次之。淮北矿区顶板较平整，局部凹凸不平，顶板岩性以泥岩、砂岩为主。在砂岩段中经常夹有厚度不大的泥岩、砂质泥岩、粉细砂岩及煤层等软弱岩层，在泥岩段中常夹有薄层粉砂岩、细砂岩以及煤层等。直接充水含水层主要为煤顶板煤系砂岩裂隙含水层组。

4.1.2　两淮矿区井壁失稳现象

1)一开井壁失稳现象

一开井壁失稳机理主要为钻井液侵入地层发生化学失稳。一开钻遇地层主要是松散地层和裂隙发育的强风化基岩，局部地区含砾石和鹅卵石地层，井壁地层易漏失，强风化基岩易发生水化崩塌。一开井段钻井液漏失主要为渗透性漏失。

松散层黏土可塑性强，钙质黏土易膨胀、膨胀量大。黏土中可交换的阳离子如钠离子在水中解离形成扩散双电层，使片状结构表面带负电，由于静电斥力，带负电的片状结构自行分开而引起黏土膨胀。当钻遇较厚黏土层时，钻井液pH值或黏度不合适则会引起黏土膨胀。一方面，黏土膨胀后，会产生井眼缩径，严重会使泥质成分紧紧箍住钻具或套管等工具，极大提高摩阻，发生抱钻或下不去工具的情况；另一方面，若在近钻头附近发生黏土膨胀，有可能会引起钻头泥包，堵塞水眼，无法传递水功率和给钻头降温，造成钻速下降和钻头过热，牙轮钻头发生泥包则会造成钻头自洁能力下降、重复切削岩石、严重磨损钻头、降低钻速、提高钻头成本、频繁起下钻换钻头。而频繁起下钻会过多地抽吸、激动井筒，引起井壁垮塌。

对于渗透性强的松散砂层、砾石层，钻井液安全密度窗口小。当钻井液密度小时，形成的井壁泥皮强度不够，护壁效果差，从而造成松散砂层垮塌。若钻井液固相含量过高，形成的泥皮厚度过大，泥皮易脱落，也会造成孔壁垮塌。两淮地区松散层水位一般略低于地表，钻进过程中对井壁稳定影响不大。

2)二开井壁失稳现象

二开井壁失稳机理主要为钻井液侵入地层发生化学失稳和力学失稳。

(1)钻遇破碎带时，岩块未胶结，在重力作用下易发生崩塌、掉块，需要调整钻井液性能防止掉块卡钻。

(2)钻遇煤层段时，在瓦斯压力作用下，煤层突出堵塞井眼，划眼通井后煤层段扩径引起顶板垮塌掉块，需要调整钻井液密度来预防。破碎性煤岩胶结强度低，在泥浆冲刷下较易发生井壁垮塌现象，从而表现为井径扩大。

(3)据《安徽省两淮矿区代表性岩芯X射线衍射测试分析报告》中岩样XRD结果，两淮矿区泥岩中黏土矿物(以高岭石、伊利石为主)含量在54.8%～79.1%之间，高岭石、伊利石吸水后失去黏结力而使井壁发生剥落、崩解掉块，出现卡钻、超径。

两淮矿区钻井过程中出现掉块扩径的现象较为普遍。安徽省颍上县连塘李勘查区23-3井，测井井段为325.0～1 426.0m，该井段钻头外径为98mm。该井段实际井径测井曲线如图4-2所示，由图可知，全井段均出现了一定程度的扩径现象，平均井径扩大率12.34%。局部井段井径扩大率高达200%，井深600m以浅平均井径扩大率达20.70%。该井煤层段平均井径扩大率为24.9%，远高于全井段平均井径扩大率。

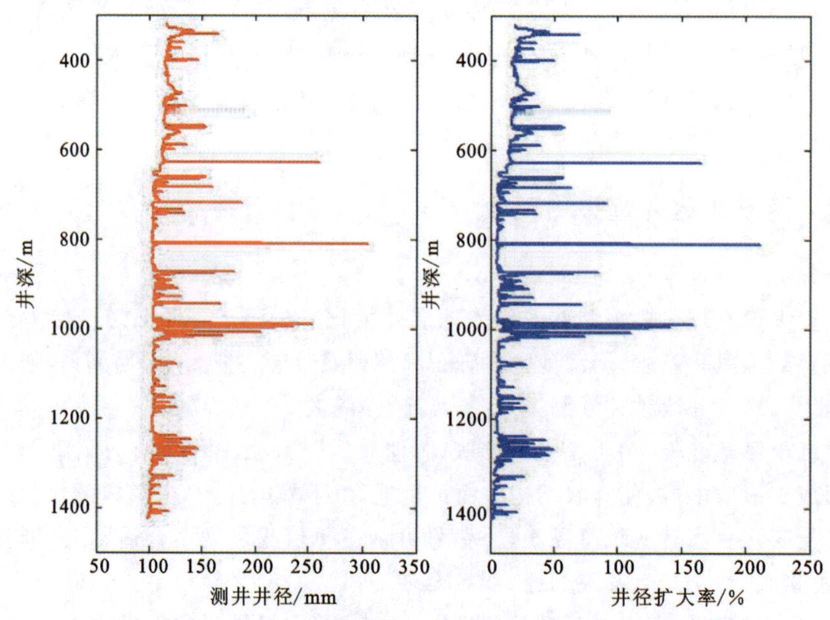

图4-2　颍上县连塘李勘查区23-3井测井井径及井径扩大率曲线

(4)根据顾桥、潘集、新集等煤矿水力致裂地应力测量数据,淮南矿区地应力状态为逆断层应力状态;根据袁店、任楼、桃园等煤矿水力致裂地应力测量数据,淮北矿区地应力状态为走滑断层应力状态,水平构造应力强,井眼钻开后,井壁水平方向的挤压作用强烈,井壁围岩达到强度极限后垮塌。

(5)二开钻井液漏失主要有渗透性漏失、裂缝性漏失。疏松破碎裂隙发育,井壁地层易漏失,断层破碎带易发生井漏,需要防止钻井液漏失、井漏。在采空扰动区,岩体弱结构面遭到破坏,易造成井漏。

3)三开井壁失稳现象

(1)顺层钻进钻遇软弱泥岩,在钻井液长期浸泡下会出现周期性垮塌,易发生缩径卡钻。如潘二矿东一A 组煤采区(东翼)11313 工作面底板灰岩水害地面区域探查治理工程 S1-4 井施工过程中在井深 1 077.00～1 090.00m 段起下钻困难。该段岩性为灰色砂质泥岩,细腻光滑,遇水易膨胀,是造成井内缩径卡钻的直接原因。

(2)钻遇薄煤层时,由于顺层钻进穿越煤层较长,煤层易垮塌。

(3)两淮煤田水平段井壁由于水岩相互作用、井眼钻开后井周应力不易平衡、下探煤层时煤层产生泄压等,地应力场变化较为剧烈,井壁更易发生坍塌失稳现象。如芦岭 S1 孔组 S1-4 井钻进至孔深 1 071.00m 起钻至 893m 时钻孔垮塌埋钻,在 855～893m 残留有约 38m 钻具。产生垮塌的原因主要是钻具提出煤层,煤层突然泄压造成井内垮塌。

(4)钻遇断层破碎带,井壁也易发生掉块、井壁坍塌卡钻。如朱集东煤矿瓦斯抽采井 ZJ1-2 井钻遇 F16 断层(正断层,断层倾角 60°～70°,落差 0～30m)破碎带,孔壁突然垮塌。

(5)钻井液对井壁的冲刷、井眼激动压力、井眼抽吸压力、井眼裸露的时间、钻柱对井壁的刮拉及碰撞、多分支水平井多次注浆和透孔地层等,也易造成井壁垮塌、掉块卡钻。如任楼煤矿 $7_2$64 地面区域探查工程,附近钻孔资料显示,8^2煤下 60m 为粗粉砂岩、细粉砂岩,而实钻上返岩屑显示探查区内 8^2煤下 60m 为砂质泥岩,RL1-2-1 井第二次压水试验后,砂质泥岩地层发生垮塌掉块。平均直径约 3cm,最大掉块直径 4.5～5cm,如图 4-3。芦岭 S1 孔组 S1-4 井施工过程中发生多次垮塌的原因是在大泵量冲洗和高压注浆以及泄压排水过程中,导致顺煤段煤层垮塌,形成“大肚子” 现象,注浆封堵时在“大肚子”井段上部可能形成混浆,钻进过程中钻井液在“大肚子”位置附近难以起到护壁的作用,水平段上部岩层形成垮塌。

(6)三开井段漏失以裂缝性漏失为主,偶遇溶洞漏失。

图 4-3　砂质泥岩垮塌掉块样品

4.1.3　井壁失稳机理

造成井壁失稳的原因有很多,可归结为以下3种因素。

1)力学因素

处于地层深处的岩石,受上覆岩层压力、水平方向的地应力和地层孔隙压力的作用,在井眼钻开前,地下岩层处于应力平衡状态,井眼钻开后,井内泥浆液柱压力取代了所钻岩层提供的对井壁的支撑力,破坏了地层原有应力平衡,引起井眼周围应力重新分布。当这种平衡不能重新建立时,地层将产生破坏。如果井内泥浆柱压力过低,就会使井壁周围岩石所受应力强度超过岩石本身的强度而产生剪切破坏,引发井壁坍塌;若钻井液密度过高,则相应使井壁发生张性破坏。

2)化学因素

从钻开井眼开始,钻井液在井下压力和温度条件下就会和地层发生相互作用,包括①离子交换作用;②由于化学势而产生水的运移渗透作用;③因毛管力而产生水分渗析作用;④因压差使水沿井壁微裂缝侵入作用。结果是泥页岩吸水膨胀产生水化应力。作用程度和范围随时间而扩大,岩石将产生分散,或不分散但裂缝增多或扩展,减弱了强度,引起井壁不稳定。

3)工程因素

工程因素包括钻井液对井壁的冲刷、井眼激动压力、井眼抽吸压力、井眼裸露的时间、钻柱对井壁的刮拉及碰撞、多分支水平井多次注浆和透孔地层等。

钻井液与地层岩石的化学作用影响了井眼周围岩石的力学性质,在井壁周围岩石中引起水化应力,从而改变了井眼周围岩石中的应力状态。所以钻井液化学作用导致的井壁失稳可归结为力学因素。同样工程因素也是由于井壁受力所引发的,因此归根结底井壁失稳是一个力学过程,其实质是井壁岩石所受应力超过了其强度而诱发失稳破坏。

4.2　垂直井井壁围岩应力分布

假设地层为均匀各向同性、线弹性多孔材料,并认为井壁围岩横截面处于平面应变状态。垂直井井壁围岩可以用以下力学模型求解。

在无限大平面上,井壁承受均匀内压 p_w,同时承受无穷远处水平最大主地应力 σ_H 和水平最小主地应力 σ_h,铅锤方向承受上覆地层压力 σ_v。考虑到岩石为小变形弹性体,则线性叠加原理是适用的。因此,井壁围岩总应力状态可通过先研究各应力分量对井壁围岩应力的影响,而后再行叠加的方法获得,如图4-4所示。

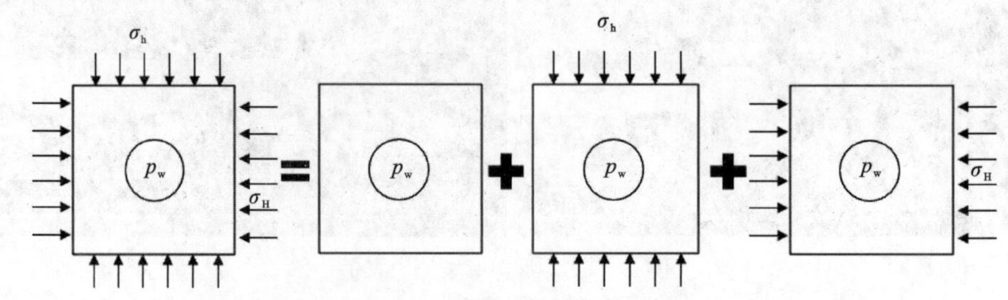

图4-4　直井井壁力学模型分解

以井筒圆心为原点，构建空间直角坐标系，则井筒应力问题在距离井壁无穷远处的边界条件为(以压应力为负，拉应力为正)

$$\begin{aligned}&\sigma_{xx}\big|_{r\to\infty}=-\sigma_{\mathrm{H}}\quad \sigma_{yy}\big|_{r\to\infty}=-\sigma_{\mathrm{h}}\quad \sigma_{zz}\big|_{r\to\infty}=-\sigma_{\mathrm{v}}\\&\tau_{xy}\big|_{r\to\infty}=0\qquad \tau_{yz}\big|_{r\to\infty}=0\qquad \tau_{xz}\big|_{r\to\infty}=0\\&p\big|_{r\to\infty}=p_0\end{aligned}\tag{4-1}$$

式中，p_0为原始地层孔隙压力，r为极半径。

井筒应力问题在井壁处的边界条件为

$$\begin{aligned}&\sigma_{rr}\big|_{r=R}=-p_{\mathrm{w}}H(t)\quad \tau_{r\theta}=\tau_{rz}=0\\&p\big|_{r=R}=p_{\mathrm{w}}H(t)\end{aligned}\tag{4-2}$$

上式中$H(t)$为Heaviside单位阶跃函数，R为井眼半径。

$$\begin{aligned}&H(t>0)=1\\&H(t<0)=0\end{aligned}\tag{4-3}$$

以井筒圆心为原点，按照图4-5构建圆柱面极坐标系。井壁围岩所受的应力状态可用下述应力张量表示。

$$\sigma_{\mathrm{ccs}}^{b}=\begin{bmatrix}\sigma_{rr}&\tau_{r\theta}&\tau_{rz}\\\tau_{r\theta}&\sigma_{\theta\theta}&\tau_{\theta z}\\\tau_{rz}&\tau_{\theta z}&\sigma_{zz}\end{bmatrix}\tag{4-4}$$

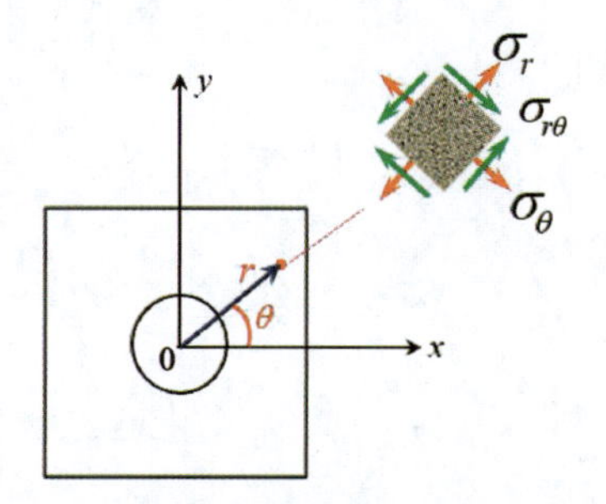

图4-5　圆柱面极坐标系

液柱压力p_{w}引起的应力为

$$\begin{aligned}&\sigma_{rr}=-\frac{R^2}{r^2}p_{\mathrm{w}}\\&\sigma_{\theta\theta}=\frac{R^2}{r^2}p_{\mathrm{w}}\end{aligned}\tag{4-5}$$

水平最大主地应力σ_{H}引起的应力为

$$\begin{aligned}&\sigma_{rr}=-\frac{\sigma_{\mathrm{H}}}{2}\left(1-\frac{R^2}{r^2}\right)-\frac{\sigma_{\mathrm{H}}}{2}\left(1+\frac{3R^4}{r^4}-\frac{4R^2}{r^2}\right)\cos2\theta\\&\sigma_{\theta\theta}=-\frac{\sigma_{\mathrm{H}}}{2}\left(1+\frac{R^2}{r^2}\right)+\frac{\sigma_{\mathrm{H}}}{2}\left(1+\frac{3R^4}{r^4}\right)\cos2\theta\\&\sigma_{r\theta}=\frac{\sigma_{\mathrm{H}}}{2}\left(1-\frac{3R^4}{r^4}+\frac{2R^2}{r^2}\right)\sin2\theta\end{aligned}\tag{4-6}$$

水平最小主地应力σ_{h}引起的应力为

$$\begin{aligned}&\sigma_{rr}=-\frac{\sigma_{\mathrm{h}}}{2}\left(1-\frac{R^2}{r^2}\right)+\frac{\sigma_{\mathrm{h}}}{2}\left(1+\frac{3R^4}{r^4}-\frac{4R^2}{r^2}\right)\cos2\theta\\&\sigma_{\theta\theta}=-\frac{\sigma_{\mathrm{h}}}{2}\left(1+\frac{R^2}{r^2}\right)-\frac{\sigma_{\mathrm{h}}}{2}\left(1+\frac{3R^4}{r^4}\right)\cos2\theta\\&\sigma_{r\theta}=-\frac{\sigma_{\mathrm{h}}}{2}\left(1-\frac{3R^4}{r^4}+\frac{2R^2}{r^2}\right)\sin2\theta\end{aligned}\tag{4-7}$$

上覆地层压力 σ_v 和侧向变形受限引起的应力为

$$\sigma_{zz} = -\sigma_v + 2\nu(\sigma_H - \sigma_h)\left(\frac{R}{r}\right)^2 \cos 2\theta \tag{4-8}$$

1)钻井液渗流效应

当井内流体压力增大或造壁性能不佳时,一部分井内液体将渗入井壁围岩中。假设孔隙中流体流动满足达西定律,则井内液体滤液的径向渗流在井壁周围产生的附加应力场为

$$\begin{aligned}
\sigma_{rr} &= -\left[\frac{\alpha(1-2\nu)}{2(1-\nu)}\frac{(r^2-R^2)}{r^2} - \phi\right](p_w - p_\theta) \\
\sigma_{\theta\theta} &= -\left[\frac{\alpha(1-2\nu)}{2(1-\nu)}\frac{(r^2+R^2)}{r^2} - \phi\right](p_w - p_\theta) \\
\sigma_{zz} &= -\left[\frac{\alpha(1-2\nu)}{1-\nu} - \phi\right](p_w - p_\theta)
\end{aligned} \tag{4-9}$$

上式中 α 为有效应力系数,ν 为泊松比。

2)井壁应力分布

钻井液液柱压力和原始地应力的联合作用下,井壁围岩应力分布可由上述 5 种应力叠加得到。

$$\begin{aligned}
\sigma_{rr} &= -\frac{R^2}{r^2}p_w - \frac{(\sigma_H+\sigma_h)}{2}\left(1-\frac{R^2}{r^2}\right) - \frac{(\sigma_H-\sigma_h)}{2}\left(1+\frac{3R^4}{r^4}-\frac{4R^2}{r^2}\right)\cos 2\theta \\
&\quad - \delta\left[\frac{\alpha(1-2\nu)}{2(1-\nu)}\left(1-\frac{R^2}{r^2}\right) - \phi\right](p_w - p_\theta) \\
\sigma_{\theta\theta} &= \frac{R^2}{r^2}p_w - \frac{(\sigma_H+\sigma_h)}{2}\left(1+\frac{R^2}{r^2}\right) + \frac{(\sigma_H-\sigma_h)}{2}\left(1+\frac{3R^4}{r^4}\right)\cos 2\theta \\
&\quad - \delta\left[\frac{\alpha(1-2\nu)}{2(1-\nu)}\left(1+\frac{R^2}{r^2}\right) - \phi\right](p_w - p_\theta) \\
\sigma_{r\theta} &= -\frac{\sigma_H-\sigma_h}{2}\left(1-\frac{3R^4}{r^4}+\frac{2R^2}{r^2}\right)\sin 2\theta \\
\sigma_{zz} &= -\sigma_v + 2\nu(\sigma_H-\sigma_h)\left(\frac{R}{r}\right)^2\cos 2\theta - \delta\left[\frac{\alpha(1-2\nu)}{1-\nu} - \phi\right](p_w - p_\theta) \\
\sigma_{rz} &= \sigma_{\theta z} = 0
\end{aligned} \tag{4-10}$$

当井壁有渗透时,损耗系数 $\delta = 1$;当井壁无渗透时,$\delta = 0$;当 $r=R$ 时,井壁上的应力分布为

$$\begin{aligned}
\sigma_{rr} &= -p_w + \delta\phi(p_w - p_\theta) \\
\sigma_{\theta\theta} &= p_w - (1-2\cos 2\theta)\sigma_H - (1+2\cos 2\theta)\sigma_h \\
\sigma_{zz} &= -\sigma_v + 2\nu(\sigma_H-\sigma_h)\cos 2\theta - \delta\left[\frac{\alpha(1-2\nu)}{1-\nu} - \phi\right](p_w - p_\theta) \\
\sigma_{r\theta} &= \sigma_{rz} = \sigma_{\theta z} = 0
\end{aligned} \tag{4-11}$$

井筒柱坐标系下的应力张量记为

$$\boldsymbol{\sigma}_{ccs}^{b} = \begin{vmatrix} \sigma_{rr} & \sigma_{r\theta} & \sigma_{rz} \\ \sigma_{r\theta} & \sigma_{\theta\theta} & \sigma_{\theta z} \\ \sigma_{rz} & \sigma_{\theta z} & \sigma_{zz} \end{vmatrix} \tag{4-12}$$

泊松比(ν)为 0.32,水平最大主地应力(σ_H)为 12.5MPa,水平最小主地应力(σ_h)为 10MPa,上覆岩层压力(σ_v)为 14.5MPa,原始孔隙压力(p_0)为 7.1MPa,孔隙度(ϕ)为 0.1,有效应力系数(α)为 0.9,井壁液柱压力(p_w)为 8MPa,井眼半径(R)为 0.1m,δ 为 0。根据这些参数和上述力学模型,计算得到井壁围岩在极坐标系中的应力分布如图 4-6 所示。图 4-6 中,σ_{rr}、$\sigma_{\theta\theta}$、σ_{zz} 具有明显的轴对称分布特征,$\sigma_{r\theta}$ 具有以井筒圆心为中心的中心对称特征。应力集中效应主要发生在近井壁周围区域。

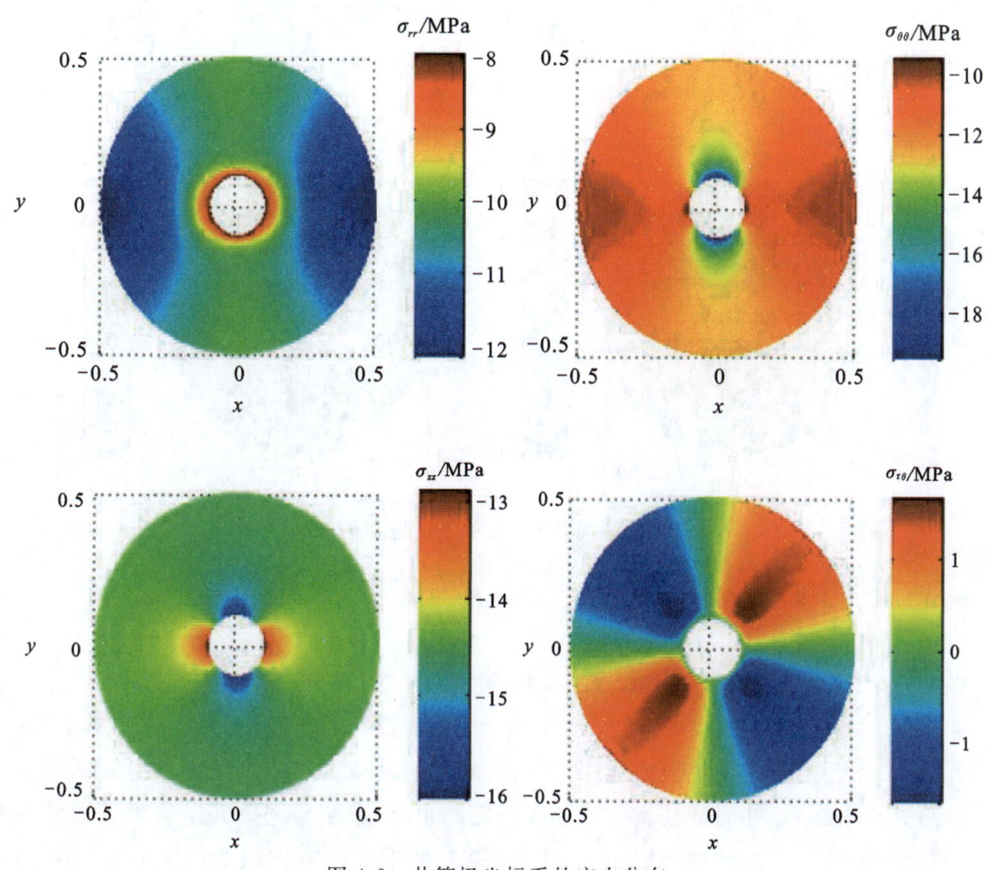

图 4-6 井筒极坐标系的应力分布

将井筒柱坐标系中应力张量转换到直角坐标系中的应力张量,其转换矩阵为

$$\boldsymbol{D}_{\mathrm{CCS2BCS}} = \begin{vmatrix} \cos\theta & \sin\theta & 0 \\ -\sin\theta & \cos\theta & 0 \\ 0 & 0 & 1 \end{vmatrix} \tag{4-13}$$

井筒柱坐标应力与井筒直角坐标应力满足下述关系:

$$\begin{vmatrix} \sigma_{xx} & \sigma_{xy} & \sigma_{xz} \\ \sigma_{xy} & \sigma_{yy} & \sigma_{yz} \\ \sigma_{xz} & \sigma_{yz} & \sigma_{zz} \end{vmatrix} = \boldsymbol{D}_{\mathrm{CCS2BCS}}^{\mathrm{T}} \boldsymbol{\sigma}_{\mathrm{CCS}} \boldsymbol{D}_{\mathrm{CCS2BCS}} \tag{4-14}$$

将图 4-6 中的应力张量进行转换,得到直角坐标系应力张量如图 4-7 所示。

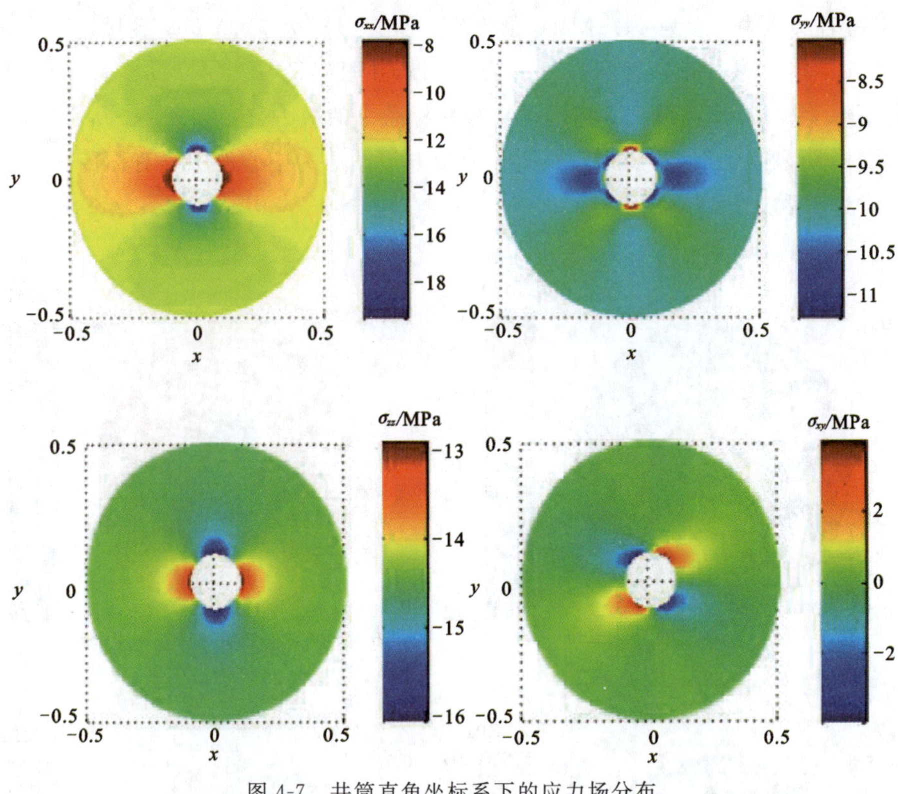

图 4-7 井筒直角坐标系下的应力场分布

4.3 井眼坐标系中主地应力的转换

深部地层受三向原始主地应力作用,但由于原始主地应力的方向所在的坐标系与大地坐标系、井筒直角坐标系、井筒圆柱坐标系存在一定的角度,求解定向井井壁应力场通常涉及到这些空间坐标系中的应力转换。以正北、正东、垂向向下 3 个方向组成的空间坐标系为大地坐标系(GCS),以 3 个原始主应力方向组成的空间坐标系为主应力坐标系(ICS),以井筒轴线所在的直角坐标系为井筒直角坐标系(BCS),以井筒轴线还可建立圆柱坐标系(CCS)。

图 4-8 展示了大地坐标系(X_e,Y_e, Z_e)与原主应力坐标系(X_s,Y_s, Z_s)的关系。在多数情况下,上覆岩层压力与垂向主地应力重合,但受到地表形貌和构造运动等因素的影响,上覆岩层压力与垂向主地应力存在一定的夹角。针对最普遍的情况,设定 Z_e与 Z_s之间的夹角为 β_s,X_e与 Z_s轴的水平投影之间的夹角为 α_s。原主地应力 $\boldsymbol{\sigma}_{ICS}$ 记为

$$\boldsymbol{\sigma}_{ICS}=\begin{bmatrix}\sigma_h & & \\ & \sigma_H & \\ & & \sigma_v\end{bmatrix} \tag{4-15}$$

式中,σ_h、σ_H、σ_v 分别为水平最小、水平最大和垂向主地应力。

根据坐标轴旋转关系，从原主应力坐标系到大地坐标系的应力转换矩阵为

$$\boldsymbol{E}_{\mathrm{ICS2GCS}}=\begin{bmatrix}\cos\alpha_s\cos\beta_s & \sin\alpha_s\cos\beta_s & \sin\beta_s\\ -\sin\alpha_s & \cos\alpha_s & 0\\ -\cos\alpha_s\sin\beta_s & -\sin\alpha_s\sin\beta_s & \cos\beta_s\end{bmatrix} \tag{4-16}$$

从原主地应力张量转换到大地坐标系的应力张量为

$$\boldsymbol{\sigma}_{\mathrm{ICS2GCS}}=\boldsymbol{E}_{\mathrm{ICS2GCS}}^{\mathrm{T}}\boldsymbol{\sigma}_{\mathrm{ICS}}\boldsymbol{E}_{\mathrm{ICS2GCS}} \tag{4-17}$$

如图 4-9 所示，从正北方向逆时针转到井筒轴线在水平井的投影的夹角记为 α_b，即井眼方位角。井筒轴线与垂向的夹角为 β_b，即井斜角。根据坐标轴旋转关系，从井筒直角坐标系到大地坐标系的应力转换矩阵为

$$\boldsymbol{B}_{\mathrm{BCS2GCS}}=\begin{bmatrix}\cos\alpha_b\cos\beta_b & \sin\alpha_w\cos\beta_w & \sin\beta_b\\ -\sin\alpha_b & \cos\alpha_b & 0\\ -\cos\alpha_b\sin\beta_b & -\sin\alpha_b\sin\beta_b & \cos\beta_b\end{bmatrix} \tag{4-18}$$

从原主地应力张量转换到井筒直角坐标系的应力张量为

$$\boldsymbol{\sigma}_{\mathrm{ICS2BCS}}=\boldsymbol{B}_{\mathrm{BCS2GCS}}\boldsymbol{E}_{\mathrm{ICS2GCS}}^{\mathrm{T}}\boldsymbol{\sigma}_{\mathrm{ICS}}\boldsymbol{E}_{\mathrm{ICS2GCS}}\boldsymbol{B}_{\mathrm{BCS2GCS}}^{\mathrm{T}} \tag{4-19}$$

记原主地应力张量作用在井筒直角坐标系中的应力张量为

$$\boldsymbol{\sigma}_{\mathrm{ICS2BCS}}=\begin{bmatrix}S_x & S_{xy} & S_{xz}\\ S_{xy} & S_y & S_{yz}\\ S_{xz} & S_{yz} & S_z\end{bmatrix} \tag{4-20}$$

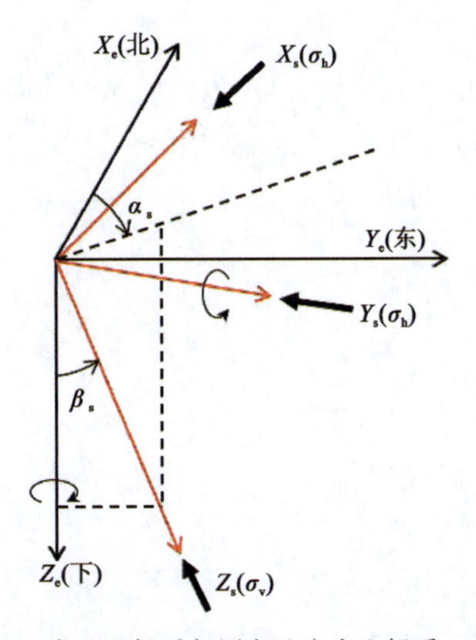

图 4-8　大地坐标系与原主地应力坐标系

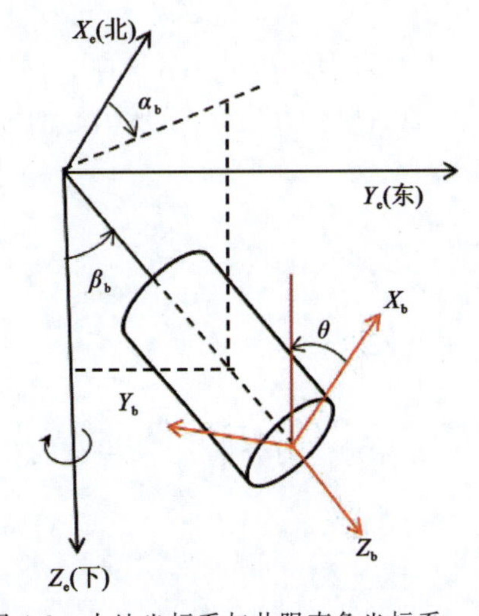

图 4-9　大地坐标系与井眼直角坐标系

4.4　定向井井壁围岩应力场

根据应力场坐标转换，可以获得远场主地应力在井筒局部坐标系中的应力分量。

根据图 4-10 可知，井筒应力问题在距离井壁无穷远处的边界条件为

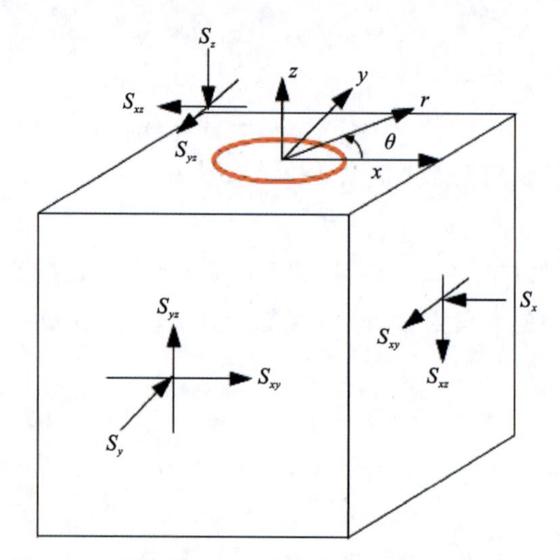

图 4-10　原主地应力在井筒直角坐标系的应力分量

$$
\begin{aligned}
&\sigma_{xx}\big|_{r\to\infty}=-S_x \quad \sigma_{yy}\big|_{r\to\infty}=-S_y \quad \sigma_{zz}\big|_{r\to\infty}=-S_z\\
&\tau_{xy}\big|_{r\to\infty}=-S_{xy} \quad \tau_{yz}\big|_{r\to\infty}=-S_{yz} \quad \tau_{xz}\big|_{r\to\infty}=-S_{xz}\\
&p\big|_{r\to\infty}=p_0
\end{aligned}
\tag{4-21}
$$

井筒应力问题在井壁处的边界条件为

$$
\begin{aligned}
&\sigma_{rr}\big|_{r=R}=-p_{\mathrm{w}}H(t) \quad \tau_{r\theta}\big|_{r=R}=0 \quad \tau_{rz}\big|_{r=R}=0\\
&p\big|_{r=R}=p_{\mathrm{w}}H(t)
\end{aligned}
\tag{4-22}
$$

式中 $H(t)$为 Heaviside 单位阶跃函数；p_{w}为井筒内钻井液压力；p_0为地层原始孔隙压力。

由原始地应力分量 S_{xy}所引起的井壁围岩应力分布为

$$
\begin{aligned}
\sigma_{rr}&=-S_{xy}\left(1+\frac{3R^4}{r^4}-\frac{4R^2}{r^2}\right)\sin2\theta\\
\sigma_{\theta\theta}&=S_{xy}\left(1+\frac{3R^4}{r^4}\right)\sin2\theta\\
\sigma_{r\theta}&=-S_{xy}\left(1-\frac{3R^4}{r^4}+\frac{2R^2}{r^2}\right)\cos2\theta
\end{aligned}
\tag{4-23}
$$

由原始地应力分量 S_{xz}所引起的井壁围岩应力分布为

$$
\begin{aligned}
\sigma_{rz}&=-S_{xz}\left(1-\frac{R^2}{r^2}\right)\cos\theta\\
\sigma_{\theta z}&=S_{xz}\left(1+\frac{R^2}{r^2}\right)\sin\theta
\end{aligned}
\tag{4-24}
$$

由原始地应力分量 S_{yz}所引起的井壁围岩应力分布为

$$
\begin{aligned}
\sigma_{rz}&=-S_{yz}\left(1-\frac{R^2}{r^2}\right)\sin\theta\\
\sigma_{\theta z}&=-S_{yz}\left(1+\frac{R^2}{r^2}\right)\cos\theta
\end{aligned}
\tag{4-25}
$$

S_{xx}、S_{yy}、S_{zz}所引起的井壁围岩应力分布与直井中三向主地应力引起的应力分布相同，经过线性叠加后，井壁围岩应力场为

$$\begin{aligned}
\sigma_{rr} &= -\frac{R^2}{r^2}p_w - \frac{(S_{xx}+S_{yy})}{2}\left(1-\frac{R^2}{r^2}\right) - \frac{(S_{xx}-S_{yy})}{2}\left(1+\frac{3R^4}{r^4}-\frac{4R^2}{r^2}\right)\cos 2\theta - \\
&\quad S_{xy}\left(1+\frac{3R^4}{r^4}-\frac{4R^2}{r^2}\right)\sin 2\theta - \delta\left[\frac{\alpha(1-2\nu)}{2(1-\nu)}\left(1-\frac{R^2}{r^2}\right)-\phi\right](p_w-p_0) \\
\sigma_{\theta\theta} &= \frac{R^2}{r^2}p_w - \frac{(S_{xx}+S_{yy})}{2}\left(1+\frac{R^2}{r^2}\right) + \frac{(S_{xx}-S_{yy})}{2}\left(1+\frac{3R^4}{r^4}\right)\cos 2\theta + \\
&\quad S_{xy}\left(1+\frac{3R^4}{r^4}\right)\sin 2\theta - \delta\left[\frac{\alpha(1-2\nu)}{2(1-\nu)}\left(1+\frac{R^2}{r^2}\right)-\phi\right](p_w-p_0) \\
\sigma_{zz} &= -S_{zz} + \nu\left[2(S_{xx}-S_{yy})\left(\frac{R}{r}\right)^2\cos 2\theta + 4S_{xy}\left(\frac{R}{r}\right)^2\sin 2\theta\right] - \\
&\quad \delta\left[\frac{\alpha(1-2\nu)}{1-\nu}-\phi\right](p_w-p_0) \\
\tau_{r\theta} &= -\frac{S_{yy}-S_{xx}}{2}\left(1-\frac{3R^4}{r^4}+\frac{2R^2}{r^2}\right)\sin 2\theta - S_{xy}\left(1-\frac{3R^4}{r^4}+\frac{2R^2}{r^2}\right)\cos 2\theta \\
\tau_{\theta z} &= -S_{yz}\left(1+\frac{R^2}{r^2}\right)\cos\theta + S_{xz}\left(1+\frac{R^2}{r^2}\right)\sin\theta \\
\tau_{zr} &= -S_{xz}\left(1-\frac{R^2}{r^2}\right)\cos\theta - S_{yz}\left(1-\frac{R^2}{r^2}\right)\sin\theta
\end{aligned} \tag{4-26}$$

井壁($r=R$)上应力分量为

$$\begin{aligned}
\sigma_{rr} &= -p_w + \phi\delta(p_w-p_0) \\
\sigma_{\theta\theta} &= p_w - S_{xx} - S_{yy} + 2(S_{xx}-S_{yy})\cos 2\theta + 4S_{xy}\sin 2\theta - \\
&\quad \delta\left[\frac{\alpha(1-2\nu)}{(1-\nu)}-\varphi\right](p_w-p_0) \\
\sigma_{zz} &= -S_{zz} - \nu[4S_{xy}\sin 2\theta - 2(S_{xx}-S_{yy})\cos 2\theta] - \\
&\quad \delta\left[\frac{\alpha(1-2\nu)}{1-\nu}-\varphi\right](p_w-p_0) \\
\tau_{\theta z} &= -2S_{yz}\cos\theta + 2S_{xz}\sin\theta \\
\tau_{r\theta} &= 0 \\
\tau_{zr} &= 0
\end{aligned} \tag{4-27}$$

4.5 煤岩井壁张性起裂分析

煤岩在煤化作用过程中受到温度、压力的作用发生凝胶化，一般会形成大量割理(面割理和端割理)。煤岩在分层沉积压实过程中形成层理面。两淮矿区在后期构造运动中，煤岩结构遭到破坏，主要形成剪性的外生裂隙，呈现阶梯状、“X”状和叠瓦状，钻孔取芯有可观察到大量碎煤、粉煤(图 4-11)。面割理、端割理、层理面、剪性裂隙在空间上交割成立体网状(图 4-12)。面割理与层面近似平行，一般呈板状延伸，连续性好。端割理只发育于 2 条面割理之间，与层面近似垂直，一般连续性较差。

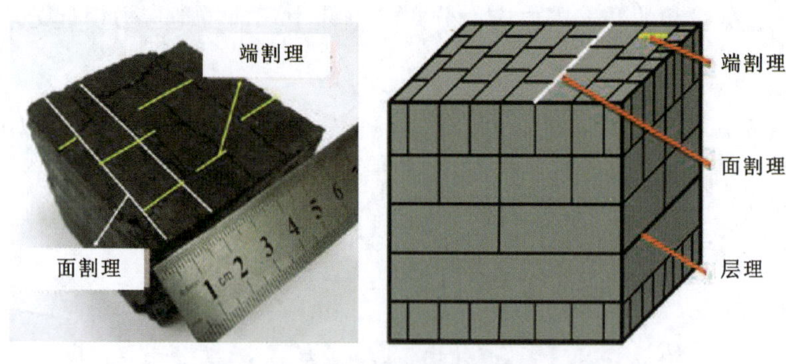

图 4-11　煤岩割理系统简化模型

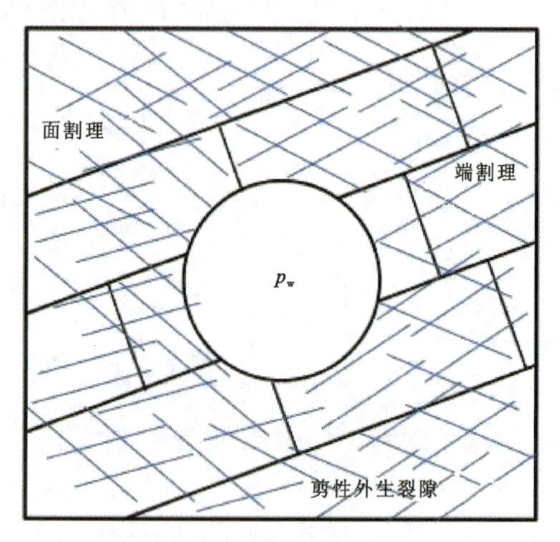

图 4-12　煤岩井壁力学模型

两淮煤田构造运动复杂，煤岩基质裂隙网络系统因此也比较复杂。为了解煤层气井井壁张性起裂或剪切破坏机理，考虑煤岩内结构弱面的影响，建立了煤层气井井壁围岩模型(图 4-12)。

4.5.1　井壁煤岩本体张性起裂

在钻井煤岩时，裸眼井壁周向力 $\sigma_{\theta\theta}$ 为拉应力，根据断裂力学的拉伸破坏准则，井壁起裂条件可表示为

$$\sigma_{\theta\theta} \geqslant S_t \tag{4-28}$$

式中，S_t为井壁处煤岩本体的抗拉强度，MPa。

式(4-28)描述了裸眼井壁起裂是井眼内液柱压力增大，使煤岩所受的周向应力超过煤岩的抗张强度造成的，属于拉伸破坏。临界条件下($\sigma_{\theta\theta} = S_t$)的钻井液液柱压力记为 P_f。

4.5.2　井壁煤岩弱面张性起裂

煤层裸眼井沿割理起裂，可能发生于面割理处，也可能发生于端割理处，主要取决于割理受力状况及割理面的抗张强度。在大地坐标系 GCS 下，假设面割理倾向角为 N_m，水平倾角为 D_m。根据坐标转换关系，应力张量从面割理的直角坐标系转换到大地坐标系的转换矩阵为

$$\boldsymbol{W}_{\mathrm{MCS2GCS}} = \begin{bmatrix} \cos N_m \cos D_m & \sin N_m \cos D_m & \sin D_m \\ -\sin N_m & \cos N_m & 0 \\ -\cos N_m \sin D_m & -\sin N_m \sin D_m & \cos D_m \end{bmatrix} \tag{4-29}$$

井筒柱坐标系下的应力张量转换到面割理坐标系中的应力张量为

$$\boldsymbol{\sigma}_{\mathrm{MCS}} = \begin{bmatrix} \sigma_{xx}^{m} & \tau_{xy}^{m} & \tau_{xz}^{m} \\ \tau_{xy}^{m} & \sigma_{yy}^{m} & \tau_{yz}^{m} \\ \tau_{xz}^{m} & \tau_{yz}^{m} & \sigma_{zz}^{m} \end{bmatrix} = \boldsymbol{W}_{\mathrm{MCS2GCS}} \boldsymbol{B}_{\mathrm{BCS2GCS}}^{\mathrm{T}} \boldsymbol{D}_{\mathrm{CCS2BCS}}^{\mathrm{T}} \boldsymbol{\sigma}_{\mathrm{CCS}}^{b} \boldsymbol{D}_{\mathrm{CCS2BCS}} \boldsymbol{B}_{\mathrm{BCS2GCS}} \boldsymbol{W}_{\mathrm{MCS2GCS}}^{\mathrm{T}} \tag{4-30}$$

式中，σ_{xx}^{m} 和 $|\tau|_{m}=\sqrt{(\tau_{xy}^{m})^{2}+(\tau_{xz}^{m})^{2}}$ 分别为作用在面割理法向和切向应力。

当面割理上的正应力大于面割理的抗拉强度时，面割理将发生张性起裂。

$$\sigma_{xx}^{m} \geqslant S_{mt} \tag{4-31}$$

在临界条件下（$\sigma_{xx}^{m}=S_{mt}$）的钻井液液柱压力记为 p_{m}。

在大地坐标系 GCS 下，假设端割理倾向角为 N_{d}，水平倾角为 D_{d}。同理可得到，端割理面张开的液柱压力为 p_{d}。

层理是沉积岩的显著特征，煤层之间及煤层与顶板、底板之间往往存在层理面。在大地坐标系 GCS 下，层理面倾向北偏东，倾向角为 N_{b}，水平倾角为 D_{b}度。同理可得到，层理面张开的液柱压力为 p_{b}。当层理面为水平层理时，p_{b}等于垂向主地应力与抗拉强度之和。

裸眼井煤岩张性起裂的条件是井筒内液柱压力达到上述 4 个值的最小值，即

$$p_{tensile}=\{p_{f}, p_{d}, p_{m}, p_{b}\} \tag{4-32}$$

4.6　煤岩井壁剪切破坏分析

4.6.1　井壁煤岩本体剪切破坏

从力学角度分析，若在钻井过程中井内液柱压力过低，会比较容易造成井壁坍塌，这是由于井眼围岩受到的剪切应力超过了岩石的抗剪强度和剪切过程中的摩阻力。在油气井井壁坍塌研究中，前人应用试验及理论分析认为比较准确的破坏准则有 Mohr-Coulomb 准则、Mogi-Coulomb 准则、Drucker-Prager 准则、3D Hoek-Brown 准则和修正的 Lade 准则。不同的准则有各自的特点，了解上述准则的基本特点才能为井壁失稳问题建模分析选取合适的强度准则。这些岩石破坏准则对比如表 4-1 所示，经过对比选用 Mogi-Coulomb 准则作为判断岩石剪切破坏的力学准则。

表 4-1　不同岩石破坏准则的对比

岩石破坏准则	考虑的主应力	结果
Mohr-Coulomb 准则	σ_1, σ_3	低估岩石强度
Mogi-Coulomb 准则	$\sigma_1, \sigma_2, \sigma_3$	精确
Drucker-Prager 准则	$\sigma_1, \sigma_2, \sigma_3$	严重高估岩石强度
3D Hoek-Brown 准则	$\sigma_1, \sigma_2, \sigma_3$	略高估岩石强度
修正的 Lade 准则	$\sigma_1, \sigma_2, \sigma_3$	高估岩石强度

根据 Mogi-Coulomb 准则，井壁围岩发生剪切破坏时主应力满足下述方程：

$$\tau_{oct}=a+b\sigma_{m} \tag{4-33}$$

式中，

$$
\begin{aligned}
\tau_{\mathrm{oct}} &= \frac{1}{3}\sqrt{(\sigma_1-\sigma_2)^2+(\sigma_2-\sigma_3)^2+(\sigma_1-\sigma_3)^2} \\
a &= \frac{\sqrt{8}}{3}C\cos\varphi \\
b &= \frac{\sqrt{8}}{3}C\sin\varphi \\
\sigma_{\mathrm{m}} &= \frac{\sigma_1+\sigma_3}{2}
\end{aligned}
\tag{4-34}
$$

C 为岩石的内黏聚力，φ 为内摩擦角。

在煤岩本体剪切破坏的临界条件下，钻井液液柱压力记为 p_{c}。

4.6.2 井壁煤岩弱面剪切破坏

式(4-30)给出了面割理法向和切向应力计算方法。由于割理面较为光滑，有可能发生剪切滑移。当割理面上的剪切应力超过了摩擦力与黏聚力之和时，煤岩沿着割理面发生剪切滑移，即

$$|\tau|_{\mathrm{m}} \geqslant C_{\mathrm{m}} + \sigma_{xx}^{\mathrm{m}}\tan\varphi_{\mathrm{m}} \tag{4-35}$$

在临界条件（$|\tau|_{\mathrm{m}} = C_{\mathrm{m}} + \sigma_{xx}^{\mathrm{m}}\tan\varphi_{\mathrm{m}}$）下的钻井液液柱压力记为 p_{cm}。同理可得到，煤岩沿着端割理面发生剪切滑移的液柱压力为 p_{cd}，煤岩沿着层理面发生剪切滑移的液柱压力为 p_{cb}。

裸眼井煤岩剪切破坏的临界条件是井筒内液柱压力达到上述 4 个值的最大值，即

$$p_{\mathrm{shear}} = \{p_{\mathrm{c}}, p_{\mathrm{cm}}, p_{\mathrm{cd}}, p_{\mathrm{cb}}\} \tag{4-36}$$

4.7 钻井液安全密度窗口

在钻井过程中，为了实现安全、快速、优质的施工，应使用合理密度的钻井液，满足地层流体不发生溢流、井壁不发生坍塌和缩径、钻井液不发生漏失的要求。钻井液密度的选择应遵循下列原则：安全钻井液密度的下限不小于该段地层的井壁坍塌压力和孔隙压力当量密度，不大于该段地层的破裂压力当量密度，即满足

$$\max\{\rho_{\mathrm{shear}}, \rho_{\mathrm{p}}\} < \rho_{\mathrm{mud}} < \rho_{\mathrm{tensile}} \tag{4-37}$$

式中，ρ_{shear} 为井壁围岩发生剪切破坏的临界泥浆密度；ρ_{tensile} 为井壁围岩发生张性破坏的临界泥浆密度；ρ_{p} 为地层孔隙压力当量密度。

钻井液安全密度所在的这个范围称为安全钻井液密度窗口。两淮煤田实测地层孔隙压力属于正常的静液柱孔隙压力。

4.8 全井段井壁稳定性预测与案例分析

本小节主要依据安徽省颍上县连塘李 23-3 井测井资料（附件 1）进行分析研究。

4.8.1 全井段地层孔隙度

利用测井纵波时差数据可解释地层孔隙度剖面：

$$\phi = \frac{\Delta t_{\mathrm{p}} - \Delta t_{\mathrm{ma}}}{\Delta t_{\mathrm{f}} - \Delta t_{\mathrm{ma}}} \tag{4-38}$$

式中，Δt_{p} 为地层测井纵波时差，μs/m；Δt_{f}、Δt_{ma} 分别为孔隙流体的声波时差和岩石骨架的声波时差，分别为 620μs/m 和 390μs/m；ϕ 为地层孔隙度，%。

安徽省颍上县连塘李 23-3 井测井声波和孔隙度剖面如图 4-13 所示。

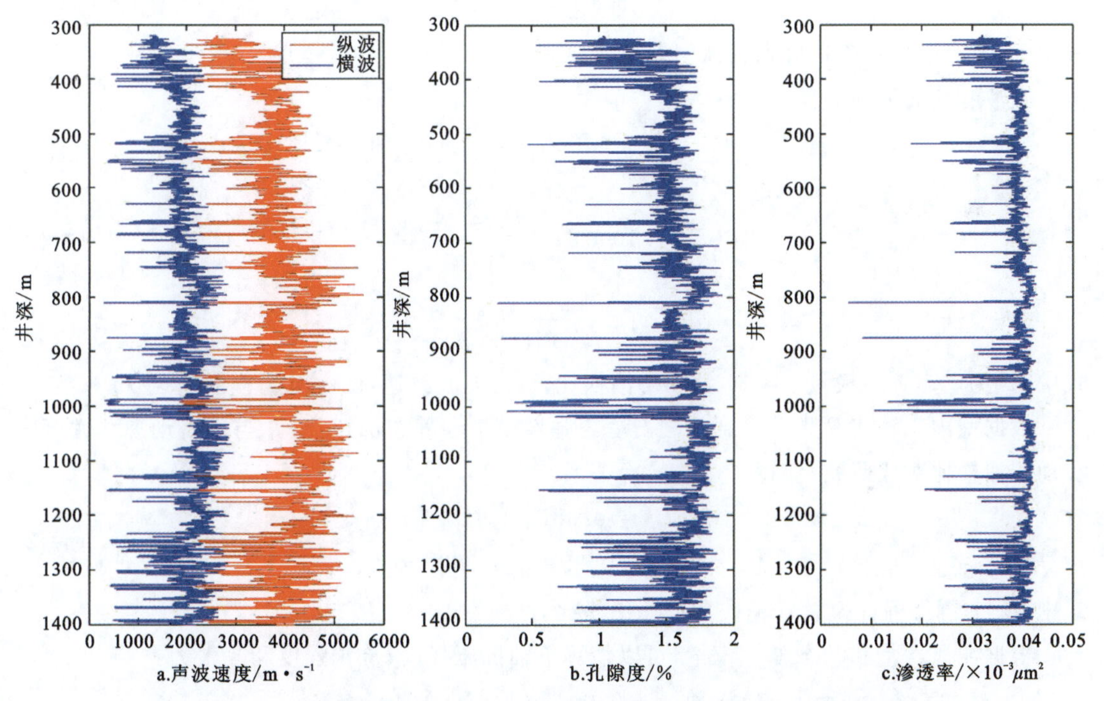

图 4-13　安徽省颍上县连塘李 23-3 井声波速度、孔隙度、渗透率剖面图

4.8.2 全井段地层渗透率

根据测井资料的煤层孔隙度(图 4-13)，应用经验公式来求取煤层渗透率：

$$K = a \times \lg(5.71 \times \phi) \tag{4-39}$$

式中，K 为煤层渗透率，$\times 10^{-3}\ \mu\mathrm{m}^2$；$a$ 为煤层地区渗透率系数，取经验值 0.018。

4.8.3 全井段地层泥质含量

利用自然伽马曲线按照下面的经验公式计算地层泥质含量(图 4-14)：

$$\mathrm{SH} = \frac{\mathrm{GR} - G_{\min}}{G_{\max} - G_{\min}}$$

$$V_{\mathrm{sh}} = \frac{2^{G_{\mathrm{cur}} \times SH} - 1}{2^{G_{\mathrm{cur}}} - 1} \tag{4-40}$$

式中,GR 为解释层段内自然伽马曲线测井值;$G_{\min}$为自然伽马曲线在纯砂岩处的测井值;$G_{\max}$为自然伽马曲线在纯泥岩处的测井值;SH 为自然伽马曲线测井相对值;G_{cur}为地区经验系数;V_{sh}为由自然伽马曲线求出的泥质含量。

4.8.4 全井段地层岩石力学参数

根据测井资料的纵波时差剖面和密度剖面可以估算横波时差:

$$\Delta t_{\mathrm{s}} = \frac{\Delta t_{\mathrm{p}}}{\left[1-1.15\left(\frac{1}{\rho}+\frac{1}{\rho^{3}}\right)\exp\left(-\frac{1}{\rho}\right)\right]^{1.5}} \tag{4-41}$$

式中,ρ 为密度测井资料得到的地层密度,g/cm^3。

纵波和横波波速分别为

$$v_{\mathrm{p}} = \frac{1.0\times 10^{6}}{\Delta t_{\mathrm{p}}} \qquad v_{\mathrm{s}} = \frac{1.0\times 10^{6}}{\Delta t_{\mathrm{s}}}$$

$$E_{\mathrm{d}} = 1000\,\frac{\rho v_{\mathrm{s}}^{2}(3v_{\mathrm{p}}^{2}-4v_{\mathrm{s}}^{2})}{v_{\mathrm{p}}^{2}-2v_{\mathrm{s}}^{2}} \tag{4-42}$$

$$\nu_{\mathrm{d}} = \frac{v_{\mathrm{p}}^{2}-2v_{\mathrm{s}}^{2}}{2(v_{\mathrm{p}}^{2}-v_{\mathrm{s}}^{2})}$$

式中,E_{d}为动态弹性模量,Pa;ν_{d}为动态泊松比;v_{p}为纵波波速,m/s;v_{s}为横波波速,m/s。

根据室内三轴实验测试得到的岩石静态弹性模量和静态泊松比,并与岩石动态弹性模量和动态泊松比对比研究,获得了动静转换关系:

$$\begin{aligned} E_{\mathrm{s}} &= 0.38E_{\mathrm{d}} + 6.55 \\ \nu_{\mathrm{s}} &= 0.38\nu_{\mathrm{d}} + 0.082 \end{aligned} \tag{4-43}$$

式中,E_{s} 为静态弹性模量,Pa;ν_{s} 为静态泊松比。

根据泥质含量和动态弹性模量,可以估算单轴抗压强度、抗拉强度和黏聚力:

$$\begin{aligned} S_{\mathrm{c}} &= E_{\mathrm{d}}[0.008V_{\mathrm{sh}} + 0.0045(1-V_{\mathrm{sh}})] \\ S_{\mathrm{T}} &= \frac{S_{\mathrm{c}}}{12} \\ C_{0} &= 5.44\times 10^{-9}\nu_{\mathrm{p}}^{4}\rho^{2}(1-2\nu_{\mathrm{d}})\left(\frac{1+\nu_{\mathrm{d}}}{1-\nu_{\mathrm{d}}}\right)(1+0.78V_{\mathrm{sh}}) \end{aligned} \tag{4-44}$$

式中,S_{c}为单轴抗压强度,Pa;S_{T}为抗拉强度,Pa;C_0为黏聚力,Pa。

根据上述理论分析,安徽省颍上县连塘李 23-3 井泥质含量、动静弹性模量、动静泊松比、黏聚力和抗拉强度剖面如图 4-14 所示。

4.8.5 全井段地层地应力剖面

根据地层密度测井资料,可以计算上覆岩层压力,一般等于垂向主地应力。根据已知地层的水平地应力计算该区域水平构造应力系数。再根据地层静态泊松比(ν_{s})、水平构造应力系数(ξ_1、ξ_2)、Biot 有效应力系数(α)、垂向主地应力(δ_{v})和孔隙压力(p_0),可以计算水平主地应力:

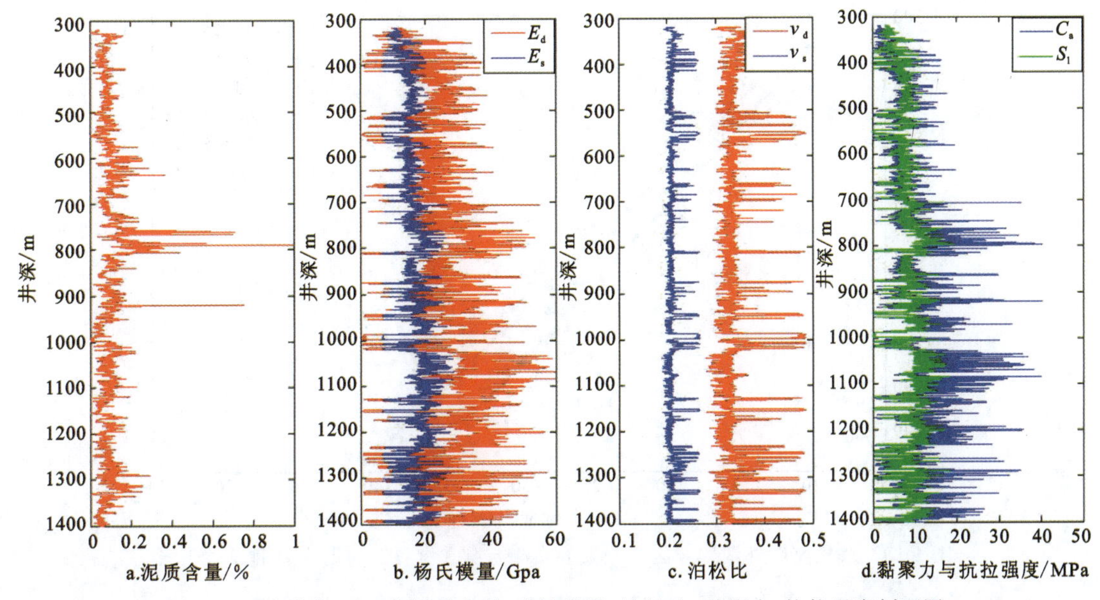

图 4-14　连塘李 23-3 井泥质含量、弹性模量、泊松比、黏聚力-抗拉强度剖面图

$$\sigma_v = \int_0^H \rho(h) g \mathrm{d}h$$

$$\sigma_H = \left(\frac{\nu_s}{1-\nu_s} + \xi_1\right)(\sigma_v - \alpha p_p) + \alpha p_p \tag{4-45}$$

$$\sigma_h = \left(\frac{\nu_s}{1-\nu_s} + \xi_2\right)(\sigma_v - \alpha p_p) + \alpha p_p$$

式中，σ_v 为垂向主地应力，Pa；σ_H 为水平最大主地应力，Pa；σ_h 为水平最小主地应力，Pa；ξ_1、ξ_2 为水平方向构造应力系数，淮南潘集煤矿外围勘查区分别取值 1.1 和 0.9。

根据水力压裂泵压曲线或小型压裂实验泵压曲线或应力解除法，可以测试地层真实的水平地应力，从而校准水平方向的构造应力系数。淮南煤田顾桥煤矿、潘集煤矿外围勘查区、新集矿区等地开展了水压致裂地应力测量，研究表明 3 向地应力满足：水平最大主地应力＞水平最小主地应力＞垂向主地应力。安徽淮南潘集煤矿外围勘查区水压致裂实测与测井解释三向地应力剖面对比图如图 4-15 所示。

淮北煤田在袁店二矿、卢岭矿、桃园矿、任楼矿 4 个矿井共监测了 13 条地应力数据，9 个测点地应力大小关系为：水平最大主地应力＞垂向主地应力＞水平最小主地应力。4 个测点地应力大小关系为：水平最大主地应力＞水平最小主地应力＞垂向主地应力。

4.8.6　全井段井壁坍塌压力和破裂压力

根据 4.5 节的理论分析，应用安徽省颍上县连塘李 23-3 井测井数据，获得直井全井的井壁破裂压力剖面。连塘李 23-3 井所在地层主要为逆断层应力状态，水平最大主地应力＞水平最小主地应力＞垂向主地应力，且井眼埋深浅，钻井时水平层理面优先发生张性破裂，容易形成水平裂缝面，破裂压力当量密度如图 4-16(b)所示。

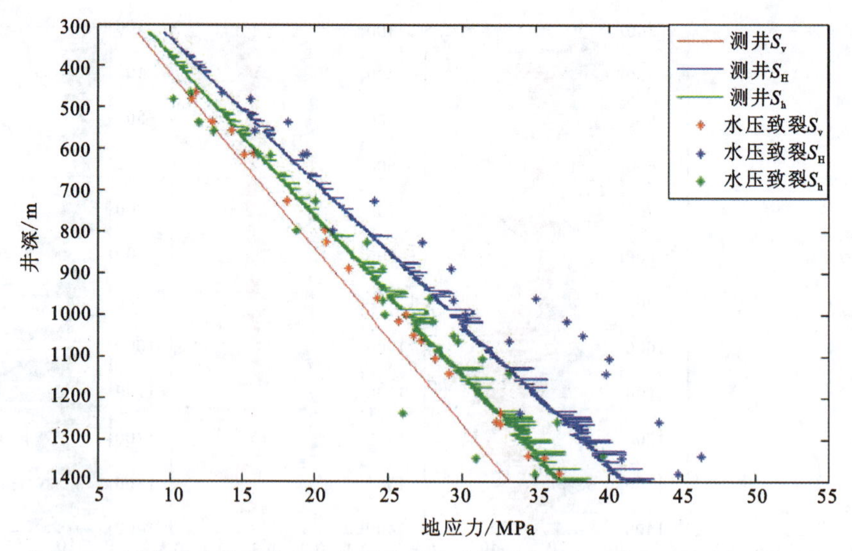

图 4-15 潘集煤矿外围勘查区水压致裂实测与测井解释三向地应力剖面对比图

连塘李 23-3 井钻遇地层岩性主要为砂质泥岩和煤岩，夹杂少量薄层的碳质泥岩。煤岩段主要是面割理和端割理发生剪切破坏，砂质泥岩段主要是本体发生剪切破坏，井壁上两侧的剪切破坏带与水平最小主地应力方向重合。坍塌压力当量密度如图 4-16(b)所示。

连塘李 23-3 井钻遇地层孔隙压力属于正常孔隙压力，孔隙压力当量密度与水的密度近似相等。坍塌压力与孔隙压力的最大值为钻井液安全密度窗口下限，破裂压裂最小值为钻井液安全密度窗口上限。该井井径测井曲线如图 4-16(a)所示，对比图 4-16(a)和 4-16(b)可知，井径扩大率较大的井段(图中井深 320m～650m、980m～1030m、1250m～1300m)坍塌压力当量密度也相对较大，表明本章介绍的坍塌压力测井解释方法具有较高的可靠性。

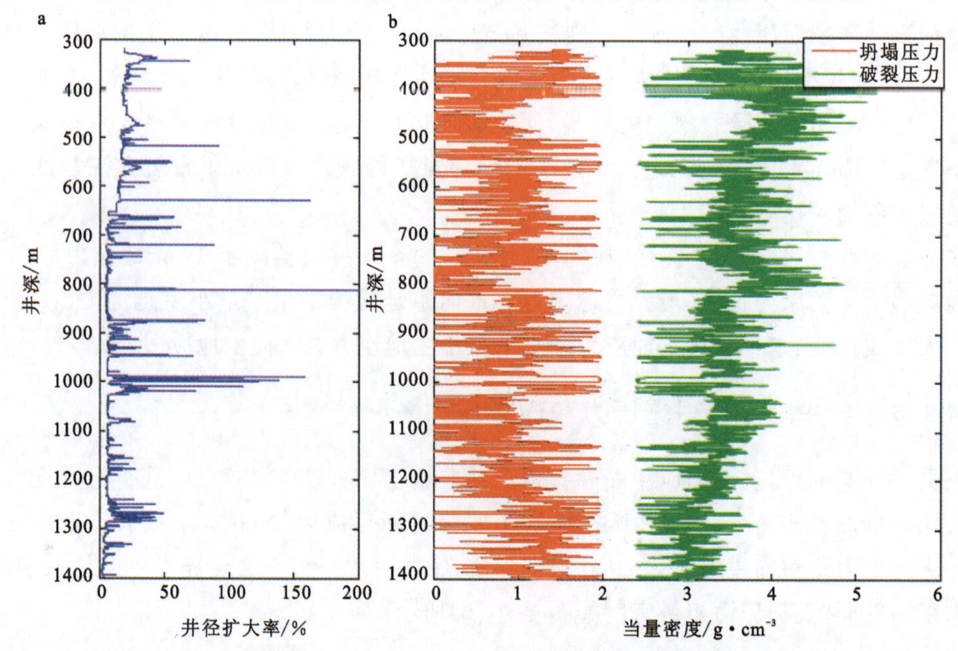

图 4-16 安徽省颍上县连塘李 23-3 井井径、坍塌压力和破裂压力剖面图

根据本章介绍的方法，可预测连塘李 16-12 井的井壁坍塌压力和破裂压力当量密度剖面，如图 4-17 所示。该井井径扩大率较大的井段（井深 320m～400m、800m～900m、1100m～1200m）坍塌压力当量密度也相对较大。

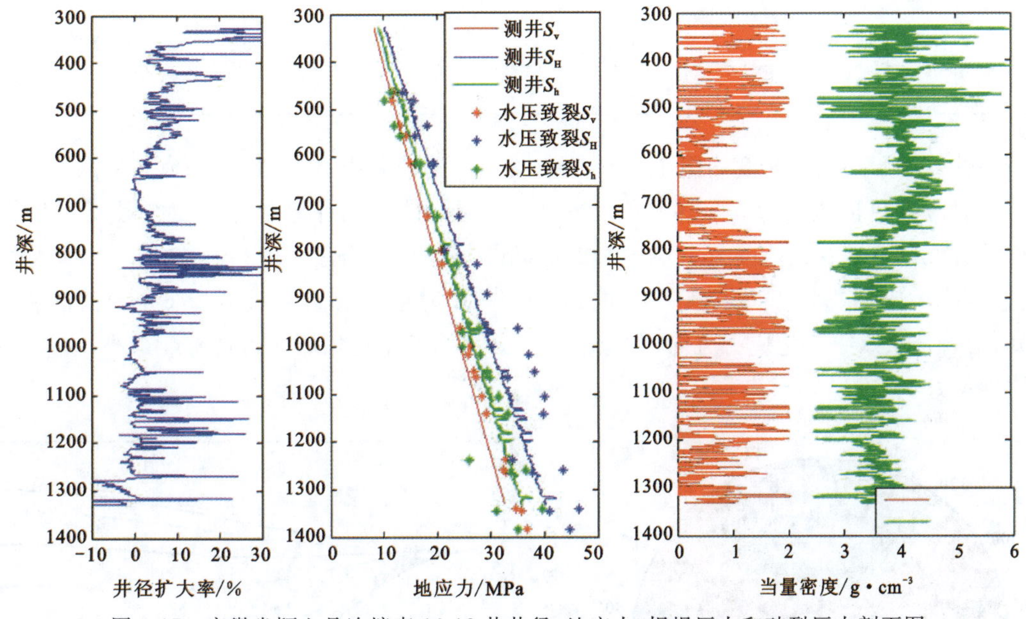

图 4-17 安徽省颍上县连塘李 16-12 井井径、地应力、坍塌压力和破裂压力剖面图

4.9 水平井段井壁稳定性案例分析

水平井是指井斜角达到或接近 90°，井身沿着水平方向钻进一定长度的特殊定向井。将井斜角 90°带入到公式(4-18)，可以得到井筒直角坐标系中井筒所承受的应力边界条件。根据 4.4 节所论述的方法，可以得到水平井井壁围岩应力场。根据井壁剪切破坏判别方法，可以得到井壁发生坍塌的临界钻井液密度，即坍塌压力当量密度。

淮南潘集煤矿外围勘查区某井段水压致裂地应力和测井解释获得的岩石力学参数如表 4-2 所示。以三向主地应力坐标系构建地理坐标系重合，即假设最大水平主应力方向为地理南北方向，最小水平主地应力方向为地理东西方向，上覆岩层压力为铅锤向下，从正北方向逆时针转过的角度即为井眼方位角。

表 4-2 淮南潘集煤矿外围勘查区某井段水压致裂地应力和测井解释获得的岩石力学参数表

项目	数据	项目	数据
埋深	1064m	抗拉强度	11MPa
上覆岩层应力 S_v	27.24MPa	层理面抗拉强度	2.5MPa
最大水平地应力 S_H	33.16MPa	弹性模量	20GPa
最小水平地应力 S_h	27.24MPa	泊松比	0.2

续表 4-2

项目	数据	项目	数据
孔隙压力	10.64MPa	孔隙度	0.017
本体黏聚力	10.1MPa	内摩擦角	32°
有效应力系数	0.9		

井壁坍塌压力当量密度如图 4-18a 所示，图中周向为井眼方位角，径向为井斜角，图中任何一点对应的色标值即为该井斜方位上的井壁坍塌压力。当井斜角为 90°时，坍塌压力当量密度沿着方位角的变化范围为 1.04～1.27g/cm³，坍塌压力当量密度在方位角为 0°时达到最低值 1.04 g/cm³，坍塌压力当量密度在方位角为 90°时达到最低值 1.27 g/cm³。由图 4-18b 可知，沿着最大水平主地应力方向（方位角为 0°）打井，井壁坍塌压力当量密度最小，说明井壁稳定性最好。

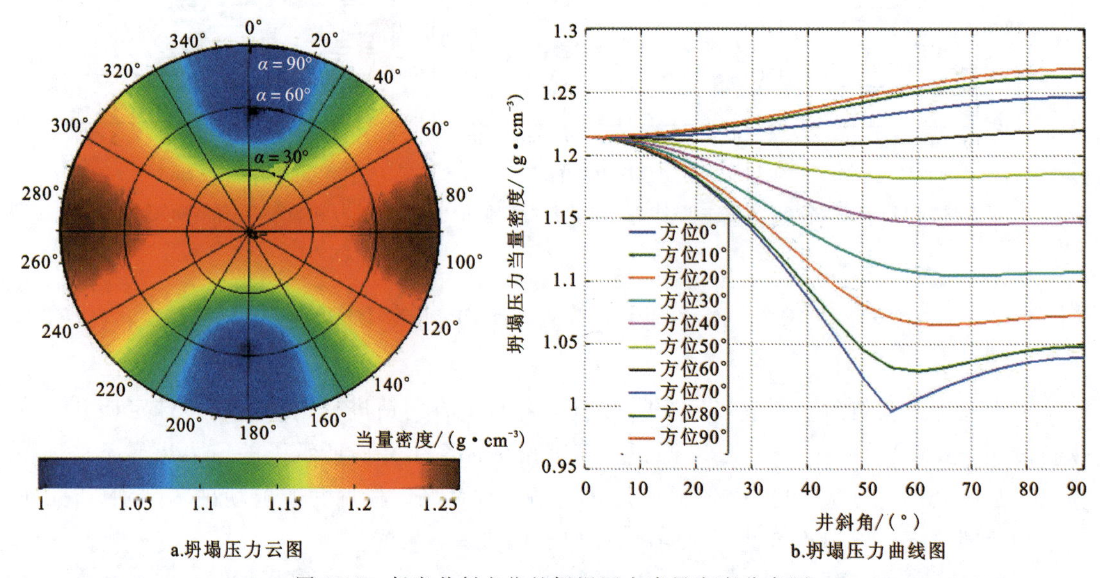

图 4-18　任意井斜方位的坍塌压力当量密度分布图

受逆断层应力状态的影响，淮南潘集煤矿外围勘查区钻井时井壁破裂主要形成了水平裂缝，即地层破裂压力等于上覆岩层应力与岩层抗拉强度之和。经计算，破裂压力当量密度为 2.79 g/cm³。

4.10　煤岩井壁防塌机理

4.10.1　煤层垮塌机理研究

井眼轨迹曲率表示井眼轨迹弯曲的程度，曲率越大，说明井眼轨迹弯曲程度越大。根据井眼轨迹曲率大小可以将煤层井眼轨迹划分为 3 类，分别为垂直段、小曲率段和大曲率段。

1)垂直井段煤层垮塌机理

煤岩具有抗拉强度低、弹性模量小、裂缝发育好、脆性大等一系列特点。导致煤层失稳的主要原因是地层应力或其他外力,但由于煤岩内含一定的矿物,煤层自身的物理化学作用也可以导致发生垮塌。当煤层被打开后,煤层地应力会重新分布,煤层井壁近井壁微裂缝将受到压剪作用,在裂纹尖端将产生附加的应力集中,因此导致垂直段煤层塌陷。同时,煤层中存在大量微小的正交割理组,正交割理组一旦受到应力作用便张开或延展,就会相互连通,很容易造成井壁大面积坍塌。

2)小曲率井段煤层垮塌机理

小曲率井段煤层井壁不稳定可分为井壁坍塌和地层破裂两种情况。井内液柱压力较低是造成井壁坍塌的主要原因。井壁周围岩石所受应力超过岩石本身的强度,产生剪切破坏。同时,脆性地层会产生坍塌掉块,扩径等现象,而塑性地层则向井眼内侧方向产生塑性变形,造成缩径。地层破裂是井内泥浆密度过大,岩石所受的周向应力超过岩石的抗拉强度导致的。井内钻井液液柱压力增大时,周向应力变小,当钻井液液柱压力超过一定值时,周向应力变成负值,即岩石所受周向应力由压缩变为拉伸,当这种拉伸力大到足以克服岩石的抗拉强度时,地层则产生破裂造成坍塌。

3)大曲率井段煤层垮塌机理

大曲率井段煤层坍塌有与垂直和小曲率井段煤层坍塌相似的原因,也有不同之处。其相似之处为煤层割理及微裂缝发育好,胶结比较疏松,脆性大,机械强度较低。但是和垂直井及小曲率井段所不同的是大曲率井段垂直应力大于水平应力,上覆煤岩自身重力是一个不可忽略的因素。在大曲率井段,井眼高边的煤系地层由于垂直应力作用而丧失了下倾支撑作用,煤岩完全失去了力学稳定性,只要有一点外力作用就会发生垮塌,变得非常脆弱。同时由于煤岩的中间往往夹杂着碳质泥岩或泥质含量很高的劣质煤屑,水对这些成分有很强的敏感性。这些成分吸水性强,存在膨胀或溶胀现象,水的作用会改变原有的应力平衡,从而失去原有的稳定性。钻井液液柱压力难以支撑上覆地层压力,且存在的断层、破碎带构造,容易发生破裂而引起坍塌和漏失。在煤层毛细效应比较突出,且由于其比表面大,很容易吸附水。滤失水会与煤储层中含有的黏土矿物相互作用,发生水化作用,造成突发性剥落坍塌。

4.10.2 钻井液对煤岩井壁稳定性的影响

煤的机械强度低,易于垮塌、破碎;钻开后的煤层浸泡时间越长,煤层吸水膨胀或垮塌越厉害;煤岩微裂缝、孔隙发育,节理也相当发育,且地层孔隙压力低,容易发生漏失。就钻井液来看,清水携带岩屑的能力差,且容易引起地层坍塌、掉块等问题,同样会带来储层伤害等问题。传统钻井液技术虽然较好地解决了孔壁失稳问题,但其对煤层气储层伤害严重。空气钻进难以直接应用于不稳定煤层,主要适用于目的层浅、储层压力低、地层较硬及裂缝发育的煤层。基于此,通过一定的室内实验探究煤层体系塌陷的原因。

1)钻井液电性对煤岩井壁稳定性的影响

自然界中的黏土矿物绝大多数带负电荷。钻进过程中,黏土矿物的分散、膨胀、收缩、坍塌、渗透等特性均与钻井液ζ电位有着密切关系。ζ电位(zeta potential)是指剪切面的电位,又叫电动电位或电动电势（ζ电位或ζ-电势），是表征胶体分散系稳定性的重要指标。ζ电位是连续相与附着在分散粒子上的流体稳定层之间的电势差，它可以通过电动现象直接测定。ζ电位的重要意义在于它的数值与胶态分散的稳定性相关。ζ电位是对颗粒之间相互排斥或吸引力的强度的度量。分子或分散粒子越小，ζ电位的绝对值（正或负）越高，体系越稳定，即溶解或分散可以抵抗聚集。反之，ζ电位（正或负）越低，越倾向于凝结或凝聚，即吸引力超过了排斥力，分散被破坏而发生凝结或凝聚。

正电胶的作用在于提高钻井液ζ电位，通过压力传递实验，对比清水和正电胶溶液对煤岩的压力传递情况，从而判断钻井液电性对煤岩井壁稳定性的影响（图 4-19）。

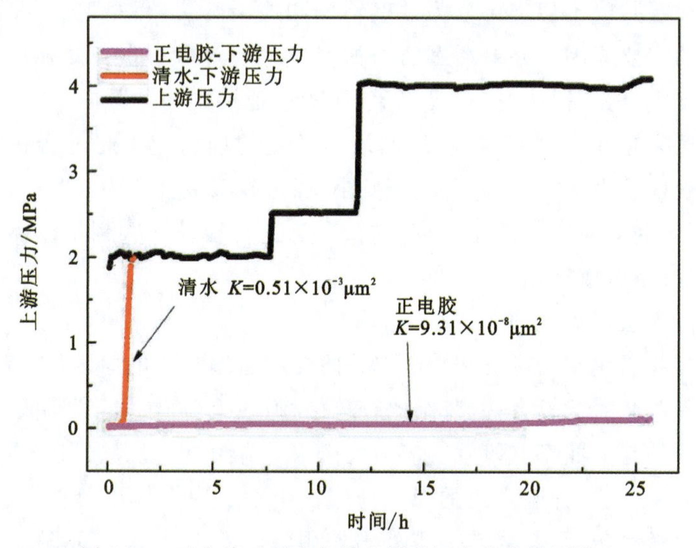

图 4-19　正电胶对织金龙潭组煤岩压力传递效果影响

实验统计结果（表 4-3）显示，在清水的条件下，煤岩历时 0.65h 后出现渗透，其渗透率为 $0.51\times10^{-3}\mu m^2$，下游压力开始增长得比较缓慢，而后激增形成较陡的曲线，随后有着较短的增长趋势直至与上游压力相一致，说明岩样在压力一定条件下从上部至下部形成贯通的裂隙，致使清水能够在很短的时间内透过岩样抵达下游，使上下游压力一致。而加入 0.5%无机正电胶后，压力传递实验历时 26h，未形成较大贯通的孔隙，此时岩样渗透率仅为 $9.31\times10^{-8}\mu m^2$，与清水相比，岩样的渗透率下降了 4 个数量级，说明正电胶溶液能够有效地阻缓孔隙压力侵入煤岩。阻缓压力传递效果顺序为正电胶溶液＞清水。

表 4-3　正电胶-煤岩压力传递实验结果统计

流体类型	时间/h	渗透率/$\times10^{-3}\mu m^2$	渗透率降低率/%
清水	0.65	0.51	
清水＋0.5%无机正电胶溶液	26	9.31×10^{-5}	99.82

2）钻井液润湿性对煤岩井壁稳定性的影响

润湿性是固体表面的重要特征，代表了固体材料的亲水疏水性，一般通过接触角来表示，接触角越大，表明材料的疏水性越强。实验通过添加表面活性剂，提高钻井液的疏水性，结合压力传递实验，以此来判断钻井液润湿性对煤岩井壁稳定性的影响(图 4-20)。

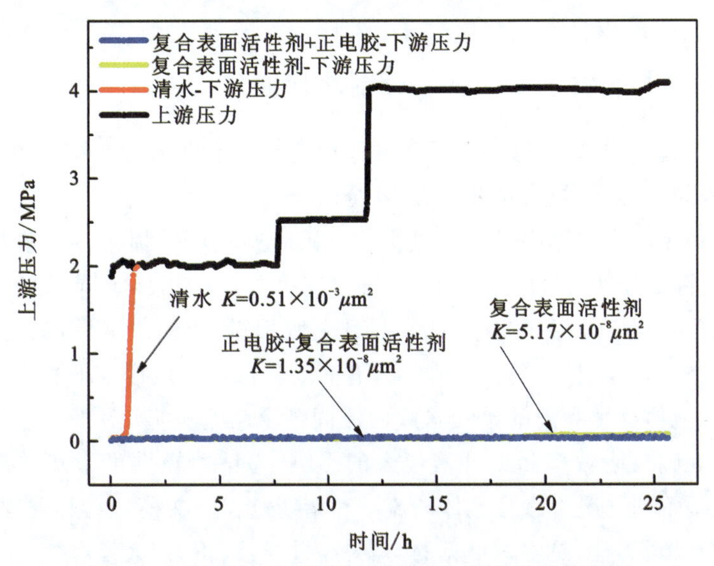

图 4-20　复合表面活性剂对煤岩孔隙压力传递的影响

通过煤岩压力传递实验(表 4-4)可以看出：在清水的条件下，煤岩岩样在压力传递实验历时 0.65h 后渗透，其渗透率为 $0.51\times10^{-3}\ \mu m^2$，其压力传递曲线趋势呈现为先以较缓慢的速度增长，然后压力激增形成较陡的压力传递曲线，随后有着较短的增长趋势直至与上游压力相一致，说明岩样在压力一定条件下从上部至下部形成贯通的裂隙，致使清水能够在很短的时间内透过岩样抵达下游，使上下游压力一致；在复合表面活性剂溶液的条件下，压力传递实验历时 26h，渗透率为 $5.17\times10^{-8}\ \mu m^2$；与清水相比，岩样的渗透率下降了 4 个数量级，说明复合表面活性剂溶液能够有效地阻缓溶液对岩样的侵入能力；在复合表面活性剂＋正电胶混合溶液条件下，压力传递实验历时 26h，渗透率为 $1.35\times10^{-8}\ \mu m^2$，进一步降低煤岩的渗透率，阻缓溶液侵入煤岩地层。其中阻缓压力传递效果顺序为：复合表面活性剂＋正电胶混合溶液＞复合表面活性剂溶液＞清水。

表 4-4　复合表面活性剂煤岩压力传递实验结果统计

流体类型	时间/h	渗透率/$\times10^{-3}\ \mu m^2$	渗透率降低率 /%
清水	0.65	0.51	—
复合表面活性剂	26	5.17×10^{-5}	99.90
复合表面活性剂＋正电胶	26	1.35×10^{-5}	99.97

通过实验证明，在钻井液中添加正电胶提高钻井液的 ζ 电位以及添加疏水型表面活性剂降低钻井液的润湿性，使煤岩的渗透率下降了 4 个数量级，阻缓了溶液侵入煤岩地层，减少了水对煤岩的侵入，从而保证了煤岩的强度，有效实现了煤岩的井壁稳定性。

4.11 维持煤岩井壁稳定的物理、化学-力学模拟

4.11.1 维持煤岩井壁稳定的物理封堵模拟

在水平井施工过程中，钻井液对于保持井壁稳定是必不可少的。保持井压大于地层孔隙压力(但不高于破裂压力)是煤岩钻井合理、安全的开采方法。

煤岩井壁不稳定的主要原因是煤岩吸水并导致膨胀和堵塞损失。当钻井液中的水侵入煤岩时，会造成孔隙水压力上升，煤岩强度降低，支撑井筒的正压下降，导致煤岩井壁失稳。随着钻井液继续侵入煤岩地层，水化作用将导致井眼坍塌、收缩或卡钻，最终导致井筒失稳，引发井下事故。在保持煤岩井壁稳定的同时，有必要降低钻井液侵入的程度，因此，需建立一种基于孔隙特征、流体物性和离散单元参数的流固耦合阻塞模型(图 4-21)，分析不同钻井条件下颗粒对煤岩孔隙封堵效率和钻井液侵入的影响，为钻井提供了水基钻井液封堵解决方案。该模型模拟了不同井况下颗粒流体的流动和堵塞过程。在模拟计算过程中，不同井况下的颗粒运移轨迹和堵塞云图是实时可见的，颗粒经过迁移、积聚、大量释放，再逐渐积聚，完成最终的封闭。此外，在不同的颗粒参数和流体条件下，垂直于层理和平行于层理的孔隙堵塞时空过程存在显著差异。当出口处颗粒趋于稳定，出口处不再有流体溢出时，判断为最终堵塞状态。

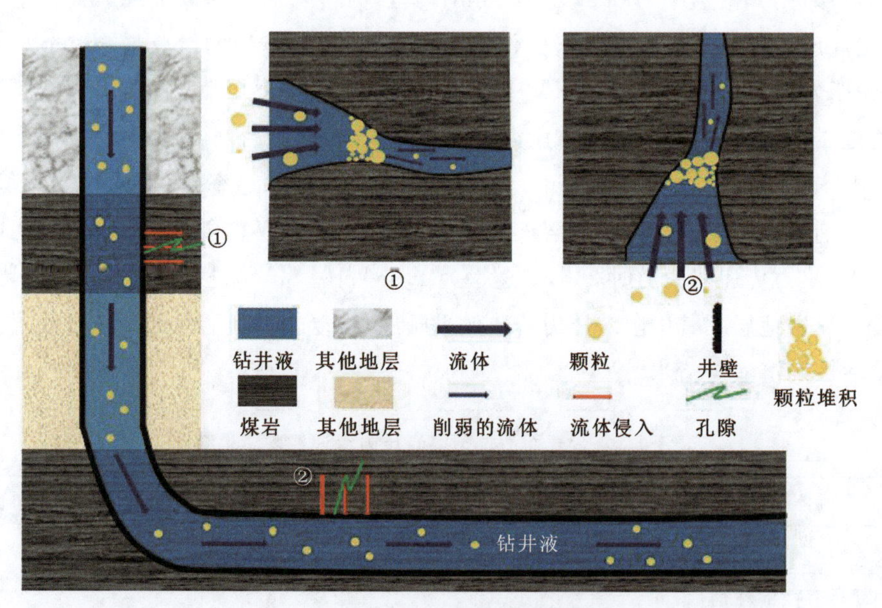

图 4-21 煤岩井筒颗粒堵塞孔隙模型

1)物理封堵数值模拟方法

安徽省两淮矿区代表性岩性主要为泥岩、砂岩、粉砂岩、煤和灰岩。目前含颗粒钻井液对岩石孔隙的封堵效果多限于物理实验数据，钻井液中颗粒侵入岩石孔隙后的运移、动态堆积与微观封堵机理并不明确。基于流体动力学计算和离散元在微观尺度上模拟颗粒悬浮液封

堵泥岩和粉砂岩等岩石孔隙。由于颗粒所受拖拽力与常规尺寸不同，为精准拟合和预测，整理可用实验数据和经验公式，编写程序修正标准拖拽方程。颗粒封堵岩石孔隙如图4-22所示。

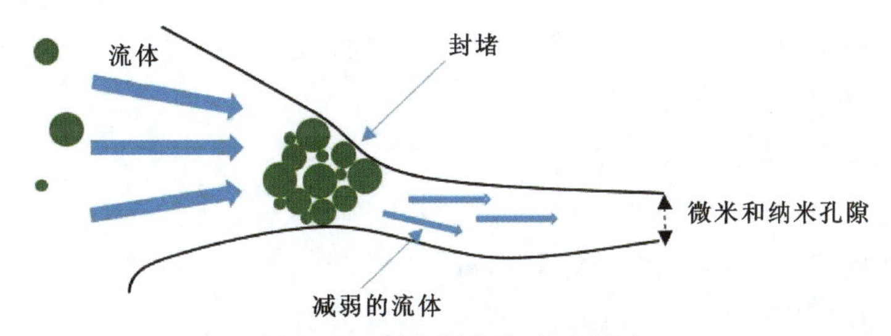

图4-22　颗粒封堵孔隙示意图

释放颗粒的浓度和颗粒尺寸可调节，因此，能够模拟不同颗粒参数下的泥岩和砂岩等岩石孔隙封堵效果。颗粒浓度设置不能过低，否则无法形成有效封堵和架桥。通过监测孔隙中颗粒数量和压力，结合数据可视化，可定量判断封堵效果。

建立颗粒释放区域，颗粒由释放区域释放后开始启动颗粒追踪模式，每个颗粒释放速度相同，颗粒方向随机，此方法可拟合真实颗粒进入岩石孔隙过程。瞬态模拟可以监控每一步的颗粒运动状态，从而掌握整个封堵过程。颗粒大小可调节，可模拟后期颗粒大小复配封堵效果。当颗粒被释放进入孔隙后，颗粒的每一步计算都会被追踪。采用3D模型，添加双精度计算模式，同时采用无滑移边界，岩石孔隙壁面采用弹性边界。模型考虑重力因素和颗粒旋转。

假定钻井液是连续的，根据质量守恒方程和动量守恒，基于局部维纳斯托克斯方程，含颗粒钻井液流体可由下列等式描述：

$$\begin{aligned}&\frac{\partial \rho}{\partial t}+\nabla\cdot(\rho\vec{u})=S_{\mathrm{m}}\\&\frac{\partial}{\partial t}(\rho\vec{u})+\nabla\cdot(\rho\vec{u}\vec{u})=-\nabla p+\nabla\cdot(\bar{\bar{\tau}})+\rho\vec{g}+\vec{F}\end{aligned}\tag{4-46}$$

式中，ρ为密度，kg/m^3；S_{m}为分散相添加至连续相的质量，kg；$\vec{u}$为流体速度，m/s；p是静压，Pa；$\bar{\bar{\tau}}$为应力张量；$\vec{g}$和$\vec{F}$是重力和外来力，N；t为时间，s。

雷诺数Re公式为

$$\frac{\mathrm{d}\vec{u}_{\mathrm{p}}}{dt}=F_{\mathrm{D}}(\vec{u}-\vec{u}_{\mathrm{p}})+\frac{\vec{g}(\rho_{\mathrm{p}}-\rho)}{\rho_p}+\vec{F}\tag{4-47}$$

$$Re=\frac{\rho d_{\mathrm{p}}\mid\vec{u}_{\mathrm{p}}-\vec{u}\mid}{\mu}\tag{4-48}$$

式中，F_{D}为颗粒所受额外加速度，m/s^2；ρ_{p}为颗粒的密度，kg/m^3；$\vec{u}_{\mathrm{p}}$为颗粒速度，m/s；$\vec{u}$是流体相速度，m/s；$\vec{F}$是单位颗粒质量的所受阻力，N；μ是流体相黏度，Pa·s；d_{p}为颗粒直径，m。

颗粒运动方程通过在离散时间步长上逐步积分来实现的。颗粒运动轨迹和颗粒速度可由下述方程计算：

$$\frac{\mathrm{d}x}{\mathrm{d}t} = u_{\mathrm{p}} \tag{4-49}$$

$$\frac{\mathrm{d}u_{\mathrm{p}}}{\mathrm{d}t} = a + \frac{1}{\tau_{\mathrm{p}}}(u - u_{\mathrm{p}}) \tag{4-50}$$

式中，a 为除颗粒所受阻力以外的其他各因素组成的加速度，$\mathrm{m/s^2}$；τ_{p} 为颗粒切力，Pa；u_{p} 为颗粒速度，m/s；u 是流体速度，m/s。

最终颗粒新位置速度公式为

$$u_{\mathrm{p}}^{n+1} = u^n + \mathrm{e}^{-\frac{\Delta t}{\tau_{\mathrm{p}}}}(u_{\mathrm{p}}^n - u^n) - a\tau_{\mathrm{p}}(\mathrm{e}^{-\frac{\Delta t}{\tau_{\mathrm{p}}}} - 1) \tag{4-51}$$

式中，u_{p}^n 和 u^n 为时刻 n 的颗粒和流体速度，m/s。

当梯形离散化应用于速度和雷诺数方程，得到

$$\frac{u_{\mathrm{p}}^{n+1} - u_{\mathrm{p}}^n}{\Delta t} = \frac{1}{\tau_{\mathrm{p}}}(u^* - u_{\mathrm{p}}^*) + a^n \tag{4-52}$$

式中，u^* 和 u_{p}^* 为流体和颗粒速度平均值，m/s；Δt 为颗粒在时刻 n 和时刻 $n+1$ 的时间差，s。

在新位置 $n+1$ 处的质点速度由下式得出

$$x_{\mathrm{p}}^{n+1} = x_{\mathrm{p}}^n + \frac{1}{2}\Delta t(u_{\mathrm{p}}^{n+1} + u_{\mathrm{p}}^n) \tag{4-53}$$

式中，x_{p}^{n+1} 为颗粒在 $n+1$ 时刻的位置，m。

岩芯孔隙模型设置为曲折管，相对于直管此设置更符合颗粒运移规律，与实际实验结果也更为贴切。颗粒粒径可以调节，材料设置为 SiO_2，总共选择了 10 种粒径，以促进颗粒分级。颗粒的平均直径为 D_{p}。流体黏度值为 1～5 mPa·s。每个时间步长为 0.005s，出口直径为 2μm(表 4-5)。弯曲部分是流体和颗粒的压力云图(图 4-23)。颗粒在孔的弯曲处和出口处聚集，在此过程中，小颗粒将逐渐从隧道中流出，大颗粒相互支撑从而封堵出口。

表 4-5　孔隙和颗粒参数

参数	数值	参数	数值
孔隙长度/μm	20	黏附摩擦系数	0.5
孔隙直径/μm	6	计算模式	压力，瞬态
孔隙弯折度/(°)	60	颗粒注入模式	表面释放
孔隙出口直径/μm	2	颗粒追踪模式	非稳态追踪
颗粒释放区域/μm^2	1.4	离散相反射系数	0.5
不同尺寸的颗粒类型	10	弹簧缓冲参数	1000
平均颗粒直径/nm	400	颗粒壁面	反射模式

所有颗粒粒径均不同，但平均粒径可调节且适中。如果粒径太大，它们将直接阻塞毛孔，并且不会产生任何堆积效果。相反，如果粒径太小，将很难堵塞出口，从而导致计算时间长。流体介质是水，并且流体的黏度依次设置为 1mPa·s、3mPa·s 和 5mPa·s。

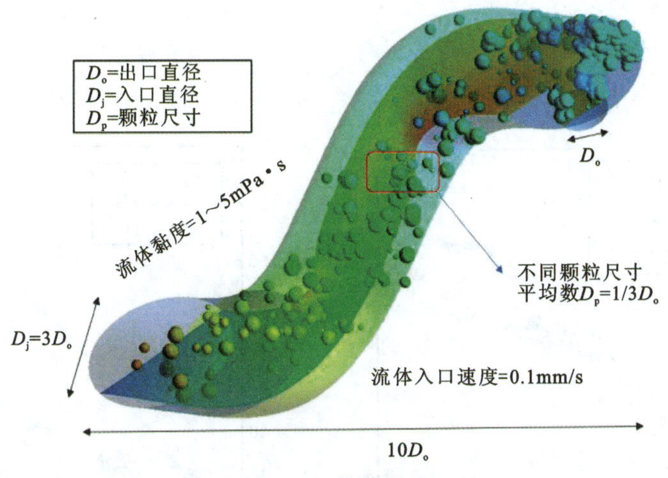

图 4-23 模型设置

孔壁设置为具有防滑界面的固定壁。粒子碰撞是反射性的，壁反射系数分为法向和切向恢复系数。由于颗粒是弹性的且碰撞材料均为 SiO_2，因此离散相的反射系数被设置为 0.5。粒子碰撞之间的法向接触力基于 spring-dashpot 模型，而粒子碰撞之间的切向接触力则使用黏着摩擦系数和滑动摩擦系数确定(表 4-6)。模型的网格分为两种类型，即结构化网格和非结构化网格。在释放的早期，网格可以是粗网格。但是颗粒填充过程，该区域的网格必须致密。考虑到时间和精度因素，选择细网格。四面体网格是主体网格，主要用于流体流动和粒子迁移。楔形网格被用作边界网格，以更准确地区分边界层的接触和碰撞。随着通过网格独立性的验证逐渐完善网格，数据变得更加稳定。当网格数为 30 000 左右时，计算数据逐渐稳定。

表 4-6 流体物理参数

物理性能	参数	物理性能	参数
流体性质	H_2O	pH	7
流体密度/($kg \cdot m^{-3}$)	1000	颗粒密度/($g \cdot cm^{-3}$)	2.2
流体黏度/mPa·s	1, 3, 5	扩散系数	3.5
导热系数/[$w \cdot (m\text{-}k)^{-1}$]	0.6	颗粒粒径分布	Rosin-Rammler 模型
温度/K	298.15		

2)物理封堵数值模拟结果

颗粒尺寸分别设置为出口尺寸的 1/2、1/3 和 1/5。释放颗粒粒径不能大于孔隙出口尺寸，否则，单一颗粒超过出口尺寸完成封堵，无颗粒堆积和填充过程，颗粒其他参数对封堵的影响规律也无从揭示。如图 4-24 所示，随着计算时间的增长，颗粒堆积数增多并逐渐趋于稳定。颗粒粒径为 1/2 出口尺寸时，相对于颗粒粒径为出口尺寸的 1/3 和 1/5，颗粒堆积封堵效率分别增加 13%和 23%。

颗粒浓度对孔隙封堵同样有显著效果，分别设置颗粒浓度为 1%、5%和 11%。此时，颗粒粒径设置为出口尺寸的 1/3。因为，低浓度颗粒形成有效架桥时间较长，或者不能形成有效架桥。相反的，如果颗粒尺寸设置过大，封堵速度过快，会间接导致颗粒浓度对封堵效果的影响不明显。结果表明，11%和5%的颗粒浓度相对于1%颗粒浓度封堵效率提高74.78%和50%(图4-25)。

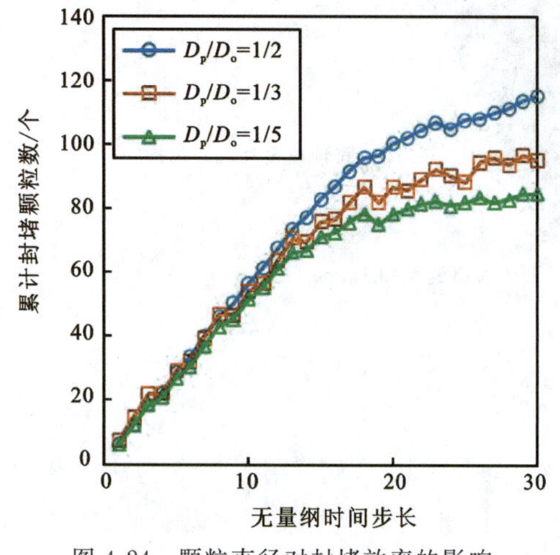

图4-24　颗粒直径对封堵效率的影响

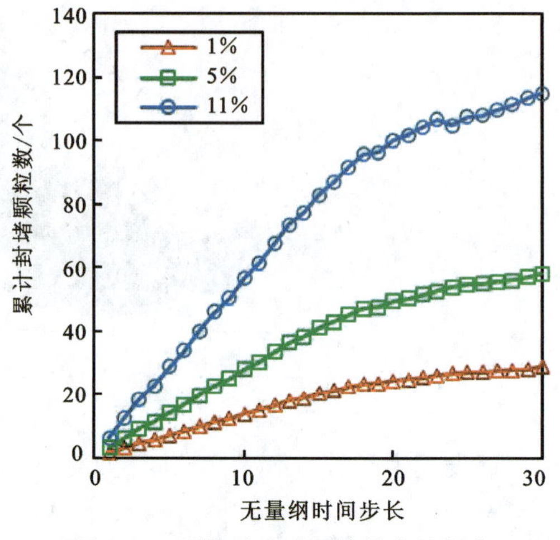

图4-25　颗粒浓度对封堵效率的影响

泥岩等岩石水化是一个长时间的过程，基于X射线计算机断层成像技术，对其造成25%伤害需要15d。实际工作状况表明，岩芯孔隙封堵无需在短时间内完成，这也为低浓度颗粒封堵创作了有利条件和可行性。

当颗粒并非球形时，颗粒之间的接触力关系会更加复杂。数字高程(digital elevation model,DEM)模型可将非圆颗粒通过数学近似，从而作为圆形颗粒计算。基于此方法，颗粒碰撞模型即可使用圆形颗粒接触模型。

此时需要形状因子参数(θ)来做数学近似，定义为

$$\theta = \frac{s}{S} \tag{4-54}$$

式中，s为球体表面积，m^2；S为颗粒实际表面积，m^2。

θ越趋近于1，颗粒越趋近于球形。颗粒形状越不规则，颗粒封岩石孔隙效率越高(图4-26)。当θ为0.25时，粗糙颗粒封堵效率比相对于圆形颗粒封堵效率高14%。θ为0.5和0.75时，颗粒封堵效率几乎一致。

改变颗粒物理特性可调节孔隙颗粒封堵效果。同时，研究改变流体物性对泥岩等岩石孔隙封堵效果。

图4-27为1%颗粒浓度下不同黏度颗粒溶液的封堵效率。实验结果表明，随着计算时间的增长，累积的颗粒下降。主要原因为颗粒浓度低，无法形成有效封堵。因此，在积累的初始阶段，出口没有被充分密封，颗粒与流体一起从出口流出。当颗粒浓度为1%时，黏度的增加可以显著改善封堵效果。5mPa·s颗粒溶液的封堵效率比1mPa·s颗粒溶液的封堵效率高16.26%(图4-27)。因此，将黏度增加到5mPa·s是在1%的颗粒浓度下提高封堵效率的有效方法。

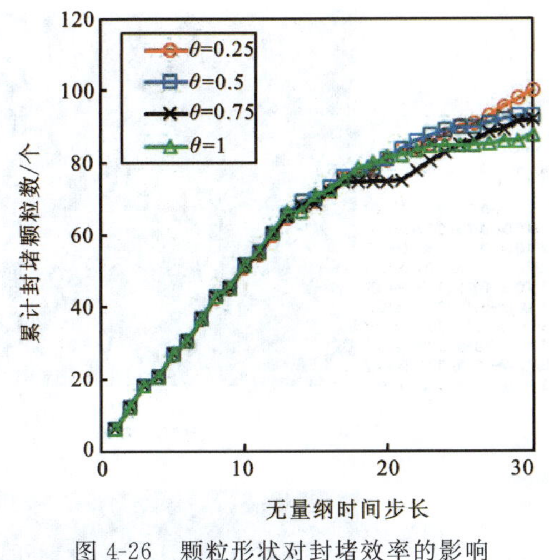

图 4-26 颗粒形状对封堵效率的影响

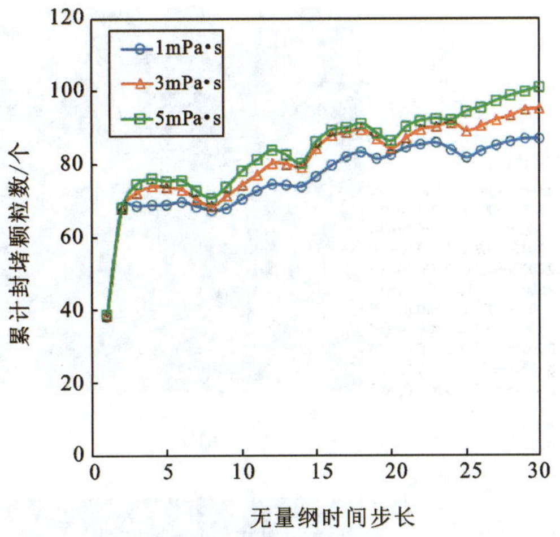

图 4-27 1%颗粒浓度下不同黏度颗粒溶液的封堵效率对比

3)结论

在钻井液中,阻滞不同岩石水化可通过物理封堵和化学抑制相结合的方式。物理封堵方面,颗粒大小和浓度明显影响封堵效率。当颗粒最大值不超过孔隙出口时,颗粒粒径由出口尺寸的 1/5 增加到出口尺寸的 1/3 和 1/2 后,孔隙封堵效率分别增加 13%和 23%。当颗粒粒径固定为出口尺寸的 1/2 时,颗粒溶液浓度从 1%提升至 5%和 11%后,封堵效率增加 50%和 75%。

流体物性对泥岩和粉砂岩等岩石孔隙封堵效果具有一定的影响。当颗粒浓度为 1%时,黏度的增加可以显著改善封堵效果,5mPa · s 颗粒溶液的封堵效率比 1mPa · s 颗粒溶液的封堵效率高 16.26%。

4.11.2 维持煤岩井壁稳定的化学-力学耦合模拟

煤岩井壁失稳问题的原因很复杂,化学因素是其中的主要因素之一。煤岩是一种水敏性极强的岩石,钻井液与煤岩接触时会发生离子交换作用或者水化膨胀,水分与煤岩相互作用后,煤岩的力学性能会逐渐降低,使井壁围岩的应力分布和煤岩的材料特性发生显著变化。

使用盐水钻井液与煤岩接触,初步分析钻井液水分侵入煤岩地层的孔隙压力传递规律,FLAC3D 软件计算孔隙压力分布图如图 4-28 所示,对于 FLAC3D 软件获取的孔隙压力数据导入到 Surfer 软件制作为孔隙压力等值线图,可以判断钻井液侵入煤岩地层的深度。

图 4-28 是煤岩地层中在不同时刻孔隙压力的分布图。可见当井内压力 p_f 高于煤岩地层的孔隙压力时,水力正压差使得钻井液中的水分会逐渐向地层传递。因此随着时间的推移,钻井液侵入量增多,孔隙压力会逐渐增大,如煤岩地层初始孔隙压力 p_0 为 25MPa,随着钻井液的侵入,井壁围岩的孔隙压力会越接近井内液柱压力 p_f=35MPa。

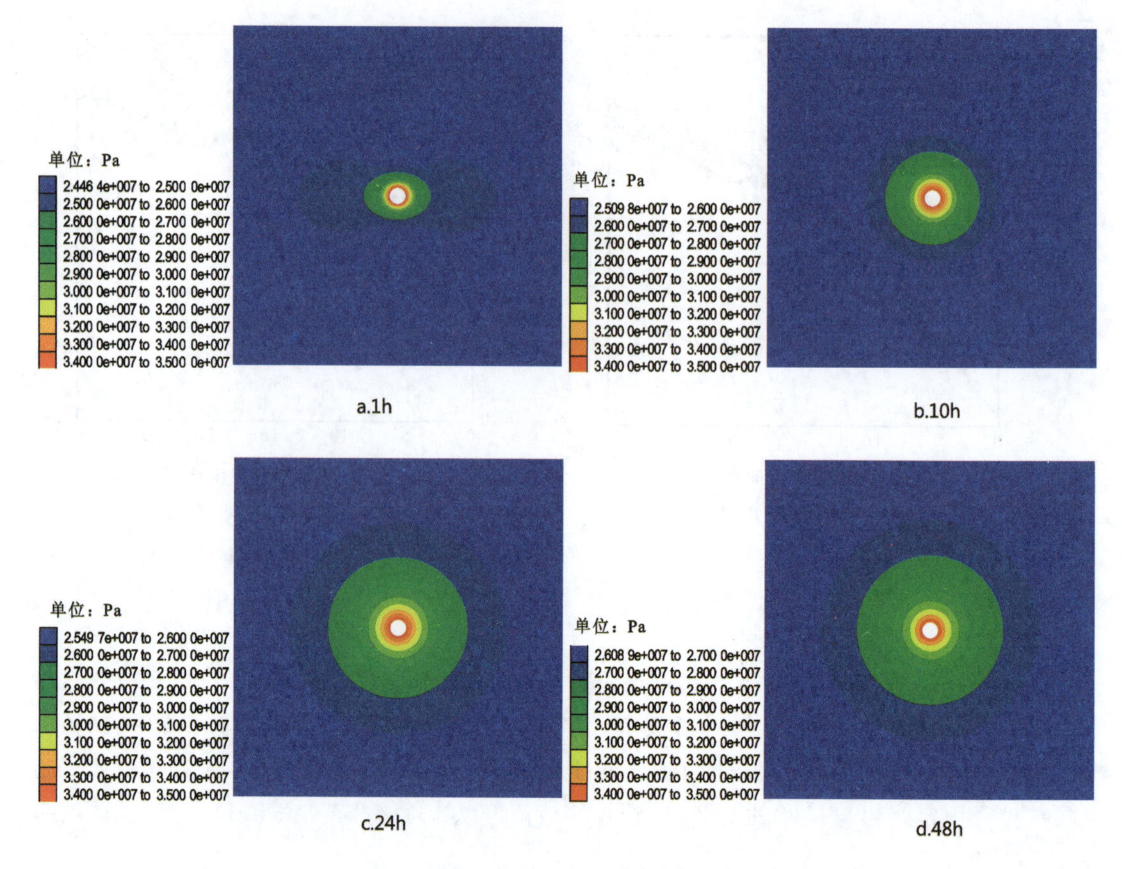

图 4-28　不同时刻孔隙压力传递等值线图

图 4-29 为钻井液侵入煤岩地层时井壁围岩 x 方向与 y 方向应力在 1h、10h、24h 时、48h 不同时刻的等值线分布图。由井壁有效应力分布原理可知，井眼打开时，转角 0°(180°) 即水平最小地应力方向的井壁处 x 方向与 y 方向应力相差最大，最容易发生剪切破坏。随着钻井液侵入煤岩地层，煤岩地层中的孔隙压力不断向井壁围岩周围传递所导致井周围岩应力分布不断变化，井壁围岩应力集中的区域也随之不断向外围扩散，水平最小地应力方向的井壁处 x 方向与 y 方向应力差在钻井液侵入初期急剧增大，即增加了剪切破坏的危险性，大约侵入 10h 后应力差值达到稳定状态(图 4-30)，但是仍然高于井眼打开初期时的状态。

由图 4-31 可知，井壁围岩的剪切应力以水平最大(最小)地应力 ±45° 方向对称分布，随着钻井液侵入 1～48h，井壁处最大剪切应力(拉应力或压应力)由 40.618MPa 增加到 41.953MPa，增加了剪切破坏的危险性，与图 4-30 规律一致。煤岩地层非常致密，若不考虑裂隙情况，该渗流过程非常缓慢，随着孔隙压力传递井壁围岩应力也是一个与时间有关的变量，所以长时间的渗流对井壁稳定非常不利，其井壁稳定性则取决于钻井液侵入的速度与终止时间。该盐水钻井液在 48h 后孔隙压力仍在传递，井壁围岩的应力持续改变，若超出岩石强度，则会导致井壁失稳。

由井壁有效应力分布原理可知，井眼打开时，转角 90°(270°) 即水平最大地应力方向的井壁处有效周向应力最小，最容易发生拉伸破坏，图 4-32 表示水平最大地应力方向的井壁处应

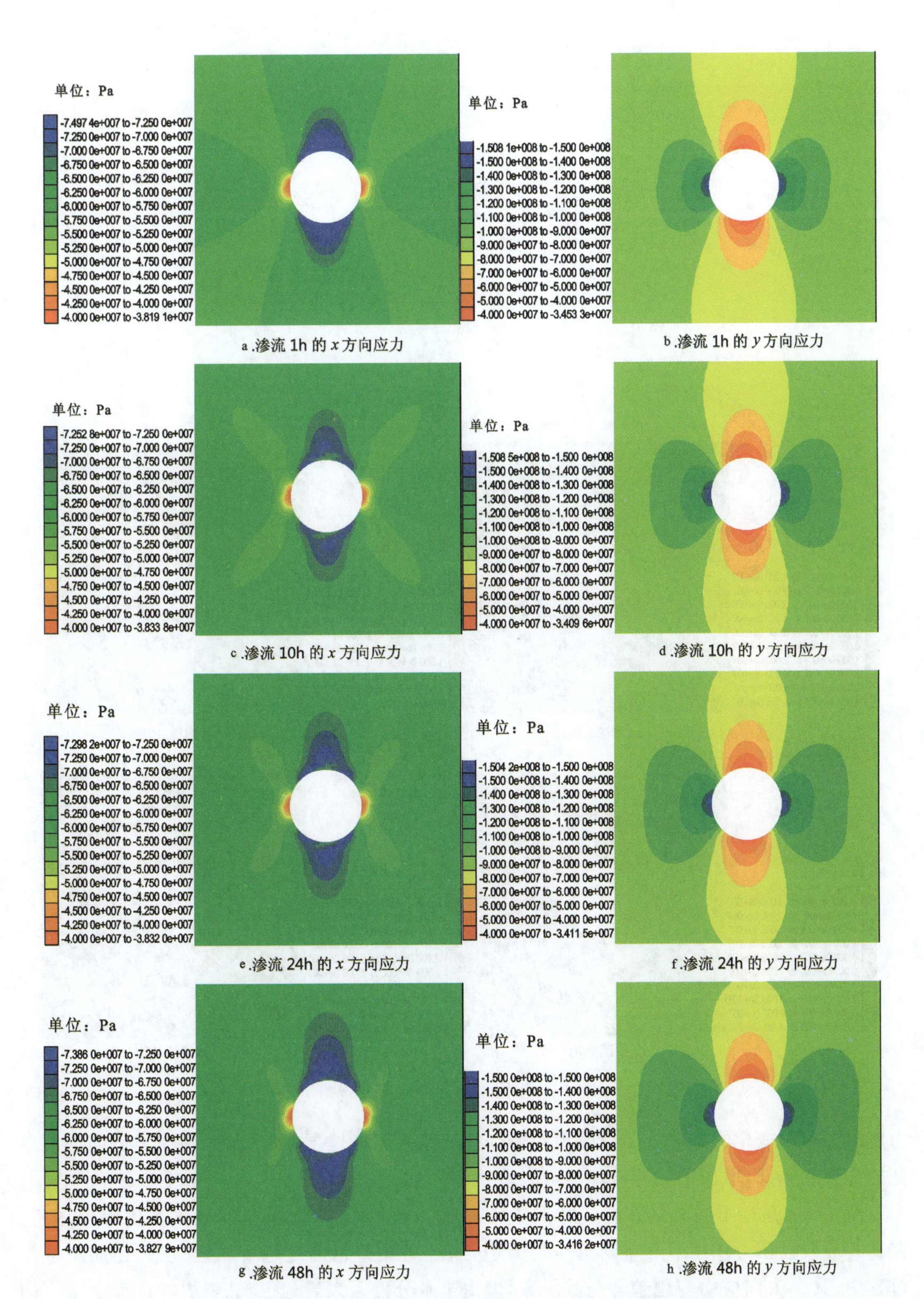

a.渗流 1h 的 x 方向应力　　b.渗流 1h 的 y 方向应力

c.渗流 10h 的 x 方向应力　　d.渗流 10h 的 y 方向应力

e.渗流 24h 的 x 方向应力　　f.渗流 24h 的 y 方向应力

g.渗流 48h 的 x 方向应力　　h.渗流 48h 的 y 方向应力

图 4-29　不同时刻应力分布等值线图(压应力为负,拉应力为正)

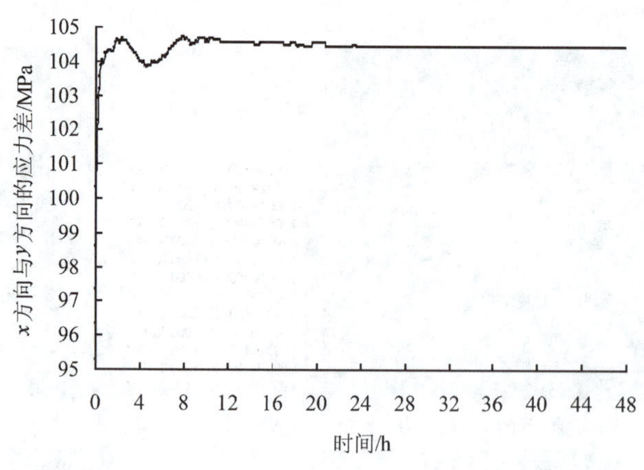

图 4-30 水平最小地应力方向的井壁处应力差变化

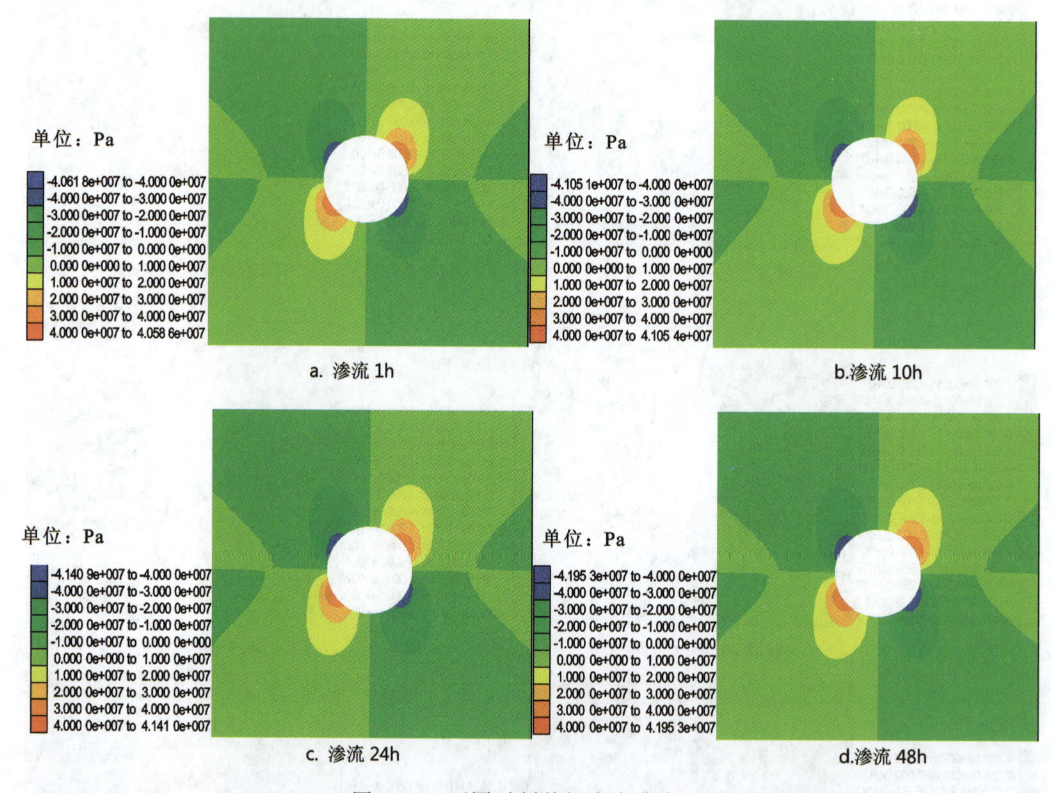

图 4-31 不同时刻剪切应力分布图

力随渗流时间变化的趋势。可以发现随着钻井液侵入煤岩地层，水平最大地应力方向的井壁处的应力在降低，增加了拉伸破坏的可能性。

图 4-33a 是在不同时刻井周 x 方向应力随距井轴线距离的变化图，在不考虑渗流作用，在钻井液液柱压力作用下井壁附近应力集中，随着离井壁越远越趋于原地应力，在动态渗流过程中，其 x 方向应力变化趋势与其一致，但由于水分侵入煤岩地层，孔隙增加过程中 x 方向应力较原地应力增大，图 4-33b 表现类似的规律。

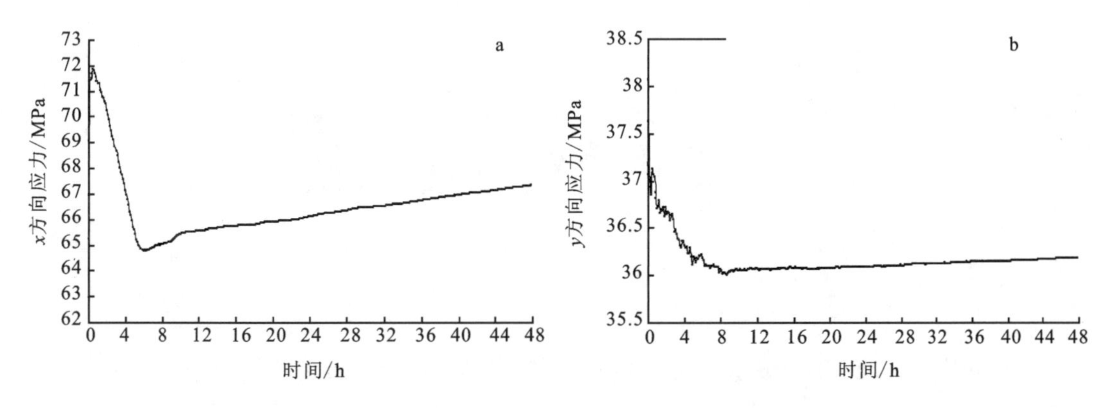

图 4-32 水平最大地应力方向的井壁处应力变化曲线图

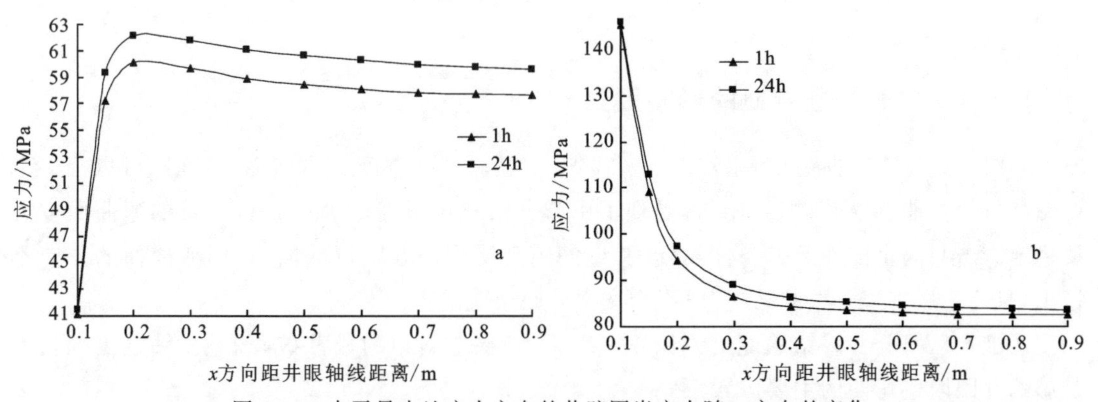

图 4-33 水平最小地应力方向的井壁围岩应力随 x 方向的变化

因此,钻井液侵入煤岩地层过程中,井壁处的位移方向均是指向井内,并且水平最小地应力方向[转角 0°(180°)]的井壁处位移以 x 方向为主,水平最大地应力方向[90°(270°)]的井壁处位移以 y 方向为主。钻井液侵入初期,在水平最大地应力方向的井壁处进入拉伸屈服区,在水平最小地应力方向的井壁处进入剪切屈服区,并且随着钻井液侵入其井壁附近主要进入剪切屈服区,屈服区的半径也在增大。若加上钻具的扰动井壁则会出现剪切破坏而掉块。

5 一开井段钻进施工技术

一开井段钻进施工技术的重点是防斜打直、防塌、防漏、防钙质黏土膨胀等。

5.1 防斜打直技术

5.1.1 井眼轨迹弯曲的影响因素

井眼轨迹发生弯曲需要具备3个条件:第一,钻具与孔壁间具有间隙,该间隙可以提供允许钻具发生弯曲的空间;第二,钻具受到了引起井眼轨迹弯曲的力;第三,钻具的弯曲面方向要稳定。若只满足前面两个条件,具有孔壁间隙且受到使井眼弯曲的力,而弯曲面的方向不稳定,只能造成扩大孔壁的结果,也不会产生井眼轨迹的弯曲。

两淮地区一开井眼钻遇地层为比较平缓、无地层造斜力的松散破碎岩层,钻进工艺技术是影响井眼轨迹弯曲的主要因素。

(1)钻机基础不平、设备安装不达标、未下孔口管或孔口管方向不正确等会造成井眼开孔阶段发生偏斜,一旦开孔阶段井眼偏斜,会对后续的井眼轨迹产生严重影响。

(2)钻进规程参数如钻压、转速均会对井眼弯曲造成影响。钻压增大时,钻杆柱会发生弯曲,从而产生水平分力,如图5-1。转速过大时,钻杆柱的回转离心力变大,钻杆柱会产生相对中心轴线的偏离而使得孔壁间隙增大,如图5-2。但钻压很小,转速很慢时,又存在进尺效率低的问题,会使得钻头长时间在孔底扩大孔壁。因此,不良的钻进规程参数会使得井眼轨迹发生偏斜。

(3)粗径钻具的种类也影响井眼轨迹,由于钻头的直径往往大于粗径钻具直径,因此必然会存在孔壁间隙。若粗径钻具长度大,在压力作用下会产生弯曲,从而产生水平分力;若粗径钻具直径大、长度小,则可将粗径钻具视为刚体,此时虽不考虑粗径钻具的弯曲,但会使得粗径钻具发生偏倒。偏倒角的大小取决于孔壁间隙和钻具长度,偏倒角ε与孔壁间隙和钻具长度的关系如下:

$$\varepsilon = \sin^{-1}\frac{b}{L} \tag{5-1}$$

式中,b为孔壁间隙,m;L为粗径钻具的长度,m。

粗径钻具长度越长,偏倒角就越小,但此时粗径钻具的长度大、直径小,不可视为刚体,在钻压作用下会产生弯曲;而当粗径钻具长度很短时,偏倒角又会很大。粗径钻具的临界长度

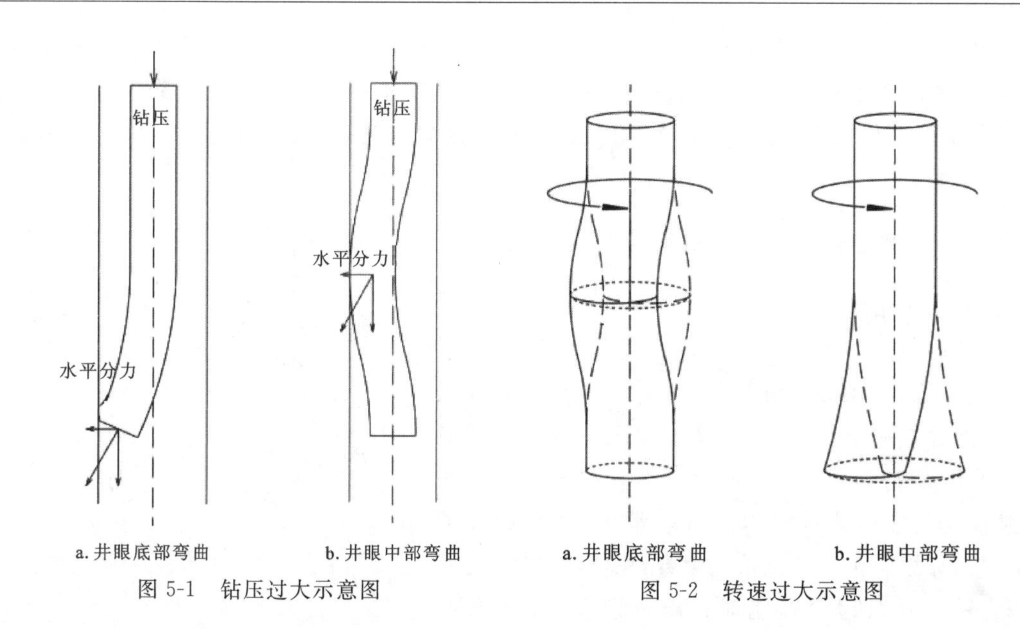

图 5-1　钻压过大示意图　　　　图 5-2　转速过大示意图

的计算公式为

$$L_c = K_v \pi \sqrt{\frac{EJ}{p}} \tag{5-2}$$

式中：L_c 为粗径钻具的临界长度，m；p 为轴向压力，N；E 为钢的弹性模量，Pa；J 为粗径钻具截面的轴惯性矩，m^4；K_v 为动载系数，$K_v = 0.6 \sim 0.8$ 。

5.1.2　防斜打直方法

一开井身质量（包括位移、井斜、方位等因素）对二开直井段和定向井作业施工有重要影响。对一开井身质量的要求常包括如下 3 个方面：①井斜角不能超过许用值；②井斜变化率（即狗腿严重度或曲率）不能超过许用值；③井底水平位移不能超过许用值。

钻进过程中通过随钻测量数据实时绘制的井眼轨迹垂直平面、水平面上的投影图与设计轨迹进行对比判断井眼的偏斜程度，如达不到上述要求则需进行纠斜钻进。

满眼钻具在已发生井斜的井内并不能减小井斜角，只能做到使井斜的变化很小或是不变化。另外，满眼钻具下钻时易发生遇阻。且在易吸水膨胀井段起钻拔活塞，易造成井壁失稳和井控问题。一般不建议在煤系地层中使用满眼钻具防斜打直，而主要使用钟摆钻具进行防斜打直。钟摆钻具（光钻铤钻具组合、带单稳定器光钻铤钻具组合、塔式钻具组合）、满眼钻具的钻头处侧向力的力学模型见第 5.1.4 节。

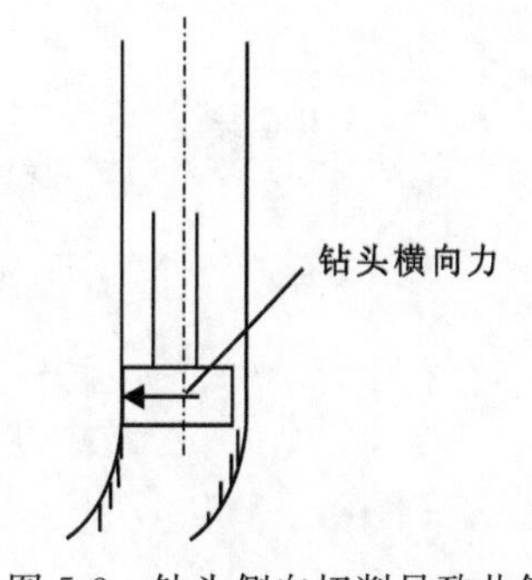

图 5-3　钻头侧向切削导致井斜

一开地层松软、未固结成岩、地层造斜力小，出现井斜问题的主要原因是钻头上的侧向力使钻头对井底产生了侧向切削（图 5-3）。只要有效解决上述问题，便可以预防定向井直井段井斜现象的发生，即尽量减小因钻具弯曲而在钻头上产生的侧向力。因此，两淮矿区水害防治井和瓦斯治理井一开钻进多采用基于钟摆钻具防斜原理的防斜打直技术。通过选择优化防斜钻具组合和钻进工艺参数来实现的。防斜钟摆钻具组合主要有:光钻铤(或带单稳定器)钻具组合、塔式钻具组合等。同时,设备安装要保证平、稳、正、全、牢、灵、通。采用转盘钻机时,天车、转盘、井口三点垂直偏差不大于10mm;井口管安装牢固,井口管轴线与井口轴线重合。

5.1.3 钟摆钻具组合防斜原理

1)光钻铤钻具组合

在钻进过程中,由于井斜、钻柱受压等原因,钻柱会发生弯曲而与孔壁相切,此时钻头以上、切点以下的一段钻铤犹如一个"钟摆",钻头在这段钻铤的重力横向分力(图5-4中的G_c),即钟摆力作用下,切削下侧井壁,从而起到减小井斜角的作用。运用这个原理组合的下部钻具组合称光钻铤钻具组合,用于防斜和纠斜。

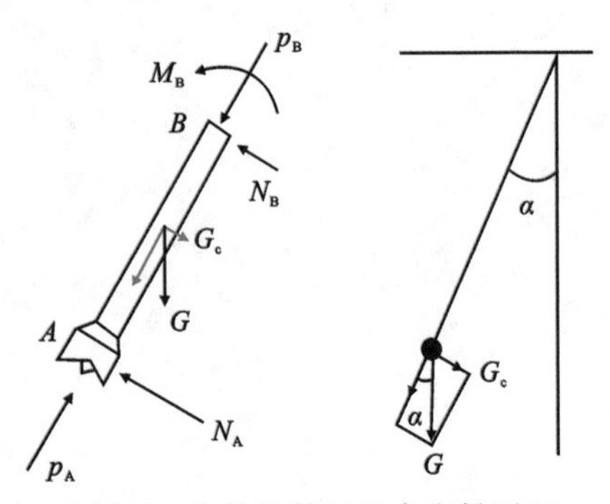

图5-4 光钻铤钻具组合防斜原理

光钻铤钻具组合性能对钻压特别敏感,钻压增大,则切点下移,增斜力增大,钟摆力减小。因此,为了获得好的防斜效果,钻进时只能使用小钻压"吊打",造成机械钻速降低。另外,环空间隙对光钻铤钻具组合性能的影响比较明显。

2)光钻铤带单稳定器的钻具组合

为了克服光钻铤钟摆钻具的缺点,可在钻头上方的适当位置加装一个稳定器。这样,当发生井斜时,该稳定器支撑在井壁上形成支点(切点),使下部钻柱悬空(图5-5),产生一个钟摆力(图5-5中的G_c),钻头在此钟摆力的作用下切削下井壁,从而使新钻的井眼不断降斜。该钻具组合在施加较大钻压时,不会使切点下移而导致钟摆力下降,同时稳定器也减少了孔底钻具的环空间隙,能提高防斜效果。

3)塔式钻具组合

塔式钻具是由直径不同的几种钻铤组成的上小下大的下部钻具组合,如图5-6,其特点是下部钻具的重量大、刚度大、重心低、环空间隙小。塔式钻具一方面能产生较大钟摆力来防止井斜;另一方面稳定性好,有利于钻头平稳工作,可以克服光钻铤钻具组合和光钻铤带单稳定器的钻具组合在井径易扩大地层扶正、防斜作用很差的问题。在使用塔式钻具时,因环空间隙小,循环钻井液泵压高,转盘负荷可能增大,要特别注意出现泥包及易坍塌地层卡钻等问题。

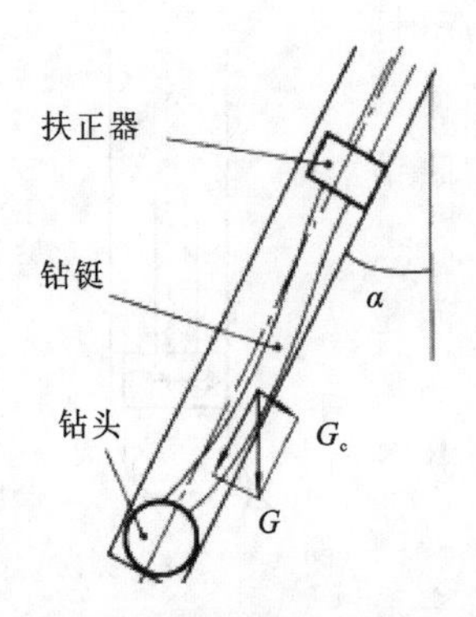

图5-5 光钻铤带单稳定器的钻具组合防斜原理

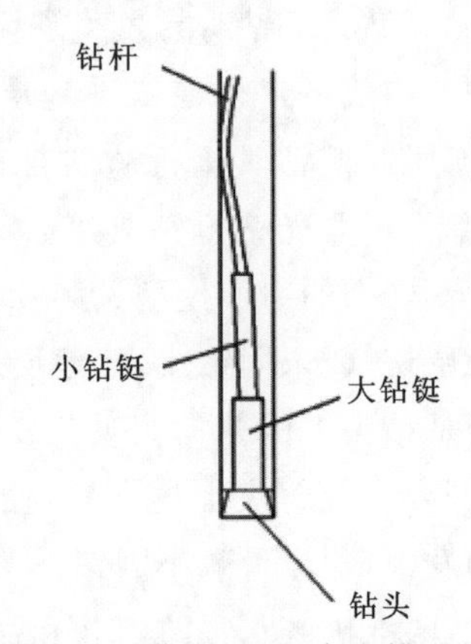

图5-6 塔式钻具组合防斜原理

5.1.4 钟摆钻具钻头处侧向力分析

钟摆防斜钻具的应用一般要运用纵横弯曲理论建立井底钻具组合的纵横弯曲连续梁三弯矩方程组，根据井底钻具组合的纵横弯曲连续梁力学模型研究其在纵横载荷下的受力情况。并根据数学模型研究不同钻具组合的钻压、孔斜角、近钻头扶正器距离等不同条件下钻头处侧向力的变化规律，进而根据不同防斜钻具结构特征、孔身条件以及钻压等条件确定防斜钻具组合。

5.1.4.1 钻具侧向力分析模型

如图 5-7 所示，钻头上的合力 R 可在 3 个正交方向上分解为钻压 P_b；造斜分力 R_p 和变方位力 R_g。钻进过程中在某一时间间隔 t 内，钻头在钻压作用下产生纵向进尺 S_z；在造斜力的作用下产生该方向的侧向切削位移 S_p，同时在变方位力的作用下产生该方向的侧向切削位移 S_q。可以看出，钻进方向与钻头合力方向并不重合，即表明钻头钻进方向并不是合力方向。只有当变孔斜力和变方位力都不存在时，钻头将沿钻压方向即原孔眼轴线方向。

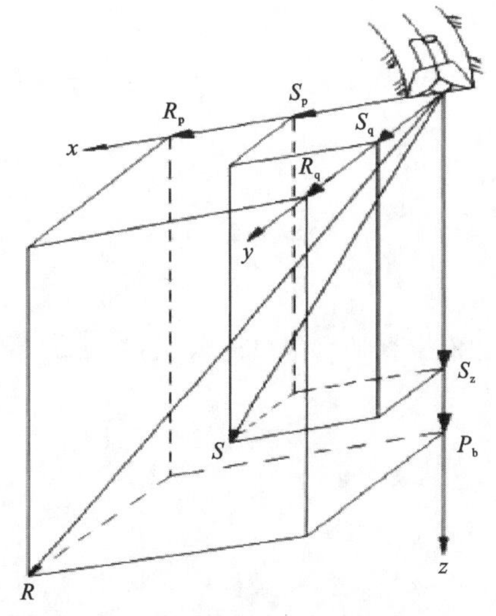

图 5-7 钻头的力-位移关系

要对不同钻具组合钻孔轨迹进行定量控制，就首先需要计算出钻头处的侧向力，定量研究井底钻具组合钻头处的侧向力变化规律，进而研究不同钻具组合在不同结构特征、孔身条件以及钻压等条件下的力学特性。优化设计防斜钻具，包括确定扶正器数量、扶正器的位置、额定钻压等。

钻头处的侧向力计算以纵横弯曲理论为基础，建立孔底钻具组合的纵横弯曲连续梁三弯矩方程组。根据井底钻具组合的纵横弯曲连续梁力学模型研究其在纵横载荷下的受力情况，并根据数学模型定量研究不同钻具组合的钻压、孔斜角、近钻头扶正器距离以及扶正器之间的相对位置等不同条件下钻头处侧向力的变化规律。

1)纵横弯曲理论

如图 5-8、图 5-9，纵横弯曲法的基本原理是将下部钻具组合视为受到纵横载荷联合作用的弯曲梁，然后根据梁的弹性理论及其连续条件推出三弯矩方程组，并结合侧向力公式求解下部钻具组合的受力变形问题。在建立力学模型时，采用如下基本假设：①钻具组合为弹性小变形体系；②钻头中心在井眼中心线上，井眼轨道为等截面圆柱(环)体；③钻压为常量，沿井眼轴线方向作用；④不考虑地层因素和动载的影响；⑤井壁刚性，钻具与井壁为点接触；⑥不考虑转动和震动的影响。

如图 5-8 为一条受到均布载荷和轴向载荷作用的纵横弯曲连续梁，每两个铰链支座之间的连续梁称为一跨。根据相邻两跨的挠度曲线是连续的且具有公共切点这一特点可以得出

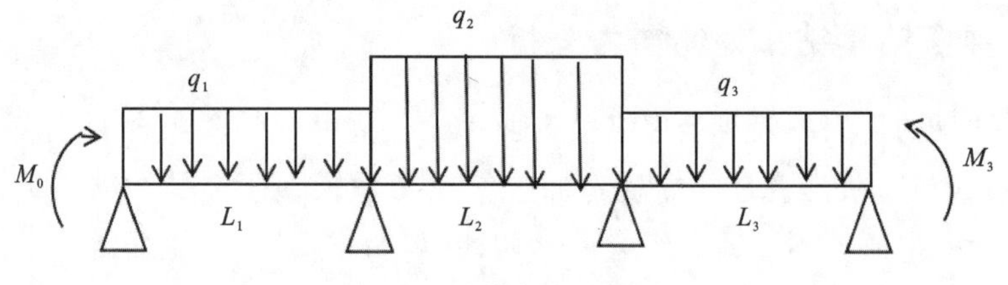

图 5-8　纵横弯曲连续梁

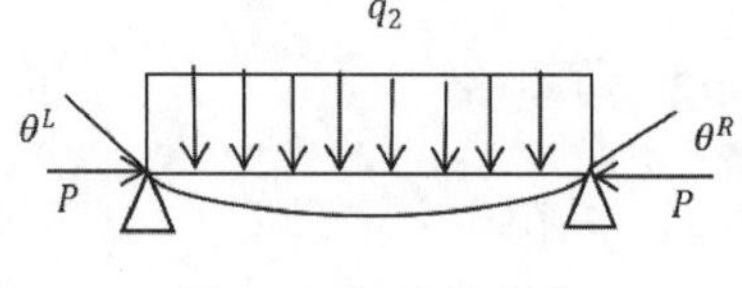

图 5-9　每跨梁变形

连续条件下的补充方程为

$$\theta_i^R = -\theta_{i+1}^L \tag{5-3}$$

依据叠加原理可以写出，这个纵横弯曲连续梁中各个节点处的转角公式为

$$\theta_i^R = \frac{q_i L_i^3}{24EI_i}X(u_i) + \frac{M_i L_i}{3EI_i}Y(u_i) + \frac{M_{i-1} L_i}{6EI_i}Z(u_i) \tag{5-4}$$

$$\theta_{i+1}^L = \frac{q_{i+1} L_{i+1}^3}{24EI_{i+1}}X(u_{i+1}) + \frac{M_i L_{i+1}}{3EI_{i+1}}Y(u_{i+1}) + \frac{M_{i+1} L_{i+1}}{6EI_{i+1}}Z(u_{i+1}) \tag{5-5}$$

将其代入连续条件可以得出纵横弯曲梁的三弯矩方程为

$$M_{i-1}Z(u_i) + 2M_i\left[Y(u_i) + \frac{L_{i+1} I_i}{L_i I_{i+1}}Y(u_{i+1})\right] + M_{i+1}\frac{L_{i+1} I_i}{L_i I_{i+1}}Z(u_{i+1}) =$$

$$-\frac{q_i L_i^2}{4}X(u_i) - \frac{q_{i+1} L_{i+1}^2}{4}X(u_i)\frac{L_{i+1} I_i}{L_i I_{i+1}}X(u_{i+1}) + \frac{6E_i I_i (e_i - e_{i-1})}{L_i^2} - \frac{6E_i I_i (e_{i+1} - e_i)}{L_i L_{i+1}} \tag{5-6}$$

$$L_{n+1}^4 + \frac{4M_n Z(u_{n+1})}{q_{n+1} X(u_{n+1})}L_{n+1}^2 = \frac{24E_{n+1} I_{n+1} (e_{n+1} - e_n)}{q_{n+1} X(u_{n+1})} \tag{5-7}$$

$$X(u_i) = \frac{3}{u_i^3}(\tan u_i - u_i) \tag{5-8}$$

$$Y(u_i) = \frac{3}{2u_i}\left(\frac{1}{2u_i} - \frac{1}{\tan u_i}\right) \tag{5-9}$$

$$Z(u_i) = \frac{3}{u_i}\left(\frac{1}{\sin(2u_i)} - \frac{1}{2u_i}\right) \tag{5-10}$$

$$u_i = \frac{L_i}{2}\sqrt{\frac{P_i}{EI_i}} \tag{5-11}$$

式中，E 为弹性模量；u 为钻具第 i 跨的稳定系数；I 为横截面轴贯性矩；q 为横向均布载荷密度；n 为稳定器数量；e 为各个节点处与井壁的间隙；M_i 为第 i 个节点处的弯矩；X、Y、Z 为放大因子。

三弯矩方程共有 $n+1$ 个方程，可解出 L_{n+1}、$M_1 \sim M_n$，共 $n+1$ 个未知数。将解出的量代入到下式中即可得到钻头处的侧向力：

$$P_a = \frac{P_b e_1}{L_1} - \frac{M_1}{L_1} - \frac{q_1 L_1}{2} \tag{5-12}$$

2)不同钻具组合的侧向力力学模型

根据建立的纵横弯曲连续梁的三弯矩方程对井底钻具的受力和变形进行分析和计算。以此为依据再结合井底钻具的不同参数对钻头处的侧向力进行计算并分析影响钻头处侧向力的因素,包括扶正器数量、各扶正器的位置、钻压和井斜角等。

(1)光钻铤钻具的侧向力力学模型。光钻铤钻具主要依靠钟摆力(即利用倾斜井眼中钻头与上切点之间钻铤重量的横向分力)来达到纠斜防斜的作用(图 5-10)。钟摆力恒为降斜力,钟摆力与切点以下的钻具长度和线重量成正比,且随井斜角的增大而增大。因此,当井斜愈严重时,钟摆力愈大,纠斜作用愈强,迫使钻头趋向井眼底边降斜钻进,以达到纠斜和防斜的效果。钻铤每转一圈就有一次钟摆力与离心力的重合,这对井壁产生较大的冲击纠斜力,同时周期性的旋转不平衡使下部钻柱发生强迫振动,大大提高了钻头切削下井壁的纠斜能力。另外,离心力的作用使偏重钻铤重边在旋转时总是贴向井壁,使下部钻柱具有公转运动特性,可以消除其自转对井斜的影响,使偏重钻铤在直井中具有一定的防斜作用。

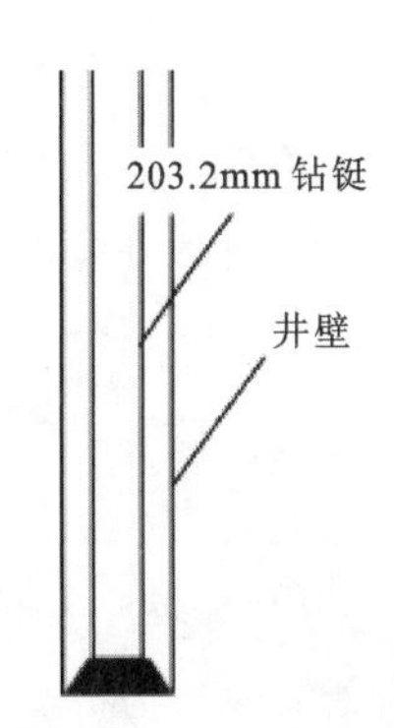

图 5-10 光钻铤钻具

根据三弯矩方程,当光钻铤钻具 $n=0$ 时,其三弯矩方程与钻头侧向力方程为

$$L_1^4 = \frac{24EIe}{q_1 X(u_1)} \tag{5-13}$$

$$p_a = \frac{p_b e}{L_1} - \frac{\omega_1 L_1}{2}\sin\alpha \tag{5-14}$$

式中,L_1 为上切点到钻头的距离,e 为径向间隙,m;I 为横截面轴惯性矩;q_1 横向均布载荷密度;p_a 为侧向力;p_b 为钻压;α 为井斜角。

在选定钻具的情况下方程中的变量主要是钻压 p_b 和井斜角 α,故主要研究这两个变量对侧向力的影响。

(2)单稳定器光钻铤钻具的侧向力力学模型。单稳定器钻具是在光钻铤钻具的基础上,在钻头上方的适当高度位置加装一个扶正器(图 5-11)。从而在加大钻压的情况下也能保证钻具下部有足够长的钻铤长度。单稳定器钻具的降斜作用主要是通过钻头至扶正器之间的钻铤在横向的分力来实现的,钻头至扶正器距离为 L_1,扶正器至上切点距离为 L_2。

对于单稳定器钻具,初始化 L_1,井斜角 α,轴向压力 p_b,令 $M_0=0$,$e_0=0$,并将其代入三弯矩方程组和钻头侧向力公式中,简化方程组如下

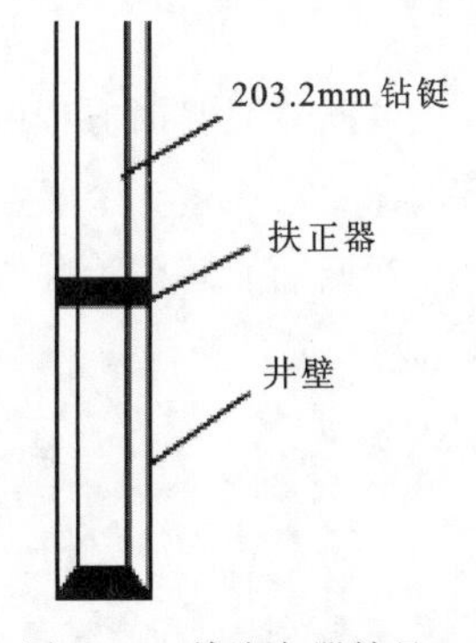

图 5-11 单稳定器钻具

$$2M_1\left[Y(u_1)+\frac{L_2 I_1}{L_1 I_2}Y(u_2)\right]=-\frac{q_1 L_1^2}{4}X(u_1)-\frac{q_2 L_2^2}{4}\frac{L_2 I_1}{L_1 I_2}X(u_2)+\frac{6EI_1(e_1-e_0)}{L_1^2}-\frac{6EI_1(e_2-e_0)}{L_1 L_2}$$

$$L_2^4+\frac{4M_1 Z(u_2)}{q_2 X(u_2)}L_2^2=\frac{24EI_2}{q_2 X(u_2)}(e_2-e_1) \tag{5-15}$$

$$p_a=\frac{p_b e_1}{L_1}-\frac{M_1}{L_1}-\frac{\omega_1 L_1}{2}\sin\alpha$$

在选定钻具时方程中可控制的变量主要是钻压 p_b、井斜角 α 和钻头到扶正器的距离 L_1。计算时主要研究这 3 个变量对侧向力的影响。

(3)塔式钻具的侧向力力学模型。塔式钻具指钻具下部由直径不同的几种钻铤组成，直径大的在下面，向上逐渐变小。塔式钻具下部的重量大、重心低且与井眼间隙小，能产生较大钟摆力来防止井斜，稳定性好，有利于钻头平稳工作。如图 5-12 为塔式钻具，钻头到台阶处的距离为 L_1、台阶处至上切点为 L_2，阶梯截面中点位移与挠度之和为 Δ，截面处弯矩为 M，上切点处间隙 e。

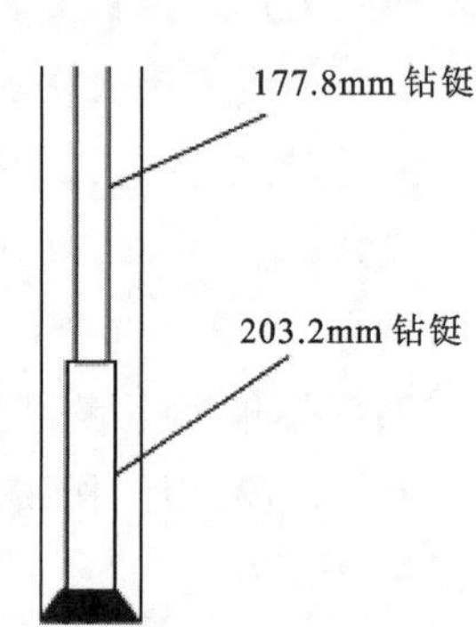

图 5-12　塔式钻具

三弯矩方程对于塔式钻具变截面处有两个截面连续条件，即台阶截面左右两段梁柱的右端和左端转角大小之和为零，相互作用的剪力相等。根据三弯矩方程可以推导出塔式钻具的方程为

$$M_0 Z(u_a)+2M_{ab}\left[Y(u_a)+\frac{E_a I_a L_b}{E_b I_b L_a}Y(u_b)\right]+\frac{E_a I_a L_b}{E_b I_b L_a}M_1 Z(u_b)-\frac{6E_b I_b}{L_a}\left(\frac{1}{L_a}+\frac{1}{L_b}\right)\Delta=-\frac{q_a L_a^2}{4}X(u_a)-\frac{q_b E_a I_a L_b^3}{4E_b I_b L_a}X(u_b)-\frac{6E_b I_b}{L_a}\left(\frac{e_0}{L_a}+\frac{e_1}{L_b}\right)$$

$$\frac{M_0}{L_a}-M_{ab}\left(\frac{1}{L_a}+\frac{1}{L_b}\right)+p_1\left(\frac{1}{L_a}+\frac{1}{L_b}\right)\Delta+\frac{M_1}{L_b}=p_1\left(\frac{e_0}{L_a}+\frac{e_1}{L_b}\right)-\frac{q_a L_a+q_b L_b}{2} \tag{5-16}$$

$$\frac{q_b L_b^3}{24E_b I_b}X(u_b)+\frac{M_1 L_b}{3E_b I_b}Y(u_b)+\frac{M_{ab} L_b}{6E_b I_b}Z(u_b)+\frac{\Delta-e_1}{L_b}=0$$

$$p_a=\frac{p_b e_1}{L_1}-\frac{M_1}{L_1}-\frac{\omega_1 L_1}{2}\sin\alpha$$

在选定钻具时方程中可控制的变量主要是钻压 p_b、井斜角 α 和钻头到台阶处的距离 L_1。计算时主要研究这 3 个变量对侧向力的影响。

项目就水害防治井(一开 Φ311.1mm)、瓦斯治理井(一开 Φ444.5mm)的钻具组合进行了力学特性分析。

5.1.4.2　钻压对光钻铤钻具的侧向力的影响

在井斜角为 1°、2°、3°、5°时 311.5mm 和 444.5mm 两种钻孔下光钻铤钻具侧向力随钻压的变化规律如图 5-13 所示。钻压升高过程中，钻头侧向力由负值(降斜力)逐渐增加到正值(增斜力)，表示光钻铤钻具的降斜力随钻压的增高而减小。钻压一方面产生增斜力，同时也减少钟摆力。

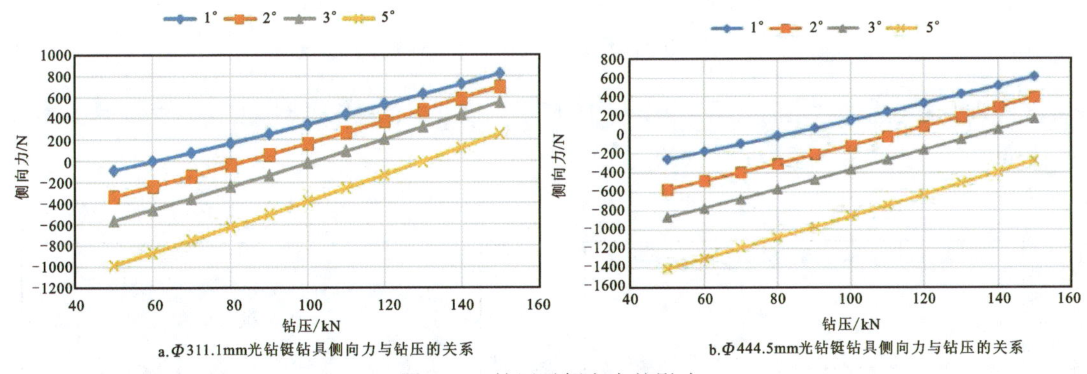

图 5-13 钻压对侧向力的影响

因此，光钻铤钻具组合应采用低钻压、低转速的方式钻进。

5.1.4.3 钻压对塔式钻具的侧向力的影响

如图 5-14a、b 所示为钻具控制不同 L_1 长度与井斜角时钻头处侧向力随钻压的变化规律。可以看出侧向力随着钻压的增加而逐渐增加，向着增斜力的方向变化，而随着井斜角增大侧向力就越小。

如图 5-14c、d 所示为 L_1 不同时侧向力随着钻压的变化。可以看出随着钻压的增加侧向力同样在向着增斜力变化。而在钻压较小时不同 L_1 下的侧向力相差较小，随着钻压的增加，不同 L_1 长度下的侧向力相差逐渐增大。

因此，塔式钻具组合也应采用低钻压、低转速的方式钻进。

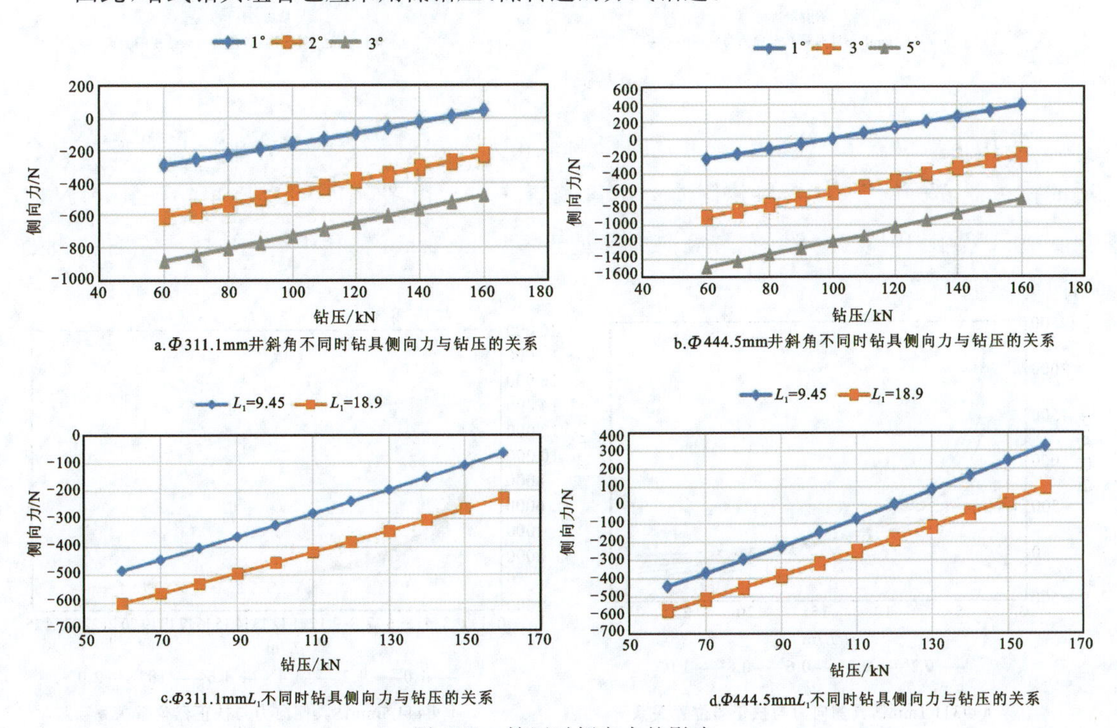

图 4-14 钻压对侧向力的影响

5.1.4.4 钻压对光钻铤带单稳定器钻具组合的侧向力的影响

(1)钻头侧向力与钻压的关系。由图5-15所示可以看出单稳定器钻具的侧向力对钻压不敏感,不会因为钻压的变动而产生较大的侧向力变化。

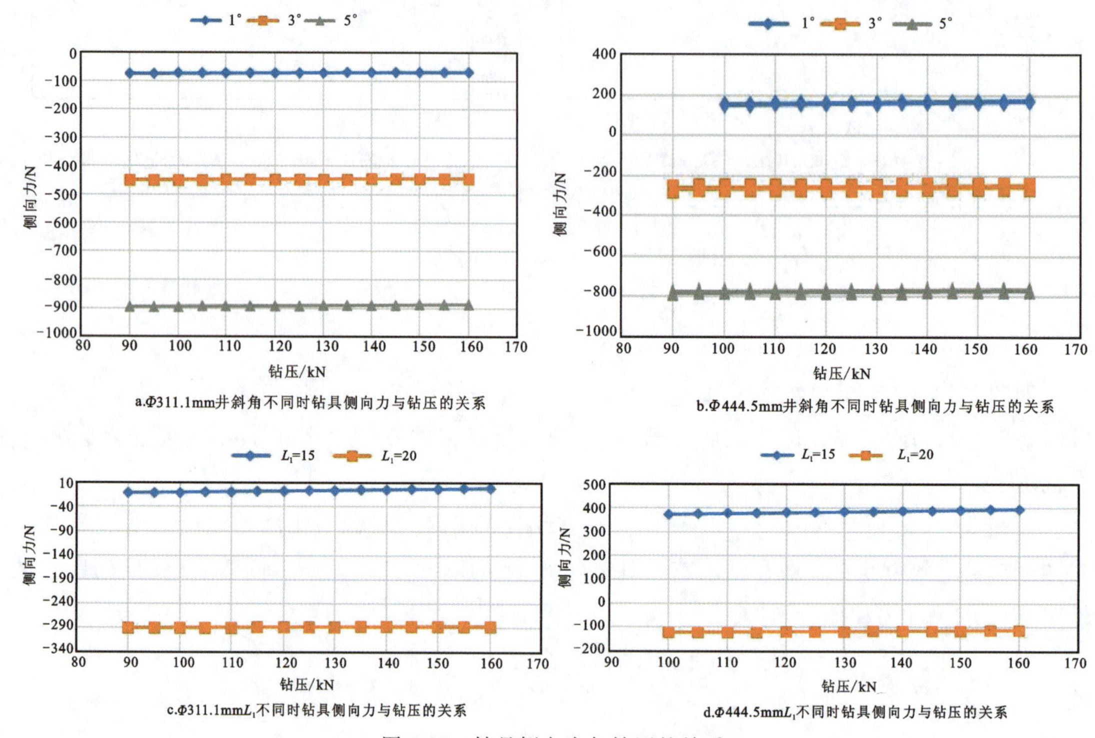

图5-15 钻具侧向力与钻压的关系

(2)扶正器位置 L_1 对钻头侧向力的影响。在无地层造斜力的直井中应用时应选取合适的扶正器安放位置(L_1),以使侧向力尽量趋近于零。由图5-16可以看出钻压100kN时444.5mm钻孔中 L_1 在19m左右侧向力趋近于零,311.5mm钻孔中 L_1 在15m左右钻头处侧向力趋近于零。

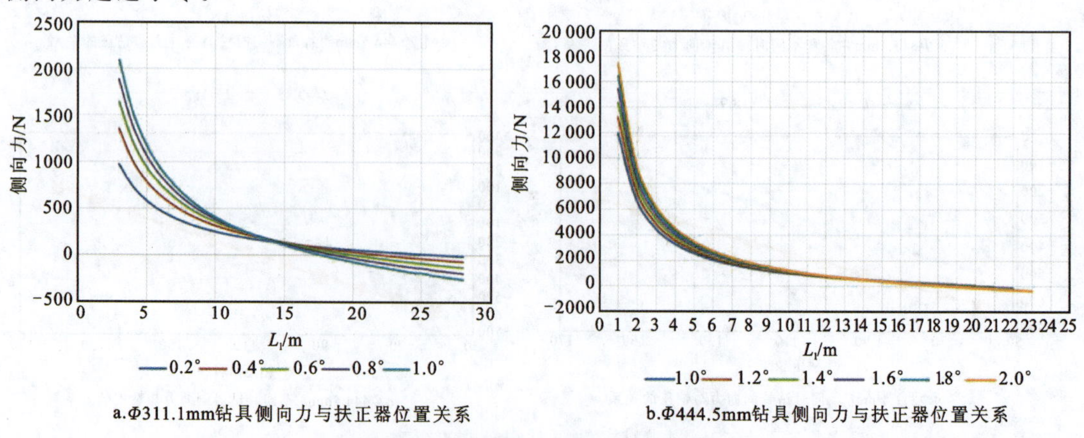

图5-16 钻具侧向力与扶正器位置关系

因此，对于单稳定器钻具来说，扶正器的安装位置至关重要。

由上述分析可以看出，在没有地层造斜力的地层中进行垂直井段钻井时，如果未发生井斜，对于光钻铤钻具和塔式钻具，它们钻头处的侧向力对钻压的变化较为敏感。钻压较大时容易因钻具的弯曲而产生侧向力，从而造成井斜。光钻铤钻具加单稳定器钻具的侧向力对钻压不敏感，不会因为钻压的变动而产生较大的侧向力变化。在无地层造斜力的直井中应选取合适的扶正器安放位置（L_1），以使侧向力尽量趋近于零。如在井斜2°钻压100kN时444.5mm钻孔中L_1在19m左右侧向力趋近于零，311.5mm钻孔中L_1在15m左右钻头处侧向力趋近于零。实际应用中还要根据具体情况确定。

在没有地层造斜力的地层中进行垂直井段钻井时，如果已经发生井斜，则需要钻具具有降斜能力，即在钻头处产生降斜力。这就需要钻具组合对井斜角的变化较为敏感，且随井斜的变化侧向力向降斜方向变化。对于光钻铤钻具和塔式钻具，它们钻头处的侧向力的降斜作用都随井斜角的增大而增大，但是对钻压的变化较为敏感，在钻压较大时容易产生增斜作用，从而造成井斜更加严重。所以用这两种钻具组合降斜时应减小钻压。

光钻铤钻具加单稳定器钻具侧向力的降斜作用随井斜角的增加而增加，且其对钻压不敏感，不会因为钻压的变动而产生较大的变化。所以在无地层造斜力的直井中选用合适的扶正器安放位置（L_1），可以使侧向力尽量趋近于零，同时在产生井斜时又能有降斜作用。

5.2　一开钻进工艺技术

5.2.1　钻进方法选择

两淮矿区一开地层为风化基岩、新近系松散层，主要岩性为软塑性黏土、砂质黏土及松散的细砂、黏土质砂，可钻性强，不需要高转速就可达到较高钻进效率；此外，由于地层松软，为了达到防斜打直的效果，宜采用钟摆钻具防斜打直原理，因此，一开主要采用回转钻进方法。

5.2.2　钻头选择

铣齿牙轮钻头（图5-17）能够适应不同类型的地层，包括软土、砂岩、泥岩、灰岩等。该类钻头的牙齿通常由硬质合金制成，非常耐用，能够快速地切削和磨碎地层。另外，铣齿牙轮钻头的牙齿能够切割和磨碎地层，从而减少钻头受阻的情况；铣齿牙轮钻头还能够有效地清除井底碎屑，防止堆积在井底的岩屑被钻头带入井眼，从而提高井壁的稳定性，减少井壁塌陷的风险。因此，一开地层可钻性小于5，主要采用机械钻速较高、寿命较长的铣齿牙轮钻头。

图5-17　铣齿牙轮钻头

5.2.3 钻具组合

根据第5.1节钟摆钻具钻头侧向力分析，基于防斜打直的目的，确定的一开钻具组合如下。

1)水害防治井一开钻具组合

根据上述分析，两淮矿区水害治理井一开钻进防斜一般采用Φ311.1mm牙轮钻头＋Φ203.0mm钻铤(1～3根)＋Φ159.0mm钻铤(2～4根)＋Φ127.0mm钻杆串/Φ88.9mm钻杆串＋主动钻杆(或顶驱)塔式钻具组合。

当井斜严重或防斜要求高或扩径限制要求高时，需进一步增加近钻头钻铤重量、减小井眼间隙。如潘二西四D2孔组，由于治理区埋藏较浅，煤层最大埋深670m，需在有限的靶前距离和垂距内(最大位垂比为1.61)导斜呈近水平进入目标层，难度大。为了解决上述难题，并保证二开套管的顺利下入，一开对垂直段井斜和扩径必须严格控制，所以采用了Φ311.1mm牙轮钻头＋Φ244.5mm钻铤(28m左右)＋Φ203.0mm钻铤(28m左右)＋Φ159.0mm钻铤(28m左右)＋Φ127.0mm钻杆串＋顶驱塔式钻具组合。

2)瓦斯治理井一开钻具组合

瓦斯治理井一开钻进防斜一般采用Φ444.5mm牙轮钻头＋Φ203.0mm钻铤(1～2根)＋Φ178.0mm钻铤(2～4根)＋Φ127.0mm钻杆串塔式钻具组合。

在现场施工中根据现场实际情况，可以适当更换钻头和钻具选型，并根据实际施工情况及时更改钻具组合。

5.2.4 钻进工艺参数

钻进工艺参数一般是根据地质设计提供的地层剖面，结合以往实钻经验综合分析而设计，钻压、转速参数可根据实钻情况优选。一开钻遇的主要是松散地层，主要采用防斜钻具组合，需要采用大泵量、低钻压、低转速钻进，如采用塔式钻具组合为了防止高转速产生高的钻柱离心力而扩大井径、增大孔壁间隙和井壁坍塌等，转速也需低。一开地层松软，钻时快，产生的岩屑粒度较大，为了有效携带岩屑需采用大泵量。表5-1为水害治理井垂直段钻进工艺参数参考范围值。表5-2为瓦斯治理井垂直段钻进工艺参数参考范围值。

表5-1 水害治理井垂直段钻进工艺参数

工艺类型	钻头尺寸/mm	钻头类型	钻压/kN	转速/(r·min^{-1})	排量/(L·s^{-1})
参数	311.1	三牙轮	20～100	40～120	35～60

表5-2 瓦斯治理井垂直段钻进工艺参数

工艺类型	钻头尺寸/mm	钻头类型	钻压/kN	转速/(r·min^{-1})	排量/(L·s^{-1})
参数	444.5	三牙轮	40～100	80～120	40～60

5.2.5　钻井液的选用与维护

一开钻遇地层主要是松散地层和裂隙发育的强风化基岩，局部地区含砾石和鹅卵石地层，因此，一开钻井液主要要有较好的防漏性能。由于地层松软，钻时快，单位时间产生的岩屑量大、粒度较大，需保持钻井液具有足够的携带和悬浮能力。强风化基岩易发生水化崩塌，局部地区黏土层易发生井壁膨胀缩径或水化崩塌，要求钻井液有较好的抑制性能。所以，两淮地区一开地层一般以使用膨润土钻井液为主。

钻井液性能要求一般为密度1.05～1.2g/cm^3，可根据实际需要调整；漏斗黏度25～30s；漏失量小于8mL/30min；pH值为8～9。

1)钻井液配方优选

从两淮矿区的多处多分支水平井钻井现场采集了各类型常用的钻井液处理剂10余种。其中，羧甲基纤维素(CMC)常作为钻井液提黏剂，降滤失剂包括水解聚丙烯腈铵盐(NH_4-HPAN)、腐殖酸钾、FSL-1及聚丙烯酸钾，润滑剂包括石墨粉、润滑油等。

NH_4-HPAN是由腈纶丝在高温高压下水解制得，为淡黄色粉末，由$-COOH$、$-COONH_4$、$-CONH_2$、$-CN$等基团构成，具有一定的抗温和抗盐能力，并且具有耐光、耐腐蚀的功能，由于NH_4^+在页岩中的镶嵌作用，还具有一定的防塌效果。

聚丙烯酸钾无毒、无腐蚀，易溶于水，具有抑制泥页岩及钻屑分散作用，兼有降失水、改善流型和增加润滑等性能。其中，钾含量>11%，水解度27%～35%。

项目组以钻井液流变性和滤失性两个因素为主要考察指标对一开钻井液配方进行了优选。首先，进行降滤失剂的优选，结果如表5-3所示。可以看出：相同加量下，聚丙烯酸钾的降滤失效果最佳，同时兼有有效提黏的作用，其次是NH_4-HPAN、腐殖酸钾。进一步地，基于优选出来的降滤失剂，及现有的提黏剂、润滑剂等，优化了各添加剂的加量，实验结果如表5-4所示。

表5-3　钻井液降滤失剂优选

配方	六速旋转黏度计读数						滤失量/mL	pH值
	600	300	200	100	6	3		
4%膨润土	20	12	10	7	2	2	31	8
4%膨润土+1%磺化褐煤	20	12	10	6	1	0	21.2	
4%膨润土+1%磺化沥青	21	14	10	7	2	2	21.6	
4%膨润土+1%FSL-1	20	12	10	6	1	0	18.8	
4%膨润土+1%聚丙烯酸钾	52	42	31	20	6	6	9.6	
4%膨润土+1%NH_4-HPAN	30	19	14	9	2	0	12.4	
4%膨润土+1%腐殖酸钾	21	14	8	4	2	1	15.2	

表 5-4　钻井液配方优化

配方	六速旋转黏度计读数						滤失量/mL
	600	300	200	100	6	3	
4%膨润土+0.1%CMC	64	45	36	25	7	6	12.4
4%膨润土+0.2%CMC	86	27	44	29	7	5	11.2
4%膨润土+0.3%CMC	130	94	77	54	13	10	10
4%膨润土+0.2%CMC+1%磺化褐煤	90	60	54	31	8	5	10.4
4%膨润土+0.2%CMC+2%磺化褐煤	96	65	56	34	8	6	9.2
4%膨润土+0.2%CMC+3%磺化褐煤	109	73	59	41	10	3	8.8
4%膨润土+0.2%CMC+1%磺化褐煤+1%FSL-1	97	68	55	39	11	8	9
4%膨润土+0.2%CMC+1%NH_4-HPAN	90	60	49	34	11	9	9
4%膨润土+0.2%CMC+1%NH_4-HPAN+1%腐殖酸钾	93	62	49	34	11	10	8.2

综上，以钻井液流变性和滤失性两个因素为主要考察指标，得出一开直井段钻井液建议配方为4%膨润土+0.2%CMC+1%NH_4-HPAN或磺化褐煤+1%腐殖酸钾，其中处理剂的加量可根据现场情况酌情调整。

2）一开钻井液技术

钻进时，需根据施工实际情况加入相应添加剂（表5-5）进行调整。如加入水解聚丙烯酰胺（PHP）对劣质黏土及钻屑有絮凝作用，可使劣质黏土和钻屑絮凝成团，快速清除岩屑；加入Na-CMC对抑制黏土质泥岩造浆和防塌成效显著；加入降滤失剂NH_4-HPAN、腐殖酸钾、FSL-1及聚丙烯酸钾等；对于漏失严重地层，加入堵漏材料（惰性堵漏材料）、堵漏剂等（表5-6、表5-7）。

表 5-5　钻井液常用添加剂

组分	参考加量/$(kg \cdot m^{-3})$	作用
钠膨润土、抗盐土等	0～40	提高黏度、降低滤失量，提高胶结性
烧碱（NaOH）或纯碱	0.5～3.0	调节pH值，分散作用和软化水
水解聚丙烯酰胺、水解聚丙烯酸钾、丙烯酸盐共聚物（80A51）及乙烯基单体多元共聚物（PAC141）等	1.0～3.0	絮凝和包被作用
纤维素类，如CMC-HV、PAC-HV等	2.0～10.0	提高黏度和切力
腐殖酸钾	10～30	抑制剂，选择一种或多种
水解聚丙烯腈铵盐、水解聚丙烯腈钾盐	5～15	
氯化钾（KCl）等	30～60	
有机胺、成膜剂等	10～30	

续表 5-5

组分	参考加量/(kg·m⁻³)	作用
纤维素类,如CMC-LV、PAC-LV等	1.0～10	降低滤失量,选择其中一种或多种
淀粉类,如羧甲基淀粉等	5～15	
磺化酚醛树脂等	10～30	
改性沥青、乳化沥青、磺化沥青等	10～30	封堵,提高胶结性
随钻循环堵漏剂、超细碳酸钙等	10～50	封堵孔隙或裂缝
磺化单宁(SMT)、两性离子聚合物降黏剂(XY-27)等	3～10	降低冲洗液黏度
重晶石	根据视密度情况酌量添加	提高冲洗液密度

表 5-6 常用惰性堵漏材料

外观分类	主要材料	作用
颗粒状材料	核桃壳、石灰石、硅藻土、橡胶粒、沥青等	架桥
纤维状材料	锯末、棉纤维、皮革粉、亚麻纤维、棉籽壳、甘蔗渣、石棉粉、纸纤维、稻草及秸秆等	悬浮
片状材料	云母片、稻壳、蛭石、花生壳、玻璃纸、鱼鳞片等	填塞

表 5-7 惰性堵漏材料推荐加量 单位:kg/cm³

颗粒状材料		纤维状材料			片状材料	总加量
16目～20目	>20目	7目～12目	12目～40目	>40目	≥16目	
2～6	5～12	2～4	3～6	10～20	1～4	20～60

膨润土钻井液基本配方:清水80m³+膨润土2t+纯碱100kg。

钻井液维护包括以下几个方面:①钻开上部疏松地层,钻井液应保持较高黏度,必要时可加入适量的Na-CMC,维护钻井液高黏切,稳定井壁,防止表层窜漏,严防污染地下水;②该井段环空间隙较大,为确保井眼的净化,泵量一定要满足携砂钻进的要求;③井场储备足够的堵漏剂,一旦发生井漏情况,漏速小于5m³/h时,可在钻井液中加入2%～3%的堵漏剂进行静止堵漏;漏速大于5m³/h,采用化学堵漏或注水泥浆堵漏;④钻遇高膨胀黏土层和砂质泥岩会发生较强的遇水膨胀现象,在施工中要严格控制钻井液的黏度、密度、失水量、含沙量,在泥浆的调配中要适量加入降失水剂和稀释剂,以确保施工的顺利进行;⑤钻遇破碎带使用低固相(必要时采用较高固相)钻井液体系,提高破碎岩块之间的胶结力,同时提高钻井液的造壁性能和封堵性能;⑥钻完一开井段进入基岩后,提高泥浆密度维持井壁稳定,下套管前大排量循环洗井两周,保持井眼干净,确保下套管顺利。

5.2.6 钻进技术措施和作业要求

1)钻进技术措施

(1)设备安装要保证平、稳、正、全、牢、灵、通。采用转盘钻机时,天车、转盘、井口 3 点垂直偏差不大于 10mm。井口管安装牢固,井口管轴线与井口轴线重合。

(2)准确丈量一开所用钻具,做到地质、工程、气测"三对口",确保井深准确。

(3)为了保证井身质量,开孔吊打,采用大泵量、高转速(塔式钻具采用低转速)、轻压钻进,进入基岩后转入正常钻进,采用大泵量、中等转速、合适轻压钻进。每钻完一个单根循环泥浆 5～10min,每次起钻前充分循环钻井液,保持井眼干净。

(4)上部地层松软,钻时快,易垮塌,采用高黏度泥浆护壁;钻具在孔内静放时间不得超过 0.5h。

(5)严格控制起下钻速度,防止抽吸压力或激动压力造成井塌等井下复杂事故。

(6)钻进时,要做到早开泵、慢开泵、晚停泵。

(7)起钻时应连续向环空灌钻井液,若灌入量大于或小于应灌入量,均应停止起钻作业,进行观察。下钻时若井口返出钻井液异常,应立即停止作业,先小排量开泵循环,待正常后再继续下钻。

(8)钻达设计井深后,调整钻井液性能,黏度 25s(瓦斯治理井 40s)、密度 1.2 g/cm^3,起钻前大排量循环钻井液两周以上,进行短起下钻,确保井眼畅通,顺利后方可下套管、固井。

2)钻进作业要求

(1)一开钻进要充分做好各项防斜工作,保证打直打好,用小钻压、高转速(塔式钻具采用低转速)、大排量开直井眼。必须旋转开钻,禁止不转钻具直接冲出井眼。

(2)一开钻进井段地层易漏失,做好地层防漏工作,井场储备适量的堵漏材料。上部地层松软,易垮塌,钻进时,适当的提高泥浆的黏切值。

(3)钻达设计井深,或钻至基岩稳定地层后,加重泥浆密度维持井壁稳定,下套管前大排量循环洗井两周,确保下套管顺利。

(4)固井结束 48h 后方可二开。

(5)钻进过程中,使用转盘钻进时要注意观察扭矩变化,发现扭矩突然增大时,应及时采取措施,分析井下情况,采取相应措施后,再恢复钻进,防止断钻具事故。

(6)每次下钻到底后,要缓慢开泵,防止井内压力波动,蹩漏地层。严禁在疏松段定点循环,冲垮井壁,造成井下复杂。

(7)严禁定点长时间大排量循环,严禁使用喷射钻头在中途遇阻时长时间划眼。特别是使用复合钻进技术时不能长时间开泵划眼,防止划出新的井眼。

3)划眼作业要求

(1)钻进过程中在新钻头距井底一个单根时、接单根前、软硬夹层变化段、断层前 30m 时、检修设备或其他原因停钻后重新钻进时应进行划眼作业。

(2)通井过程中在井底以上一个立根,起下钻。电测时遇阻遇卡井段和起钻后发现钻头磨损变小所钻的井段时应进行划眼作业。

(3)划眼原则为一通、二冲、三划眼，停泵通，大排量冲，小排量划眼。

(4)松软、破碎地层、断层处和增斜、降斜段划眼时，防止划出新井眼。

(5)倒划眼一单(立)根后，要进行正划眼一单(立)根，然后停泵、停转，在一单(立)根范围内上提、下放钻柱至无阻卡为止。

(6)带弯接头或弯外管马达的钻柱组合不可加压划眼，遇阻时开泵冲洗，上下活动钻具并变换方向，但时间不能过长，无效应起钻通井。

4)井眼清洁要求

一开钻井过程中，为保证井眼清洁，防止岩屑在井筒内堆积，需对钻井液环空流速进行合理调控。基于钻井液不同流型，分别研究宾汉流体与幂律流体岩屑的临界流速。

宾汉流体环空临界流速具体计算公式为

$$v_{cr}=\frac{30.864\,\mu_{pv}+\{(30.864\,\mu_{pv})^2\times 123.5\,\tau_{yp}\times[\rho_d\,(d_h-d_p)^2]\}^{0.5}}{24\,\rho_d(d_h-d_p)} \tag{5-17}$$

$$Re=\frac{9800(d_h-d_p)v_a^2\times\rho_d}{\tau_{yp}(d_h-d_p)+12\,v_a\,\mu_{pv}} \tag{5-18}$$

式中，v_{cr} 为环空临界流速，m/s；μ_{pv}为塑性黏度，mPa·s；τ_{yp}为屈服值(动切力)，Pa；ρ_d为钻井液密度，g/cm³；d_h为井眼直径，mm；d_p为钻杆外径，mm；Re 为雷诺数，无量纲；v_a为钻井液环空返速，m/s。

幂律流体环空临界流速具体计算公式为

$$v_{cr}=0.005\,08\left[\frac{20626\times n^{0.387}\times K_{稠度}}{\rho_d}\left(\frac{2.54}{d_h-d_p}\right)^n\right]^{\frac{1}{2-n}} \tag{5-19}$$

$$n=3.32\lg\frac{\theta_{600}}{\theta_{300}} \tag{5-20}$$

$$K_{稠度}=\frac{0.479\,0\,\theta_{300}}{511^n} \tag{5-21}$$

式中，v_{cr} 为环空临界流速，m/s；n 为钻井液流型指数，无量纲；$K_{稠度}$ 为钻井液稠度系数，Pa·s；ρ_d为钻井液密度，g/cm³；d_h为井眼直径，mm；d_p为钻杆外径，mm。

(1)瓦斯治理井环空临界流速。在一开瓦斯治理井钻进过程中，钻井液密度取值为1.05～1.2 g/cm³，塑性黏度为19mPa·s，动切力为13Pa，井眼直径为444.5mm，钻杆外径为127mm。当钻井液流型为宾汉流体时，将一开瓦斯治理井工况数据带入式(5-17)、(5-18)中求得钻井液临界环空流速为0.98m/s。当钻井液流型为幂律流体时，将一开瓦斯抽采井工况数据带入式(5-19)、式(5-20)、式(5-21)中求得钻井液临界环空流速为1.14m/s。因此，一开瓦斯治理井钻进过程中，建议钻井液流速不低于0.98m/s。

(2)水害防治井环空临界流速。在一开水害治理井钻进过程中，钻井液密度取值为1.05～1.2 g/cm³，塑性黏度为19mPa·s，动切力为13Pa，井眼直径为311.1mm，钻杆外径为127mm。当钻井液流型为宾汉流体时，将一开水害治理井工况数据带入式(5-17)、式(5-18)中求得钻井液临界环空流速为0.98m/s。当钻井液流型为幂律流体时，将一开水害治理井工况数据带入式(5-19)、式(5-20)、式(5-21)中求得钻井液临界环空流速为1.38m/s。因此，一开水害防治井钻进过程中，建议钻井液流速不低于 0.98m/s。表 5-8 为一开环空临界流速和临界流量表。

表 5-8　一开环空临界流速和临界流量

钻井过程	井别	环空外径/mm	环空内径/mm	环空面积/mm^2	环空临界流速/$(m \cdot s^{-1})$	环空临界流量/$(L \cdot min^{-1})$
一开	瓦斯治理井	444.5	127	142 439.23	0.98	8 375.43
	水害防治井	311.1	127	63 313.55	0.98	3 722.84

5.2.7　轨迹测量与监测

1)轨迹测量和控制要求

垂直井段的井眼轨迹控制主要是防斜和控制井斜。水害治理井垂直井段井身质量一般要求见表 5-9，瓦斯治理井井身质量一般要求见表 5-10。

表 5-9　水害治理井井身质量要求

井段	全井最大井斜/(°)	井底最大水平位移/m	全角变化率/(°/25m)	井径扩大率/%	
				全井段	煤层段
直井段	≤2	≤2	≤1.2	<15	<25

注：井底水平位移和最大井斜角计算至井底；全角变化率为连续三个测点的计算值全不超表内值。

表 5-10　瓦斯治理井井身质量要求

井段	一开	二开直井段			三开水平段
井身质量指标	最大井斜角/(°)	最大全角变化率/(°/30m)	最大井斜角/(°)	造斜点最大闭合距/m	水平段目标层位钻遇率/%
设计	≤ 2	≤ 3	≤ 6	≤20	≥80

在实际钻进过程中，钻具组合应以防斜和控制孔斜为主要目的，应加强井斜监测，确保起下钻通畅，套管能够顺利下入。

两淮矿区地面定向多分支水平井一开施工井斜测量主要采用高精度单点或多点测斜仪(如 JJX-3、JDT-6A 测斜仪等)，也可使用无线随钻测斜仪。两淮矿区主要使用的无线随钻测斜仪有北京海蓝科技开发有限责任公司开发的 YST-48R 无线随钻测斜仪和北京六合伟业科技股份有限公司开发的 LHE6101 无线随钻测斜仪。这两种测斜仪可通过选择安装定向探管、伽马探管实现不同的测量功能，如仅安装定向探管可进行随钻测斜(MWD)，如仅安装伽马探管可进行随钻测井(LWD)，如同时安装定向探管、伽马探管则可同时测量井斜参数和地层参数(MWD+LWD)，实现地质导向。

一开直井段全角变化率以测斜仪测量数据为依据，每间隔 25～50m 进行单点测斜，连续

3 点狗腿度不得超标。

2)井眼空间位置的计算

井眼空间位置的计算是将井眼轴线分成若干小段,由每一小段端点的测斜数据,将每一孔段轴线看作为直线或曲线,依据一定的数学模型进行叠加计算。常用的计算方法有均角全距法、曲率半径法。

均角全距法是假定两相邻测点之间的孔段为一直线,长度等于相邻两测点之间井眼轴线长度。该直线的顶角和方位角分别等于上、下两测点顶角和方位角的平均值。整个井眼轨迹仍是一空间折线(图 5-18)。

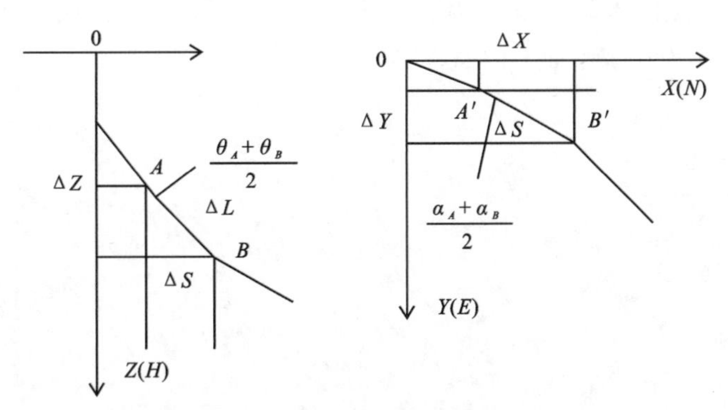

图 5-18　均角全距法井眼轨迹

均角全距法的计算公式为

$$
\begin{aligned}
X_i &= \Delta L_{i-1,i}\sin\frac{\theta_{i-1}+\theta_i}{2}\cos\left(\frac{\alpha_{i-1}+\alpha_i}{2}-\lambda\right)+X_{i-1} \\
Y_i &= \Delta L_{i-1,i}\sin\frac{\theta_{i-1}+\theta_i}{2}\sin\left(\frac{\alpha_{i-1}+\alpha_i}{2}-\lambda\right)+Y_{i-1} \\
Z_i &= \Delta L_{i-1,i}\cos\frac{\theta_{i-1}+\theta_i}{2}+Z_{i-1}
\end{aligned}
\qquad (5\text{-}22)
$$

式中,当选择坐标系为地理坐标系时,λ 为当地的磁偏角,当选择坐标系为矿区相对坐标系时,λ 为勘探线方位角,(°);θ_i、α_i 为下测点 M_i 钻孔顶角、磁方位角,(°);θ_{i-1}、α_{i-1} 为上测点 M_{i-1} 钻孔顶角、磁方位角,(°);$\Delta L_{i-1,i}$ 为上、下测点钻孔轴线长度,m。

曲率半径法是假定相邻两测点之间的井眼轴线段是直立圆柱面上的一条弧线。该弧线在垂直平面展开图上的弯曲强度是定值,即井眼轴线上顶角弯曲强度是定值,整个井眼轴线轨迹是空间不同圆弧组成的弧线(图 5-19)。曲率半径法的计算公式为

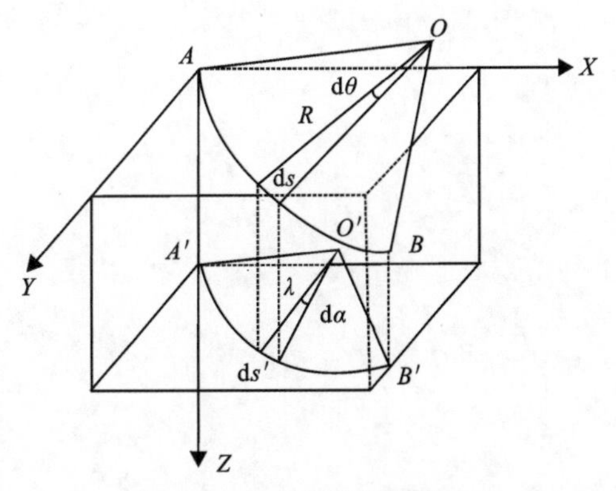

图 5-19　曲率半径法井眼轨迹

$$
\begin{aligned}
X_i &= r_{i-1,i}[\sin(\alpha_i - \lambda) - \sin(\alpha_{i-1} - \lambda)] + X_{i-1} \\
Y_i &= r_{i-1,i}[\cos(\alpha_{i-1} - \lambda) - \cos(\alpha_i - \lambda)] + Y_{i-1} \\
Z_i &= R_{i-1,i}(\sin\theta_i - \sin\theta_{i-1}) + Z_{i-1} \\
R_{i-1,i} &= 57.3\,\frac{\Delta L_{i-1,i}}{\theta_i - \theta_{i-1}} \\
r_{i-1,i} &= 57.3\,\frac{R_{i-1,i}(\cos\theta_{i-1} - \cos\theta_i)}{\alpha_i - \alpha_{i-1}}
\end{aligned}
\tag{5-23}
$$

式中：X_i、Y_i、Z_i 为井眼轨迹上第 i 点的地理位置坐标；θ_i 为井眼轨迹上第 i 点的钻孔顶角；α_i 为井眼轨迹上第 i 点的磁方位角；λ 为磁偏角；$R_{i-1,i}$ 为第 $i-1$ 点到第 i 点在垂直平面上的曲率半径，同理，$r_{i-1,i}$ 为在水平面上的曲率半径。

6 二开井段钻进施工技术

6.1 二开钻进方法

二开钻进包括垂直井段钻进和造斜段定向钻进。

两淮矿区风化带及其之下基岩岩层软硬互层频繁，且常钻遇断层破碎带。岩石 f 值一般为4～5级，少量为7级。泥岩抗压强度一般为20～60MPa；砂岩抗压强度一般为70～120MPa，局部大于200MPa。

二开垂直井段由于受地层倾角等的影响，易发生井斜，因此，该井段施工防斜仍然是钻进施工的重点。另外，二开钻井主要为中等坚固岩石，常规回转钻进效率低。为了同时达到防斜和提高钻进效率的目的，两淮矿区水害治理和瓦斯治理二开钻进一般采用PDC钻头复合钻进技术，实现防斜打快的目的。理论和实践证明，复合钻进技术是直井段防斜打快的有效办法。

6.1.1 垂直井段防斜打直技术

6.1.1.1 井眼轨迹弯曲的地质因素

产生井眼轨迹自然弯曲的地质因素主要可分为岩石各向异性和软硬互层两个方面。岩石的各向异性使得钻头垂直于岩层方向钻进的碎岩效率最高，倾斜方向钻进效率次之，而平行于岩层钻进的碎岩效率最低，因此井眼极易向垂直于层面的方向弯曲。

井眼在穿越软硬互层地层时也会产生井眼的自然弯曲，当井眼从软岩进入硬岩时，由于软岩、硬岩的抗破碎阻力不同，井眼会向垂直于层面的方向弯曲（图6-1a），但若遇层角大于临界角时，井眼又会沿硬岩层面下滑（图6-1b）；当井眼从硬岩进入软岩时，上方坚硬的孔壁会限制井眼的弯曲，使得钻具轴线基本保持原来方向，稍偏离层面法线（图6-1c）。当井眼在软硬互层地层中钻进时，从软岩进入硬岩而后又进入软岩的井眼轨迹如图6-1d所示。

两淮矿区二开垂直井段主要钻遇的泥岩、泥灰岩、灰岩、煤层的岩性差别很大，在钻进过程中，这些地层交替出现，形成地层的软硬互层现象，会使得井眼发生弯曲。图6-2为潘一矿钻孔Ⅳ-17内的岩性柱状示意图。

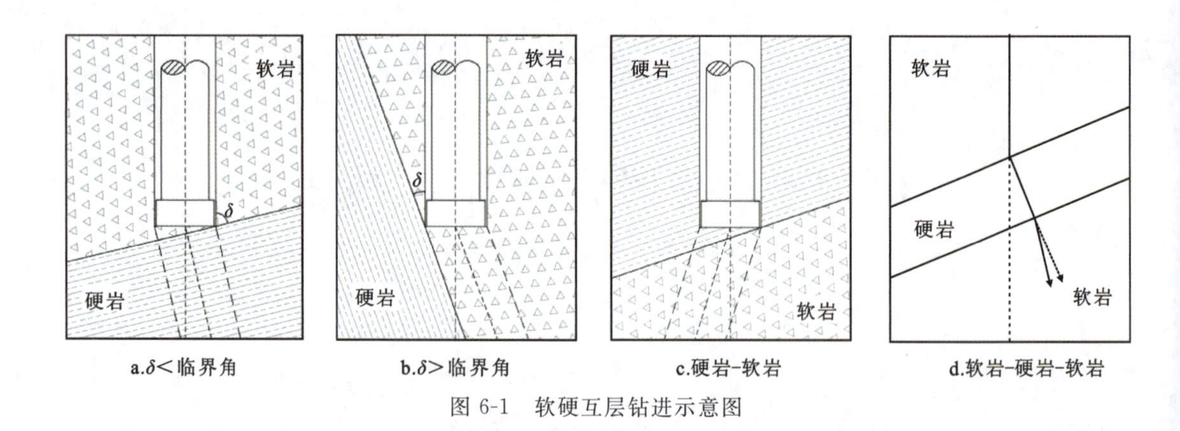

图 6-1　软硬互层钻进示意图

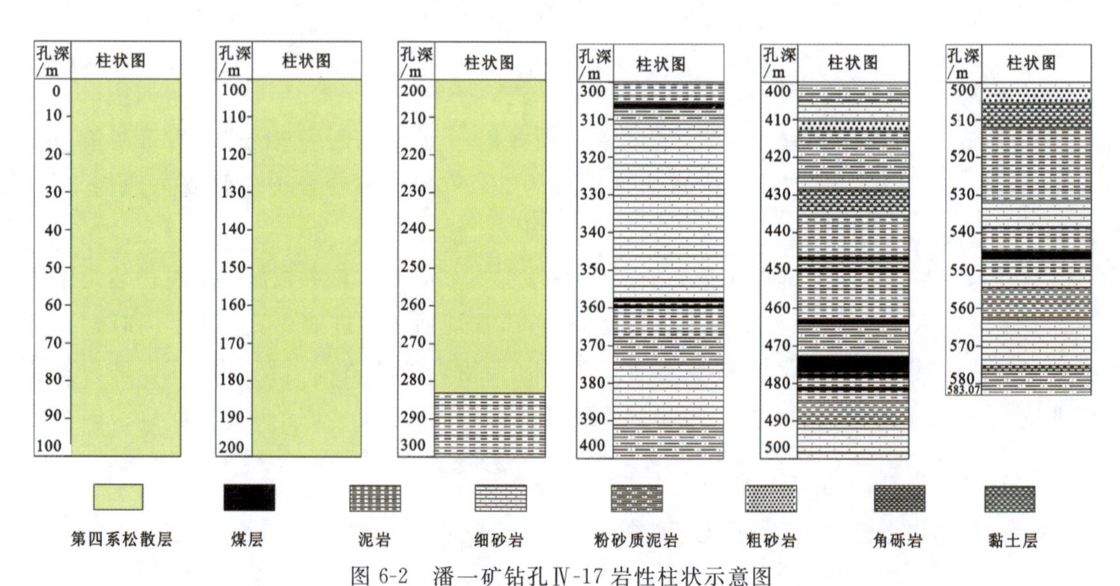

图 6-2　潘一矿钻孔Ⅳ-17 岩性柱状示意图

当井眼穿过严重破碎的岩层、断裂构造破碎带、岩脉裂隙，以及岩溶空洞等时，井眼都会偏离既定方向。图 6-3 是穿过溶洞时井眼轨迹的偏离。两淮矿区断层发育较多，在断层处钻进时，破碎地层可能会发生掉块卡钻等事故，造成钻具受力不平衡，也有可能造成井眼超径，增大孔壁间隙。这些现象都会导致井眼轨迹的弯曲。

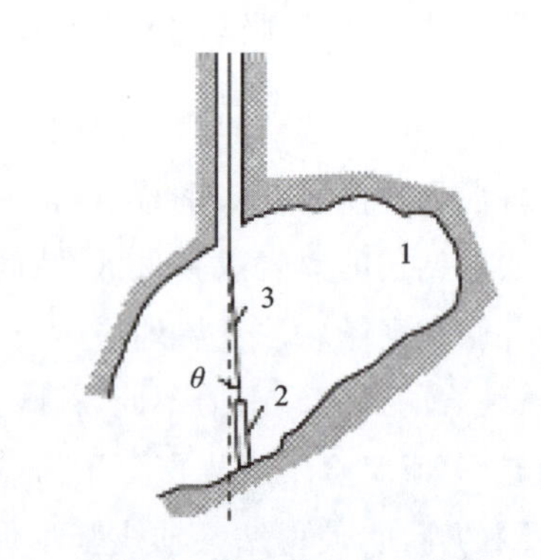

1-溶洞；2-粗径钻具；3-钻杆

图 6-3　穿过溶洞时井眼的弯曲示意图

两淮矿区地层总体平缓，井眼弯曲受地层倾角的影响不大。但在罗园、莲塘李、新集井田内煤层倾角大，甚至近于直立，井眼弯曲受地层倾角的影响大。

6.1.1.2　钻具组合侧向力分析

垂直井段在实际施工过程中不可避免地会出现偏斜，进而导致直井段在水平方向上产生位移，当位移较大时就必然会对整个定向钻进过程，尤其是直井段下一阶段的造斜段产生较大影响。所以保证二开垂直井段的防斜打直对于定向钻进极为重要。

当二开垂直井段采用常规回转钻进时，仍然使用基于钟摆钻具防斜原理的防斜打直技术，但钻进效率低，在基岩中受地层倾角影响，防斜效果难以达到要求。为了提高二开钻进效率，两淮矿区宜采用螺杆钻具钻进、复合钻进防斜打直技术。

本书就水害防治井(二开 Φ215.9mm)的常规回转钻进钻具组合进行了力学特性分析。

1)钻压对光钻铤钻具侧向力的影响

井斜角为1°、3°、5°时，Φ215.9mm 钻孔中光钻铤钻具(图 6-4)侧向力随钻压的变化规律如图 6-5a 所示。钻压升高过程中，钻头侧向力由负值(降斜力)逐渐会增加到正值(增斜力)，表示光钻铤钻具的降斜力随钻压的增高而减小。钻压一方面产生增斜力，一方面减少钟摆力。钻柱上切点 L 随钻压增加而下移，在井斜为 3°、5°的情况下均小于两根钻铤的长度(图 6-5b)。

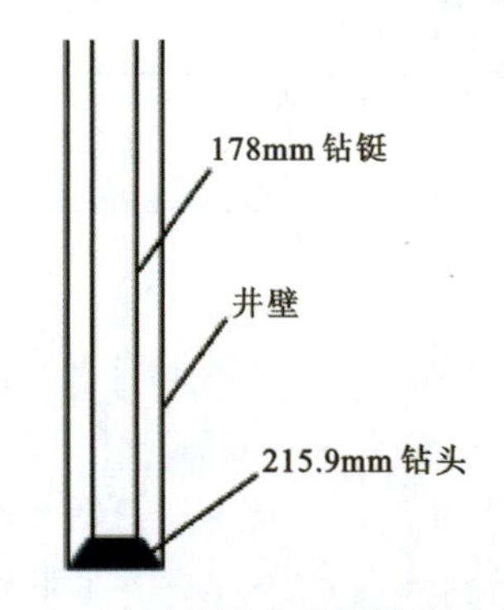

图 6-4　二开井段光钻铤钻具示意图

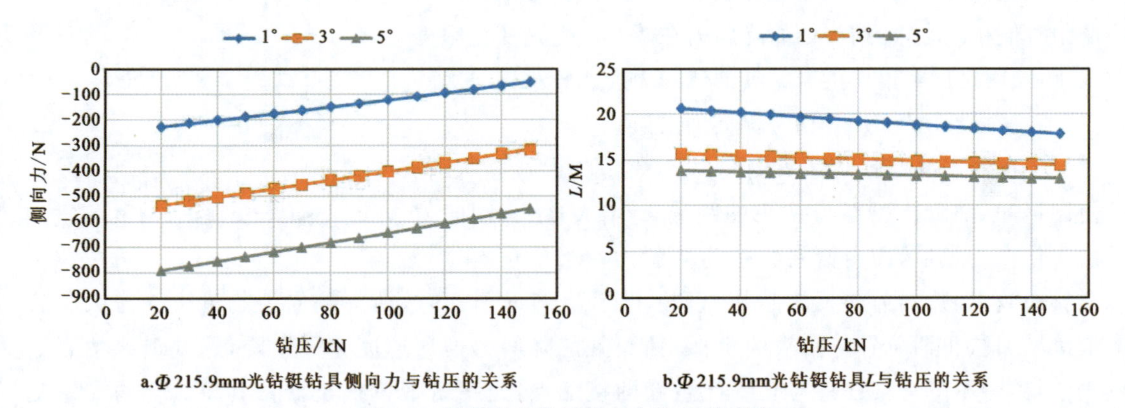

图 6-5　钻压对光钻铤侧向力和 L 的影响

2)钻压对塔式钻具侧向力的影响

图 6-6 为塔式钻具示意图。图 6-7a 为不同井斜角时钻头处侧向力与钻压的关系。可以看出侧向力随着钻压的增加而逐渐增加，向着增斜力的方向变化，随着井斜角的增大而减小。

图 6-7b 为 L_1(扶正器位置)不同时侧向力随着钻压的变化规律。可以看出，随着钻压的增加，侧向力同样在向着增斜力的方向变化。

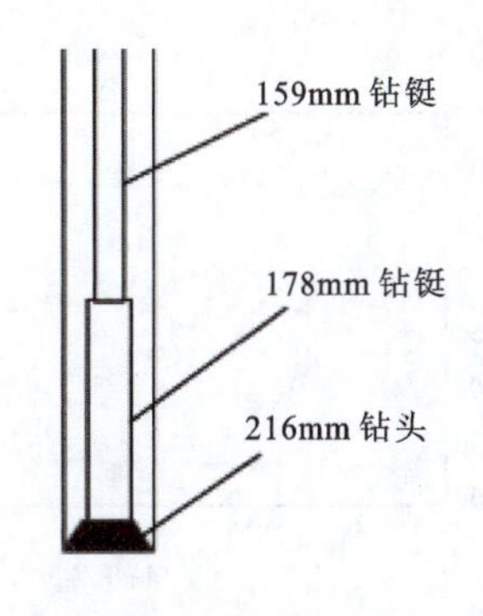

图 6-6　二开井段塔式钻具示意图

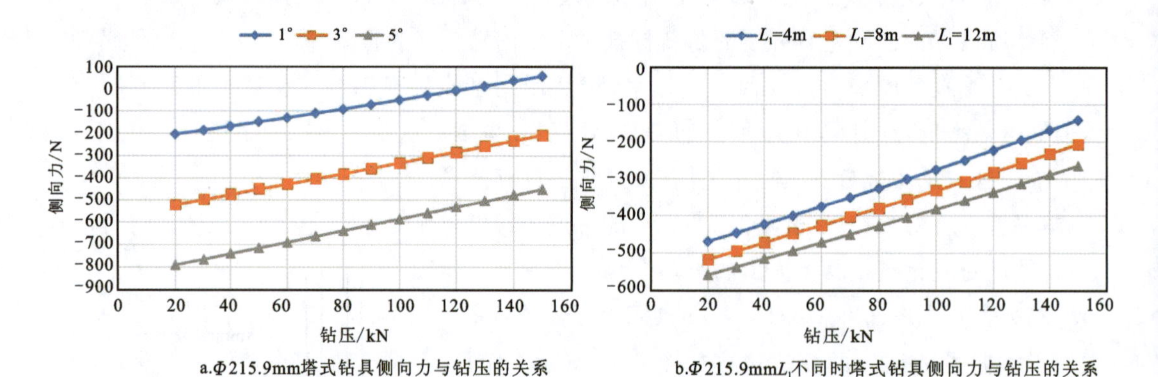

a.Φ215.9mm塔式钻具侧向力与钻压的关系　b.Φ215.9mmL_1不同时塔式钻具侧向力与钻压的关系

图 6-7　钻压对塔式钻具侧向力的影响

3)钻压对光钻铤带扶正器钻具组合侧向力的影响

(1)钻头侧向力与钻压的关系

图 6-8 为二开井段光钻铤带单扶正器钻具示意图。图 6-9 为钻具在 Φ215.9mm 钻孔中钻头侧向力与钻压的关系图。从图中可以看出,随着钻压的不断增大,钻头处侧向力的绝对值在减小,即钻头处的降斜力在减小。但是变化幅度较小,说明钻压对单扶正器钻具的侧向力影响较小。

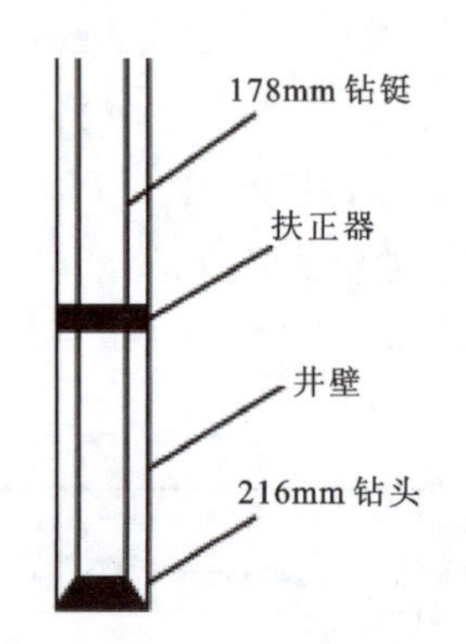

图 6-8　二开井段光钻铤带单扶正器钻具示意图

2)扶正器位置 L_1 对钻头侧向力的影响

扶正器安放位置与钻头侧向力的关系如图 6-10 所示。由图可知,随着扶正器与钻头的距离 L_1 增大,钻头侧向力由正值变为负值,即由增斜力变为降斜力。当扶正器位置离钻头越近,造斜力增长的越快,理论上当 L_1 趋近于 0 时,钻头侧向力趋近于无穷大。若继续增大扶正器位置与钻头的距离,钻头处的降斜力增加速度会逐渐降低,并最终达到最大值,此时第一跨梁柱将与孔壁产生新的接触点,光钻铤带单扶正器钻具将会化为光钻铤钻具。

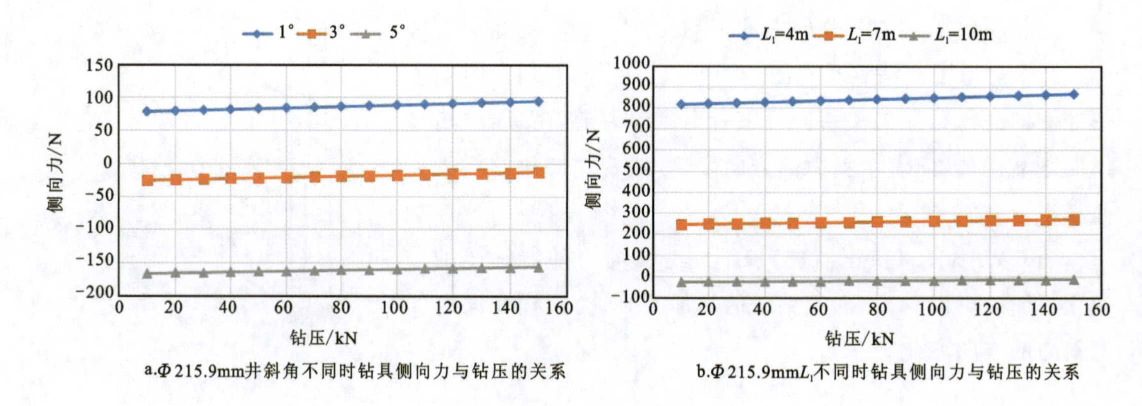

a.Φ215.9mm井斜角不同时钻具侧向力与钻压的关系　b.Φ215.9mmL_1不同时钻具侧向力与钻压的关系

图 6-9　侧向力与钻压的关系图

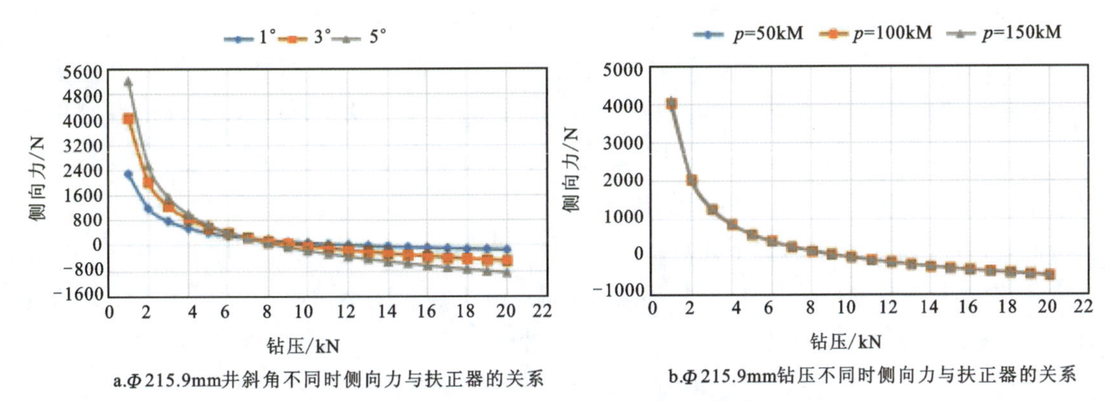

图 6-10　侧向力与扶正器位置的关系

不同井斜角下侧向力随着 L_1 增加的变化不同(图 6-10a),在 L_1 较小时,井斜角越小侧向力越小;L_1 较大时,井斜角越小侧向力越大。图中 L_1 在 6～8m 之间时,不同井斜角情况下的侧向力差距较小。不同钻压下侧向力随 L_1 的变化轨迹一致(图 6-10b),说明钻压对侧向力的影响较小。

若地层倾角较大(大于 45°),即存在地层造斜力,为了保持尽可能小的井斜角变化则需保证在钻进过程中,作用在钻头上的总侧向力接近于零。同时在地层情况不变时,还要尽量保证在钻进过程中钻具产生的侧向力与地层造斜力保持一致。

对于直井保直,需要钻具组合产生适当的侧向力,使得地层造斜力与钻具侧向力的合力尽量趋近于零,从而保证直井不会弯曲。

钻具组合不仅要求能在地层钻进中有着较好的稳定性(即钻具侧向力随外界因素变化幅度较小),而且还要求能产生较大的降斜力以抵消作用在钻头上的地层造斜力。

6.1.2　滑动钻进技术

6.1.2.1　滑动钻进技术特点

滑动钻进技术是一种水平井或定向井施工时常采用的定向钻进技术,主要是利用高效钻头、井底动力钻具(螺杆钻具)和无线随钻泥浆脉冲测量技术(MWD)(图 6-11),并结合一定的送钻加压方式,使钻杆滑动、钻头向前给进,实现定向钻进的目的。滑动钻进技术可较大幅度地改变井眼方向、增斜力和降斜力,也可用于直井段钻进。

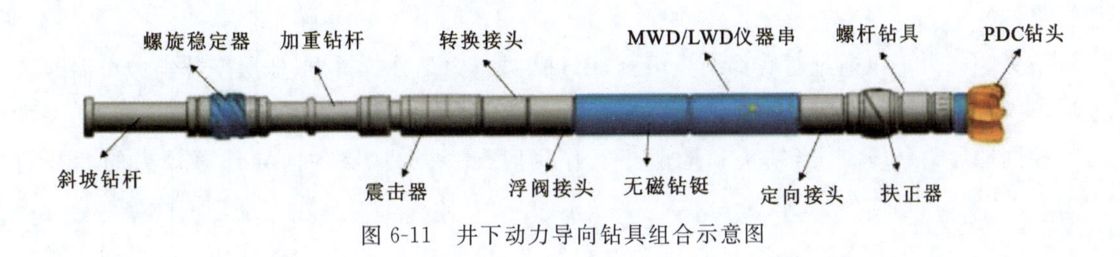

图 6-11　井下动力导向钻具组合示意图

实钻造斜率偏大时，通过调整滑动钻进井段与回转钻进井段的比例控制实钻平均造斜率，使其符合轨迹要求。实钻造斜率偏小时，应起钻更换钻具组合，调整弯壳体动力钻具角度。入靶前的造斜井段，可根据斜井段长度对钻柱进行倒置。设计为双增轨迹时，根据井段不同造斜率的要求，通过调整滑动钻进井段和回转钻进井段的比例控制平均造斜率，或起钻更换钻具组合，调整弯壳体动力钻具的角度。

滑动钻进的主要特点有以下几点。

(1)在进行滑动导向钻井时，钻柱不旋转，部分钻柱贴靠井壁，摩阻较大。尤其在大角度斜井或水平大位移井中，井眼底部有岩屑床存在，既增大了钻柱与井壁的摩阻，又导致井眼净化不良。导向钻具弯角越大，摩阻越大。

(2)钻进时，整个钻柱滑动下行，摩阻减小了实际施加在钻头上的有效钻压(即“托压”现象)，也减小了导向马达可用于旋转钻头的有效功率，从而导致钻速较低、钻井成本增大。当井深超过临界井深4000m时，就不能滑动或很难均匀连续滑动，甚至无法滑动钻进。虽然，在滑动钻进时可用水力推动器提高滑动能力，但其作用也是有限的。

(3)在滑动钻井过程中，往往因摩阻与扭阻过大、井眼净化不良、粘滑卡阻严重、钻速过低、成本过高以及方位左旋右旋漂移难以控制井身轨迹等原因，而被迫交替使用滑动钻进和回转钻进。这种交替钻进，既增加了起下钻次数，又降低了钻井效率，还会使井眼方位不稳定，井身轨迹不平滑，形成螺旋状井眼，并最终导致井身质量不好，容易发生卡阻、粘滑和涡动等井下动态故障。

6.1.2.2 螺杆钻具组合力学特性与造斜率分析

1)造斜钻具地层力计算模型

当造斜钻具组合在地层中钻进时，随着造斜率的增大，钻头侧向力会逐渐减小，当钻头侧向力减小到零时，底部钻具组合达到一个“平衡曲率”，并且维持“平衡曲率”不变，以“平衡曲率”为实际造斜率进行钻进。

考虑地层变井斜力对造斜率的影响，则平衡曲率法中的“钻头侧向力为零”应该为“钻头侧向力与地层变井斜力之和为零”，此时求出的井眼曲率为“考虑地层作用时的造斜率”，把钻头侧向力和地层变井斜力之和称为钻头有效侧向力：

$$F=F_1+F_2 \tag{6-1}$$

式中，F为钻头有效侧向力，kN；F_1为钻头侧向力，以增斜为正，kN；F_2为地层变井斜力，以增斜为正，kN。

钻头侧向力可以通过对底部钻具组合(BHA)进行力学分析得出；地层变井斜力可以通过地层力新模型计算得出。

根据地层力新模型，当钻头和地层相互作用时，钻头和地层各向异性等效力的变井斜力为

$$F_2=\frac{A_1}{A_3-A_4\tan\Delta\alpha-A_5\tan\Delta\varphi}W_{OB} \tag{6-2}$$

其中，

$$
\begin{aligned}
A_1 &= M_1 N_1 + M_2 N_2 + M_3 N_3 \\
A_2 &= - M_2 N_4 - M_1 N_2 - M_3 N_5 \\
A_3 &= - M_1 N_3 \quad M_2 N_5 - M_3 N_6 \\
A_4 &= M_5 N_3 + M_4 N_5 + M_1 N_6 \\
A_5 &= - M_4 N_3 - M_6 N_5 - M_2 N_6 \\
A_6 &= M_5 N_1 + M_4 N_2 + M_1 N_3 \\
A_7 &= - M_4 N_1 - M_6 N_2 - M_2 N_3 \\
A_8 &= - M_5 N_2 - M_4 N_4 - M_1 N_5 \\
A_9 &= M_4 N_2 + M_6 N_4 + M_2 N_5
\end{aligned} \tag{6-3}
$$

$$
\begin{aligned}
M_1 &= I_{r1} I_{r2} R_1 R_2 - I_{r1} \sin\alpha\cos\alpha\sin^2\Delta\varphi + I_{r2} R_3 R_4 \\
M_2 &= - I_{r1} I_{r2} R_1 \sin\beta\sin\Delta\varphi - I_{r1} \sin\alpha\sin\Delta\varphi\cos\Delta\varphi + I_{r2} R_4 \cos\beta\sin\Delta\varphi \\
M_3 &= - I_{r1} I_{r2} R_1^2 - I_{r1} \sin^2\alpha\sin^2\Delta\varphi - I_{r2} R_4^2 \\
M_4 &= I_{r1} I_{r2} R_2 \sin\Delta\varphi\sin\beta - I_{r1} \cos\alpha\sin\Delta\varphi\cos\Delta\varphi - I_{r2} R_3 \cos\beta\sin\Delta\varphi \\
M_5 &= - I_{r1} I_{r2} R_2^2 - I_{r1} \sin^2\Delta\varphi\cos^2\alpha - I_{r2} R_3^2 \\
M_6 &= - I_{r1} I_{r2} \sin^2\beta\sin^2\Delta\varphi - I_{r1} \cos^2\Delta\varphi - I_{r2} \cos^2\beta\sin^2\Delta\varphi
\end{aligned} \tag{6-4}
$$

$$
\begin{aligned}
R_1 &= \cos\alpha\cos\beta - \sin\alpha\sin\beta\cos\Delta\varphi \\
R_2 &= \sin\alpha\cos\beta + \cos\alpha\sin\beta\cos\Delta\varphi \\
R_3 &= \sin\alpha\sin\beta - \cos\alpha\cos\beta\cos\Delta\varphi \\
R_4 &= \sin\beta\cos\alpha + \sin\alpha\cos\beta\cos\Delta\varphi
\end{aligned} \tag{6-5}
$$

$$
\begin{aligned}
N_1 &= \theta_x^2 (I_b + \theta_y^2) + (\theta_y^2 + 1)^2 \\
N_2 &= (I_b - \theta_x^2 - \theta_y^2 - 2)\, \theta_x \theta_y \\
N_3 &= (I_b - 1)\, \theta_x \\
N_4 &= \theta_y^2 (I_b + \theta_x^2) + (\theta_x^2 + 1)^2 \\
N_5 &= (I_b - 1)\, \theta_y \\
N_2 &= I_b + \theta_x^2 + \theta_y^2
\end{aligned} \tag{6-6}
$$

式中，W_{OB}为钻压，kN；φ_f为地层下倾方位角，(°)；β 为地层倾角，(°)；α 为井斜角，(°)；φ 为井斜方位角，(°)；I_{r1}、I_{r2}分别为地层倾向和走向的各向异性指数，无量纲；I_b为钻头各向异性指数，无量纲；$\Delta\varphi$ 为井斜方位角和地层下倾方位角之差，(°)；θ_x、θ_y分别表示钻头转角在 P 平面和 Q 平面上的投影角，(°)；$\Delta\alpha$ 为井斜角增量，(°)；$\Delta\varphi$ 为 Q 平面上的方位角增量，(°)。

2)单弯螺杆钻具组合

如图 6-12，单弯螺杆钻具的结构弯角度数是一定的，每一根螺杆钻具都具有固定度数的结构弯角，通常用于一定曲率半径的某一井段钻井作业。井眼轨迹的曲率要求发生变化时，需要更换螺杆钻具或者改变钻具组合的结构及钻井参数，以达到不同造斜率的要求。

在定向井、水平井钻进过程中，下部钻具组合造斜趋势的控制是实钻井眼轨迹控制的关键。因此，能否精确控制井眼轨迹的发展，关键因素之一就是对钻具造斜能力的预测。而在

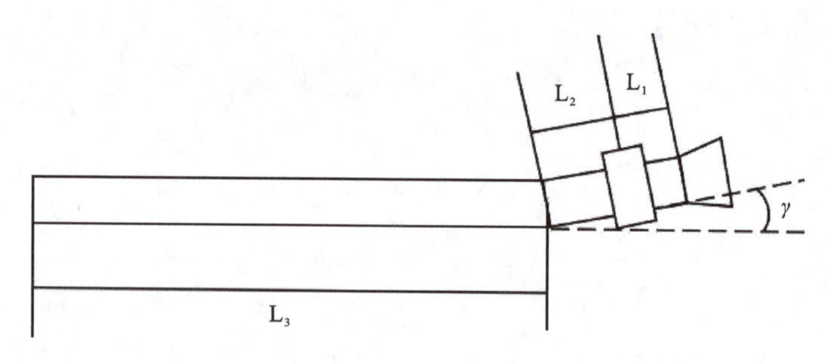

图 6-12　单弯螺杆钻具

实际钻进过程中，存在很多影响钻具组合造斜能力的因素，主要包括：钻具组合（BHA）结构参数、井眼几何参数、钻井工艺参数以及地层。本书分别研究了弯外壳螺杆钻具组合的理论造斜率和实际造斜率的影响因素及规律，得到了造斜工具理论造斜率与螺杆钻具自身结构（弯角大小及位置、稳定器尺寸及位置）、钻压等影响因素之间的规律以及其实际造斜率与井斜角、钻压之间的关系。

钻头到下稳定器距离对侧向力与造斜率的影响

钻头到下稳定器距离 L_1 对侧向力的影响规律如图 6-13 所示。可以看出，随着钻头到下稳定器距离的增加，钻具侧向力减小，但减小的幅度逐渐减小。

钻头到下稳定器距离对造斜率的影响规律如图 6-14 所示。可以看出，随着钻头到下稳定器距离的增加，钻具造斜率减小。单弯螺杆钻具在不考虑地层作用时造斜率减小的幅度比考虑地层作用时造斜率减小的幅度要小；地层的降斜作用对单弯螺杆钻具组合造斜率随钻头到下稳定器距离的变化规律有明显的影响。钻头到下稳定器距离的变化对造斜率的影响也较大。

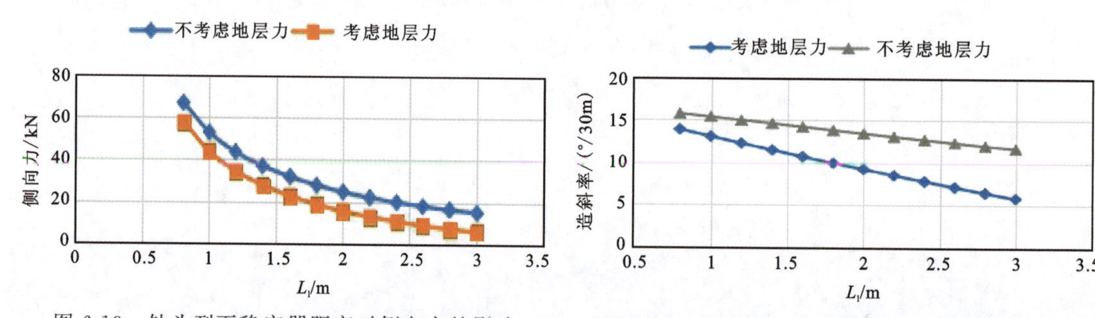

图 6-13　钻头到下稳定器距离对侧向力的影响　　图 6-14　钻头到下稳定器距离对造斜率的影响

下稳定器到结构弯角距离对侧向力与造斜率的影响

下稳定器到结构弯角距离 L_2 对侧向力的影响规律如图 6-15 所示。可以看出，随着下稳定器到结构弯角距离的增加，侧向力逐渐减小。下稳定器到结构弯角距离对造斜率的影响规律如图 6-16 所示。可以看出，随着下稳定器到结构弯角距离的增加，单弯螺杆钻具在考虑地层作用时和不考虑地层作用时的造斜率都随之减小。对应螺杆钻具在考虑地层作用时的造斜率和不考虑地层作用时的造斜率减小的幅度相同；地层的降斜作用对单弯螺杆钻具组合造斜率随下稳定器到结构弯角距离的变化规律不产生影响。同时，造斜率随下稳定器到结构弯角距离的变化幅度较小。

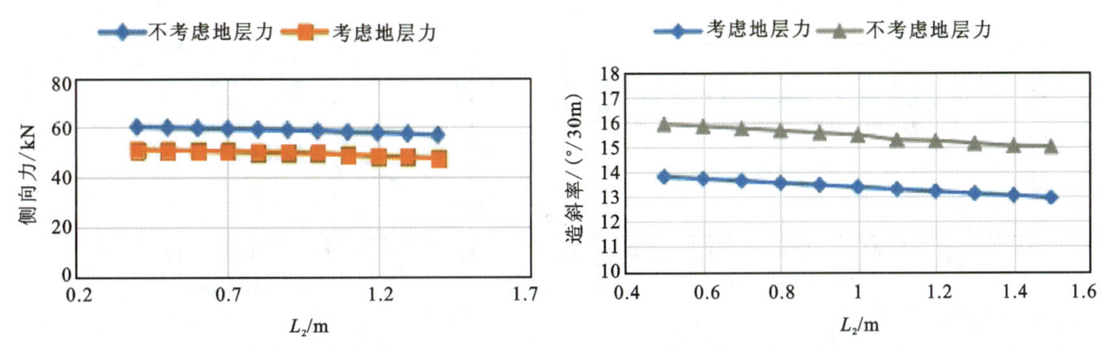

图 6-15 下稳定器到结构弯角距离对侧向力的影响 图 6-16 下稳定器到结构弯角距离对造斜率的影响

结构弯角对侧向力与造斜率的影响

结构弯角对侧向力的影响规律如图 6-17 所示。可以看出，随着结构弯角的增加，钻具侧向力增加。结构弯角对造斜率的影响规律如图 6-18 所示。从图 6-18 可以看出，随着结构弯角的增加，单弯螺杆钻具组合在考虑地层作用和不考虑地层作用时的造斜率都随之增加，各自对应的造斜率增加幅度相同。这说明地层的降斜作用不对单弯螺杆钻具组合造斜率随结构弯角变化规律产生影响。结构弯角的变化对造斜率的影响也较大。

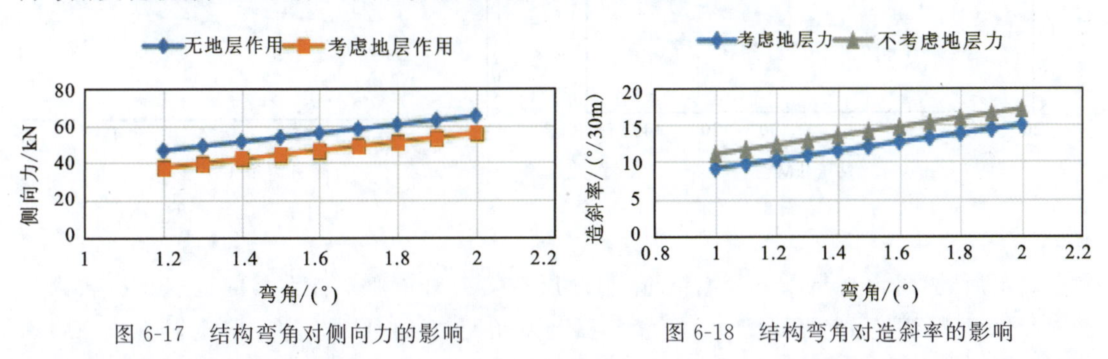

图 6-17 结构弯角对侧向力的影响 图 6-18 结构弯角对造斜率的影响

稳定器直径对侧向力与造斜率的影响

稳定器直径对侧向力的影响规律如图 6-19 所示。可以看出，随着稳定器直径的增加，钻具侧向力增加。稳定器直径对造斜率的影响规律如图 6-20 所示。从图中可以看出，随着稳定器直径的增加，单弯螺杆钻具组合考虑地层作用和不考虑地层作用时造斜率都随之增加，对应螺杆钻具考虑地层作用造斜率和不考虑地层作用造斜率增加幅度相同。地层的降斜作用不对单弯螺杆钻具组合造斜率随稳定器直径的变化规律产生影响。

钻压对造斜率的影响

钻压对造斜率的影响规律如图 6-21 所示。随着钻压的增加，单弯螺杆钻具在不考虑地层作用和考虑地层作用时的造斜率随之增加。但考虑地层力时造斜率增加幅度较小并最终趋于平稳，这主要是因为随着钻压的增加，钻头侧向力（增斜）虽然增加（图 6-21），但是地层降斜力也增加，因此单弯螺杆钻具组合在考虑地层作用时的造斜率变化较小。

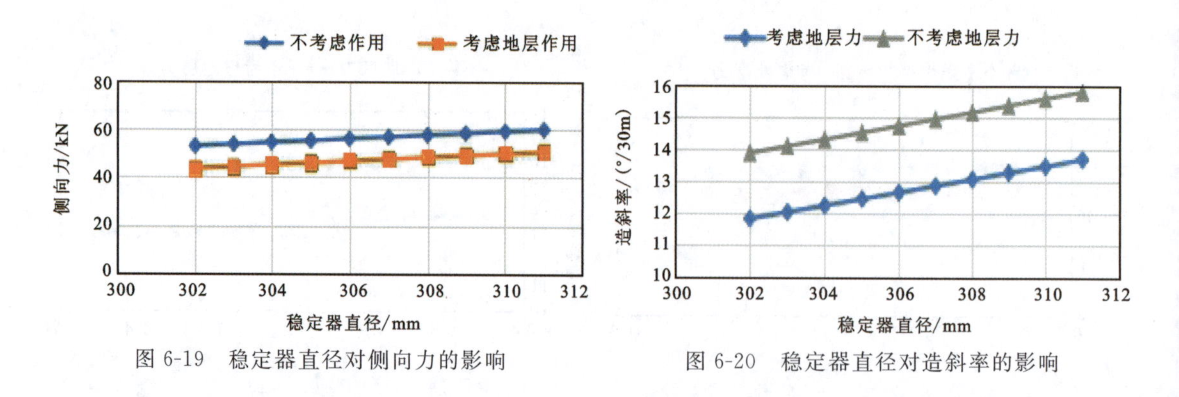

图 6-19 稳定器直径对侧向力的影响

图 6-20 稳定器直径对造斜率的影响

井斜角对造斜率的影响

井斜角对造斜率的影响规律如图 6-22 所示。可以看出，随着井斜角的增加，单弯螺杆钻具在不考虑地层作用和考虑地层作用时的造斜率均随之增加，造斜率增加幅度逐渐减小并最终趋于平稳。在井斜角较小时，井斜角的变化对造斜率的影响较大。

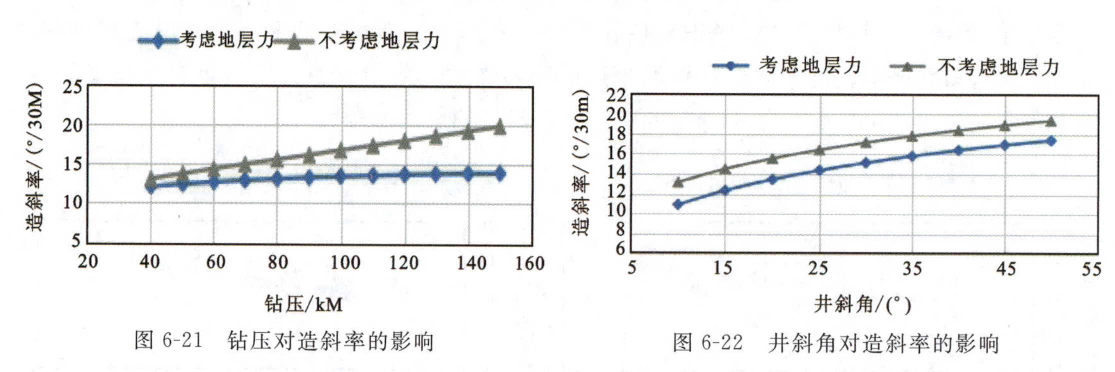

图 6-21 钻压对造斜率的影响

图 6-22 井斜角对造斜率的影响

综上所述，可以得出以下几点结论：①地层造斜力对单弯螺杆钻具的造斜具有较大的影响。②钻头到下稳定器距离 L_1、下稳定器到弯角距离 L_2、结构弯角、稳定器直径、钻压、井斜角等影响因素中，L_1 和 L_2 增加会使钻具造斜率减小，其中 L_1 的影响更为显著；结构弯角、稳定器直径、钻压和井斜角的增加会使钻具造斜率增加。③不考虑地层作用时的造斜率与考虑地层作用时的造斜率差异较大，说明计算单弯螺杆钻具的造斜率时，必须考虑地层作用。④该钻具组合在直井段有防斜作用，可直接定向，井斜到一定程度后滑动钻进可增斜，增斜范围 3°/100m～5°/100m；对于 Φ215.9mm 的井眼，PDC 钻头钻压 20～40kN，牙轮钻头钻压 80～100kN。

6.1.3 复合钻进技术

复合钻进技术依靠顶驱/转盘与井下动力钻具（螺杆钻具）的复合运动，驱动钻头共同破岩，提高破岩效率，应用预弯曲井下动力钻具，增加了对钻头的导向能力控制，使钻头产生的侧向力克服地层造斜力，从而推动钻头沿设计轨迹的方向运动，实现直井中防斜打快，斜井中轨迹控制。采用带稳定器的井下钻具组合，配合高效 PDC 钻头与随钻测斜仪（MWD）等工具，可简化施工工序，实现一套钻具组合完成定向造斜（当定向造斜增斜强度较大时，可采用滑动钻进模式造斜）、增斜、稳斜、降斜等钻井施工工序，从而缩短钻井周期、提高机械钻速，节约钻井成本。

6.1.3.1　复合钻进的技术特点

复合钻进的技术优势有以下几点：①实现复合钻井增斜，缩短滑动钻进井段，增斜率最高可达到5°/100m～6°/100m。②明显改善井身质量，不但保证中靶，而且缩小全角变化率，起下钻变得相对容易。③在直井防斜打快中应用，在上部或中部井段应用复合钻井技术，先期控制井眼轨迹，减少在可钻性差的地层中的扭方位作业。④在长稳斜井段应用复合钻井技术，利用其较好的稳斜稳方位效果，既可不下入满眼钻具组合，又可有效控制井眼轨迹。⑤在三开井中应用复合钻井技术，既可提高机械钻速，又可减少对技术套管的磨损。⑥减少了钻具失效，在定向井中提高了机械钻速，减少了钻具在弯曲井段的磨损时间，降低了转盘转数，大大减少了钻具受交变应力的次数，使用螺杆配合欠尺寸的稳定器稳斜钻进，与满眼钻具相比大大减少了钻具所受扭矩，从而整体改善了钻具受力情况。

复合钻进工艺的最大技术优势是在保证定向钻孔精度的同时，有效提升了钻进能力和提高了钻进效率。

(1)提升钻进能力：根据传统的钻进工艺原理可知，复合钻进时由于钻杆柱的回转，孔内钻进液循环和携排渣能力得到有力改善。钻孔轨迹平滑，孔内钻具运动摩擦阻力减小，有利于充分发挥钻机等装备的能力，动力头给进、起拔力和回转扭矩能够顺利传递到孔底，保障了深孔、大直径工况下高效钻进。

(2)提高钻进效率：复合钻进时孔口动力头/转盘与孔底螺杆马达双动力复合驱动钻头回转，转速存在叠加。因此，在相同泵量条件下，单位时间内钻头转速提高，碎岩量增大，机械钻速高。钻进过程中定向（即调整螺杆马达造斜工具指向）的工作量大幅减少，用时短。此外，钻杆柱间歇性回转给进有利于孔内岩屑及时排出，辅助冲孔时间短，综合效率高。

6.1.3.2　复合钻进防斜打快机理

由于单弯螺杆的外壳本身具有一定的弯曲，因而其受力变形后的形状将具有一定的预置性。当这种钻具组合以复合钻进方式工作时，所体现的运动特征就像是弯曲钻柱的同步涡动。这种复合钻进时的钻柱运动特征可以很好地消除钻头轴线指向的作用，在复合钻进时钻头上的合导向力将发挥导向作用。当合导向力为降斜力时，该钻具组合可能具有降斜效果。当这种表现为降斜力的合导向力大于地层的增斜力时，就可起到防斜打直、打快的作用。

刚开始，钻铤几何中心作向前涡动，但很快就转换为向后涡动。不过由于预弯曲结构的存在，使得钻铤中心基本回绕井眼中心回旋，并略有上移。从这点上讲，基本可以消除钻头指向不均匀造成的侧向力。值得注意的是，合指向力尽管很小，却具有降斜力的特征。合指向力约为－0.014 28kN。

在任一瞬时，由于钻铤涡动造成的钻头侧向力的量程很大，并且向下的侧向力绝对值大于向上的侧向力，体现为钻头上的降斜力要大于钻头上的增斜力。这说明从静力学角度出发研究得到的瞬态力也许较小，但钻柱旋转时由于振动造成的瞬态力将很大。

带单弯螺杆钻具组合防斜打快机理包括：①钻具涡动消除了钻头指向不确定性可能引起的钻头增斜力。②通过钻具结构、参数的配合，使得振动造成钻头对井壁的动态冲击力表现出降斜趋势，即钻头侧向力合力成为降斜力，而且这种降斜力远远大于常规钟摆钻具组合的钟摆力。③复合钻进钻具组合的降斜力随井斜角增加而减小，钟摆钻具的降斜力随井斜角增加而增加。

6.1.4 滑动钻进与复合钻进模式转换机制

在施工曲线孔段和调整钻孔前进方向时采用钻进模式，保持钻杆柱不回转，滑动给进，依靠孔底螺杆马达驱动钻头回转碎岩，连续造斜。在施工直线孔段和保持钻孔前进方向时，采用复合钻进模式，钻机动力头带动钻杆柱回转，回转给进，同时与孔底螺杆马达复合，共同驱动钻头回转切削碎岩，稳斜钻进。

钻进过程中，通过随钻测斜仪（MWD）获得钻孔测点空间几何参数（顶角、方位角、孔深 L），计算测点空间坐标，获得实钻轨迹，将其与设计轨迹进行对比，预测判断与设计轨迹的符合程度，如超出设计及相关技术标准允许值，则需从复合钻进模式转换为滑动钻进。

转速是提高减阻效率的重要参数，提高转速可以减少摩阻。但是，由于带弯头螺杆钻具回转时与钻柱不同轴线的转动引起孔底钻头不稳定运动会造成螺杆钻具损坏和钻头磨损、崩齿。因此，复合钻进时转速不宜过快，钻头转速可近似为钻机动力头转速与螺杆马达转速的数值叠加，钻头转速依然较高，有助于机械钻速的提升。所以，在多分支水平井施工过程中，在保证钻孔轨迹控制精度的情况下，应降低滑动定向钻进占比，提高复合钻进占比。

钻进过程中把握滑动定向钻进与复合钻进的转换时机非常关键。当钻进地层不稳定，或实钻轨迹与钻孔设计轨迹偏差不大时，可采用复合钻进形式。因此，有效控制井眼轨迹（特别是井斜角的控制），降低滑动造斜次数和滑动钻进井段长度至关重要。

在螺杆钻具上部钻具组合确定的情况下，复合钻进井斜角控制可利用带稳定器的单弯单稳螺杆钻具和保径定向钻头，通过改变复合钻进工艺参数（钻速、转速）来实现钻孔轨迹的井斜角控制，包括增倾角、降倾角和稳倾角 3 种形式。

（1）增倾角控制。在复合钻进过程中，保持较高的钻进速度和较低的旋转速度，此时经钻头切削形成的钻屑量大且粒径大，受螺杆钻具稳定器阻卡作用。钻屑会在孔底部位堆积形成岩屑楔，除对稳定器产生支撑作用外，还对螺杆钻具产生托举作用，使得钻头更多切削孔壁上部岩石引起倾角增加，从而使钻孔倾角增大。

（2）降倾角控制。复合钻进过程中，保持较低的钻进速度和较高的旋转速度，钻屑量小且粒径小，在钻井液作用下孔底保持相对清洁状态，受稳定器支撑作用，稳定器前端钻具在重力和离心力作用下，钻头更多切削孔壁下部岩石，从而使钻孔倾角减小。

（3）稳倾角控制。增倾角控制的“高钻速、低转速”工艺与降倾角控制的“低钻速、高转速”正好相反，在两者之间存在一个“中间状态”，通过控制钻速与转速实现稳倾角控制。

6.2 二开垂直井段钻进工艺技术

根据二开钻遇地层特性，二开垂直井段钻进工艺重点是防斜打直、打快，井眼清洁、携砂，防卡、防漏。

6.2.1 钻具组合与钻头选择

根据6.1节对钻具组合钻头的侧向力分析，基于防斜打直、防斜打快的目的，二开直井段的钻具组合如下。

1）水害治理井钻具组合

两淮地区二开直井段主要钻遇地层为基岩（泥岩）和煤岩，为了在二开直井段达到防斜打快的目的，采用复合钻进技术，则相应的钻具组合为：Φ215.9mmPDC钻头＋Φ178mm螺杆钻具（直螺杆或小弯度弯螺杆）＋Φ178mm定向短接×1根＋Φ178mm无磁钻铤（MWD组合）＋Φ178mm钻铤＋Φ127.0mm钻杆＋主动钻杆（或顶驱）。

2）瓦斯治理井钻具组合

相应钻具组合为：Φ311.1mmPDC钻头＋Φ216mm螺杆（直螺杆或小弯度弯螺杆）＋Φ172mm定向短接＋Φ172mm无磁钻铤（MWD组合）＋Φ172mm钻铤＋Φ127.0mm钻杆。

两淮地区二开直井段主要钻遇地层为软—中硬地层或含有夹层的软地层，采用镶齿牙轮钻头（如图6-23）。在钻遇强研磨性地层、易缩径软地层、井眼易斜地层以及采用小钻压、高转速复合钻进时使用长保径PDC钻头。在现场施工中应根据现场实际情况，适当更换钻头和钻具选型，并根据实际施工情况及时更改钻具组合。

图6-23　镶齿牙轮钻头

3）PDC钻头的选择

应根据钻进岩石的可钻性、地层特征和钻井液特点，优选钻头和参数，使其发挥最佳破岩作用，以提高钻进效率和钻头使用寿命。在稳定基岩中钻进，PDC钻头的剪切破岩基本消除了牙轮钻头的牙齿敲击、挤压岩石所带来“压持效应”的重复剪切，能保持较高的机械钻速。

PDC 钻头的小钻压和高转速钻进工艺参数有利于防斜和防止扩大井眼直径，使井眼规则，而牙轮钻头的超顶、复锥和移轴不利于防斜打直。因此，两淮煤田二开和三开钻进建议选择使用 PDC 钻头(如图 6-24)，PDC 钻头和参数的选择如下。

图 6-24　五刀翼 PDC 钻头

切削齿尺寸

目前国内应用比较多的切削齿主要有 13mm、16mm、19mm 共 3 种规格。齿直径的选择依据地层条件，地层可钻性级别 f 值越低，抗钻阻力越小，在同样的钻压水平下，切削齿比较容易吃入地层，故较大直径的切削齿可获得较高的破岩效率，机械钻速高、不易泥包；地层可钻性级值越高，抗钻阻力越大，切削齿尺寸越大，吃入越困难，故较小直径的切削齿出露量较小，抗冲击韧性相对较好。因此，从提高破岩效率方面考虑，地层可钻性级值越高，选用的切削齿尺寸应越小。两淮煤田泥岩、砂质泥岩、煤层 f 值一般在 3 级左右，PDC 钻头选用 19mm 切削齿可获得较高的破岩效率；粉砂岩、细砂岩 f 值一般在 4～5 级，选用 16mm 切削齿可获得较高的破岩效率；中砂岩、粗砂岩、灰岩 f 值一般在 5 级以上，采用 13mm 切削齿可获得较高的破岩效率。

切削角度

切削角度包括后倾角和侧转角，直接影响到钻头对地层的切削能力。根据所钻地层的软硬程度、岩性以及 PDC 复合片的破岩特点，随着地层硬度由低到高，切削齿的切削角度逐渐由小变大，后倾角越小对地层的吃入性越强，切削齿承受的负荷也越大，在使用中更容易破损而影响钻头寿命，切削齿后倾角的取值范围一般在 10°～20°。

对于复合钻进 PDC 钻头，还必须综合考虑钻头的正向切削能力和侧向切削能力。钻头的正向切削能力强，表示钻头更容易吃入岩层，旋转钻进时具有较高的机械钻速，但钻头的工作扭矩对钻压的波动敏感，滑动钻进过程中工具面难以控制。侧向切削能力反映了钻头侧向吃入地层的能力，侧向切削能力太强容易在井壁上形成台阶或螺旋井眼等缺陷。

在综合考虑两淮煤田地层特点和复合钻井技术需求，选择钻头中心向外的切削齿，切削齿后倾角逐渐由 15°增加到 20°，切削齿侧转角则取垂直于螺旋刀翼线法线的角度。

布齿密度和布齿方法

根据两淮煤田岩石可钻性，钻头采用五刀翼、中密度布齿设计。为满足复合钻进的高转速要求，加强钻头外锥部位的耐磨性和抗冲击性，特别增加了钻头外侧部位的布齿密度。

切削齿吃入深度控制结构

钻头对地层的吃入能力与钻头扭矩对钻压的敏感性成正比，早期的 PDC 造斜钻头为减少吃入能力，可以通过调整切削齿切削角度，以牺牲破岩效率为代价换取造斜施工时工具面的稳定性。

复合钻进用钻头需要满足造斜、稳斜、扭方位等多个工况的使用要求，对 PDC 钻头的综合性能要求较高。合理设计吃入深度控制机构，既能够有效地控制滑动钻进时的钻头扭矩、工具面波动，又不会明显降低复合钻进时的机械钻速。

在 PDC 复合片后面安装吃深控制块，吃深控制块的出露高度稍低于前面的 PDC 复合片。一方面可以控制切削齿吃入地层的深度，控制作用于切削齿上的所需扭矩，经过调整切削齿出露高度和刀片几何形状，达到钻头钻进时正常所期望的吃深，超过这一吃深，后面的吃深控制块支撑面就会吃入井底，一旦支撑面吃入地层，就增大了钻头与井底的接触面积，导致钻头的吃入能力大幅度降低。另一方面，吃深控制块和前面的复合片是同轨的，吃深控制块可以在 PDC 复合片切削出来的轨道里控制钻头的横向摆动，达到稳定钻头的目的。合理的利用吃深控制原理设计复合钻进用 PDC 钻头，可以在钻头扭矩可控性和破岩效率两个方面找到完美的平衡。

两淮矿区采用图 6-25 所示的双级切削式结构 PDC 钻头，取得了较好切削效果，提高了钻进效率。这种吃入深度控制结构不仅可以获得稳定的钻头工作扭矩，而且对提高钻头寿命也起到重要的作用。在钻头刚刚进入硬地层时，分担冠部切削齿的钻压，减小冠部切削齿的损坏概率，同时参与切削岩层，增加钻头的使用寿命；在进入软地层时，这种双重切削结构可以减缓钻压的突然改变，减小钻头的震动，从而保护切削齿不受损坏。

图 6-25 双级切削式结构 PDC 钻头

6.2.2 钻进工艺参数

表 6-1 为水害治理井垂直段钻进工艺参数表。表 6-2 为瓦斯治理井垂直段钻进工艺参数表。决定钻进机械速度的主要钻进工艺参数是转速和钻压，钻进过程中应根据地层具体情况，进行综合调整。

表 6-1 水害治理井二开钻进工艺参数表

钻头尺寸/mm	钻头类型	钻压/kN	转速/($r \cdot min^{-1}$)	排量/($L \cdot s^{-1}$)
215.9	三牙轮/PDC	60～120	30～50+LG	35～60

表 6-2 瓦斯治理井二开钻进工艺参数表

钻头尺寸/mm	钻头类型	钻压/kN	转速/$(r\cdot min^{-1})$	排量/$(L\cdot s^{-1})$
311.1	PDC	20～100	25～40+LG	30～60

6.2.3 钻井液的选用与维护

6.2.3.1 钻井液设计原则

根据二开直井段钻遇地层特性、岩石物理力学性质等资料，两淮矿区二开地层表现为岩层软硬互层频繁，如泥岩、砂质泥岩、粉细砂岩及细中砂岩交替出现。在砂岩段中经常夹有厚度不大的泥岩、砂质泥岩、粉细砂岩及煤层等软弱岩层，在泥岩段中常夹有薄层粉砂岩、细砂岩以及煤层等，并常遇小断层。

钻开后，在压差(通常是钻井液液柱压力大于地层流体压力)作用下，钻井液滤液容易侵入这些夹层或断层中，引起黏土矿物的水化膨胀或分散，或者煤体结构弱化，从而导致孔壁坍塌、掉块问题，也可能导致沿构造裂隙发生钻孔漏失问题。因此，在二开直井段，防塌、防漏是重点，要求钻井液应具有较强的抑制性、良好的封堵能力。

钻井液性能要求一般为：密度 1.02～1.10 g/cm^3，应根据实际需要调整；漏斗黏度 16～40s；滤失量小于等于 8ml/30min；pH 在 8～9 之间。

在朱集西 28-B3 孔所取的 12# 样品(X 射线衍射见图 6-26)为黄色泥岩，取样深度 344m，机械强度低，矿物组分包括石英(含量为 21.6%)、钠长石(含量为 5.1%)、伊利石(含量为 57.5%)、高岭石(含量为 13.8%)、方解石(含量为 2.0%)，黏土矿物(伊利石+高岭石)含量超过 70%，遇水(钻井液滤液)极易失稳。4# 样品(X 射线衍射见图 6-27)为灰黑色泥岩，取样深度 479m，矿物组分包括石英(含量为 30.7%)、伊利石(含量为 26.4%)、高岭石(含量为 41.4%)、钾长石(含量为 1.5%)，黏土矿物(伊利石+高岭石)含量为 67.5%，岩性较脆，钻进时易坍塌掉块。

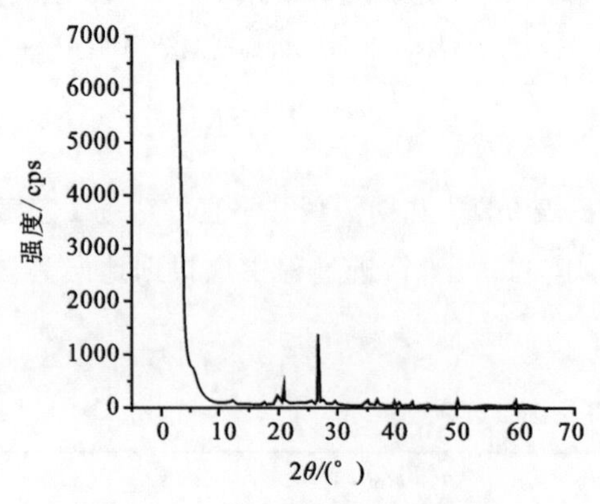

图 6-26　12# 岩样的 X 射线衍射图

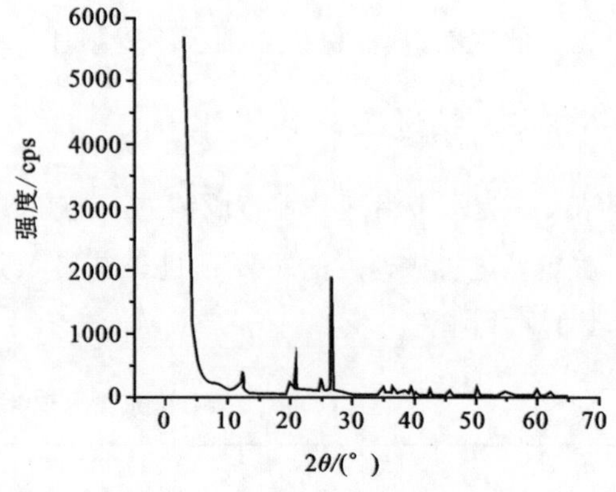

图 6-27　4# 岩样的 X 射线衍射图

在袁一煤矿 2022-补 9 孔所取的 7# 样品(X 射线衍射图如图 6-28)为黑色泥岩,取样深度 323m,矿物组分包括石英(含量为 34.6%)、伊利石(含量为 29.3%)、高岭石(含量为34.7%)、方解石(含量为 1.4%),黏土矿物(伊利石+高岭石)含量为 64%,岩性较脆,钻进时易坍塌掉块。SEM 分析结果(图 6-29)表明,该岩样表面有多处裂隙发育,并有少数孔隙发育,呈片状堆积,不完全解理,在工程施工时易发生掉块甚至埋钻垮塌问题。

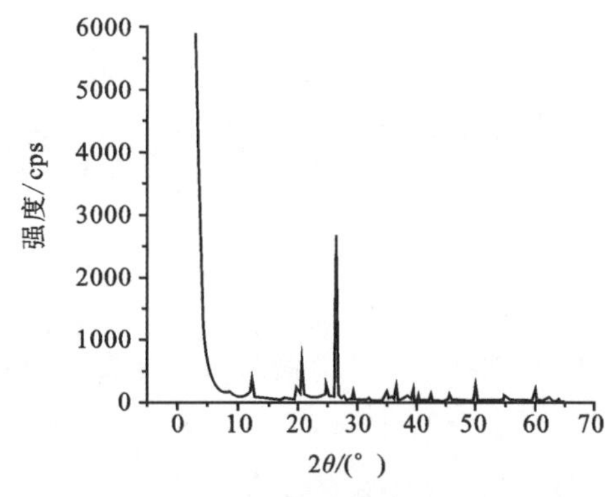

图 6-28 7# 岩样的 X 射线衍射图

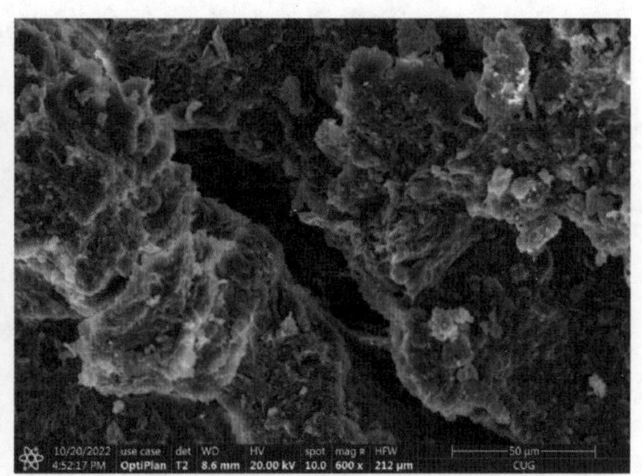

图 6-29 袁一煤矿 2022-补 9 孔 7# 试样的 SEM 测试

6.2.3.2 二开钻井液维护方法

该井段钻遇地层以砂岩、砂质泥岩为主,夹部分泥岩和多层薄煤,并常遇小断层,防塌、防漏是二开钻进的重点,要求钻井液应具有较强的抑制性、良好的封堵能力。对于水害治理井可采用一开膨润土钻井液,根据地层实际情况加入适量钻井液处理剂;对于瓦斯抽采井,要求较低的固相含量,以利于保护产层,使用低固相聚合物钻井液体系。

朱集东 ZJ1-2 钻井二开直井段所钻地层以砂岩、砂质泥岩为主,钻井液以悬浮携带、井眼清洁为主,采用低固相聚合物钻井液体系,坚持每班补充大分子聚合物乳液 HP,聚合物加量大约为 0.3%,能有效抑制造浆,确保井壁的稳定性,防止钻头泥包,达到了优质快速安全钻井的目的。

朱集东 ZJ1-2 钻井(341.62~510m)低固相聚合物钻井液基本配方为 0.2%~0.3% Na_2CO_3+2%~4%膨润土+1%~1.5%CFL+1%~1.5%LV-CMC+2%~3%石墨粉+2%~3%超细目碳酸钙+2%液体沥青+0.2%$CaCl_2$+5%~7%KCl+0.2%~0.5%HP+2%乳化石蜡或 CGY+重晶石若干。

钻井液维护的方法需要注重以下几点。

(1)一开钻井液使用离心机彻底净化,清除无用固相,加入处理剂,调整钻井液性能符合要求，进行二开钻进。

(2)钻水泥塞，将污染严重的钻井液放掉，污染较轻时可加入适量纯碱进行处理。

(3)保证固控设备有效使用率：振动筛使用100%，除砂器、泥器使用率90%，离心机使用率不低于80%，及时清掏沉砂箱。严格控制钻井液中的劣质固相含量和低密度固相含量，为快速钻进提供有力条件。

(4)钻井液保持合适的优质膨润土含量，足够的动、静切力。

(5)钻井液密度应根据实钻情况及时调整，若无特殊情况如缩径、高压气层、煤层和泥岩坍塌，应尽量保持密度下限。若需要提高密度，正常情况下每个循环周次提高密度值不大于0.02g/cm^3，避免压漏地层。

(6)提前加入封堵性材料，增加地层稳定性，保证施工顺利。

(7)钻井液性能以维护为主，保持钻井液性能稳定。钻进过程中应勤观察、勤维护。钻进过程中及时补充各类处理剂，使其保持有效含量。

6.2.4 钻进技术措施和作业要求

6.2.4.1 主要钻进技术措施

(1) 加强钻井液和净化设备的管理，钻水泥塞污染严重的泥浆应全部放掉，搞好二开钻井液预处理，保证全井泥浆性能达到设计标准，性能达到设计要求即可开钻。

(2) 必须作好各种准备工作。包括特殊工具的检查、丈量、草图绘制，测斜绞车、井口工具、测斜仪器的检查等准备工作。井场备有单点测斜仪，随时可测井斜，及时发现问题，采取调整措施，确保井身质量达到设计要求。

(3) 二开第一只钻头开始钻进时必须打好领眼，钻开地层前30m保持低转速、小钻压，防止套管鞋位置的水泥环剥落，形成大肚子，在保证钻铤出表套后，方可将钻井参数逐渐提高到设计值，实现快速钻进。

(4) 钻进过程中，使用转盘钻进时要注意观察扭矩变化，与扭矩突然增大时应及时采取措施，分析井下情况，采取相应措施后，再恢复钻进，防止发生断钻具事故。

(5) 二开后确定合理的钻井液密度。

(6) 钻完上直段后，循环清洗井眼两周以上，确保井眼干净，为造斜做好准备。

(7) 每次下钻到底后，要缓慢开泵，防止井内压力激动，蹩漏地层。严禁在疏松段定点循环，以免冲垮井壁，造成井下复杂。

(8) 严禁定点长时间大排量循环，严禁使用喷射钻头在中途遇阻时长时间划眼。特别是使用复合钻进技术时不能长时间开泵划眼，防划出新的井眼。

6.2.4.2 井眼清洁要求

解决井眼问题的关键在于合理调节钻井液环空流速，而钻井液环空临界流速是保持井眼清洁的最小返速，因此，钻进施工中需要明确钻井液环空临界流速。

1)瓦斯治理井环空临界流速

在二开瓦斯治理井钻进过程中,钻井液密度取值为1.05～1.2g/cm³,塑性黏度为14mPa·s,动切力为16Pa,井眼直径为311.1mm,钻杆外径为127mm。

当钻井液流型为宾汉流体时,利用二开瓦斯治理井工况数据求得钻井液临界环空流速为0.800 4m/s。当钻井液流型为幂律流体时,利用二开瓦斯抽采井工况数据求得钻井液临界环空流速为0.800m/s。因此,二开瓦斯治理井钻进过程中,建议钻井液流速不低于0.800 4m/s。

2)水害防治井环空临界流速

在二开水害治理井钻进过程中,钻井液密度取值为1.05～1.2g/cm³,塑性黏度为14mPa·s,动切力为16Pa,井眼直径为215.9mm,钻杆外径为127mm。

当钻井液流型为宾汉流体时,求得钻井液临界环空流速为0.800 5m/s。当钻井液流型为幂律流体时,求得钻井液临界环空流速为0.800m/s。因此,二开水害防治井钻进过程中,建议钻井液流速不低于0.800 5m/s。表6-3为二开环空临界流速和临界流量表。

表6-3 二开环空临界流速和临界流量

钻井过程	井别	环空外径/mm	环空内径/mm	环空面积/mm²	环空临界流速/(m·s⁻¹)	环空临界流量/(L·min⁻¹)
二开	瓦斯治理井	320.4	127	67 923.82	0.800 4	3 261.97
	水害防治井	226.62	127	27 653.69	0.8	1 327.38

6.2.5 轨迹测量与监测

井身质量要求参见表5-9、表5-10。二开直井段钻进30～50m时采用无线随钻测斜仪(MWD)测斜一次。定向井工程师根据MWD测斜结果,对设计轨迹进行修正,准备造斜钻进。下面对北京海蓝科技开发有限责任公司开发的YST-48R无线随钻测斜仪进行简单介绍。

6.2.5.1 YST-48R无线随钻测斜仪

YST-48R无线随钻测斜仪是北京海蓝科技开发有限责任公司生产的可打捞式正脉冲无线随钻测斜仪(图6-30)。由地面设备、井下仪器两部分组成。YST-48R泥浆脉冲随钻测斜仪总体结构图如图6-31所示。地面设备主要包括司显、压力传感器、专用数据处理仪、远程数据处理器、计算机、连接电缆等。井下仪器包括定向探管、伽马探管、脉冲发生器、电池筒(电池)、扶正器、打捞头、无磁循环短节等组成。YST-48R无线随钻测斜仪的连接如图6-32。

(1)定向探管的主要性能指标包括:井斜控制在0.1°;方位控制在±1.0°;工具面控制在±1.0°。

(2)伽马探管的主要性能指标见表6-4。

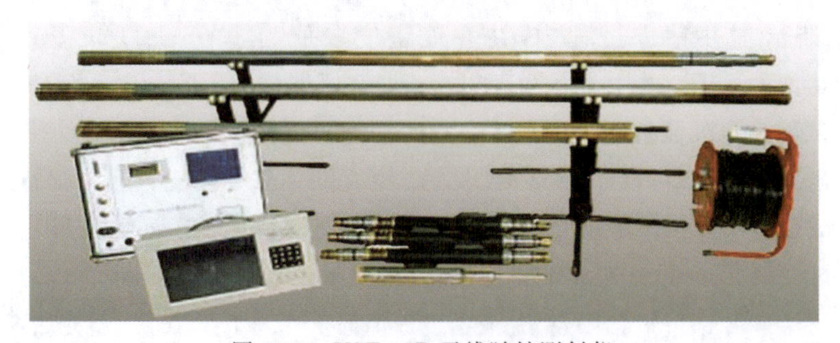

图 6-30 YST-48R 无线随钻测斜仪

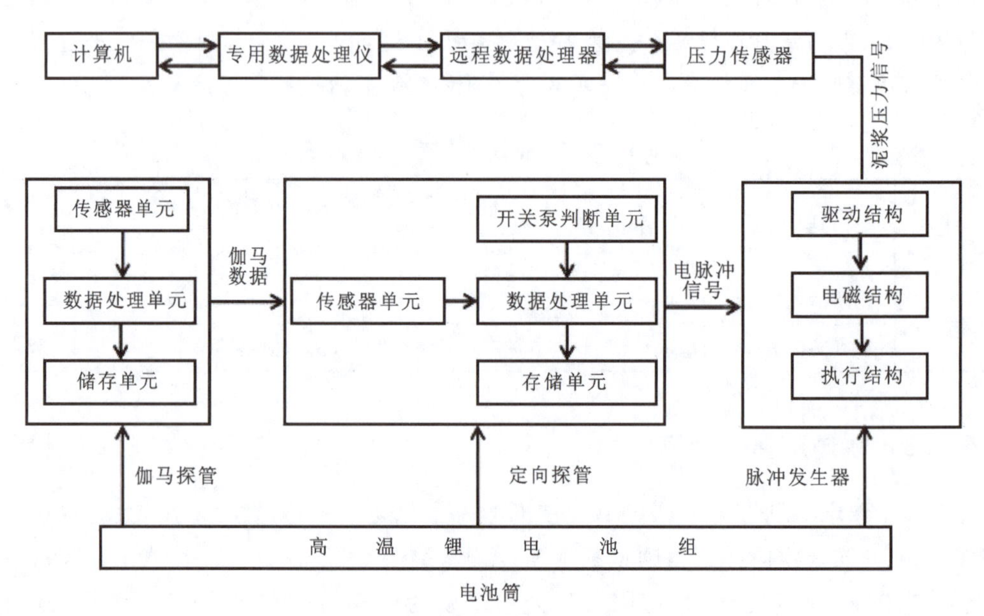

图 6-31 YST-48R 泥浆脉冲随钻测斜仪总体结构图

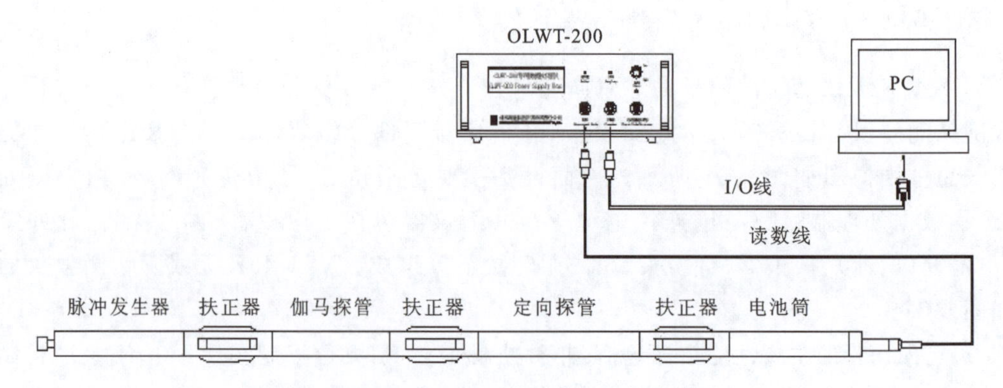

图 6-32 YST-48R 无线随钻测斜仪连接图

表 6-4　伽马探管的主要性能指标参数

主要性能	指标参数
探测范围	0～500API
测量精度	±3API (0～150API)　　±10API (150～500API)
最大数据存储能力	11 万组
灵敏度	优于 1.6 计数单位/API
垂直分辨率	优于 130mm
推荐测速	≤30 m/h
推荐采样时间	8～12s
仪器抗冲击	800g,1/2sin　三轴
耐振动	20g/10～200Hz rms　三轴

(3)测斜仪传输的主要数据包括①定向数据(井斜角、方位角、工具面角);②地层特性参数(伽马射线、电阻率);③钻井参数(井底钻压、扭矩、振动)。

(4)定向探管技术原理。YST-48R 无线随钻测斜仪是将定向探管内传感器测得的井下参数按照一定的方式进行编码,产生脉冲信号。该脉冲信号控制脉冲发生器伺服阀阀头的运动(图 6-33),利用循环流动的泥浆使脉冲发生器主阀阀头产生同步的运动,这样就控制了主阀阀头与下面循环套内安装的限流环之间的泥浆流通面积。在主阀阀头提起状态下,钻柱内的泥浆可以较顺利地从限流环通过;在主阀阀头压下状态时,泥浆流通面积减小,从而在钻柱内产生了一个正的泥浆压力脉冲(图 6-34)。

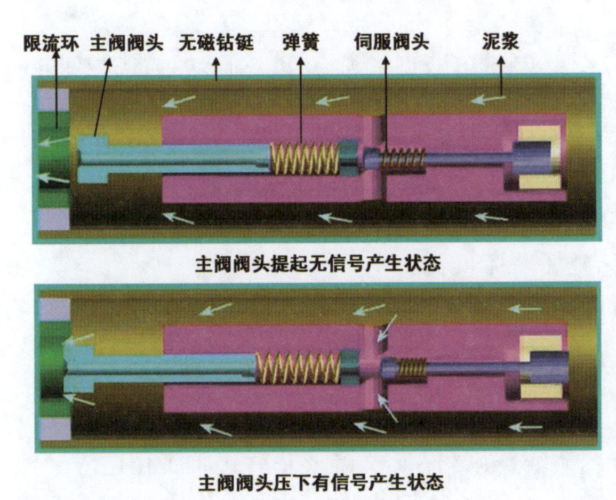

图 6-33　脉冲发生器

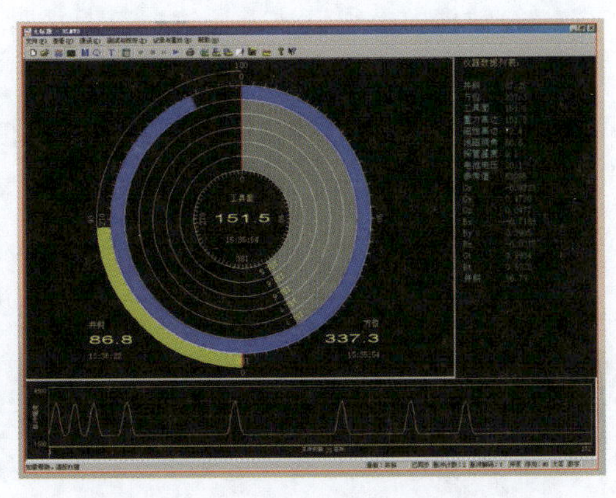

图 6-34　采样测试和脉冲测试界面

定向探管产生的脉冲信号控制着主阀阀头提起或压下状态的时间,从而控制了脉冲的宽度和间隔。主阀阀头与限流环之间的泥浆流通面积决定着信号的强弱。可以通过选择主阀阀头的外径和限流环的内径尺寸来控制信号强弱，使定向探管适用于不同井眼、不同排量、不同井深的工作环境(图 6-35)。实际上，整个过程涉及如何在井下获得参数以及如何将这些数据输送到地面，这两个功能分别由探管和泥浆脉冲发生器完成。

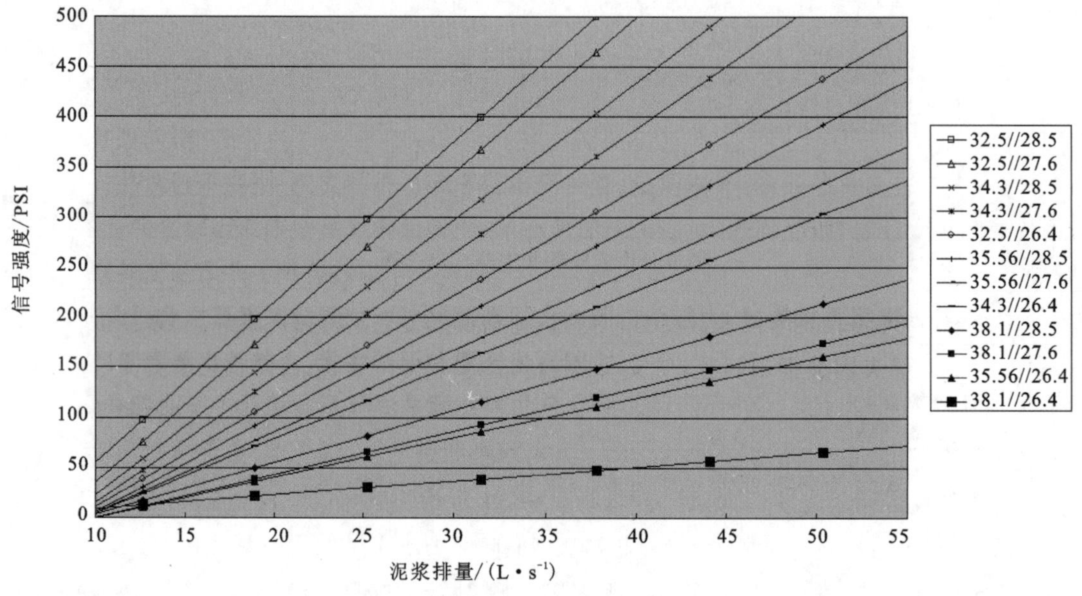

图 6-35　限流环/主阀阀头配合关系参考图

6.2.5.2　下井作业注意事项

(1)MWD 施工前要确定地磁倾角、磁场强度等参数，确保仪器所需的无磁环境足够长，保证测量的准确性。泵压要达到要求。钻井泵空气包压力一般为立管压力的 30%～40%，保证仪器信号良好。

(2)钻杆内必须清洁无异物，定向钻进后全过程使用钻杆滤清器并及时清理滤清器里面的杂物，保证仪器正常工作。

(3)带仪器下钻时，应适当控制下钻速度，保证仪器正常工作。

(4)测量工程师要与钻台人员配合好，及时沟通联系，防止操作不当造成仪器事故。

(5)MWD 仪器上下钻台，小心操作，以免碰坏砸坏仪器。

(6)MWD 在井口组装时要盖好井口，防止操作不慎将仪器工具掉入井内。

(7)起下钻过程中，严防钻具内落物，影响 MWD 工作。在立管附近作业时，注意保护压力传感器，以免损坏。

(8)下钻过程中，按规定每下 20 柱，钻杆内罐满泥浆，保证仪器下井后正常工作。

(9)钻台上的 MWD 显示设备放到安全位置，钻台人员工作中要注意保护好，防止损坏。MWD 的各种信号线固定牢靠，钻台人员工作中要密切注意，防止碰、拉、砸断信号线，影响施工。

(10)严防断钻具事故的发生,造成 MWD 仪器落井。

泥浆循环系统承担着信号传递的任务,要保证脉冲信号的正确,需做到如下几点:①钻井液含砂量一般小于 0.3%;②保持泥浆泵的过滤器和钻杆滤子清洁;③泥浆循环系统不能泄露;④保持泵系统上水要好;⑤泥浆池液面不能太低,以免抽进空气;⑥井斜大于 60°,易形成沙桥,及时短起下。

完钻的拆卸、整理和仪器检测工作需要注意如下几点:①完钻后,把仪器从井底取出,把连接线全部从钻台拆下;②用抹布擦干净,把线缆盘好,收回远程数据处理仪和压力传感器,清理干净;③清理仪器上的泥浆,用清水冲洗脉冲器里的泥浆;④连接测试线,检查仪器是否工作正常;⑤拆卸开仪器,把密封圈和镙扣上的润滑油擦拭干净,把仪器两头的保护套上好;⑥收回 MWD 接头,并清理干净;⑦把仪器装进仪器箱,装入仪器柜内;⑧收拾现场使用的工具;⑨如果有损坏部件,准备好带回返修或更换。

6.3 造斜段定向钻进工艺技术

二开造斜点必须保证在一开套管下不小于 20m 处的煤层顶板上方稳定层段,按设计轨迹要求施工。两淮矿区水害防治井二开造斜段钻遇地层岩性主要为黏土岩、粉砂岩、煤层等,水敏性较强,需要注意防塌。

造斜段施工工艺重点有如下几点:①防漏、防卡;②井斜与方位的同步控制;③准确预测工具的造斜能力,如有偏差,应及时采取措施,确保安全着陆;④造斜时提高泥浆的润滑性与携岩效果,提高井眼的净化能力。

6.3.1 钻具组合

二开造斜段的井底钻具组合主要包括:①钻头+弯壳体动力钻具+定向接头+无磁钻铤;②钻头+弯壳体动力钻具+定向接头+无磁钻铤+MWD 短节+无磁承压钻杆。

弯壳体动力钻具一般用 1°~1.5°的单弯螺杆钻具,无磁钻挺长度不小于 9m。当设计方位角为 90°±30°或 270°±30°,井斜角超过 30°时,无磁钻艇长度不小于 15m。

根据设计造斜率和地层造斜难易程度选择弯壳体动力钻具。造斜钻头一般选取浅内锥、短保径 PDC 钻头。该钻头具有很好的操控性能,能较好满足定向钻进的需要。在很硬地层采用牙轮钻头。

朱集东 ZJ1-2 钻井实际井身结构如图 6-36,造斜段可分为二开 *Φ*215.9mm 导眼造斜段和二开 *Φ*311.1mm 造斜段,钻遇地层主要为二叠系上统石盒子组泥岩、砂质泥岩、泥质粉砂岩、细砂岩、中砂岩煤质泥岩等。

二开导眼施工采用的钻具组合:*Φ*215.9mmPDC+*Φ*172mm×1.5°螺杆+*Φ*172mm 无磁钻铤+MWD 工具+*Φ*127mm 加重钻杆×19 根+*Φ*127.0mm 钻杆。510m 开始造斜,井斜 2°;造斜井深至 735m 开始侧钻,井斜 26°,井深 1070m 见煤层。

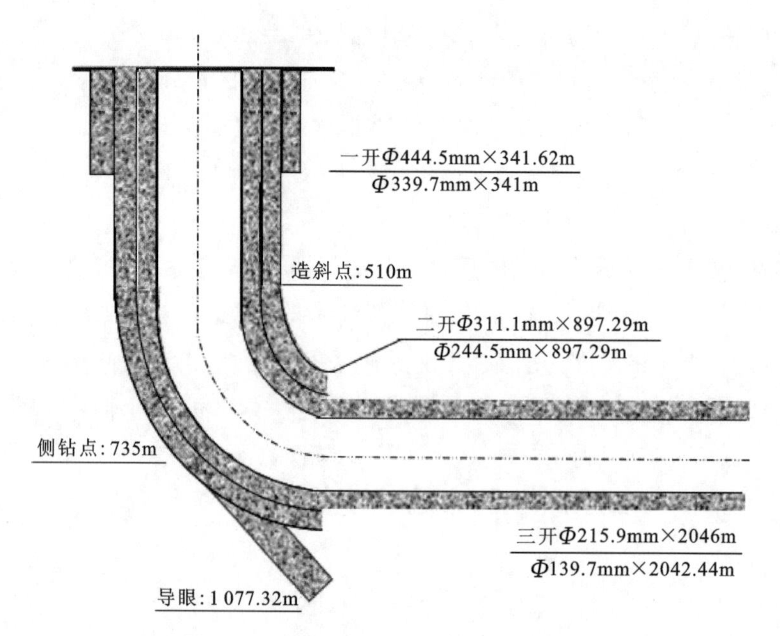

图 6-36　朱集东 ZJ1-2 钻井实际井身结构

二开 Φ311.1mm 采用钻具组合：Φ311.1mmPDC＋Φ216mm×1.5°螺杆＋定向接头＋MWD 工具＋Φ203mm 无磁钻铤＋177.8mm 钻铤×3 根＋Φ127.0mm 斜坡加重钻×15 根＋Φ127.0mm 钻杆。扩孔井深至 590m 开始造斜，井斜 9.05°；造斜井深至 897.29m，井斜 61°。

6.3.2　钻井液的选择与维护

6.3.2.1　钻井液设计原则

在二开造斜段，当穿越软硬交互地层或煤层时，极易出现井眼坍塌、掉块等问题，严重时会出现卡钻问题。

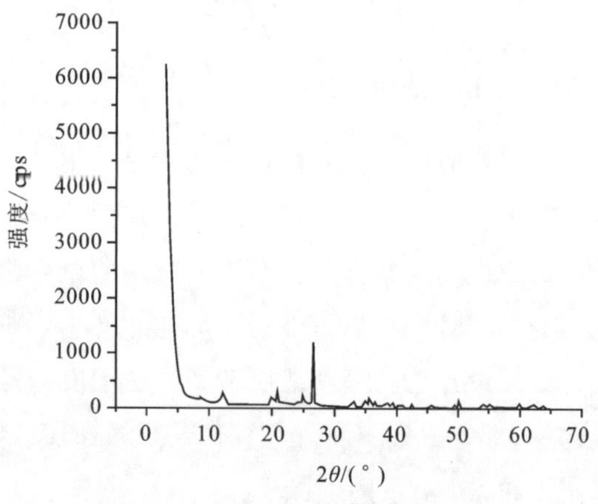

图 6-37　2# 样品的 X 射线衍射图

朱集西 28-B3 孔所取的 2# 样品(X 射线衍射见图 6-37)，灰色泥岩，取样深度 606m，矿物组分包括石英(含量为 22.8%)、伊利石(含量为 28.9%)、高岭石(含量为 40.3%)、赤铁矿(含量为 8.0%)，黏土矿物(伊利石＋高岭石)含量达 69.2%。潘二-D5 孔的 7# 样品(X 射线衍射见图 6-38)，泥岩，取样深度 840m，矿物组分包括石英(含量为 25.0%)、伊利石(含量为 26.7%)、高岭石(含量为 26.6%)、钾长石(含量为 3.3%)、方解石(含量为 12.4%)、菱铁矿(含量为 1.6%)、黄铁矿(含量为 1.4%)、白云石(含量为 3.0%)，黏土矿物(伊利石＋高岭石)含量达 53.3%。潘二-W2 孔的 1# 样品(X 射线衍射见图 6-39)，泥岩，取样深度 808m，矿物组分包括石英(含量为 25.5%)、伊利石(含量为 38.1%)、高岭石(含量为

20.1%)、方解石(含量为12.2%)、菱铁矿(含量为1.4%)、黄铁矿(含量为1.3%)、白云石(含量为1.4%),黏土矿物(伊利石+高岭石)含量高达58.2%,此类地层造斜钻进时易出现坍塌、掉块问题。

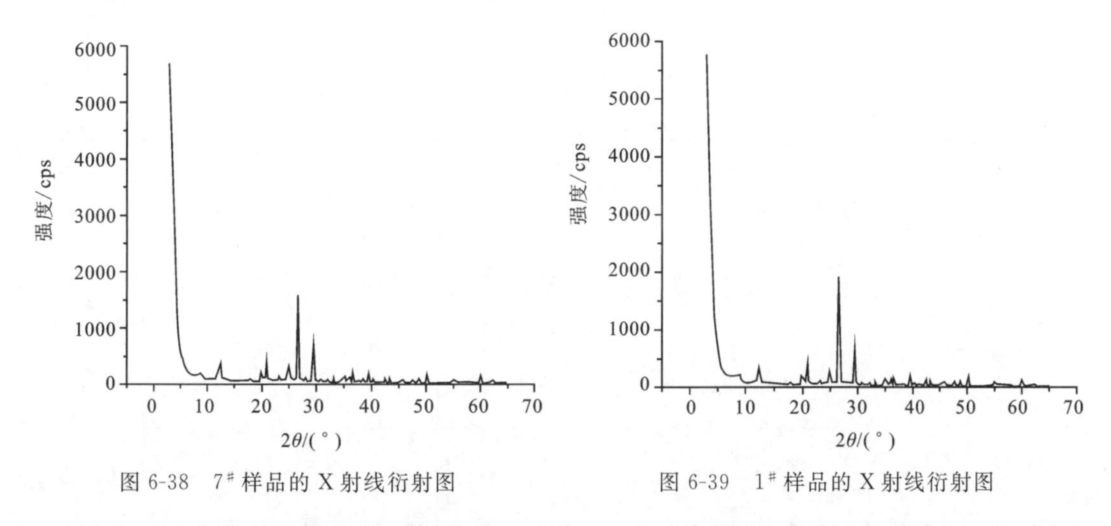

图6-38　7# 样品的X射线衍射图

图6-39　1# 样品的X射线衍射图

在二开造斜段,首先,应适当提高钻井液密度,增强钻井液稳定井壁的能力;其次,相比直井段,由于井眼轨迹的变化,岩屑的悬浮与携带难度增加,应适当增加钻井液的静切力(增加钻井液悬浮钻屑的能力)和动切力(增加钻井液携带钻屑的能力);再次,钻具的回转与提升阻力会显著加大,应使用润滑剂增强钻井液的润滑效果。因此,在二开直井段配方基础上,应适当增加钻井液密度和切力,增强润滑性。

钻井液性能一般要求为密度1.06～1.15g/cm^3,漏斗黏度30～40s,失水量小于10～12mL/30min,pH在8～9之间。

6.3.2.2　钻井液配方优选

两淮矿区现场二开造斜段钻进常用的钻井液为双聚防塌冲洗液体系,如潘二矿东一A组煤采区(东翼)11313工作面底板灰岩水害地面区域探查治理工程使用的双聚防塌冲洗液体系配方为0.1%～0.2%烧碱+3%～5%膨润土+0.8%～1.5%降失水剂(GPKY)+0.5%～1%改性沥青(GLA)+0.5%～1%防塌润滑剂(GFT)+0.1%～0.2%包被剂。为了提供有效的密度支撑与合适的黏度和切力,满足孔壁稳定、岩屑携带和润滑减阻等要求,项目组对二开钻井液配方进行了优选。

在一开钻井液配方优选的基础上,根据二开井身结构及钻遇地层变化,进一步开展了钻井液配方优选,结果如表6-5所示。

二开造斜井段钻井液建议基本配方为4%膨润土+0.2%羧甲基纤维素(CMC)+1%水解聚丙烯腈铵盐(NH_4-HPAN)或磺化褐煤(SMC)+0.5%～1.5%腐殖酸钾(KHm)或聚丙烯酸钾(K-PAM)+重晶石+润滑剂,配方可根据现场情况酌情调整。

表 6-5　二开钻井液配方优选结果

配方	六速旋转黏度计读数/s						失水量/mL
	600	300	200	100	6	3	
4%膨润土+0.2%CMC+1%磺化褐煤+1%聚丙烯酸钾	80	50	39	27	10	8	7.2
4%膨润土+0.2%CMC+1%磺化褐煤+0.5%聚丙烯酸钾	79	50	40	29	10	8	8
4%膨润土+0.2%CMC+1%磺化褐煤+1%FSL-1	97	68	55	39	11	8	9
4%膨润土+0.2%CMC+1%磺化褐煤+0.5%聚丙烯酸钾+0.5%FSL-1	82	49	38	26	8	6	8.2
4%膨润土+0.2%CMC+1%NH_4-HPAN+1%腐殖酸钾	93	62	49	34	11	10	8.2

6.3.2.3　钻井液维护

1)瓦斯抽排井钻井液

两淮矿区瓦斯抽排井造斜段钻遇地层主要为夹部分泥岩和多层薄煤,选择合适的密度和钻井液性能,强化井壁稳定。要求钻井液应具有较强的抑制性、良好的封堵能力和较低的固相含量,辅以良好的润滑性能,一般使用聚胺钾盐钻井液。

朱集东 ZJ1-2 井造斜段钻井液采用了直井段的钻井液基本配方。配方中加入聚胺抑制剂、改性油酸酯(CGY)、固体润滑剂石墨,解决好防塌、润滑防卡、带砂等难题的同时,加入超细目碳酸钙 QS-2,改变泥饼质量,确保钻井作业顺利。使用复合降滤失剂 CFL 与 LV-CMC、沥青粉复配胶液,按循环周均匀加入的处理方法,调整钻井液的黏度和切力,控制失水,保持钻井液具有较高的动切力和动塑比,从而保证钻井液具有良好的携岩性和悬浮性,保障施工顺利进行。

钻井液性能维护需要注意如下几点。

(1)将循环罐内沉淀物清理干净,原钻井液经过离心机净化,清除有害固相。检测老泥浆性能,依据上面基本配方做小试验,优选配方,转换为聚胺钾盐钻井液。

(2)使用好固控设备,根据孔内情况及时调整振动筛筛网目数,尽量用高目数筛网,严格控制钻井液中的劣质固相含量和低密度固相,根据需要,间断使用离心机。

(3)保持钻井液性能采取以维护为主,处理为辅的方法,钻井过程中勤观察、勤维护。钻进过程中及时补充各种处理剂,保持有效含量,配制和井浆相匹配的胶液,缓慢加入,保持钻井液性能稳定。

(4)定向过程中及时加入CGY、石墨粉保持钻井液具有良好的润滑性。

(5)钻完二开井段,起钻前要充分循环,调整好钻井液性能;为保证下套管顺利,采用固体、液体润滑剂复配的形式配封闭液封裸眼井段,确保下套管、固井作业顺利进行。

2)水害治理井钻井液

两淮矿区水害治理井造斜段钻遇地层主要为黏土岩、粉砂岩、煤层等,水敏性较强,需要注意防塌,一般采用双聚防塌冲洗液体系。

钻井液性能维护需要注意如下几点。

(1)在斜井段内钻具因故停止转动(洗井、测斜、机修等)时,钻具需在3～5min内上提下放活动一次,活动距离不得小于6m。

(2)钻进过程中注意返砂情况,必要时大排量循环洗净,洗净时长距离活动钻具,防止冲出大肚子及划出新的井眼。

(3)钻进过程中,使用转盘钻进时,要注意观察扭矩变化,如发现扭矩突然增大应及时采取措施,分析井下情况,采取相应措施后,再恢复钻进,防止断钻具事故发生。

(4)每次下钻到底后,要缓慢开泵,防止井内压力激动,蹩漏地层;严禁在疏松段定点循环,以免冲垮井壁,造成井下复杂。

(5)严禁定点长时间大排量循环,严禁使用喷射钻头在中途遇阻时长时间划眼;特别是使用复合钻进技术时不能长时间开泵划眼,防划出新的井眼。

(6)完钻后,应充分循环钻井液,并进行短程起下钻作业,保证下套管畅通。

6.3.3 钻进技术措施

6.3.3.1 主要钻进技术措施

表6-6为水害防治井造斜段钻进工艺参数表。表6-7为瓦斯抽采井造斜段钻进工艺参数表。

表6-6 水害防治井钻进工艺参数表

序号	井段	钻头尺寸/mm	钻头类型	钻压/kN	转速/($r \cdot min^{-1}$)	排量/($L \cdot s^{-1}$)	泵压/MPa
1	二开	215.9	PDC	40～120	30～50	30～40	10～20

表6-7 瓦斯抽采井钻进工艺参数表

序号	井段	钻头尺寸/mm	钻头类型	钻压/kN	转速/($r \cdot min^{-1}$)	排量/($L \cdot s^{-1}$)	泵压/MPa
2	二开	311.1	PDC	40～80	50～120	50～60	5～20

钻进过程中的主要技术措施如下。

(1)定向钻进前的直井段钻完后,必须充分循环并调整好钻井液性能后,方可起钻下入定向造斜钻具。

(2)动力钻具入井时,严禁划眼和悬空处理泥浆。若遇阻,不得不用动力钻具划眼,也不能开泵硬压，可转动几个方向尝试，若无效，起钻换钻具通井，以防划出新眼。

(3)启动螺杆钻具时，如果钻具处于井底，必须提起0.3～0.6m，要注意因补芯晃动而使方钻杆多倒转角度。

(4)钻进过程中严格按要求加压，使用螺杆钻具钻进时，钻进参数要和设计推荐值基本一致。螺杆钻具下入井底后逐步加压，马达扭矩增加，泵压升高，升高的压力值应符合所使用型号螺杆钻具规定的马达压降值，此压力表增大的数值反映了马达的负载是否正常，也反映钻压加的是否合适，因此需要保持钻压基本稳定，把泵压限制在所用钻具推荐范围内。

(5)钻进过程中，如果循环压力明显低于计算值，可能是旁通阀处于开位或钻杆损坏、井漏等造成的。如果循环压力高于计算值，而且已排除侧钻造成压力升高的因素，则可能是钻头水眼堵或传动轴被卡死，此时循环压力要比计算压力高得多，如地表无法排除故障时，要立即起钻。

(6)接单根时不得用转盘卸扣，不得任意转动转盘，必须用双钳紧扣。

(7)要控制起、下钻速度，防止在曲率较大井段拉出键槽而导致键槽卡钻。

(8)起钻遇阻时，上提下放活动钻具逐渐脱离遇卡井段，不可硬提。

(9)在更换钻具下钻时，防止划出新眼至关重要，在定向钻进后，必须对定向段认真进行扩划眼，扩眼时钻压不超过20kN；每次下钻至上一只钻头所钻进的井段，要减慢下放速度，有遇阻显示立即扩划眼。在扩划眼过程中，应注意活动钻具，防止黏卡事故发生。

(10)定向钻进井段每3m左右要扩划眼一次，每50～60m要短起下一次，特别在井斜为45°～65°的井段，必须多起下几次，及时活动钻具，防止岩屑沉积卡钻。采用短起下钻和分段循环钻井液的方法清除岩屑床。接单根前必须认真划眼，停泵无阻卡后方可接单根。做到早开泵、晚停泵，减少岩屑下沉遇阻、遇卡不能硬压硬拔，应采取开泵循环，活动钻具冲通。

(11)井下转矩及摩阻大时，要尽量简化下部钻具组合，采用加重钻杆代替钻铤加压，减少钻具黏卡的概率。钻进中，使用转盘钻进时要注意观察扭矩变化，如发现扭矩突然增大时应及时采取措施，分析井下情况，采取相应措施后，再恢复钻进，防止断钻具事故发生。

(12)在斜井段内钻具因故停止转动(洗井、测斜、机修等)时，钻具需每3～5min上提下放活动一次，活动距离不得小于6m。不要长时间将钻具停在一处循环，以免井眼出现台阶。

(13)钻进过程中注意返砂情况，必要时大排量循环洗净，洗净时长距离活动钻具，防止冲出大肚子及划出新井眼。

(14)每次下钻到底后，要缓慢开泵，防止井内压力激动，蹩漏地层。严禁在疏松段定点循环，以免冲垮井壁，造成井下复杂。

(15)严禁定点长时间大排量循环，严禁使用喷射钻头在中途遇阻时长时间划眼。特别是使用复合钻进技术时不能长时间开泵划眼，防划出新的井眼。

(16)定向井在井斜与方位角变化大的井段易产生键槽，在施工过程中要严格控制井眼的全角变化率在要求范围内。定向井产生键槽后，要及时采取措施破坏键槽。

(17)在定向井如增斜或稳斜井段井下情况复杂时要划眼，必须使用钻该井段的原始钻具组合进行通井或划眼。

(18)每只定向钻头起钻后，要进行扩眼并对定向点进行修整。

(19)在定向造斜钻进过程中，如出现泵压突然异常现象，包括泵压突然升高或降低，应立即停泵，在技术人员未到场查找问题以前，不得上提活动钻具。

(20)造斜钻进时，每1～2m捞砂一次，注意地层岩性的变化。作好标志层的对比，实时预测下部岩性。

(21)定向造斜完钻后，应充分循环钻井液，瓦斯治理井钻井液密度为1.67g/cm^3，黏度100s，并进行短程起下钻作业，保证下套管畅通。尽量不用转盘划眼，缩短停留时间，做到连续施工，以免下钻遇阻划眼。

6.3.3.2　煤层段施工技术措施

水害防治主孔造斜段施工过程中需穿过煤层，煤层一般较厚，通过地质对比、标志层判断及钻进参数判断，提前提高钻井液黏度，增加钻井液携砂能力。到达较厚煤层时，加快钻速，快速通过。同时如果测斜位置正处在煤层段，可推迟测斜，以减少对煤层的扰动。如果遇到坍塌和掉块，总的原则是能起则起，抓紧起出钻具，分段循环来探明垮塌井段，钻具起到安全井段，分析井下情况后再做决策。

煤层段施工技术措施主要有以下几点。

(1)如返出岩屑不正常，其他参数无显示，则可先充分循环后，起出2～3根钻杆，再观察井下情况，是否可能钻遇破碎带等。

(2)如泵压不正常，其他参数无显示，则可先上提循环活动钻具观察，检查判断地面循环系统及钻柱内有无异样；如泵压和注气压力均明显增大，其他参数无显示，则可认定为井眼循环不畅，采取相应措施充分循环活动钻具，净化井眼。

(3)如复合钻进时，钻速变慢，扭矩增大，其他参数无显示，先缓慢上提几米，在分析井下马达及钻头均正常后，若此时扭矩等显示恢复正常，则考虑地层可能变硬(夹矸或非煤层)；如同时伴随有其他显示，认定为垮塌掉块，采取相应措施充分循环活动钻具，净化井眼，起钻。

(4)如滑动钻进时，有上述显示，先停止钻进，能上提就提，如不能则缓慢开顶驱倒划，起至安全井段。

(5)起钻困难不可硬提，须先保证能开泵循环，适当下放活动钻具，或缓慢开动顶驱旋转钻具，待工程相关参数正常或好转后尝试起钻。

(6)坚持循环原则，能循环最好，若憋漏地层不返泥浆，复杂处理过程中也要单凡尔(英文“valve(阀)”的音译)开泵，保持水眼畅通。

6.3.3.3　瓦斯治理井导眼工艺

二开先用Φ311mm的钻头开孔，直井段钻至侧钻点深度，开始导眼钻进。导眼用Φ216mm钻头携带地质导向系统进行施工，钻穿至目的煤层底板下5m，获取煤层深度及厚度等参数。同时，为了便于卡层，结合邻井及导眼资料以及地质资料，寻找区域内较稳定的标志层(一般为泥岩和砂质泥岩)，在三开水平段施工时，通过对比确定出目的煤层顶板位置，随时调整井眼轨迹参数，使轨迹平稳着陆于目的煤层顶板。主要技术措施有以下几点。

(1)导眼施工钻具组合推荐为:Φ215.9mmPDC+Φ172mm×1.5°螺杆+定向接头+Φ172mm无磁钻铤(MWD组合)+Φ127.0mm加重钻杆+Φ127.0mm钻杆。

(2)根据现场情况,二开定向下入规定设备,在直井段钻进时进行井斜、方位的跟踪监测,保证井身质量合格;开始定向时,密切注意螺杆造斜率,按照设计要求及时定向调整,保证实钻轨迹与设计轨迹尽量吻合。

(3)根据导眼实钻情况对比,当井斜增至设置值时,采用复合钻进方式探目的煤层,录井、定向、钻井共同综合判断煤层情况,卡准煤层深度。

(4)由于该煤层非常松软,钻井过程中应该注意防卡,坚持"进一退二"原则,每根钻具套划数遍,卡准煤层深度后,起钻回填水泥,水泥回填导眼至侧钻点以上50m左右。

(5)水泥候凝48h后,继续采用Φ311mm钻头侧钻和造斜至着陆点。侧钻时做水泥承压试验,保证侧钻成功率。

(6)钻进时每单根测斜,根据实钻情况可加密测量。

(7)导眼段钻井液可采用水害治理井钻井液。

6.3.4 井眼轨迹控制

二开造斜井段实钻井眼轨迹要求平滑,造斜井段严格控制方位控制在设计方位的±2.0°的范围内,瓦斯抽采井闭合方位偏差控制在0.2°以内,水害治理井闭合方位偏差则控制在1.5°以内。

水平井井眼轨迹控制主要有几何导向(随钻测量顶角、方位角)和地质导向。对于垂直井段轨迹控制主要是防斜,一般采用几何导向。对于造斜段和水平段,由于控制井点少,目标层厚度、物性及横向延伸变化大,构造形态变异等因素,单凭几何导向难以达到预期地质目的。地质导向技术是把钻井技术、测井技术和录井技术融为一体,利用随钻测录地质信息控制井身轨迹,因此,地质导向技术一般被认为是随钻测井(LWD)与随钻测斜(MWD)的复合技术。二开造斜段(轨迹进入标志层)推荐采用地质导向系统,特别是瓦斯抽采井。

6.3.4.1 轨迹测量与监测

(1)造斜段每30m增斜井斜角不大于10°(瓦斯抽采井不大于8°),完成设计增斜角度后应做好稳斜钻进。

(2)造斜段每10m(或每单根)测斜一次,稳斜钻进每30m测斜一次,满足设计轨迹及着陆点要求,做到垂深、位移、井斜、方位四到位,瓦斯抽采井垂深偏差不大于0.5m。

(3)定向转动钻具时,钻头应离开井底一定距离(3~10m),防止井底沉砂或缩径导致转动钻具时地面与井下不同步而造成人为误差。

(4)定向转动钻具角度大时,要分段转动,每转动一段都要上下大幅度活动钻具,使储存在下部钻柱上的弹性扭转变形能释放。

(5)随钻定向过程中应及时测量井斜角和方位角,并根据数据处理及时作出水平投影图和垂直剖面图,以掌握轨迹,制定下一步措施。

(6)定向井进行单点测斜时,注意活动钻具防卡,钻具静止时间间隔不超过3min。

(7)定向井进行单点测斜时,控制测斜仪的起下速度,同时要注意钢丝的记号。

(8)定向井在井斜超过45°的大斜度井段测斜定向时,仪器在钻具内下行困难,可利用泵送的方式将仪器推送到位。

6.3.4.2　造斜段造斜效果预测与控制

1)造斜效果预测与控制方法

通过随钻测斜和随钻测井可以同时实时测录地层电阻率、自然伽马和井眼轨迹等参数,及时分析研究钻头钻进方向,防止或预告钻头钻出目的层,进而通过增斜或降斜,改变钻进方位实时调整三维井身轨迹变化,使钻头始终处在目标层并沿最佳层位延伸钻进。上述造斜效果预测与控制方法即为造斜段地质导向技术。

造斜段轨迹在钻到入靶前标志层时,实际钻探中存在着很多影响因素,如局部范围内地层厚度突变、地震解释的构造不精确等,都会影响预测的精确度,所以需要通过随钻资料,进行标志层的依次确定,采用逐步接近法推测和修正预测结果,准确入A靶为水平段钻进提供良好的起点。

如图6-40,水平段A靶的靶前井段具有一定的靶前距,实钻进入标志层后井斜角一般由50°～60°增到90°,如果地层是平缓的可直接用厚度法计算后,逐步小幅调整井斜。

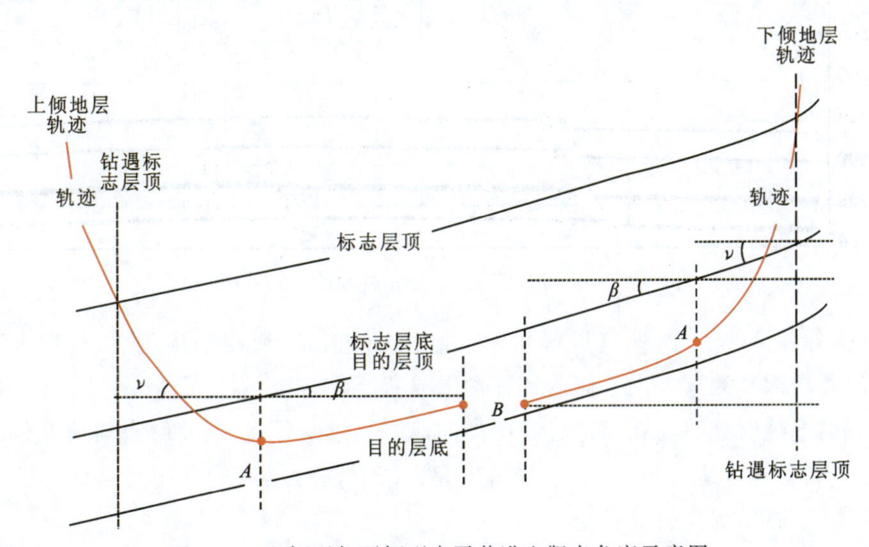

图6-40　上倾型与下倾型水平井进入靶点角度示意图

若地层倾角较大,用标志层对比厚度差计算地层倾角,逐步计算调整井斜,确保正常入靶。当标志层到A靶的地层为下倾方向时,对比标志层间的垂厚正常会比标准井有所增大;当标志层到A靶的地层为上倾方向时,对比标志层间的垂厚正常会比标准井有所减小。按由地层倾角造成的厚度变化差,可以推算地层视倾角,再判断钻井的井斜角是否合适。在随钻对比中,主要是以随钻伽马曲线特征进行对比,常用的标志层段有标志层底、目的层顶等。在钻头接近A靶过程中,钻遇标志点逐渐接近A靶的标志,逐段计算地层视倾角,逐步验证设计轨迹的中靶偏差,当偏差过大时,通过调整井斜角,控制钻头下切地层的快慢,在进入A靶时，钻头控制在设计层位，井斜角与水平面夹角β等于实际地层视倾角γ，完成入靶。

瓦斯治理井造斜时，必须对下部地层岩性、气测特征逐层分析，特别是目标煤层顶板需要重点分析。二开钻进时必须根据导眼实际情况，弄清顶板泥岩上下岩性、钻时、伽马特性，加强岩屑及气测录井结果特征分析。

2)造斜效果预测与控制方法应用效果

以朱集东 ZJ1-2 井造斜段的地质导向技术应用为例进行说明。

地质导向作业要点

(1)广泛收集该区块的地质资料和导眼地层信息，设计出轨迹剖面(如图 6-41)，根据实钻资料，为井眼着陆准确着陆垂深和位移，让轨迹在煤顶板之上 0～2m 处着陆，为三开导向钻进提供参考。

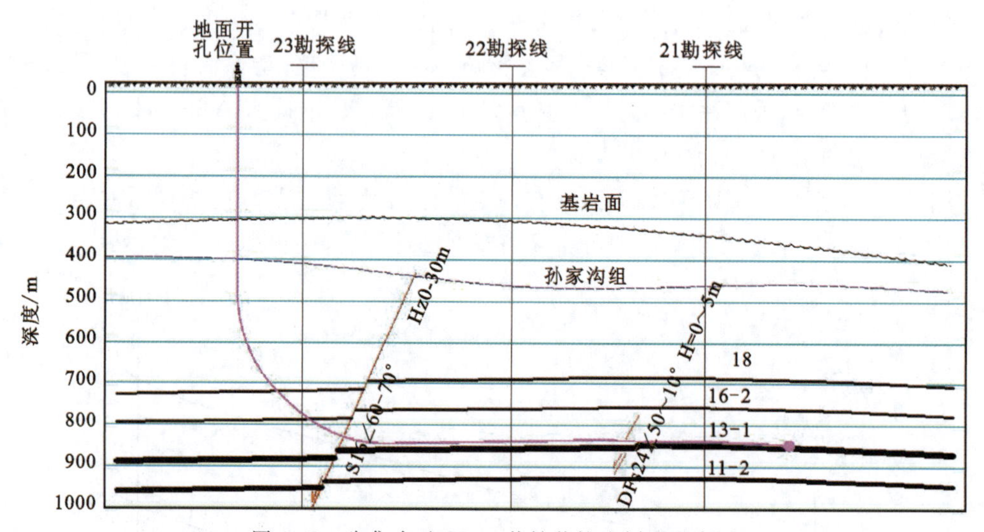

图 6-41　朱集东矿 ZJ1-2 井钻井轨迹剖面示意图

(2)根据邻井情况、三维地震资料和导眼情况确定 13-1 煤层顶板位置，计算水平段前期倾角。造斜段中部预测有一段上倾的局部构造或断层，需将井斜增至 96°左右，在实钻过程中将根据实际情况随时调整。在钻进过程中预测地层倾角变化，提前将井身轨迹调整到合适位置，并将井斜调整到合适的角度，防止井斜大起大落。同时尽可能利用复合钻进的自然增斜作用，减少滑动钻进，提高机械钻速。

(3)地质导向过程中利用钻时和自然伽马值初步分析判断井眼轨迹位置，再利用气测全烃值和岩屑验证判断是否正确，然后确定下一步钻进方案。根据导眼实钻轨迹，将轨迹控制在距煤顶 0～2m。钻进过程中，通过钻时、自然伽马值、气测全烃值和岩屑可以判断接近或远离煤层，并适当调整轨迹垂深。

(4)及时作出待钻轨迹的变化趋势，以指导下一步作业。

地质导向过程中的注意事项

(1)根据顶板等高线、邻井资料及井眼分布状态，量化分析井眼的分布情况，确定井眼轨迹在顶板中的安全位置。

(2)要注意造斜效果，调整井斜时分布进行，防止期望井斜与实际井斜的差距太大，造成钻进煤层或距离煤顶距离过远，甚至钻进标志层。

(3)由于井眼所钻遇的煤层形态为先上倾再下倾，所以在地层倾角变化时应提前将井眼轨迹调整到合适位置，并将井斜调整到合适的角度。

ZJ1-2 井二开水平投影图、垂直投影图和三维立体图如图 6-42～图 6-44 所示。

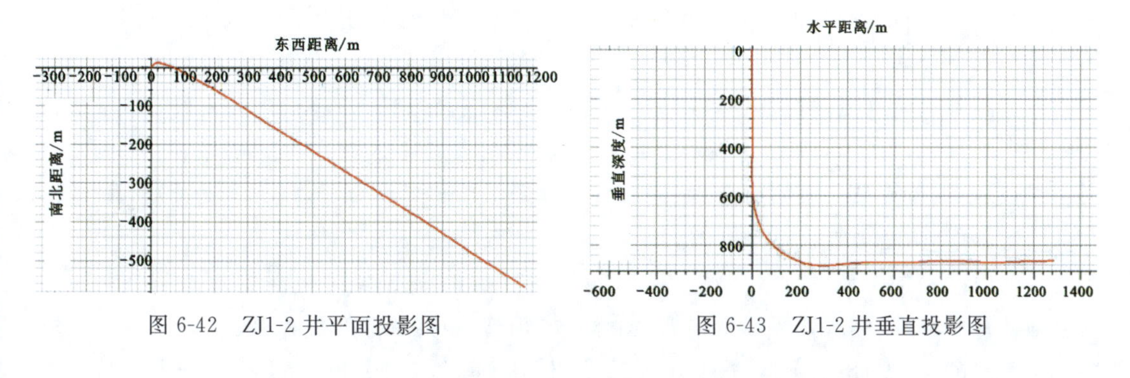

图 6-42　ZJ1-2 井平面投影图　　　　图 6-43　ZJ1-2 井垂直投影图

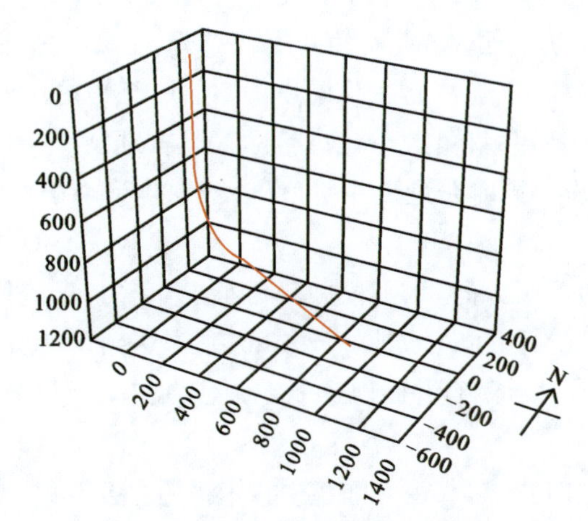

图 6-44　ZJ1-2 井三维投影图(单位：m)

6.3.4.3　入窗着陆控制

实钻时，造斜点到目的(标志)层入靶点的设计垂深增量和水平位移增量是一定的，如果实钻轨迹点的位置偏离设计轨道，势必改变待钻井眼的垂深增量和位移增量的关系，也直接影响到待钻井眼轨迹的中靶精度。实钻轨迹点的位置和点的井斜角大小对待钻井眼轨迹中靶的影响规律总结如下。

实钻轨迹点的位置超前，相当于缩短了靶前位移。此时若井斜角偏大，会使稳斜钻至目的层所产生的位移接近甚至超过目标窗口平面的位移，必将延迟入靶，且往往在窗口处脱靶，此时要复合钻进。

轨迹点位置适中，若此时井斜角大小也适中，是实钻轨迹与设计轨道符合的理想状态。但若井斜角大小超前过多，往往需要加长稳斜段，可能造成延迟入靶，或在窗口处脱靶。

轨迹点的位置滞后，相当于加长靶前位移。此时若井斜角偏低，就需要锁住转盘滑动定向，以提高造斜率而改变待钻井眼垂深和位移增量之间的关系，往往要采用较高的造斜率而提前入靶。

实践表明，控制轨迹点的位置接近或少量滞后于设计轨道，并保持合适的井斜角，有利于井眼轨迹的控制。点的井斜角偏大可能导致脱靶或入靶前所需要的造斜率偏高。实际上，水平井造斜段井眼轨迹控制也是轨迹点的位置和方向的综合控制，这对于没有设计稳斜调整段的井身剖面更是如此。

在实际井眼轨迹控制过程中，根据实钻轨迹点的位置、点的井斜角大小对待钻井眼轨迹中靶的影响规律，将造斜井段井眼轨迹的控制限定在有利于入靶点中靶的范围内。也就是说，在轨迹预测计算结果表明有余地、并后备工具造斜率超过预算时，应当充分发挥动力钻具的一次造斜能力，增加复合钻进井段，减少起下钻次数，以提高工作效率。

目的(标志)层为水平时，控制进入井斜角在85°～86°，靶前距差控制在A点前20～30m。一旦确认井眼轨迹着陆，就要尽量增斜，加强轨迹预算，观察垂深变化，确保中靶。

对于目的(标志)层为上倾方向，水平段设计井斜角大于90°的，应控制井眼轨迹在A点前10～20m，垂深达到设计层顶位置，井斜达到85°～86°，进入目的(标志)层后能及时在A点前调整到最大井斜，达到井眼轨迹控制在距层顶1/2层厚范围内。避免位移提前过多，进入目的(标志)层时位置偏下，而井斜角较小，找到目的(标志)层后上不去或偏离层顶下1/2层厚范围，不能达到地质要求。同时要避免井斜角从大于90°到小于90°时从顶部穿出目的(标志)层。

对于目的(标志)层为下倾方向，水平段井斜角小于90°的，靶前位移可适当提前，探层顶井斜角可略小，可控制井眼轨迹在A点前20～40m，垂深达到设计层顶位置，井斜达到82°～84°，进入目的(标志)层后地层下倾，井眼轨迹能在A点前追上地层，达到在距层顶2m范围内的地质要求。

入窗着陆控制原理见图6-45，入窗着陆控制技术措施主要有以下几点。

(1)做好井眼轨迹的监测、预测。着陆前调整控制好垂深、井斜和位移，为水平井着陆创造条件。

(2)窗口着陆控制原则。对于瓦斯治理井，应严格控制井眼轨迹垂深与煤层顶面的距离，尽可能高角度井斜着陆，牺牲部分水平段的长度以获取靶点窗口垂深精确控制。

(3)设计好着窗的井斜角。根据水平靶窗口垂向控制的范围设计好窗口软着陆的井斜角，并考虑测斜仪器与钻头的距离影响。

(4)设计好着窗的合适造斜率。设计上一般尽量控制小于2°/10m，主要因为盖层泥岩不利于造斜，且煤层垂深不确定带来影响，如设计造斜率过高，轨迹着陆实际造斜率可能超出导向工具的能力，增加工程难度。

(5)采用近钻头地层评价传感器。对于垂深着陆控制要求严格的井，应采用地质导向工具，缩短地层评价工具与钻头的距离，利用地层评价工具及时发现地层的变化。

(6)采用近钻头井斜传感器。近钻头井斜传感器便于轨迹控制平滑，及时了解工具的造斜能力能否满足要求，以便轨迹调整。

(7)以地质导向为首选,采用 LWD+导向钻具进行地质参数测量和井眼轨迹控制;地层评价工具应尽量靠近钻头位置,准确的识别储层并及时调整井眼轨迹,以便精确探测煤顶和入靶。

(8)入窗着陆后应进行地层前探,根据岩粉和伽马测井判断地层是否完整,如出现煤层、破碎带或软弱地层,应及时调整造斜段轨迹及着陆点位置。

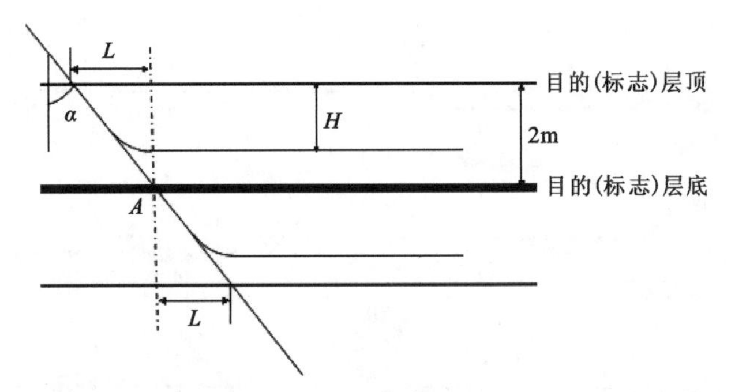

α. 进入井斜角(即稳斜探顶井斜角);H. 垂深下降;L. 位移;A. 设计入窗靶点

图 6-45　入窗着陆控制原理图

6.3.4.4　定向井井斜角变化率控制

定向井井斜角变化率控制技术就是对增斜段、稳斜段和降斜段的井斜角变化率分别进行定量控制。增斜全段的钻进工艺过程一般分为两个阶段:一是造斜井段,二是增斜井段。

1)造斜井段

在造斜井段内,往往采用特殊的井下造斜工具,通过对弯接头-井下动力钻具组合的受力变形进行分析可知,对井下动力钻具组合钻头造斜力影响最大的参数是弯接头的弯角(γ)、井下动力钻具的长度(L_1)和装置角 Ω(即工具面角)。

为了提高造斜率,有效途径之一是缩短井下动力钻具的长度 L_1。造斜常用的弯角 γ 为 1°、1.5°、2°、2.5°。大于 2°的弯接头,多用于强行扭方位。随着弯接头角度变大,钻头处的造斜力明显增大。在选择弯接头的度数时,可通过计算不同规格弯接头所对应的钻头造斜力,作为初选依据。

在使用弯接头-井下动力钻具造斜时,地层因素(各向异性、硬度)是很重要的因素。一方面,地层造斜力和变方位力影响造斜率和变方位率;另一方面,在很软的地层中,因井壁经受不住弯接头处较高的侧向压力,致使接触状况发生变化,影响钻头处的侧向力,造成造斜困难。因此,在设计造斜点位置时应考虑地层硬度这一因素。另外,为了预防在软地层中发生上述情况,可考虑使用有特殊形状的"面接触"式弯接头。

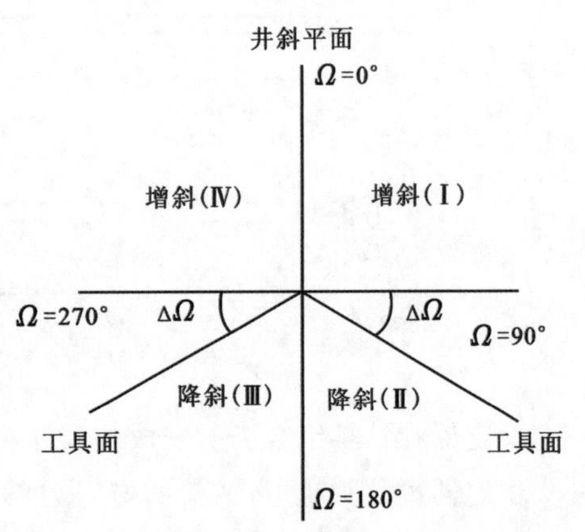

图 6-46　装置角 Ω 对井斜角变化的影响示意图

装置角 Ω 对井斜角变化的影响可用图 6-46 表示。当工具面位于Ⅰ、Ⅳ象限时,其效应是增斜的;

当工具面位于Ⅱ、Ⅲ象限时，其效应是降斜的。若装置角 $\Omega=0°$或 $180°$，则其效应是全力造斜或全力降斜。较大的变井斜力对应着较大的井斜角变化率。

2)增斜井段

在增斜井段及之后的稳斜、降斜井段内，一般采用增斜钻具组合(如图 6-47)、稳斜钻具组合(如图 6-48)和降斜钻具组合(如图 6-49)。

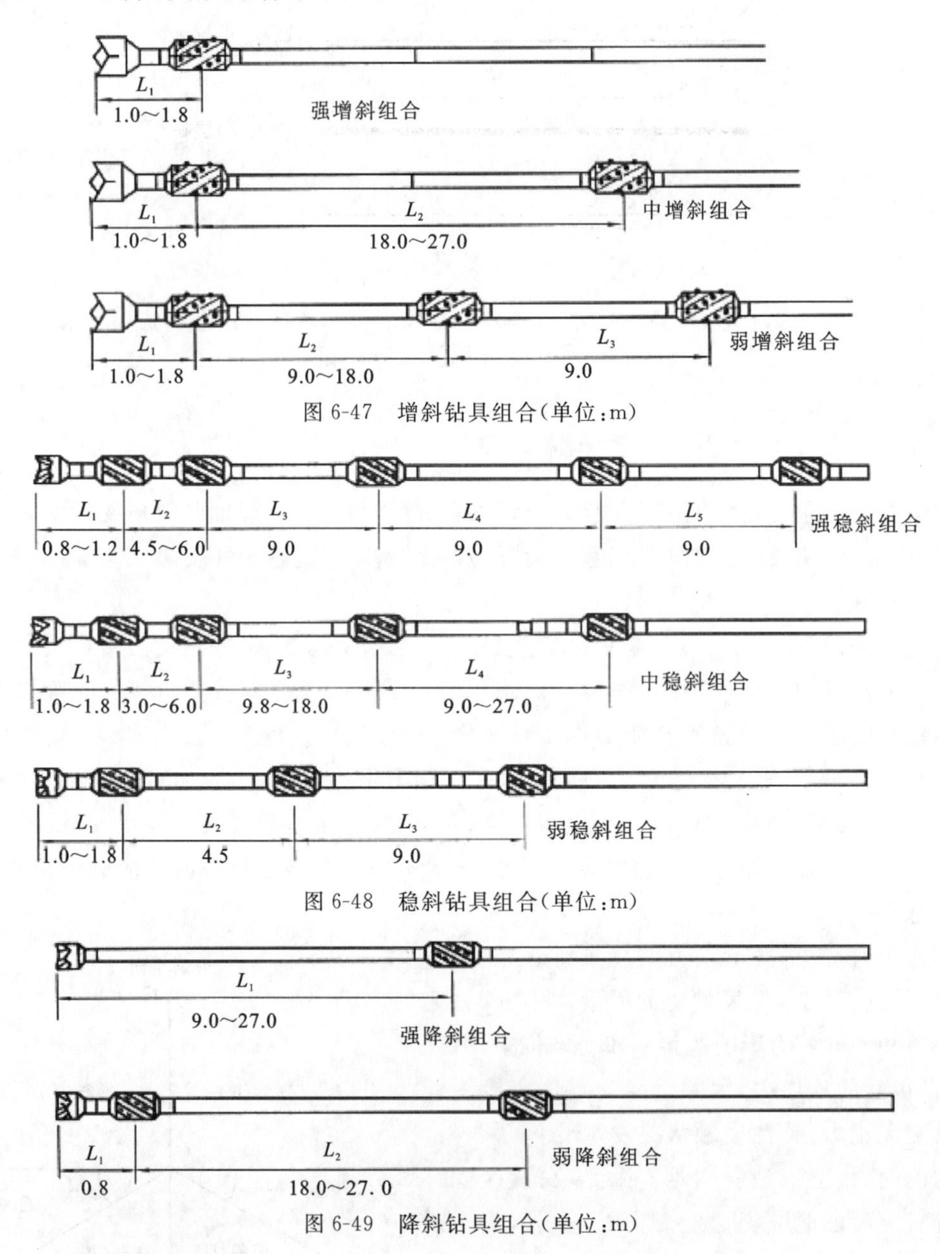

图 6-47　增斜钻具组合(单位:m)

图 6-48　稳斜钻具组合(单位:m)

图 6-49　降斜钻具组合(单位:m)

稳定器在钻具组合中的安放位置不同，钻具组合所表现的性质就不同。一般情况下，近钻头稳定器离钻头越近，钻头的增斜力就越大，反之钻头的增斜力则越小。对于用两只以上稳定器的钻具组合来讲，稳定器之间的距离在有效范围内越大，钻头的增斜力越大，反之钻头的增斜力越小。

增斜钻具组合一般采用双稳定器钻具组合。增斜钻具是利用杠杆原理设计的，它有一个近钻头足尺寸稳定器作为支点，第二个稳定器与近钻头稳定器之间的距离应根据两个稳定器之间钻铤的刚性(尺寸)大小和要求的增斜率大小确定，一般为20～30m。两个稳定器之间的钻铤在钻压作用下，产生向下的弯曲变形，使钻头产生斜向力，井斜角随着井眼的加深而增大。增斜钻具组合应用的钻井参数应根据下部钻具的规格、两个稳定器之间的距离和要求的增斜率进行设计。弱增斜钻具组合在井下的受力情况和增斜钻具相同，主要是通过减小稳定器的距离或减小近钻头稳定器的外径尺寸(磨损的稳定器)，来减小钻具的造斜能力，采用合适的弱增斜钻具可以获得理想的稳斜效果。

稳斜钻具组合是采用刚性满眼钻具结构，通过增大下部钻具组合的刚性，控制下部钻具在钻压作用下的弯曲变形，达到稳定井斜和方位的效果。因地层因素导致方位漂移严重的地层，可以在钻头上串联两个稳定器，对于稳定方位和井斜都可获得较好效果。

降斜钻具一般采用钟摆钻具组合，利用钻具自身重力产生的钟摆力实现降斜目的。根据设计剖面要求的降斜率和井斜角的大小，设计钻头与稳定器之间的距离，便可改变下部钻具钟摆力的大小；降斜井段的钻井参数设计，应根据井眼尺寸限定钻压，以保证降斜效果。

6.3.4.5　定向井的方位控制

定向井的方位控制是和井斜角控制同等重要但难度更大的问题。

1)装置角对方位控制的影响

弯接头-井下动力钻具组合的装置角Ω对井身方位有重要影响，因为Ω显著影响钻头上的变方位力，如图6-50所示。当工具面位于Ⅰ、Ⅱ象限时，其效应是增方位的；当工具面位于Ⅲ、Ⅳ象限时，其效应是减方位的；若$\Omega=90°$，则为全力增方位；若$\Omega=270°$，则为全力减方位。

要想准确地控制方位，重要的一点是定量控制装置角。使用单点或多点测量仪时，由于停泵测量，造成反扭角改变，使测量值与实际值出入甚大，无法实现对装置角的定量控制。只有使用随钻测斜仪才可对装置角进行随钻监测，对动力钻具反扭角的定量计算是定向钻进和方位控制的另一个重要方面。

2)动力钻具反扭角

螺杆钻具在其转子因水力作用获得钻进力矩的同时，定子外壳上将受到大小相等、方向相反的力矩作用，引起动力钻具外壳和钻柱串的扭转，造成反扭角φ_n。为了准确确定井下马达的钻进方位，必须预留提前角$-\varphi_n$(方向顺时针)。这样可以补偿反扭角的影响，使动力钻具沿预定方位定向钻进，如图6-51所示。

理论分析和现场经验均表明：①在钻进过程中，钻压、马达负荷压降影响反转力矩，因此反扭角与钻压、负荷压降有关，即反扭角随工艺参数的变化而变化。②钻柱与井壁的摩擦系数影响反扭角。反转力矩值增大导致反扭角减小。③钻柱的轴力对反扭角有一定的影响。一般情况下，考虑轴力所得的反扭角值小于不考虑轴力时所得的值，即轴力效应使摩擦阻力

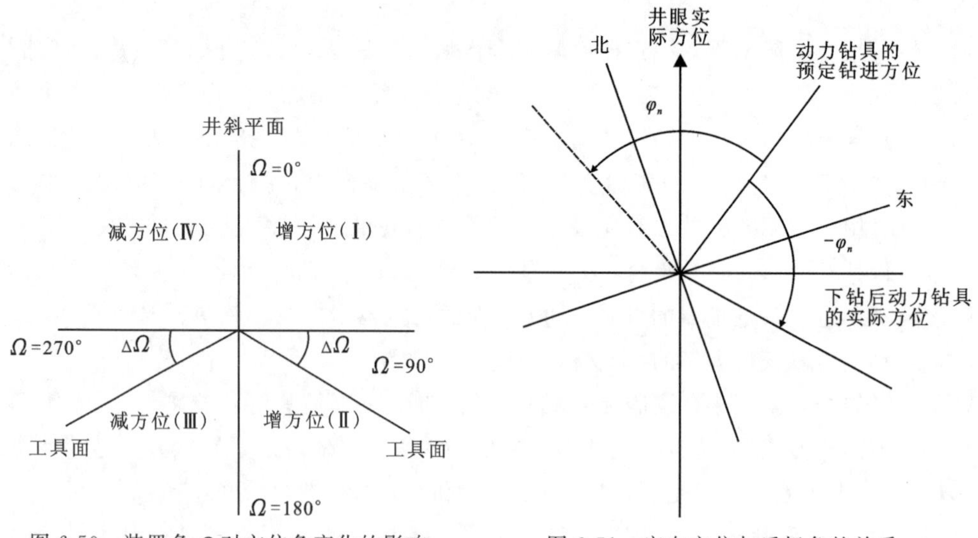

图 6-50 装置角 Ω 对方位角变化的影响

图 6-51 定向方位与反扭角的关系

矩增大,这一事实也反映了钻压对反扭角的影响。④反扭角随进尺和井斜角的变化而变化。在造斜、增斜钻进过程中,摩擦力矩随进尺增大而增大,反扭角随进尺增大而减小。如果初次选定反扭角后即锁定转盘以期定向钻进,这种做法实际上造成装置角随进尺相对右漂的结果,从而引起方位右漂。因此,应随着井深的增加,不断由程序计算反扭角,调整装置角以平衡反扭角的变化,确保井眼按预定方位钻进。

3)造斜过程中的方位控制

在用弯接头-井下动力钻具造斜的过程中,由于地层各向异性、定向方位与地层上倾方位的角差等诸多因素的影响,钻头承受着地层变方位力。因此,随着井斜角的增加,井身方位角也在不断变化,形成的实钻井身轨迹往往是三维的。在这一过程中的方位控制,关键是要准确计算地层变方位力。通过对邻近井地层资料和井身轨迹进行钻后分析和统计处理,可以确定地层力计算中的有关参数,并进一步确定钻具变方位力、地层变方位力、方位平面内的侧向切削量,预测出造斜井段终点处的井身方位角。为了补偿方位角的漂移,可预先给出一方位提前量。在造斜过程中,加强测量,监视方位角的变化情况,如需改变方位变化率,可相应调整装置角。

4)用井下动力钻具扭方位

在钻进过程中,井身方位的变化是绝对的。当井身实际方位与设计方位偏离过大时,要用弯接头-井下动力钻具组合强行"扭方位"。在扭方位操作中,关键的控制参数仍然是装置角。

扭方位所用的装置角值可由图解法确定。应选择适当的扭方位时机,避免在井斜角大于15°时扭方位。扭方位时,应合理选择井段长度和装置角,以免造成在较短井段内扭方位过急,形成较大的狗腿严重度。

7 三开井段钻进施工技术

7.1 三开钻进工艺技术

三开钻进为水平井段(水平井和多分支水平井)施工,采用 PDC 钻头滑动钻进和复合钻进方法。当钻进轨迹位于目标层中,一般采用复合钻进稳斜钻进方式,达到高效钻进目的;当钻进轨迹偏离目标层时,则需采用滑动钻进进行纠偏。

7.1.1 钻具组合

三开水平段采用的钻具组合主要包括:①钻头+弯壳体动力钻具+定向接头+无磁钻铤;②钻头+弯壳体动力钻具+定向接头+无磁钻铤+MWD 短节+无磁承压钻杆;③钻头+弯壳体动力钻具+可变径稳定器+无磁钻铤+ MWD 短节+无磁承压钻杆;④钻头+稳定器+磁钻铤(或无磁钻铤+钻铤)+钻柱稳定。

使用 MWD 测量时可选用②或③钻具组合,其他测量方式时可选用①或④钻具组合。钻进时使用 MWD 或 LWD 随钻监测,通过调整滑动钻进和复合钻进井段的比例对轨迹进行实时调控。在稳斜调整井段和水平段以复合钻进为主,根据实钻井斜角的变化,及时通过滑动钻进调整轨迹。用②钻具组合时,应根据设计轨迹各增斜段的最大增斜选择弯壳体动力钻具的角度。选用③钻具组合时,应通过钻具组合复合钻进侧向力的计算,确定弯壳体动力钻具角度和扶正器尺寸,滑动增斜和方位调整方法同②钻具组合。稳斜或微增调整井段和水平井段以复合钻进为主,可通过变换可变径稳定器的尺寸来调整轨迹。选用④钻具组合时,近钻头稳定器与第 1 钻柱稳定器之间的距离为 3~9m,当实际效果不能满足轨迹要求时,应起钻更换钻具组合。使用弯壳体动力钻具时,要根据水平井段是否有增斜、降斜井段选择弯壳体动力钻具角度。

朱集东 ZJ1-2 钻井水平段的钻具组合为:Φ215.9mmPDC+Φ172mm×1.5°螺杆+定向接头+MWD +无磁承压钻杆+Φ127mm 加重钻杆×3 根+Φ127.0mm 钻杆×51 根+Φ127.0mm 加重钻杆×27 根+Φ127.0mm 钻杆。900m 处侧钻水平段,进钻进至 2046m 完钻,井底垂深 864.57m,井斜 91.5°,方位 119°,水平位移 1 286.49m。

潘二矿东一 A 组煤采区(东翼)11313 工作面底板灰岩水害地面区域探查治理工程分支水平井的钻具组合为:Φ152.4mmPDC 钻头+1.25°螺杆+定向接头+MWD+Φ121mm 无磁钻铤+Φ121mm 钻铤串+Φ140mm 钻铤串+Φ88.9mm 钻杆串。共施工 1 个主孔,6 个水平分支孔。钻孔平面布置图如图 7-1，所有分支孔开孔位置均在太原组 C39 灰或距 1 煤底板 80m 深左右处(侧钻深度 796.5m)，孔径 Φ 为 152.4mm，全部为裸孔，地面水平定向钻孔结构示意图如图 7-2。

另外，为了降低地磁影响，定向接头应采用无磁定向接头。如安徽省煤田地质局第一勘

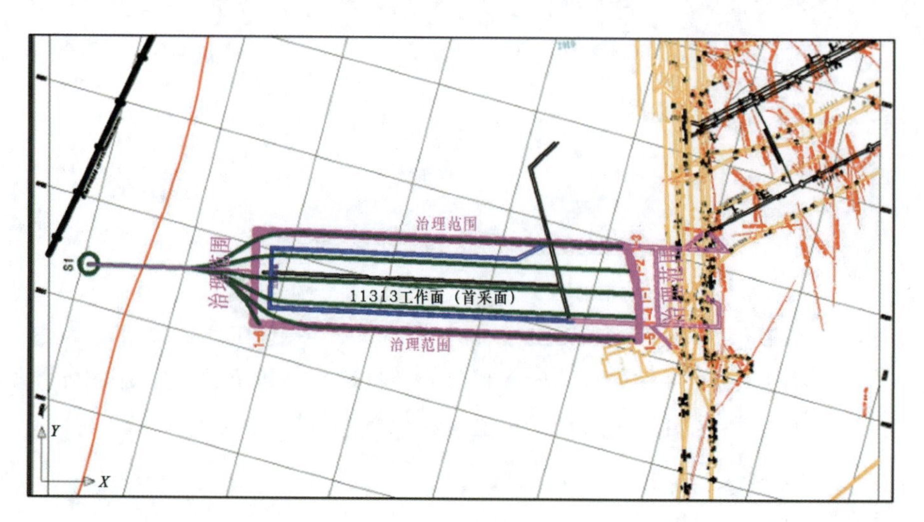

图 7-1 潘二矿东一 A 组煤采区(东翼)11313 工作面分支水平井钻孔平面布置图

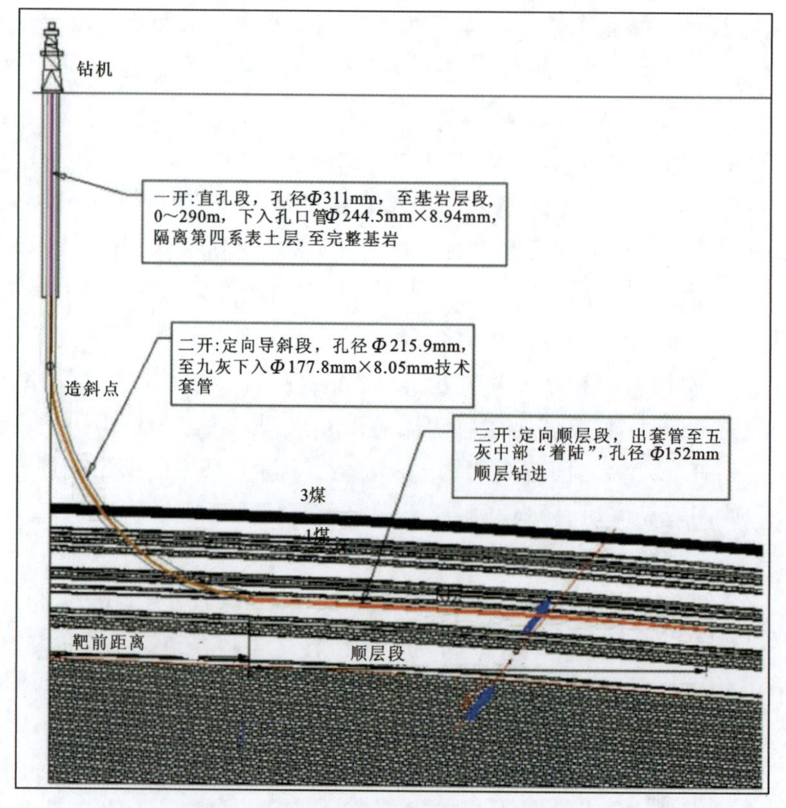

图 7-2 地面水平定向钻孔结构示意图

探队实施的袁店一井东翼大巷过五沟杨柳断层综合治理工程，工程为顺巷道钻孔，顺巷率80%，要求揭露巷道时实际揭露钻孔。施工中最大难点就是定向造斜轨迹精度问题，确保在巷道范围内施工。由于该巷道呈东西走向，地磁影响较大，对方位影响较大，尽量减少影响，保证精度是关键。为了解决上述问题，安徽省煤田地质局第一勘探队首次把普通定向接头改为无磁定向接头，并在巷道掘进中找到钻孔，打破淮北地区类似工程中井下找不到钻孔的历史，如图 7-3。

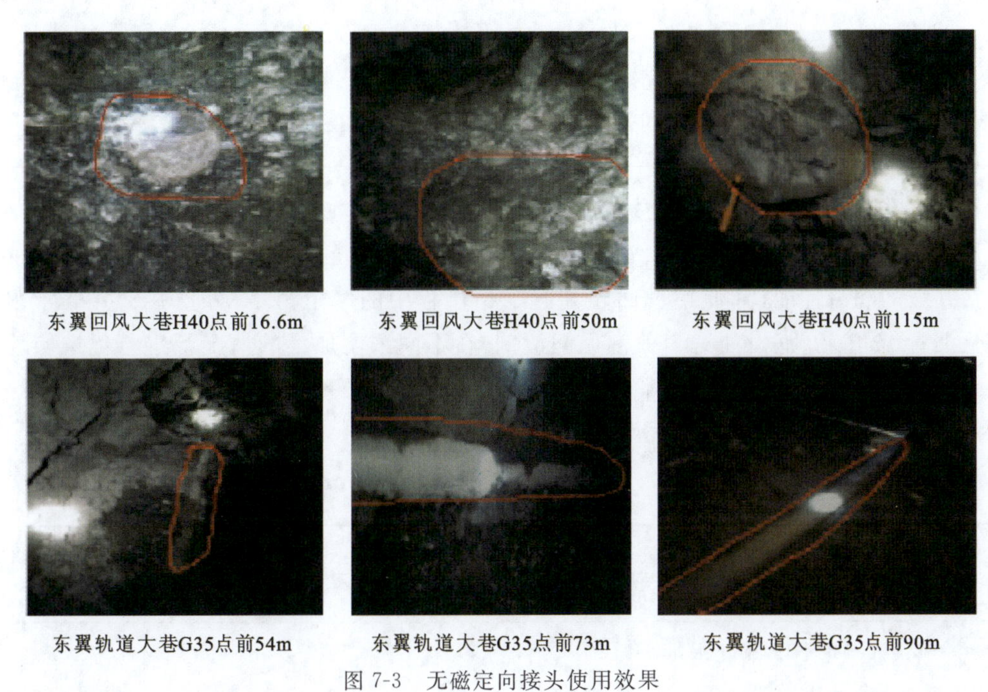

图 7-3 无磁定向接头使用效果

7.1.2 钻井液的选用与维护

7.1.2.1 瓦斯治理井液配方优选

两淮矿区三开水平段煤层顶板钻遇地层有砂岩、泥岩、页岩、碳质泥岩、砂质泥岩、煤层等，地层交错互层，起下钻遇阻严重。防塌工作是本井段工作的重中之重，要求钻井液应保持较高的密度、较强的抑制性和良好的封堵能力。另外，井段较长，钻井液的润滑性能也不可忽视。工程现场一般采用钾盐聚合物钻井液。

朱集东 ZJ1-2 井水平段(900～2046m) 主要在煤层上砂质泥岩层钻水平段，钻井液的基本配方为：$80m^3$(老浆＋清水)＋0.2% HP＋0.2%Na_2CO_3(NaOH)＋0.5%LV-CMC＋2%沥青粉＋7%KCl＋0.2%聚胺抑制剂＋2%CGY＋2%超细钙。钻井液性能为：密度 1.38～$1.42g/cm^3$，黏度 50～60s，动切力 12Pa，初切力/终切力为 3.0Pa/6.0Pa，漏失量 3～4mL/30min，泥饼 0.5mm，含砂率 0.2%，pH 为 9。

淮南某井水平段(1310～2610m) 钻遇多个断层和多种岩性(从 14 号煤到 13 号就存在煤层、泥岩、碳质泥岩、粉砂质泥岩、泥质粉砂岩、粉砂岩、细砂岩)，钻时随岩性变化很大。钻井液的基本配方为：80m^3（老浆＋清水）＋0.2%HP＋0.2%Na_2CO_3＋1%LV-CMC＋2%沥青粉＋7%KCl＋2%CGY＋2%超细钙。钻井液性能为：密度1.68g/cm^3，黏度40～60s，动切力16.0Pa，初切力/终切力为3.0Pa/15.0Pa，漏失量2.5～4.0mL/min，泥饼0.5mm，含砂率0.3%，pH为9。

进行钻井液配方设计时应注意防塌、合理密度支撑、强抑制性、润滑减阻等要点。项目组在一开和二开井段钻井液配方优选的基础上，初步得到适合顶板瓦斯层段的钻井液配方为：4%土＋0.2%～0.3%CMC＋1%NH4-HPAN/磺化褐煤 ＋0.5%～1.5%腐殖酸钾或聚丙烯酸钾＋广谱护壁剂＋重晶石＋润滑剂。为更好地优化钻井液的性能，依次进行了润滑剂优选、滚动回收率评价、抑制性能评价和润湿性能评价，以期获得三开井段的钻井液配方。

1)润滑剂优选

在水平孔段，钻井液的携渣能力相对减弱，岩屑由于自重作用具有向下沉积的趋势而形成岩屑床。岩屑床的存在使钻柱摩阻力更大，转速上不去，压力给不到底，钻进效率低，因此提高钻井液的润滑性能，降低钻具回转和起下钻过程中的摩阻力，对分支井钻井非常重要。对磺化沥青、石墨粉、润滑油这3种常见润滑剂，在不同浓度加量的情况下进行优选实验，实验结果如表7-1所示。实验得出：润滑油的润滑效果最好，石墨粉次之，磺化沥青的润滑效果最差。其中，加1%的润滑油时，泥浆的润滑性能最好。

表7-1 润滑剂优选

配方	六速旋转黏度计读数						失水量/mL	润滑系数
	600	300	200	100	6	3		
4%膨润＋0.2%CMC＋1%磺化褐煤＋1%腐殖酸钾＋9%重晶石＋1%磺化沥青	60	40	32	22	6	5	11.2	0.204
4%膨润土＋0.2%CMC＋1%磺化褐煤＋1%腐殖酸钾＋9%重晶石＋1%石墨粉	67	45	35	24	6	5	11.2	0.194
4%膨润土＋0.2%CMC＋1%磺化褐煤＋1%腐殖酸钾＋9%重晶石＋1%润滑油	78	55	44	32	14	11	10	0.156
4%膨润土＋0.2%CMC＋1%磺化褐煤＋1%腐殖酸钾＋9%重晶石＋0.8%磺化沥青	73	48	38	26	6	5	12.4	0.199
4%膨润土＋0.2%CMC＋1%磺化褐煤＋1%腐殖酸钾＋9%重晶石＋0.8%石墨粉	71	49	40	28	11	9	8.4	0.185

续表 7-1

配方	六速旋转黏度计读数						失水量/mL	润滑系数
	600	300	200	100	6	3		
4%膨润土＋0.2%CMC＋1%磺化褐煤＋1%腐殖酸钾＋9%重晶石＋0.8%润滑油	77	54	43	30	10	9	8.4	0.184
4%膨润土＋0.2%CMC＋1%磺化褐煤＋1%腐殖酸钾＋9%重晶石＋0.5%磺化沥青	75	52	43	30	10	9	8	0.235
4%膨润土＋0.2%CMC＋1%磺化褐煤＋1%腐殖酸钾＋9%重晶石＋0.5%石墨粉	85	59	49	36	13	12	8.4	0.23
4%膨润土＋0.2%CMC＋1%磺化褐煤＋1%腐殖酸钾＋9%重晶石＋0.5%润滑油	75	52	42	31	11	9	9.6	0.205

为了使钻井液的润滑性能满足实际要求，基于优选出来的润滑剂，对其进行复配，进一步优选出合适的润滑剂加量，实验结果如表 7-2 所示。实验得出：加入 1%石墨粉和 1%润滑油时，泥浆的润滑性能最好。

表 7-2　基于优选润滑剂的钻井液复配实验

配方	六速旋转黏度计读数						失水量/mL	润滑系数
	600	300	200	100	6	3		
4%膨润土＋0.2%CMC＋1%磺化褐煤＋1%腐殖酸钾＋9%重晶石＋0.8%石墨粉＋0.2%润滑油	79	55	45	32	12	10	8	0.147
4%膨润土＋0.2%CMC＋1%磺化褐煤＋1%腐殖酸钾＋9%重晶石＋0.8%石墨粉＋0.5%润滑油	82	57	47	33	13	11	9.6	0.193
4%膨润土＋0.2%CMC＋1%磺化褐煤＋1%腐殖酸钾＋9%重晶石＋0.8%石墨粉＋0.8%润滑油	73	50	40	29	11	9	9.2	0.161
4%膨润土＋0.2%CMC＋1%磺化褐煤＋1%腐殖酸钾＋9%重晶石＋1%石墨粉＋1%润滑油	79	56	45	33	13	10	8.8	0.119

从表 7-2 可以看出，该钻井液的表观黏度、塑性黏度和动切力均略高，故为了降低黏度，可考虑调整 CMC 的加量为 0.1%，再重新测试钻井液的基本性能，如表 7-3 所示。

表 7-3 钻井液基本性能

样品	密度/(g·cm^{-3})	塑性黏度/(mPa·s)	动切力/Pa	动塑比/(Pa/mPa·s)	API 滤失量/mL	pH
调整前钻井液(0.2%CMC)	1.11	23	13.5	0.587	8.8	8
调整后钻井液(0.1%CMC)	1.11	17	10.5	0.618	10.4	8

通过以上试验，确定了防塌封堵钻井液主体配方，结合筛选的润滑剂、降滤失剂，可以得出顶板煤层气段的钻井液配方为：4%膨润土+0.1%～0.2%CMC+1%磺化褐煤+1%腐殖酸钾+9%重晶石+1%石墨粉+1%润滑油。用重晶石加重，使钻井液密度在 1.05～1.25kg/L 范围内，用碱度调节剂调节 pH 至 8～9。

2)滚动回收率评价

将配制好的清水、4%土的基浆和研制泥浆分别装入高温老化罐，在一定的高温下热滚 16h，取出冷却至室温。实验结果如表 7-4、图 7-4 所示。

表 7-4 不同溶液的滚动回收率对比表

样品	滚动回收率
清水	85.6%
4%土的基浆	85.3%
研制泥浆	89.8%

实验结果表明：清水、4%土的基浆以及研制泥浆的滚动回收率相差不大，其中 4%土的基浆和清水的滚动回收率只相差0.03%，研制泥浆的滚动回收率最高。

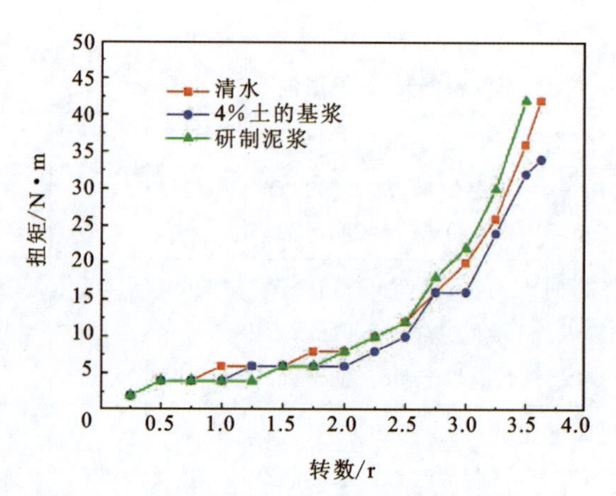

图 7-4 不同溶液热滚后屈曲硬度折线图

由图 7-4 可以看出，不同溶液热滚后的扭矩均随着转数的增加而增加。在 2.5r 之后，在相同转数下，研制泥浆的扭矩均大于其他溶液的扭矩。

3)抑制性能评价

利用膨胀量测试仪，在室温下测试了煤样在清水和研制泥浆中线性膨胀量，结果见图 7-5。所用煤样是由初始煤块研磨成粉末状(过 100 目筛网)后，用 5MPa 的压力压 10min 得到的。由图 7-5 可知，煤样在研制泥浆中的线性膨胀量最小，与其在清水中的线性膨胀量相比，降低了 90.9%，表明该研制泥浆具有良好的抑制煤样膨胀的性能。

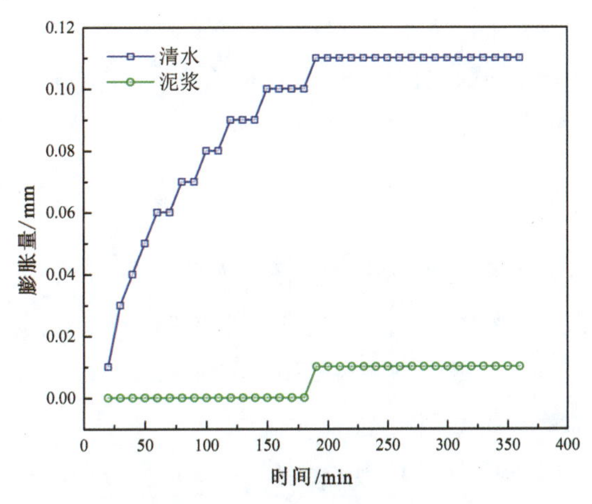

图 7-5 在不同溶液中煤样的膨胀量

4)润湿性能评价

在两块用不同压力压制出来的煤样表面，进行接触角实验。一块煤样是用 5MPa 的压力压 10min 得到的，另外一块是用 15MPa 的压力压 10min 得到的，故表面光滑程度不一样，导致接触角有明显的不同，如图 7-6、图 7-7 所示。

接触角 90.49°

图 7-6 (用 5MPa 的压力压 10min 得到的)岩样接触角测试

接触角 35.5°

图 7-7 (用 15MPa 的压力压 10min 得到的)岩样接触角测试

为了验证数据的准确性，以用 5MPa 的压力压 10min 的煤样为例，在煤样上任选 5 个点进行重复实验，实验结果如表 7-5。

表 7-5 不同位置接触角对比 单位:(°)

位置	接触角 1	接触角 2	接触角 3	接触角 4	接触角 5	平均值
位置 1	91.49	90	91.49	91.5	90.49	90.994
位置 2	86	86.51	87.01	85.5	86.5	86.304
位置 3	95.99	95.5	95.49	96	95.99	95.794
位置 4	80	85.51	80	87.01	79.5	82.404
位置 5	85	85.51	87	84.51	86	85.604

由上表实验数据可以看出，不同点位测出的接触角大小差别不大，数据准确性强。

综上，可以得出顶板瓦斯层段的钻井液建议的优化配方为：4%膨润土＋0.1%～0.2% CMC＋1%磺化褐煤＋1%腐殖酸钾＋9%重晶石＋1%石墨粉＋1%润滑油。加重重晶石含量，使钻井液密度在 1.05～1.25g/cm³，用碱度调节剂调节 pH 至 8～9。

7.1.2.2 水害防治井钻井液

两淮矿区底板灰岩水害地面区域探查治理工程采用地面定向多分支水平井注浆治理。三开一般沿石炭系太原组灰岩顺层钻进，如在潘二矿 W2 孔中采集的 2#、4# 和 5# 岩样，均为灰岩，取样深度分别是 718m、617m 和 621m，方解石含量分别为 87.4%、42.6%和 40.2%，滴稀盐酸均可起泡。

潘二矿西四 D2 孔组（图 7-8、图 7-9）的目的层厚度小，褶皱及断层构造较多，顺层难度很大，灰岩底板有煤线，而煤层容易遇水膨胀易破碎，对钻孔安全造成威胁，近水平分支段难度和危险性大。钻井液采用优质高分子化学低固相钻井液，其性能要求为密度 1.1～1.2g/cm³，漏斗黏度 24～28s，pH8～9，泥饼的摩擦系数小于 0.1，含沙率低于 0.5%，钻井液塑性黏度和动切力的比值不小于 2∶1。

潘二矿东一 A 组煤采区（东翼）11313 工作面底板灰岩水害地面区域探查治理工程 S1 井组水平段目的层为灰岩地层，较为稳定，但是由于分支水平段较长（图 7-1、图 7-2），岩粉携带困难，钻进时扭矩较大，所以要求钻井液具有很好的携带性能和润滑性能。为了防止阻塞裂隙影响后续注浆效果，采用无固相钻井液体系，基本配方如下：0.3%～0.6%抗盐共聚物（GTQ）＋0.1%～0.2%包被剂＋1%～2%无荧光润滑剂（GULB）。钻井液性能要求为密度在 1.03～1.08g/cm³之间，漏斗黏度 30～40s，pH7.5～10。

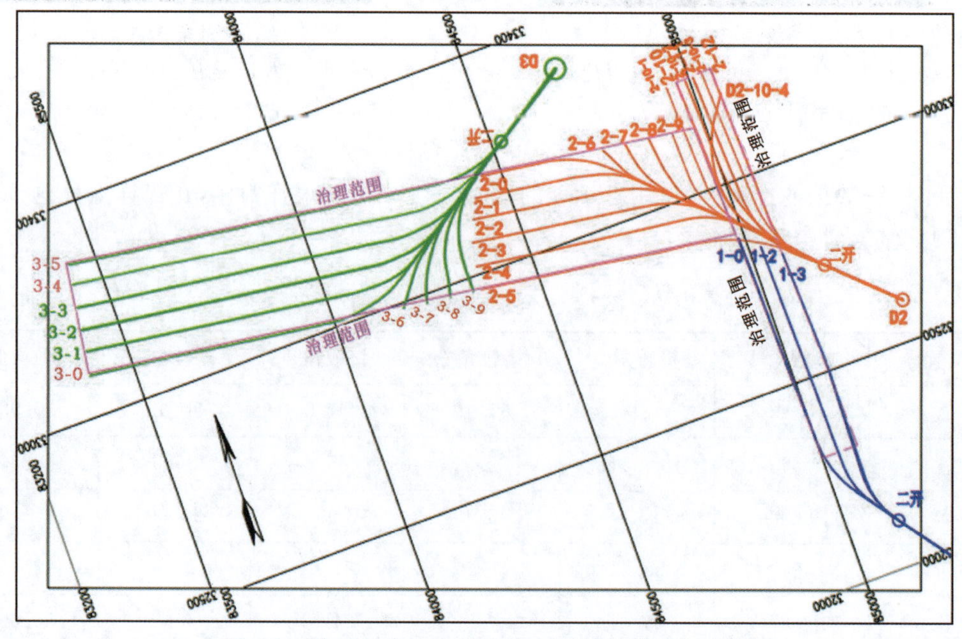

图 7-8 潘二矿西四 D2 孔组变更后钻孔平面布置图

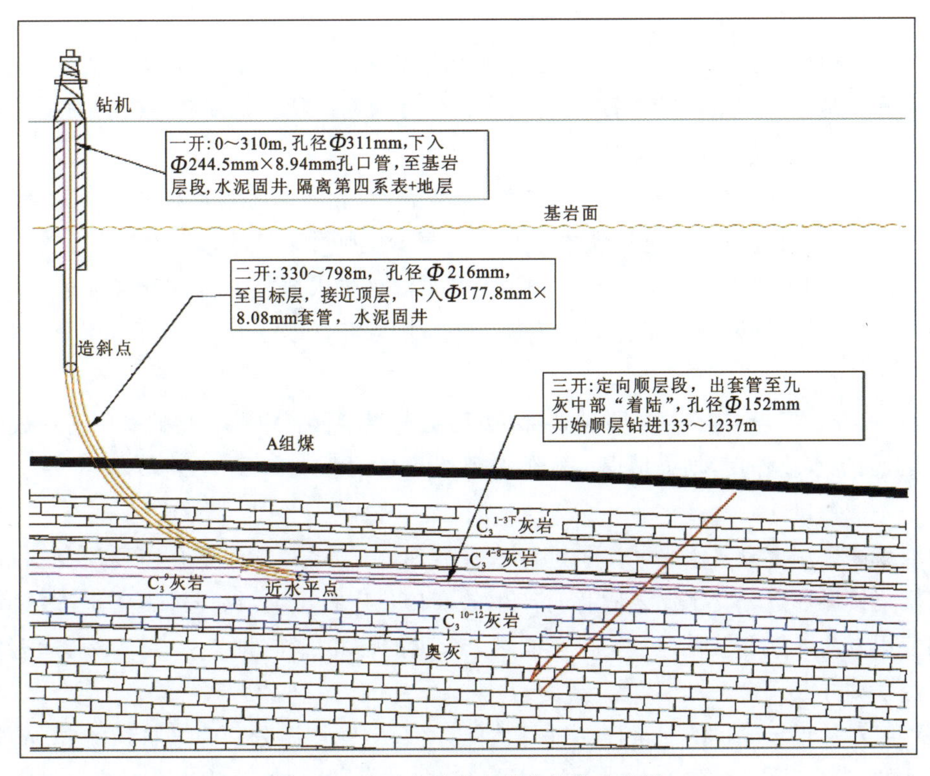

图 7-9 地面水平定向钻孔结构示意图

7.1.2.3 复杂情况钻井液措施

1)井眼净化

水平段井眼净化是水平井施工成败的关键，尽可能提高钻屑的清除效率，主要措施有以下几点。

(1)在一定范围内适当提高环空返速，钻井液流速越高，环空净化速度越高；井斜较大时实现紊流带砂，提高井眼净化质量。

(2)钻进按时间计不能超过 24h，按进尺计不能超过 200m，必须进行拉井壁，如遇井下摩阻变大，泵压增高等井下异常可增加拉井壁次数。

(3)合理提高钻井液的静切力，提高钻井液悬浮能力，减缓岩屑沉降速度。

(4)采用变排量或黏度、旋转钻具、分段清砂等措施扰动钻屑床，提高钻屑的清除效率。

(5)接单根或停止钻进时，要充分循环，使钻屑进入直井段后再停泵，减少岩屑在水平段停留时间，起钻前做到充分循环钻井液，不低于两个循环周。

2)水平段润滑防卡措施

(1)通过保持合适的搬土含量，加入石墨粉、超细钙、沥青粉，降低钻井液滤失量来形成薄、致密、光滑的泥饼，同时配合良好的流型来降低摩阻。

(2)摩阻大时通过加入液体润滑剂配合乳化石蜡来提高钻井液润滑能力。

(3)使用好四级固控设备，保证井眼清洁，含砂率控制在 0.3%以内，减小摩阻。

3)水平段井壁稳定措施

(1)正确选择合适的钻井液密度满足井壁力学支撑,水平段上侧井壁处于悬空状态,仅靠液柱压力平衡地应力和上井壁岩石重力,合理的钻井液密度使其既能满足支撑井壁防止坍塌的要求,又能防止密度过大压裂地层。

(2)及时补充封堵材料(包括超细碳酸钙、沥青粉、乳化石蜡等),提高钻井液封堵能力,增加井壁稳定,封堵材料整体含量达到3%以上,并根据实际井下情况适当增加。

(3)控制API滤失量在4mL以内,减少钻井液滤液进入地层,提高井壁稳定性。

(4)加入足量的抑制剂(HP、KCl),使进入地层的水相活度降低,减少泥岩水化,提高井壁稳定。

(5)若三开处于煤层上,当pH过高时,OH^-会与煤层面负电荷较高的氧原子形成强烈的氢键作用,促进水化作用,加强坍塌,pH值应保持在9。

4)钻井液钙侵

两淮矿区采用多分支水平井注浆进行水害治理,由于多分支注浆孔需要反复扫水泥塞,钻井液反复接触邻近分支水泥浆固化时产生的高矿化度析出液,钙侵污染严重,严重影响钻井液的使用寿命。钻井液普遍只支持完成两个分支的钻井工作,即7~10d寿命,远远低于同类型井水基钻井液寿命。

项目组对从现场取得的泥浆样品进行性能评价,实验样品分别为来自芦岭井、潘集东井及潘2井的泥浆,其中,潘集东井的泥浆为新鲜泥浆,芦岭井与潘2井的泥浆为经过井底循环后返排上来的浆液,测试结果如表7-6所示。

表7-6 钻井液返浆性能

取样井	比重	六速旋转黏度/s						表观黏度/s	塑性粘度/s	动切力/Pa	滤失量/mL	含砂量/%	泥饼黏附系数	固相含量/%	钙离子浓度/($mg \cdot L^{-1}$)
		600	300	200	100	6	3								
芦岭井	1.15	75	50	40	30	20	18	37.5	25	12.5	9.8	7	0.194 4	5	1560
潘集东井	1.08	37	19	14	8	1	1	18.5	18	0.5	11	0.8	/	/	480
潘2井	1.17	60	43	35	27	15	14	30	23	17	13	2	0.221 7	/	3000

实验结果显示,泥浆在钻井循环过程中,受地层因素的影响,钙侵污染严重,循环泥浆中钙离子浓度是新鲜泥浆的3~7倍,严重影响钻井质量。同时,在钻进过程中,泥浆携带大量岩屑和泥砂,虽然经过除砂,但泥浆黏度还是极大增加。并测得三口井的泥浆滤失量偏高。

项目组选用3种常见除钙剂(Na_2CO_3、$NaHCO_3$及SAPP)进行实验研究,实验结果如表7-7、表7-8、图7-10所示。结果发现,Na_2CO_3与$NaHCO_3$除钙效果相近,且优于SAPP,当钻井液加入7%~10%的除钙剂,能有效降低Ga_2^+浓度。

表 7-7 芦岭井除钙实验 单位:mg/L

除钙剂类型	不添加	1%的除钙剂	3%的除钙剂	5%的除钙剂	7%的除钙剂	10%的除钙剂
Na_2CO_3	1560	920.4	640.3	600.3	560.3	500.3
$NaHCO_3$		1 000.5	880.4	720.4	700.4	600.3
SAPP		1 340.7	840.4	720.4	700.4	640.3

表 7-8 潘 2 井除钙实验 单位:mg/L

除钙剂类型	不添加	1%的除钙剂	3%的除钙剂	5%的除钙剂	7%的除钙剂	10%的除钙剂
Na_2CO_3	3000	1 420.7	1 000.5	800.4	640.3	460.2
$NaHCO_3$		1 360.7	1 020.5	680.3	600.3	420.2
SAPP		2201.1	1 400.7	900.5	800.4	760.4

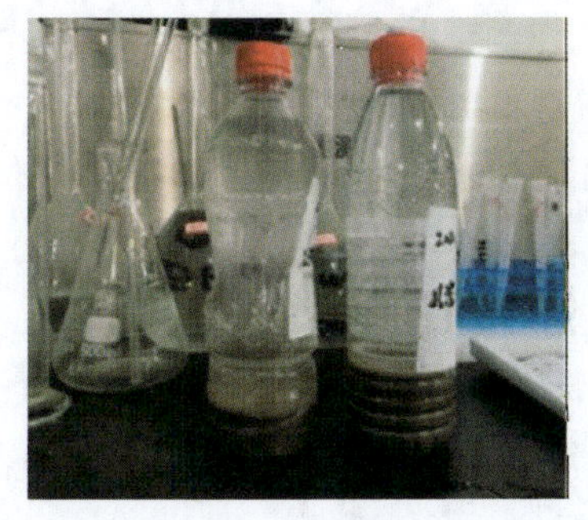

图 7-10 钻井液样品进行除钙

7.1.2.4 钻井液性能维护

(1)三开前清理循环罐内积砂,将二开钻井液利用离心机砌底净化,然后根据设计配方做小型试验,确定最佳钻井液调整配方,按配方调整钻井液性能,直至达到设计要求。

(2)使用好固控设备,根据井下情况及时调整振动筛筛布目数,尽量使用高目数筛布,严格控制钻井液中的劣质固相含量和低密度固相含量。根据需要,间断使用离心机。

(3)钻井液性能的保持应以维护为主,处理为辅的方法进行。钻井过程中勤观察、勤维护。钻进中及时补充各处理剂,保持有效含量,采用和井浆相匹配的胶液以细水长流方式加入,保持钻井液性能稳定;尽量避免将处理剂干粉直接加入循环钻井液中,以防在处理剂完全生效前就被固控设备除去。

(4)本段所钻地层可能钻遇断层,应加足防塌封固剂,先期做好防漏工作。在保证井壁稳定的情况下尽可能使用较低的钻井液密度,保持适宜的流变性,提前加入封堵性材料,实行屏蔽暂堵,增加地层承压能力,防止地层漏失。

(5)钻达设计井深后,做好短起下,大排量充分清洗井眼,保持井眼清洁、畅通。下套管前打入悬浮能力强、润滑性好的封闭液,确保下套管顺利。

7.1.3 钻井施工技术

水平段施工的工艺重点主要有两点：一是水平段在泥岩中钻进时，注意防塌、防漏、防卡，保证井下安全；二是要尽可能降低摩阻，保持连续施工，提高钻速。

1)钻进工艺参数

水害治理井的钻进工艺参数为复合钻进钻压 40～120kN，转速 30～50r/min，泵量 15～20L/s；瓦斯治理井的钻进工艺参数为复合钻进钻压 40～50kN，转速 70～120r/min，泵量 20～35L/s。

2)钻进施工技术措施

(1)优选三开钻具组合，优化马达弯角、扶正器的位置和距离。使用钻铤加压时，应控制钻铤使用量，防止因钻具自重过大、管柱与井壁接触面积大，而提升管柱摩阻。钻井时控制钻压，勤活动钻具，减少钻压损耗，提高钻效。螺杆扶正器对造斜率的影响尤为突出，因为扶正器尺寸较大，易与井壁接触而增大钻柱的摩擦阻力，因此在水平分支孔阶段，多使用不带扶正器的螺杆，除非需要较高的造斜率。

(2)数据校准，保证生产数据的连续性和准确性。

(3)地面严格检查入井工具，按要求扭矩上扣，控制下放速度。

(4)各岗位加强坐岗，并做好坐岗记录。

(5)按照相关操作规程和设计执行现场操作，安全生产。

(6)任何时候只要钻具在裸眼井段，都要保持钻具活动和循环。

(7)钻进时司钻时刻注意钻进扭矩及泵压变化，如果扭矩或者泵压突然出现过高的现象，司钻及时上提钻具，充分循环，直至泵压、扭矩正常时重新下放开始钻进。

(8)每次加尺时充分循环，在循环的过程中，尽量避免倒划眼循环，注意泵压和扭矩变化。

(9)要不间断监视岩屑的返出情况，注意岩屑返出的大小和形状及返出量大小。

(10)监控好钻井参数、防止井下事故的发生。

3)分支水平井作业要求

分支水平井一般采用复合钻进技术，作业要求如下。

(1)水平段钻进每 30m 测斜一次，保证轨迹在设计范围内。

(2)按照设计钻进参数钻进，均匀送钻，全井眼曲率变化平缓，轨迹圆滑。

(3)增斜钻进一般应钻 1～2 单根测斜一次，复杂地层或关键井段应加密测斜，防止轨迹失控。

(4)钻井液性能每 8h 测一次，并做好原始记录，发现钻井液性能达到临界规定值时应及时进行调整。

(5)钻进目的层段时应采用保护性钻进。

(6)下入孔内的钻具均应仔细检查、准确丈量，进行孔深校正。

(7)分支井划眼过程中应随时观察机械钻速、返出岩屑、测量的井斜和方位数据，确定是否划出新眼。如果确定划出了新眼，立即根据实钻井眼轨迹做待钻井眼设计，确保精准钻达控制点。

(8)如果长距离不能划出分支新眼,继续划眼会导致井眼轨迹不能满足要求,此时须注水泥至设计侧钻点后再继续侧钻划眼。

4)井眼清洁要求

三开钻进过程中,受重力影响钻柱在水平井段及斜井段井筒内下沉形成偏心环空,导致大量岩屑堆积形成岩屑床,增加高扭矩高阻力,埋钻卡钻等井下复杂情况频繁发生,处理成本较高,严重影响工期进度及工程安全。如何监测复杂地质条件、复杂井型条件下的岩屑床问题,帮助判断、处理井下复杂情况是现场迫切需要解决的问题。如图 7-11 所示,当钻柱在旋转的情况下,井斜段的岩屑颗粒受到重力、悬浮力、拖拽力等的综合作用。环空返速是影响携岩效率非常重要的因素。不论在任何井段,环空返速的提高都会改善井眼的净化效果,当环空返速较小时,岩屑不容易被钻井液充分携带,容易形成岩屑床。为解决井眼清洁问题,需合理调节钻井液环空流速,而钻井液环空临界流速是保持井眼清洁的最小返速,因此,钻进施工中需要明确钻井液环空临界流速。

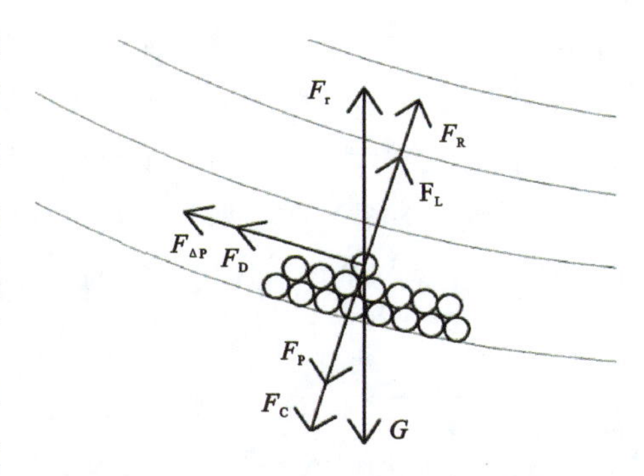

图 7-11　钻柱旋转时岩屑颗粒受力图

采用欧拉方法分析流速对携岩效率规律的影响,分别模拟钻井液流速为 0.1m/s 和 1.3m/s两种情况下的携岩情况,假定钻杆不旋转,岩屑颗粒的体积分数为 0.3,通过不同流速的钻井液的携带,经计算可以得出出口端面岩屑颗粒的体积分布云图,两者的体积分布图如图 7-12 所示。

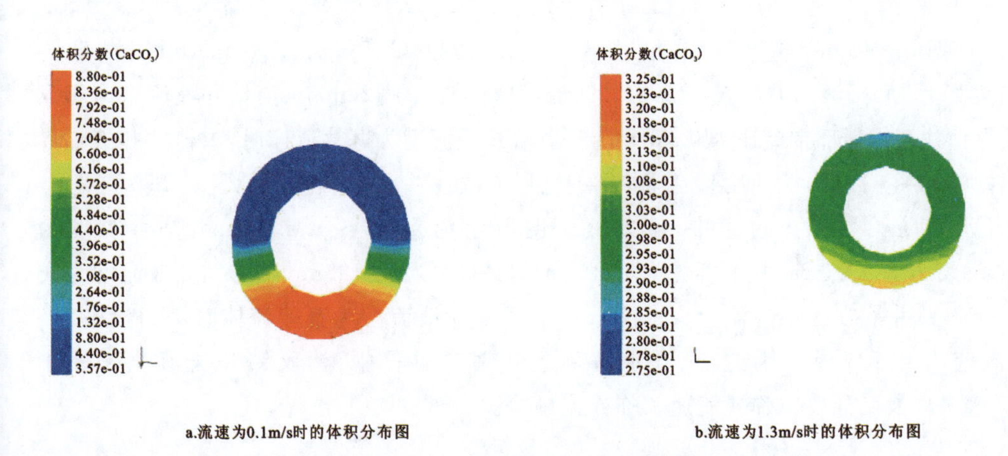

图 7-12　不同流速下的岩屑体积分布图

可以发现岩屑在环形空间分布较均匀,环空下部区域岩屑浓度明显高于环空上部区域(图 7-12b)。因此,增加钻井液的流速有利于岩屑颗粒的携带。另外,随钻杆偏心度增加,环空下侧钻井液流动速度减小,导致岩屑运移的动力减小,因此需要增加钻井液返速以达到允许岩屑床最大高度的设计要求。在同一钻杆偏心度的条件下,钻杆旋转速度对岩屑运移的推动作用加强。与钻杆不旋转相比,钻杆旋转时所需的钻井液返速较小。降低钻井液的流性指数,提高剪切稀释性,有利于提高钻井液流速,因此合理优化钻井液流变性对环空岩屑运移有积极作用。

大量的实验表明,对于有固体壁面的充分发展的湍流流动,沿壁面法线的不同距离上,可将流动划分为近壁区和核心区。在近壁区,流体运动受壁面流动条件的影响比较明显,可大致细分为3个子层。在最内层,称为黏性底层,流动几乎是层流的。在黏性底层的外面存在一个缓冲层,黏性力和湍流的影响同样重要。最外层为对数律层,其中黏性力的影响不明显,湍流切应力占主要地位,流动处于充分发展的湍流状态,流速分布接近对数律层。如图7-13所示,为近壁区3个子层的划分以及不同子层内的速度分布。以下基于钻井液不同流型,分别研究宾汉流体与幂律流体时岩屑的临界流速。

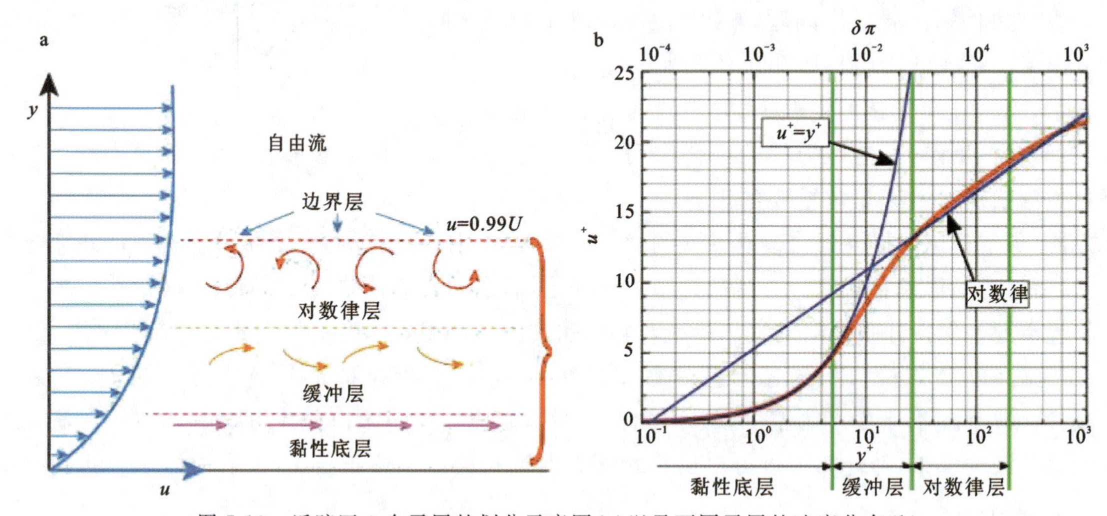

图7-13 近壁区3个子层的划分示意图(a)以及不同子层的速度分布(b)

在三开瓦斯治理井钻进过程中,钻井液密度取值为1.05~1.2 g/cm^3,塑性黏度为17mPa·s,动切力为10.5Pa,井眼直径为215.9mm,钻杆外径为127mm。当钻井液流型为宾汉流体时,求得钻井液临界环空流速为0.787m/s。当钻井液流型为幂律流体时,求得钻井液临界环空流速为0.8m/s。因此,三开瓦斯治理井钻进过程中,建议钻井液流速不低于0.8m/s。

在三开水害防治井钻进过程中,钻井液密度取值为1.05~1.2 g/cm^3,塑性黏度为17mPa·s,动切力为10.5Pa,井眼直径为152.4mm,钻杆外径为127mm。当钻井液流型为宾汉流体时,求得钻井液临界环空流速为0.79m/s。当钻井液流型为幂律流体时,求得钻井液临界环空流速为0.81m/s。因此,三开水害防治井钻进过程中,建议钻井液流速不低于0.81m/s。表7-9为三开环空临界流速和临界流量表。

表7-9 三开环空临界流速和临界流量

钻井过程	井别	环空外径/mm	环空内径/mm	环空面积/mm^2	环空临界流速/(m·s^{-1})	环空临界流量/(L·min^{-1})
三开	瓦斯治理井	226.62	127	27 653.69	0.8	1 327.38
	水害防治井	161.7	127	7 864.04	0.81	382.19

7.1.4　分支侧钻技术

7.1.4.1　水平分支井夹壁墙井壁稳定性分析

水平主井眼与分支井简化的二维视图如图 7-14 所示。主井眼轴线与分支井轴线在连接井处的夹角为 α(图 7-14a),分支井与主井眼在连接处的环向角为 β(图 7-14b)。

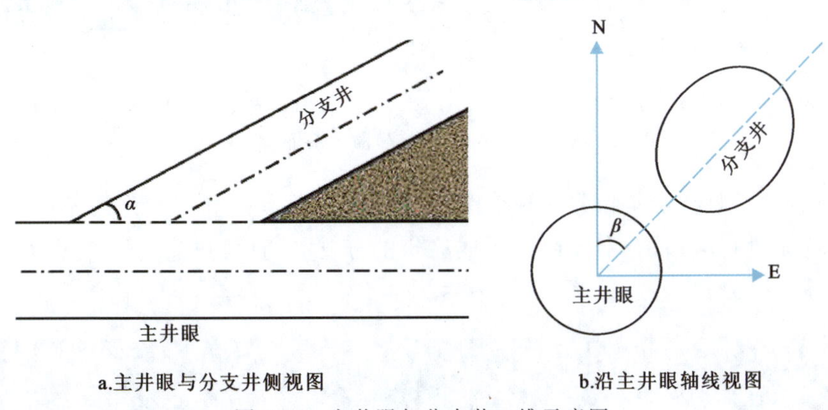

图 7-14　主井眼与分支井二维示意图

采用有限元分析软件,利用表 7-10 中列举的数据进行模拟计算,分析分支井连接处的应力分布(图 7-15)。夹壁墙的等效应力最大,表面应力集中度最强,在实际钻井过程中夹壁墙会率先垮塌。夹壁墙垮塌的长度与分支井夹角和环向角紧密相关。

表 7-10　分支井模型基础参数

参数	单位	取值	参数	单位	取值
埋深	m	1064	主井眼尺寸	mm	152.4
上覆岩层应力 S_v	MPa	27.24	分支井	mm	152.4
最大水平地应力 S_H	MPa	33.16	分支点埋深	m	1064
最小水平地应力 S_h	MPa	29.70	钻井液密度	g/cm^3	1.4
黏聚力	MPa	10.1	弹性模量	GPa	20
内摩擦角	(°)	32	泊松比		0.2

假设主井眼沿着最小水平地应力方向打井,分析夹壁墙屈服范围与夹角和环向角的关系(图 7-16)。当主井眼和分支井均为裸眼时,夹壁墙垮塌长度如图 7-17 所示。当主井眼轴线与分支井轴线的夹角 α 越大时,夹壁墙垮塌长度越小,夹壁墙越稳定;当主井眼与分支井的环向角 β 越大时,夹壁墙垮塌长度越小,夹壁墙稳定性越好。当环向角为 0°时,主井眼与分支井眼构成的平面处于竖直展布,最大水平主地应力的挤压方向垂直于该平面,夹壁墙产生垮塌的区域最大,夹壁墙稳定性相对最差。当环向角为 90°时,主井眼与分支井眼构成的平面处于水平展布,最大水平主地应力的挤压方向平行于该平面,夹壁墙产生垮塌的区域最小,夹壁墙

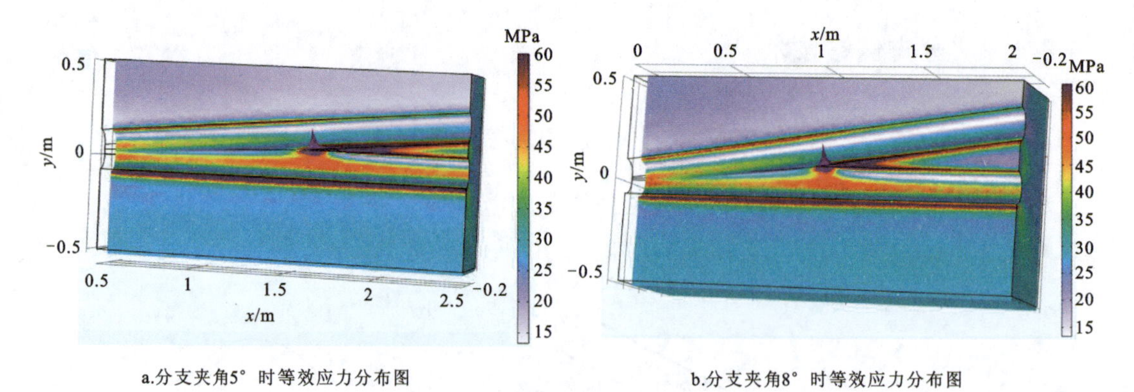

图 7-15 分支井等效应力分布图

稳定性相对较好。因此，在实际分支侧钻作业过程中，在钻具造斜率允许的条件下，建议采用较大的分支夹角进行侧钻，有利于快速形成稳定的分支井，且可以避免因夹壁墙垮塌引起的井下复杂情况。

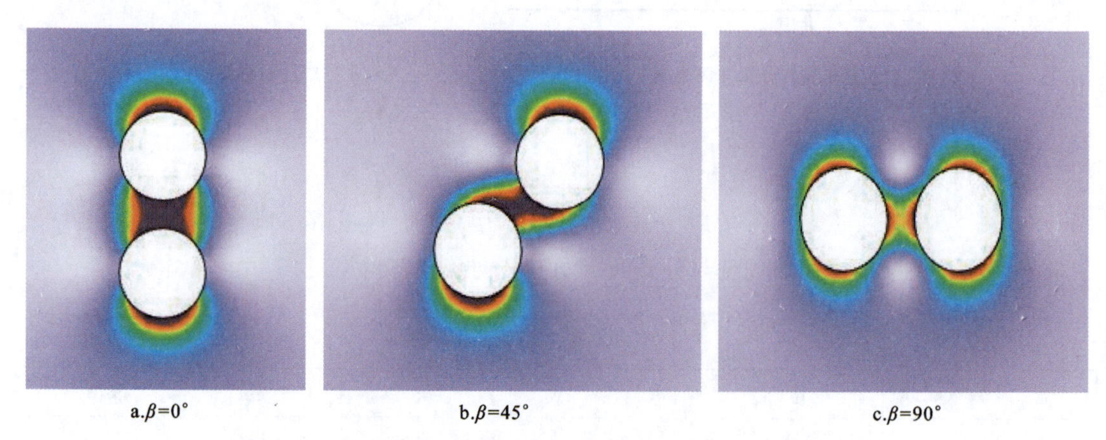

图 7-16 环向角对夹壁墙垮塌区域的影响(分支井夹角 $\alpha=1°$)

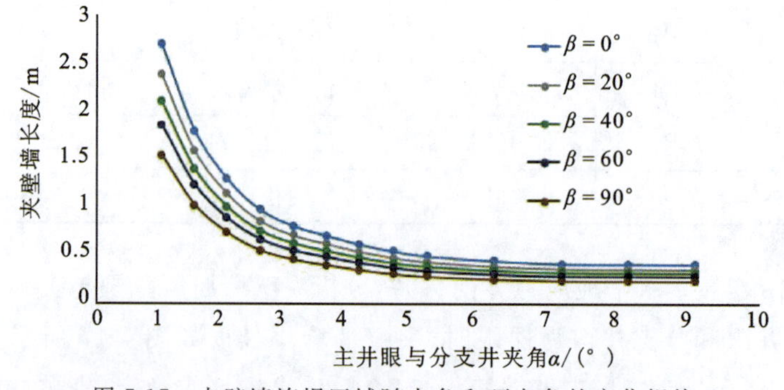

图 7-17 夹壁墙垮塌区域随夹角和环向角的变化规律

侧钻形成的夹壁墙的角度越小，岩石坍塌高风险区越长，夹壁墙处的岩石越不稳定。建议在工程实际工况允许情况下，尽量设置大于 2°的角度进行分支井的侧钻。由于现场存在地层受力不均、导向工具精度不够等问题，所以尽可能在现场调整，控制主、分支井夹角不至于过小,导致主支与分支井眼间稳定性过差。

煤岩中夹壁墙的危险部位更长,更容易发生井壁失稳。若必须要在煤层中进行侧钻,现场作业中应谨慎施工。煤岩侧钻的坍塌区域比泥岩侧钻的坍塌区域大很多,因此水平井悬空侧钻现场施工过程中应将主支建在顶、底板泥岩中。侧钻也应选在泥岩中进行,这样可以在一定程度上防止分支井侧钻过程中垮塌事故的发生。

7.1.4.2 侧钻技术

对于分支井眼,常用的侧钻技术有3种:一是打水泥塞螺杆钻具侧钻作业;二是使用可回收式裸眼封隔器/斜向器进行侧钻;三是悬空侧钻。目前,两淮矿区水害治理多分支井主要采用打水泥塞螺杆钻具侧钻作业。

1)水泥塞质量要求

候凝72h,Φ215.9mm以上结构的井眼静压80～100kN;候凝72h,Φ152.4mm井眼静压40～60kN;注浆井则待至注浆结束后24h,下钻透孔至侧钻点,候凝48h,方可侧钻。

2)分支侧钻井井眼曲率的控制

对于软地层、可钻性好的地层选用牙轮钻头侧钻,对于硬地层、研磨性强的地层选用PDC侧钻。对于侧钻点位置原井眼是直井段或稳斜井段的侧钻井,侧钻钻具组合应是弯接头加螺杆钻具或弯螺杆钻具组合。对于侧钻点位置有一定井斜且井段有一定曲率的可以采用直钻具(直螺杆)稳斜或降斜侧钻。

分支侧钻井井眼曲率的控制标准为①Φ311.1mm井眼控制在18°/100m;②Φ215.9mm井眼控制在30°/100m;③Φ152.4mm井眼控制在40°/100m。

3)侧钻施工作业

侧钻钻具组合下钻到底后,下入随钻测斜仪进行定向,调整工具面角至所需要的角度,上下活动钻具,完全释放钻具扭矩,以防蹩钻具而致使井下工具面转不到位。定向侧钻措施主要有以下几点:①在侧钻点处造台肩20～30min后,以该井段正常钻时的3～5倍控制钻时钻进;岩屑含量达90%以上,逐渐提高钻压,直至正常加压钻进。②要求送钻均匀,操作平稳,严防溜钻。③形成新井眼的过程中,每根单根的工具面角保持连续一致。④侧钻成功后,在监测井眼轨迹的条件下逐渐增加钻压钻进。⑤完成定向后进行侧钻,形成新井眼前,尽量不要调整工具的工具面角,以利于造斜侧钻成功。⑥完成定向侧钻后,下入扶正器扩划眼,以利于下入正常的钻具组合钻进,在有水泥斜面的侧钻井段划眼,必须保护好水泥斜面;侧钻出新井眼后,用曲率半径法计算井眼轨迹,新井眼与原井眼相距1.0m以上时划眼完成,恢复正常钻进。

7.1.4.3 分支侧钻施工

地面定向多分支水平井施工可分为前进式打多分支水平井和后退式打多分支水平井,后退式打多分支水平井(图7-18)有利于节省工期和成本。前进式打多分支水平井和后退式打多分支水平井的施工流程如图7-19。

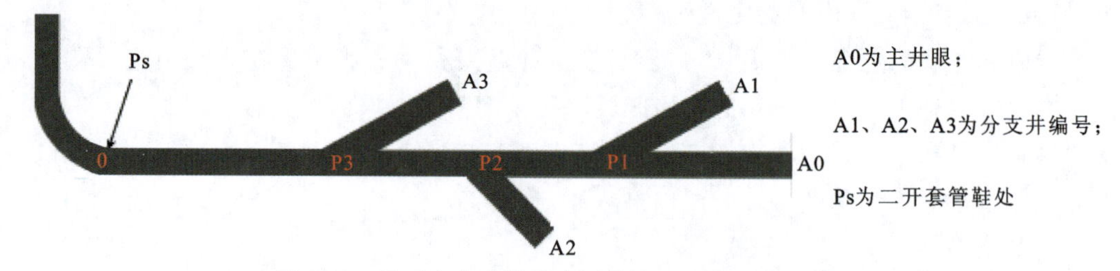

图 7-18　地面定向多分支水平井施工工艺原理示意图

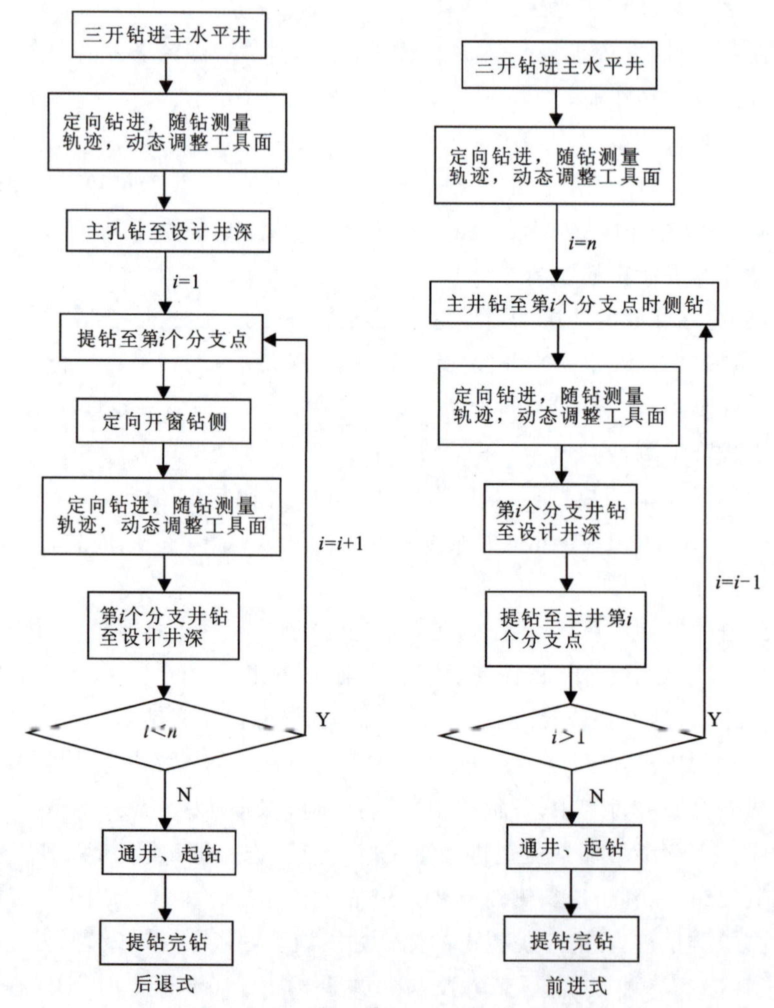

图 7-19　打多分支水平井施工流程

前进式多分支水平井打井施工顺序为 A0、A3、A1、A2。施工完 A0 后注浆形成水泥塞，侯凝 48～72h 后钻水泥塞透孔，在 P3 处侧钻 A3。待 A3 完钻后，再在 P1 处侧钻 A1。A1 完钻后再注浆形成水泥塞，侯凝 48～72h 后钻水泥塞透孔，在 P2 处侧钻 A2。

后退式多分支水平井打井的施工顺序位 A0、A1、A2、A3。施工完 A0 后注浆形成水泥塞，侯凝 48～72h 后钻水泥塞透孔，在 P1 处侧钻 A1。待 A1 完钻后注浆形成水泥塞，侯凝

48～72h 后钻水泥塞透孔，在 P2 处侧钻 A2。A2 完钻后再注浆形成水泥塞，侯凝 48～72h 后钻水泥塞透孔，在 P3 处侧钻 A3。

目前分支孔钻探顺序主要是考虑采煤工作面和止水位置。前进式多分支水平井和后退式多分支水平井进行比较发现，后退式多分支水平井钻进不需要重钻水泥石，可以节省工期和成本，建议采用后退式钻分支水平井，依次进行注浆。

7.2 轨迹控制技术

7.2.1 井眼轨迹控制方法和流程

地面定向多分支水平井井眼轨迹控制方法和流程如图 7-20。

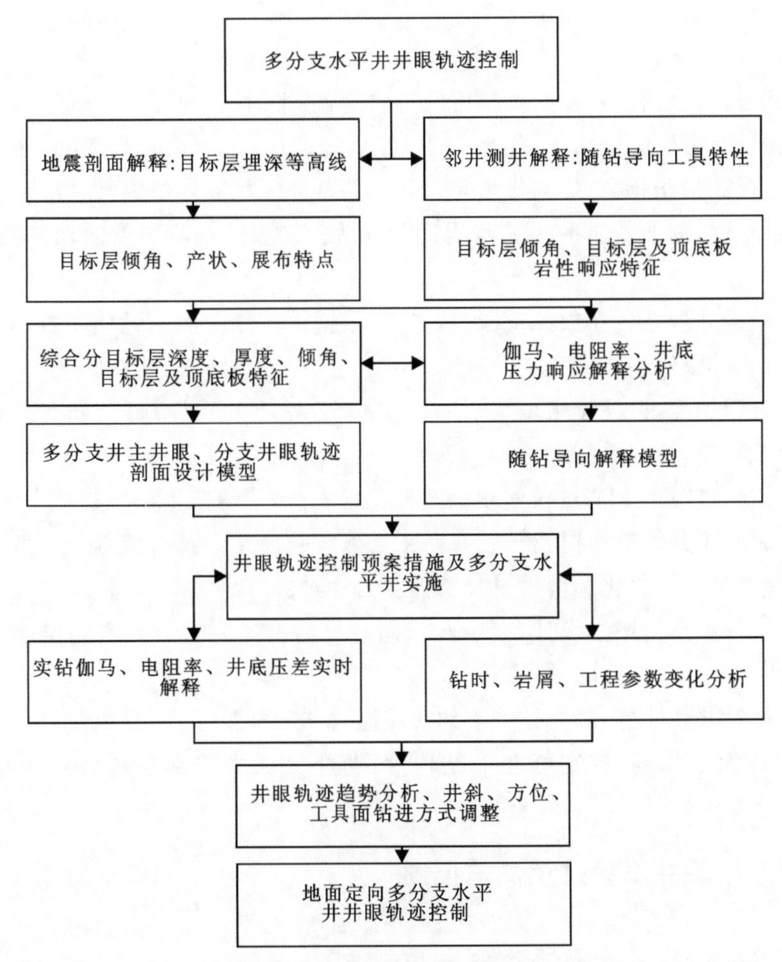

图 7-20 多分支水平井井眼轨迹控制方法和流程

受重力作用、地层倾角影响，近水平井段施工过程中钻具自然下垂，随地层倾角变化不易控制。三开水平段井眼轨迹预测与控制是通过随钻测斜和随钻测井实时测录地层电阻率、自然伽马和井眼轨迹等参数，及时分析研究钻头钻进方向，防止或预告钻头钻出目的层，进而通过增斜或降斜,改变钻进方位实时调整三维井身轨迹变化,使钻头始终朝向目标层最佳层位延伸钻进。为确保近水平孔各点实际轨迹符合设计要求,采取以下井眼轨迹控制措施。

(1)每钻进一个单根测斜一次井斜和方位,及时进行轨迹预测,确保井眼按地质要求的层位和工程要求钻进。

(2)每次起完钻都要检查钻具,出问题的及时返回检修,螺杆、仪器下井前需要测试正常后才能入井。每次下钻快到底时,需校对钻具,才能钻进作业。

(3)每次起下钻至水平段后,起下钻速度控制在15柱/h以下。

(4)每钻进200m要求短起下钻作业。短起下钻前循环一周左右,不能定点长时间循环。

(5)起钻不顺时要求倒划眼起钻,直到正常起钻,起钻过程遇阻时不能硬拔、硬压,可以开泵试着倒划眼起钻。

(6)水平段施工过程要注意观察、留意异常现象,定向井要注意扭矩、钻压、泵压、钻时、井口泥浆返出情况的变化;注意返出岩屑的变化,对将要施工地层提前预测;还要注意环空压力、泵压、电信号的变化。

(7)下钻到底后,根据需要及时调整好轨迹,使轨迹平滑。

(8)注意振动筛岩屑的返出量,返出正常,继续钻进;若返出量减少,立管压力波动大,需采取控制钻速,提高顶驱转数,提高排量,短起下,调整泥浆黏度等措施,保持井眼清洁。

(9)钻进过程中,加强岩屑录井的监测,及时反馈,采取措施尽可能的保持钻井轨迹在目的层中。

(10)钻进时录井做好各参数的记录;钻进中,根据地质导向测取地质参数的变化,分析地层情况,及时调整井眼轨迹。

(11)随着井眼加深,钻柱摩阻增大,注意监测有效钻压的临界深度,如磨阻较大,托压严重及时调整泥浆性能,特别是润滑性。

(12)水平段钻进时用MWD仪器跟踪监控井眼轨迹,控制按设计轨迹施工。根据随钻伽马、岩屑录井、钻时录井等资料以及导眼井完钻后确定的控制原则为依据,及时微调方位和井斜,对井眼轨迹做进一步优化和调整,控制轨迹在目的层。

(13)钻井过程中严格按照设计参数施工,同时根据设计要求进行实钻监测,及时调整施工参数与措施。

(14)维护好钻井液性能,提高钻井液的防塌能力和护壁封堵能力,控制好失水,不得在易垮塌井段循环处理钻井液,控制好起下钻速度,防止因压力波动造成井壁失稳,确保井身质量。

7.2.2 水平段井眼轨迹预测与控制

7.2.2.1 水平段井眼轨迹预测与控制方法

水平段实钻过程中沿轨迹方向的地层倾角经常是在变化的,需要及时收集随钻资料,进行标志层(点)的对比,确认目前实钻位置,实时监控轨迹,提前预测,引导定向施工,确保钻井轨迹在设计的目的层范围内穿行。上述水平段井眼轨迹预测与控制方法即为水平段地质导向技术。

1)轨迹方向沿下倾目的层钻进

下倾目的层水平段钻进中出现下部地层，是因为钻进井斜角过小，与水平面的差大于目的视倾角造成的(图 7-21)；下倾目的层水平段钻进中出现上部地层，是因为钻进井斜角过大，与水平面夹角小于目的视倾角造成的(图 7-22)。

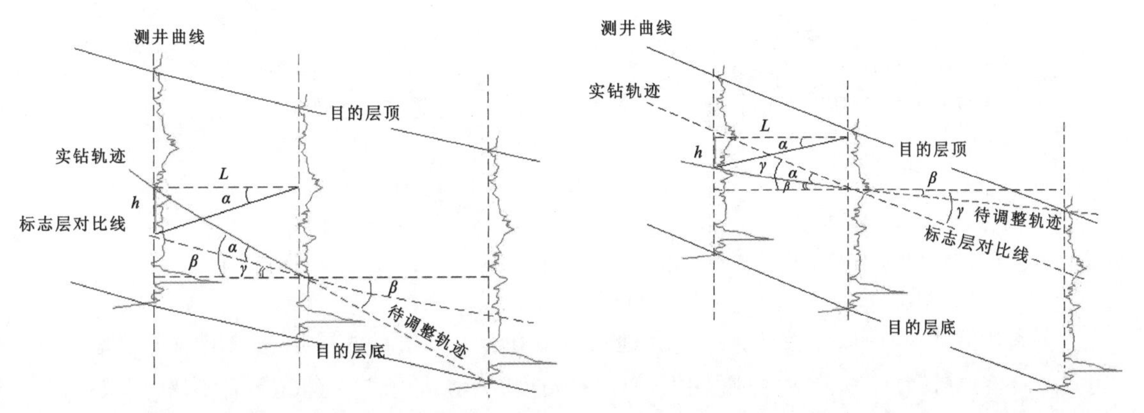

图 7-21　下倾地层钻穿目的层底的预测计算示意图　　图 7-22　下倾地层钻穿目的层顶的预测计算示意图

通过选定参照点，确定标志层位对比线，地层对比确认实钻点在目的层中上、下的位置，得出距参照点目的层垂厚 h，再用坐标计算出参照点与实钻位置的平面坐标距离 L，利用式(7-1)、式(7-2)、式(7-3)计算出钻进过程中下、上切地层角度 α、水平面与井斜角差值 β 和实际目的层视倾角 γ。

$$\alpha = \arctan(h/L) \tag{7-1}$$

$$\beta = 90^\circ - x \tag{7-2}$$

式中，x 为钻井井斜角。

$$\gamma = \beta \pm \alpha \tag{7-3}$$

式中，“+”为下倾目的层水平段钻进中出现上部层。

β 是大于或小于目的层视倾角 γ，若不及时更改井斜角，随着水平段不断钻进，井轨迹将会钻穿目的层底或顶。这时需要增加或减小井斜角，降低或增加 β（小于或大于 γ），钻头会逐步返回目的层，当调整到 β 与 γ 趋于相等时，为沿目的层平行钻进。

2)轨迹方向沿上倾目的层钻进

上倾目的层钻进中出现下部地层，是因为井斜角过小，与水平面夹角 β 小于目的层视倾角 γ 造成(图 7-23)；上倾目的钻进中出现返回上部地层，是因为井斜角过大，与水平面夹角 β 大于目的视倾角 γ 造成(图 7-24)。

通过标志层位对比线地层对比确认，实钻点在标志层位对比线上、下的位置，得出距参照点目的层垂厚 h，再用坐标计算出参照点与实钻位置的平面坐标距离 L，利用式(7-1)计算出钻进过程中下、上切地层角度 α，利用式(7-4)计算水平面与井斜角差值 β。

$$\beta = x - 90^\circ \tag{7-4}$$

式中，x 为钻井井斜角。

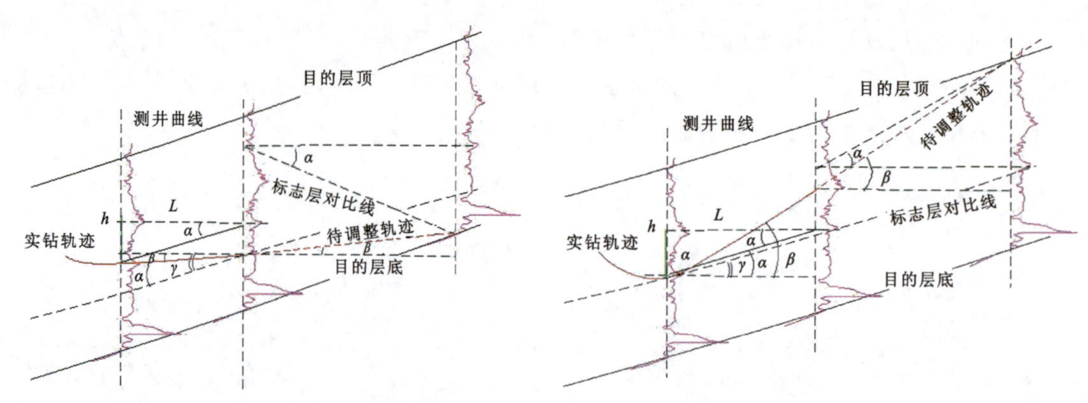

图 7-23　上倾地层钻穿目的层底的预测计算示意图　　图 7-24　上倾地层钻穿目的层顶的预测计算示意图

再利用式(7-3)中取“+”计算出实际地层视倾角 γ。上倾目的层钻进中出现上部地层利用式(7-1)、式(7-4)计算出钻井过程中下切地层角度α 和水平面与井斜角差值β，利用式(7-3)中取“−”计算出实际地层视倾角γ。

β是小于或大于实际地层视倾角γ，若不及时更改井斜角，随着水平段不断钻进，井眼轨迹将会钻穿目的层底或顶。这时需要增加或减小井斜角，增加或减小 β(大于或小于γ)，钻头的位置会逐步返回目的层，当调整到β与γ趋于相等，为沿目的层平行钻进。

3)复杂地层情况

水平段地层有时会出现或高、或低、或断等复杂情况(图 7-25)，需要在地层拐点处增加控制点，将复杂地层分解为多个简单段，再按上述方法进行判断和计算，及时发现问题，推测结果，提出调整方案。为了便于后期施工作业，钻进水平段轨迹尽量保持平整。

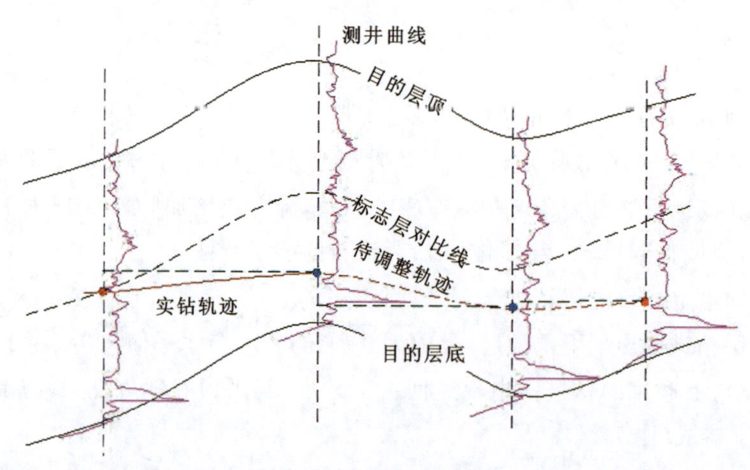

图 7-25　复杂地层水平钻进控制点间地层倾角计算示意图

7.2.2.2　瓦斯治理井水平段井眼轨迹预测与控制技术要点

根据钻井及邻井岩性柱状图，煤层顶底板主要存在泥岩或砂质泥岩，且比较稳定。在充分掌握泥岩或砂质泥岩岩性及伽马数值的基础上，水平段导向钻进轨迹控制时以该层为标志层。

水平段轨迹以随钻测量仪器跟踪监控井眼轨迹，每10m取一组数据，控制按设计轨迹施工，以随钻方位伽马、电阻率数据、气测录井、岩屑录井、钻时录井等资料确定的控制原则为依据，及时微调方位和井斜，对井眼轨迹做进一步优化和调整，控制轨迹在煤层顶底板之上0～5m范围内。井斜偏移采取靶域控制，水平段垂向上下位移小于2m，水平左右位移小于10m。

当清楚钻头所处位置时，就不必去探煤层位置。由于地层变化，不清楚钻头所处位置时，可以下探煤层上部位置，探到后立即调整轨迹，确保水平段顶板地层钻遇率，保持在距煤层0～5m范围内钻进。下探煤层位置时必须遵循两个原则，一是控制狗腿弯度在6°/30m范围内，以保证井眼畅通；二是必须保证孔内安全，坚持"进一退二"原则、每根钻具套划数遍，尽量减少煤层暴露面积。

导眼钻进时，对地层岩性、气测特征逐层分析，特别是目标煤层上部泥岩或砂质作重点分析。从目的层上部20m开始，进行钻时控制。钻进时控制钻时大于迟到时间，让气测和岩屑更真实，认清煤层上部层位的特性，更好指导水平井钻进。

钻导眼时应精准掌握泥岩上、下层岩性，钻时，伽马特性等特征，加强岩屑及气测录井结果特征分析。结合已有直井及导眼井的实钻资料，确定指导水平段轨迹控制的参数范围，制定参考依据，以目的层顶板的标志层指导三开水平井的导向轨迹控制，充分利用岩屑、气测特征指导导向轨迹控制，并结合实钻伽马数据分析。

常规钻具三开钻灰塞并钻进新的地层5m左右起钻。下入"Φ216mmPDC钻头＋Φ165～172mm螺杆钻具＋(MWD＋Gamma)随钻测量系统"的钻具结构。定向工程师和地质工程师密切配合，地质工程师根据导眼见煤情况并结合邻井资料计算地层倾角，定向工程师根据地层倾角将轨迹调整在目标煤层顶底板上0～5m范围内钻进。

三开水平段的导向伽马为旋转伽马，可以区分煤层等低伽马层与泥岩围岩，并能判断钻头是穿顶还是穿底，及时调整导向轨迹。

7.2.2.3　钻遇断层与地层突变时井眼轨迹控制措施

实钻过程中做好地层对比，充分利用电磁波仪器的上下伽马、电信号，同时结合钻时、全烃的变化、返出岩屑岩性的变化，计算地层倾角，以此来判断所钻地层断层位置，调整水平井轨迹。

对于瓦斯治理井，调整轨迹时必须遵守如下两个原则：一是控制狗腿弯度在3°～5°/30m范围内，以保证井眼畅通；二是以孔内施工安全为主，不能进入煤层，造成孔内复杂。如果因断层钻遇煤层，按原则调整轨迹距煤层0～5m。

如果因遇断层或地层突变等原因，无法达到施工目的，则需采取侧钻技术。定向井工程师根据螺杆压差、测斜数据、钻井参数的变化等，可及时判断侧钻是否成功，侧钻工艺要点如下。

(1)为较好控制工具面，侧钻钻头应选择多刀翼、外双排齿、抗研磨的PDC钻头和适合侧钻的井下动力钻具。

(2)根据轨迹需要,起至设计侧钻点上部,然后锁定工具面上提下放进行滑槽几遍,在滑槽点底部开始悬空侧钻。

(3)侧钻时采取连续滑槽的方式,严格控制 ROP 参数,新井眼进尺 1～2m 内 ROP 控制为 0.8～1.2m/h,2～3m 内控制为 1.2～2.5m/h,3～10m 内控制为 3m/h,整个侧钻需要 5～9h。

(4)侧钻时将工具面角摆到 160°/200°,首先向左/向右下方侧钻,形成一条向下倾斜的曲线。因为钻柱处于水平井眼的底部,而不是中心线部位工具面角能够让钻头稳定地和井眼接触,以防止振动引起的煤层垮塌。

(5)滑动侧钻钻至设计方位和井斜后开始复合钻进,钻进过程中要密切注意摩阻扭矩的变化。钻完每个分支后,至少循环 1～2 周,然后起钻至下一个分支的侧钻点位置。重复上述步骤,完成其余分支井眼作业。

(6)水平井位垂比比较大时,侧钻点的井斜、方位变化较大,增加了摩阻和扭矩,易使钻具失效,难以传递钻压,形成托压现象。采用每柱只侧钻一个单根,侧钻后多拉井壁、多划眼减小方位变化,来达到减小钻具失效和托压的现象。

(7)每次起下钻过侧钻点时,定向工程师需到钻台指挥下钻,直至钻具通过侧钻点,起钻过侧钻点的步骤如下:起到侧钻点前 10m 开始倒划眼,后停泵定向再下入侧钻点,下入侧钻点后 20m 左右测斜,观察是否进入,如正常进入再倒划眼起钻。重复 2～3 次,倒划眼起出侧钻点,在不摆工具面停泵情况下,看是否能正常进入,如果能进入可继续起钻。如果不能正常进入,再采取不开泵试下钻,如果能过侧钻点,再倒划眼起钻,重复 2～3 次,倒划眼起出侧钻点,再在不摆工具面停泵情况下,看是否能正常进入,如果能进入可继续起钻。如果再次失败,采用定向开泵过侧钻点,可试着改变定向工具面下入。如果全部失败,只能采用将工具面摆在侧钻时的工具面,控时下放找井眼,如果找不到只能放弃。下钻过侧钻点时,先不用摆工具面,让其自由下入,如果能正常过侧钻点,直接下钻到底继续钻进,否则重复起钻的步骤。一般禁止开泵开顶驱过侧钻点。起下钻到侧钻点时注意观察悬重的变化,如有遇阻或挂卡现象时不要硬压、硬提,可以旋转钻具上提下放。

7.2.2.4　水平段井眼轨迹预测与控制方法应用效果

以朱集东 ZJ1-2 井水平段地质导向过程为例进行说明。

1)ZJ1-2 井导向风险分析

朱集东 ZJ1-2 钻井的钻井目的主要是通过在朱集东西二盘区 1422 和 1412 工作面实施 ZJ1-1、ZJ1-2 水平井,在 13-1 煤层顶板钻水平井孔,对 13-1 煤层进行地面瓦斯治理试验,通过煤层顶板水平井压裂和排采试验,探索适用该区块 13-1 煤层特点的压裂、排采工艺技术。ZJ1-2 井实际轨迹垂直投影图和水平投影图见图 7-26,ZJ1-2 井实际轨迹三维投影图见图 7-27。

轨迹导向风险分析主要依据地质设计和邻井实钻情况进行,主要的风险包括:①13-1 煤层顶、底板砂质泥岩界限不明显,陆相沉积不稳定,地层倾角变化较大。②水平段地层小断层多,煤层顶底板岩性相似,难以识别,给导向施工带来很大困难,影响箱体靶域钻遇率。③地震精度不高,本井地震解释图处于解释边缘带,由不同解释拼接而成,存在加大误差,对轨迹

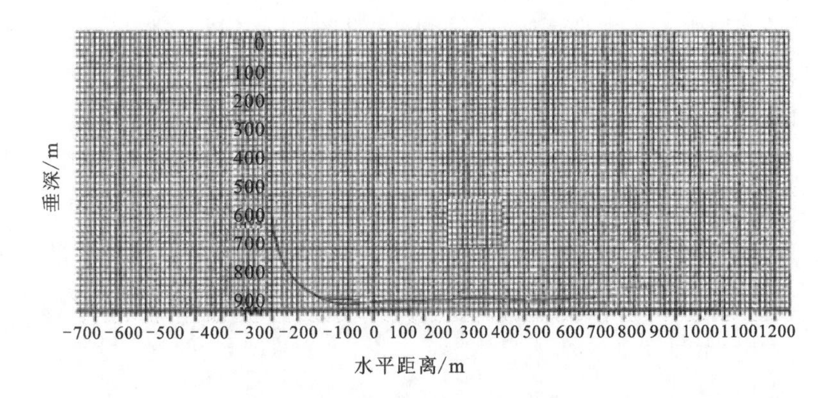

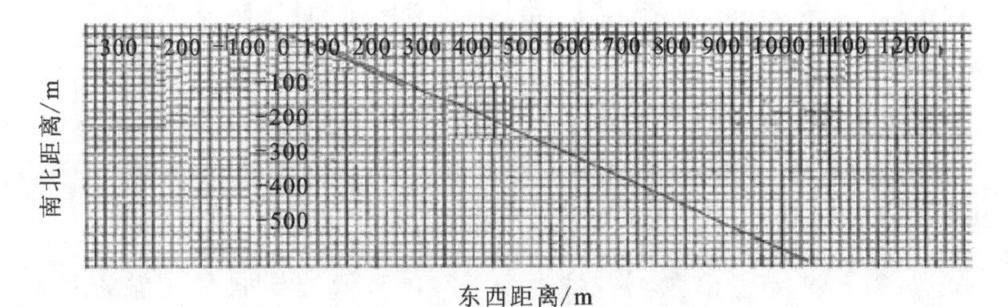

图 7-26　ZJ1-2 井实际轨迹垂直投影图和水平投影图

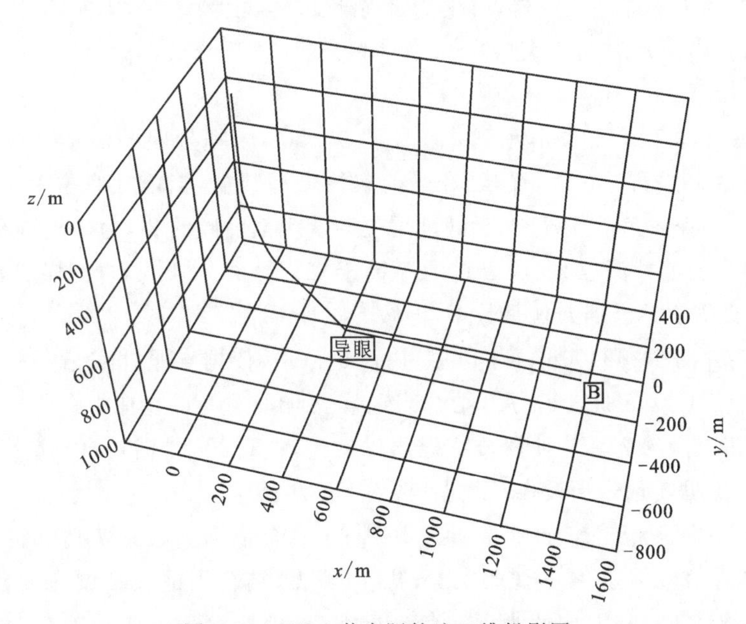

图 7-27　ZJ1-2 井实际轨迹三维投影图

导向工作指导性不强。④陆相地层相变较快，靠岩性特征区分地层有时存在一定的不确定性。⑤煤层附近钻时太快，对于及时判断地层、迟到时间准确性和钻屑捞取均有影响。⑥煤层附近地层较软，钻遇煤层后，定向增斜效果较差，可能导致导向指令有不能达标的风险。⑦根据物探及朱集东矿地质资料来看，水平段存在一个比较大的断层，段距难以识别，给水平段施工带来一定的难度。⑧其他风险还有随钻测量信号传输受钻井液性能、泵稳定性等因素影响，随钻测井的实时性容易受到影响；随钻测井仪与邻井常规测井仪之间存在可能的响应差别，对识别地层，尤其是判断储层好坏级别等会带来一定风险。

2）ZJ1-2 井水平段导向过程

本井实钻靶点数据：斜深 1 070.00m，垂深 884.30m，井斜 92.73°，方位 118.80°，靶前距 313.55m，闭合方位 110.17°，靶点坐标：X 39 479 024.95m，Y 3 639 244.45m。

钻进至井深 1 080.00m，预测井底井斜 94.0°，依据导眼井实钻资料对比和区域地质资料分析，实钻 1070m 见 13-1 煤，计算地层倾角上倾 5.5°～6°。为使轨迹在箱体靶域中钻进，避免穿底，执行如下措施：自当前井深控制井斜至 94.5°±0.5°稳斜钻进。根据实钻岩屑及伽马数据，再做下一步调整。

钻进至井底井深 1 165.00m，预测井底井斜 95.00°，依据导眼井实钻资料对比和区域地质资料分析，实钻 1070m 见 13-1 煤，结合当前实钻伽马数据，当前井底位于 13-1 煤顶部，伽马 90API，后续地层逐渐变缓至上倾约 3°。为使轨迹在箱体靶域中钻进，执行如下措施：自当前井深以 2.5°/30m 狗腿度降斜至 92.5°±0.5°稳斜钻进。根据实钻岩屑及伽马数据，再做下一步调整。

钻进至井底井深 1 194.00m，预测井底井斜 92.00°，依据导眼井实钻资料对比和区域地质资料分析，实钻 1162m 出 13-1 煤，结合当前实钻伽马数据，当前井底位于 13-1 煤顶部，伽马 150API，岩性为深灰色砂质泥岩，后续地层逐渐变缓至上倾约 2°，为使轨迹在煤层中钻进，执行如下措施：自当前井深以 2.0°/30m 造斜率降斜至 91.5°±0.5°稳斜钻进。根据实钻岩屑及伽马数据，再做下一步调整。

钻进至井底井深 1 232.00m，预测井底井斜 90.50°，依据导眼井实钻资料对比和区域地质资料分析，实钻 1162m 出 13-1 煤，结合当前实钻伽马数据，当前井底位于 13-1 煤顶部，伽马 144API，岩性为深灰色砂质泥岩，后续地层逐渐变缓至上倾约 2°，为使轨迹在煤层中钻进，执行如下措施：自当前井深以 91.0°±0.5°（不高于 91.0°）探 13-1 煤，探到煤层后稳斜 91.5°±0.5°煤层钻进，根据实钻岩屑及伽马数据，再做下一步调整。

钻进至井底井深 1 262.00m，预测井底井斜 91.00°，依据导眼井实钻资料对比和区域地质资料分析，实钻 1234m 进 13-1 煤，结合当前实钻伽马数据，当前井底位于 13-1 煤，伽马 56API，地层倾角上倾约 2°。为使轨迹在煤层中钻进，执行如下措施：自当前井深以 91.5°±0.5°稳斜钻进。根据实钻岩屑及伽马数据，再做下一步调整。

钻进至井底井深 1 285.00m，预测井底井斜 90.90°，依据导眼井实钻资料对比和区域地质资料分析，实钻 1234m 进 13-1 煤，1262m 出 13-1 煤，结合当前实钻伽马数据，当前井底位于13-1煤上部，伽马 140API，岩性为深灰色砂质泥岩，地层倾角上倾约 1.5°。为使轨迹在煤层中钻进，执行如下措施：自当前井深以 2.0°/30m 造斜率降斜至 90.0°±0.5°稳斜钻进。根据实钻岩屑及伽马数据，再做下一步调整。

钻进至井底井深 1 323.03m，预测井底井斜 90.30°，依据导眼井实钻资料对比和区域地质资料分析，实钻 1234m 进 13-1 煤，1262m 出 13-1 煤，综合构造及现场实钻岩屑情况及实钻伽马数据分析，当前井底位于 13-1 煤上部，平均伽马 154API，岩性为深灰色砂质泥岩，结合构造即将钻遇地层会变缓至下倾。为确定当前井眼轨迹位置，执行如下措施：自当前井深以

2.0°/30m造斜率降斜至89.05°±0.5°(89.00°～89.05°)稳斜钻进。根据实钻岩屑及伽马数据,再做下一步调整。

钻进至井底井深1 331.00m,预测井底井斜89.70°,依据导眼井实钻资料对比和区域地质资料分析,实钻1234m进13-1煤,结合构造即将钻遇地层会变缓。为使轨迹在煤层中钻进,执行如下措施:自当前井深以2.0°/30m造斜率增斜至90.05°±0.5°稳斜钻进。根据实钻岩屑及伽马数据,再做下一步调整。

钻进至井底井深1 389.00m,预测井底井斜90.04°,依据导眼井实钻资料对比和区域地质资料分析,实钻1234m进13-1煤,井底岩性含有部分泥岩(可能靠近煤层下部夹矸处),结合构造即将钻遇地层会变缓至上倾1.0°。为使轨迹在煤层中钻进,执行如下措施:自当前井深以2.0°/30m造斜率增斜至91.0°±0.5°稳斜钻进。根据实钻岩屑及伽马数据,再做下一步调整。

钻进至井底井深1 433.00m,预测井底井斜89.90°,依据导眼井实钻资料对比和区域地质资料分析,实钻1294m出13-1煤,综合构造及现场实钻岩屑情况及实钻伽马数据分析,井底当前位于13-1煤下部,平均伽马155API,岩性为深灰色砂质泥岩,结合构造地层约上倾1.0°。为使轨迹在煤层中钻进,执行如下措施:自当前井深以2.0°/30m造斜率增斜至93.0°±0.5°稳斜钻进。根据实钻岩屑及伽马数据,再做下一步调整。

钻进至井底井深1 495.00m,预测井底井斜93.9°,依据导眼井实钻资料对比和区域地质资料分析,实钻1474m进13-1煤底板(进煤井斜93.3°),综合构造及现场实钻岩屑情况及实钻伽马数据分析,井底当前位于13-1煤下部,伽马从155API降至85API,结合构造地层未钻遇地层倾角上倾0.5°～1.0°。为使轨迹在煤层中钻进,执行如下措施:自当前井深以2.0°/30m造斜率降斜至93.0°±0.5°稳斜钻进至1530m后。根据实钻岩屑及伽马数据,再做下一步调整。

钻进至井底井深1 532.00m,预测井底井斜93.00°,依据导眼井实钻资料对比和区域地质资料分析,实钻1474m进13-1煤底板(进煤井斜93.3°),综合构造及现场实钻岩屑情况及实钻伽马数据分析,井底当前位于13-1煤上部(进煤约60m),结合构造地层未钻遇地层倾角上倾0.5°～1.0°。为使轨迹在煤层中钻进,执行如下措施:自当前井深以1.5°/30m造斜率降斜至90.5°±0.5°稳斜钻进观察。根据实钻岩屑及伽马数据,再做下一步调整。

钻进至井底井深1 547.00m,预测井底井斜92.00°,依据导眼井实钻资料对比和区域地质资料分析,实钻1530m出13-1煤底板(出煤井斜93.03°),综合构造及现场实钻岩屑情况及实钻伽马数据分析,井底当前位于13-1煤底板上部地层(出13-1煤顶板约18m),结合构造地层未钻遇地层倾角约下倾0.25°。为使轨迹在煤层中钻进,执行如下措施:自当前井深以2.0°/30m造斜率降斜至89°±0.5°稳斜钻进观察。根据实钻岩屑及伽马数据,再做下一步调整。

钻进至井底井深1 605.00m,预测井底井斜92.30°,依据导眼井实钻资料对比和区域地质资料分析,实钻1530m出13-1煤底板(出煤井斜93.03°),综合构造及现场实钻岩屑情况及实钻伽马数据分析,井底当前位于13-1煤底板上部地层(出13-1煤顶板约75m),伽马140API,结合构造地层未钻遇地层倾角约下倾0.2°。为使轨迹在煤层中钻进,执行如下措施:自当前井深以2.0°/30m造斜率降斜至88.5°±0.5°稳斜钻进观察。根据实钻岩屑及伽马数据,再做下一步调整。

钻进至井底井深1 691.81m,预测井底井斜88°,依据导眼井实钻资料对比和区域地质资料分析,实钻1530m出13-1煤底板(出煤井斜93.03°),综合构造及现场实钻岩屑情况及实钻伽马数据分析,井底当前位于13-1煤底板上部地层(出13-1煤顶板约161m),伽马148API,执行如下措施:自当前井深以2.0°/30m造斜率降斜至87.0°±0.5°稳斜钻进观察。根据实钻岩屑及伽马数据,再做下一步调整。

钻进至井底井深1 744.00m,预测井底井斜87.20°,依据导眼井实钻资料对比和区域地质资料分析,实钻1768m出13-1煤顶板(出煤井斜89.10°),综合构造及现场实钻岩屑情况及实钻伽马数据分析,井底当前位于13-1煤底板上部地层(出13-1煤顶板斜深约214m)。要求对着控制点垂深钻进,控制点坐标为X 39 479 741.20m,Y 3 638 867.05m,垂深866.81m,执行如下措施:自当前井深以2.8°/30m造斜率增斜至94.0°±0.5°稳斜钻进观察。根据实钻岩屑及伽马数据,再做下一步调整。

钻进至井底井深1 798.00m,预测井底井斜91.20°,依据导眼井实钻资料对比和区域地质资料分析,实钻1768m出13-1煤顶板(出煤井斜89.10°),综合构造及现场实钻岩屑情况及实钻伽马数据分析,井底当前位于13-1煤底板上部地层,岩性变为灰白色细砂岩。要求对着控制点垂深钻进,控制点坐标为X 39 479 741.20,Y3 638 867.05,垂深866.81m,执行如下措施:自当前井深以2.8°/30m造斜率增斜至94.0°±0.5°稳斜钻进观察。根据实钻岩屑及伽马数据,再做下一步调整。

钻进至井底井深1 820.00m,预测井底井斜92.00°,依据导眼井实钻资料对比和区域地质资料分析,实钻1809m进13-1煤(进煤井斜92.00°),伽马从140API降至54API,综合构造及现场实钻岩屑情况及实钻伽马数据分析,井底当前位于13-1煤顶部(进煤约11m),执行如下措施:自当前井深以92.5°±0.5°稳斜钻进观察。根据实钻岩屑及伽马数据,再做下一步调整。

钻进至井底井深1 895.00m,预测井底井斜92.30°,依据导眼井实钻资料对比和区域地质资料分析,实钻1809m进13-1煤顶板(进煤井斜92.00°),斜深1859m出13-1煤(井斜92.56°),综合构造及现场实钻岩屑情况及实钻伽马数据分析,井底当前位于13-1煤顶部(进煤约50m)。要求对着靶点设计垂深钻进,靶点坐标为X 39 479 888.81m,Y 3 638 789.95m,垂深866.81m,执行如下措施:自当前井深以1°/30m造斜率降斜至91.0°±0.5°后稳斜钻进观察。根据实钻岩屑及伽马数据,再做下一步调整。

钻进至井底井深2 046.00m完钻,完成水平段976.00m进尺,井斜91.50°,方位119.00°,垂深864.57m,闭合距1 286.30m,闭合方位116.20°,靶点坐标为X 3 638 784.63m,Y 39 479 884.76m。

图7-28为ZJ1-2井地质导向模型图。

3)ZJ1-2井水平段导向结论

控制轨迹顺利完成976.00m(1 070.00~2 046.00m)水平段的导向任务。箱体靶域钻遇率92.21%。因断层断距大影响导致约76.00m在靶域之外,其中在煤层中穿行325.00m,且轨迹整体平滑。实钻过程中,水平段气测显示良好,全烃值范围0.06%~80.06%,平均全烃值14.32%。

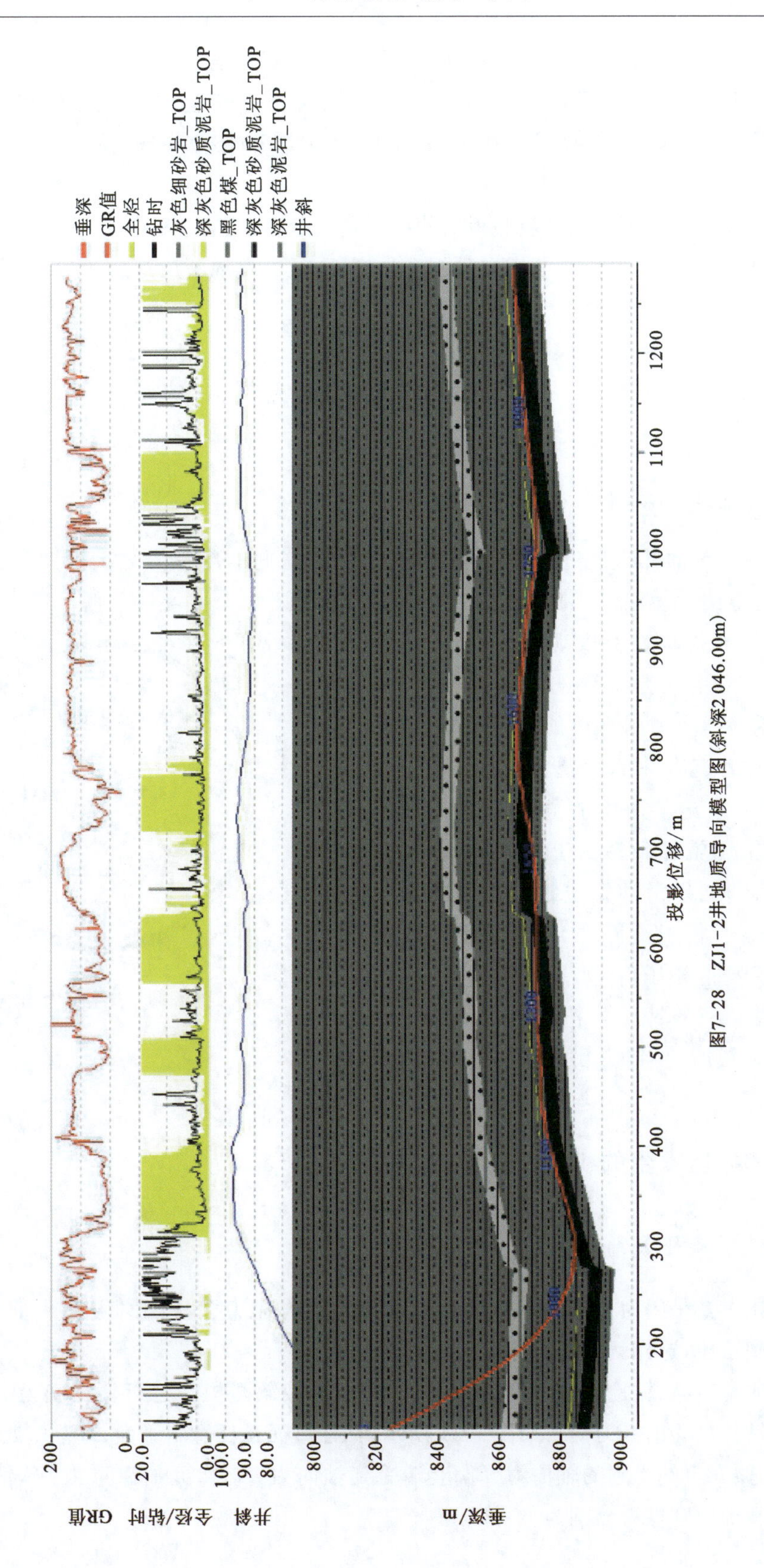

图7-28　ZJ1-2井地质导向模型图(斜深2 046.00m)

落实了地层沉积建造稳定性。依据地震资料和朱集东矿地质资料，显示本井在水平段有大断层存在，因本井实钻二开工程复杂，基于设计要求和井下安全，本井实钻过程中未要求全井段在煤层中穿行，即井眼轨迹控制在13-1煤顶、13-1煤和13-1煤底均可，只为保证本井顺利打完进尺，并顺利下套管。

实钻中应充分结合预判的煤层底板等值线图进行分析，结合复合钻进时井斜变化情况即实钻返出岩屑分析岩性变化，判断煤层顶板还是底板，及时发现断层造成的异常，做出合理的井斜调整，避免下反向指令。

7.3 井眼托压问题分析及解决措施

7.3.1 托压的现象及危害

托压是指在定向井钻进过程中，由于钻具与井壁之间的摩擦力太大，钻压无法有效传递到钻头，使得钻头无法产生进尺的一种现象。托压在综合录井仪和指重表上表现为在钻压不断增加的情况下钻头位置不变、没有进尺，泵压不升高、不憋泵，如果钻压继续增加则有可能产生突然憋泵。托压是定向钻进中普遍存在的问题，严重影响了定向钻进的效率和井下安全。托压的危害主要有以下3点：①只有部分钻压施加到钻头上，导致机械钻速低，甚至无法钻进；②如果滑动钻进过程中发生托压，钻具长时间静止，不利于清除岩屑，且易发生压差卡钻（图7-29）；③发生托压后，如果继续增大钻压至解除托压后，钻头受到的钻压和扭矩会突然增大，从而引起工具面波动或改变，钻头和螺杆钻具容易受损，影响定向钻井效率。

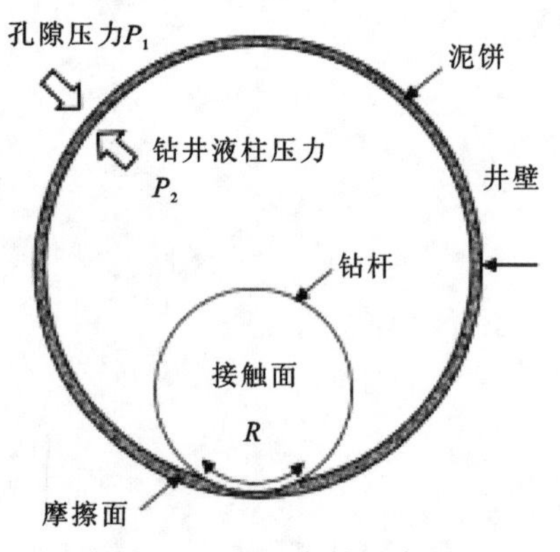

图7-29　压差卡钻示意图

7.3.2 托压发生的机理及影响因素

7.3.2.1 托压发生机理

发生托压主要是因为下部钻具侧向力过大，导致摩擦阻力大，钻压堆积在上部井段，近钻头部位得不到钻压，这样就限制了钻压的传递（图7-30）。

在井眼曲率不高、钻柱弯曲刚度不大的情况下，可按软绳模型进行钻柱受力分析。滑动钻进工况下钻柱微元的受力分析如图7-31所示，钻柱微元是任意斜平面1上一段狗腿度为γ的小圆弧段，微元下端受到的轴向力T_2，上端受到轴向力T_1，微元的浮重为W，钻柱微元受到的侧向力和轴向摩擦力分别为N和F。

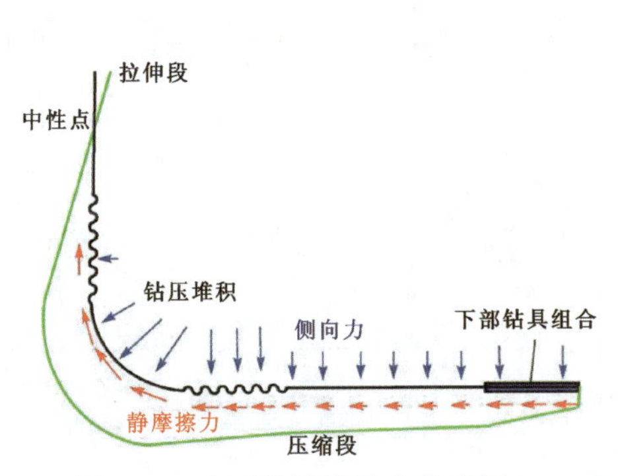

图 7-30　水平井钻柱受力示意图

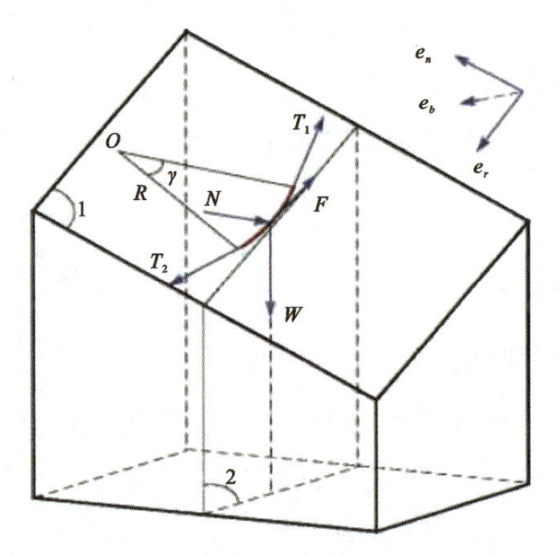

图 7-31　滑动钻进工况下钻柱微元受力分析

$$W_{n} = W \frac{\cos\alpha_2 - \cos\alpha_1}{2\sin\left(\frac{\gamma}{2}\right)}$$
$$W_{b} = W \frac{\sin\alpha_1 \sin\alpha_2 \Delta\varphi}{\sin\gamma} \tag{7-5}$$

式中，W_n和 W_b分别为浮重在主法线和副法线方向的分量，N；α_1和 α_2分别为微元上、下端处的井斜角，rad；$\Delta\varphi$ 为微元上下端处方位角的增量，rad；γ 为井眼狗腿度，rad。

钻柱微元受到的侧向力 N 的简化计算公式为

$$N = \sqrt{(T_2\gamma + W_n)^2 + W_b^2} \tag{7-6}$$

式中，N 为钻柱微元受到的侧向力，N；T_2为微元下端受到的轴向力，N；其他同上。

由上式不难看出，钻柱微元所受的侧向力不仅与浮重在主法线和副法线方向（即非轴向）的分量 W_n和 W_b有关，还与轴向力和井眼狗腿度的积有关。井斜角越大，浮重在非轴向的分量越大，产生的摩擦力就越大，就越容易发生托压。钻柱受到的轴向力越大，产生的摩擦力就越大，就越容易发生托压。除了浮重和轴向力与弯曲井眼的耦合作用会导致钻柱微元受到侧向力外，在管柱弯曲刚度和井眼曲率较大时，也需要考虑由钻柱弹性产生的侧向力。

此外，钻柱受压屈曲时还会产生附加侧向力。当摩阻开始增大时，通常需要增大钻压，直至钻压能够克服摩阻，但钻压较大容易引起钻柱屈曲（图 7-32），并产生附加侧向力。当所加钻压无法克服摩阻时，而在钻压持续增大，钻柱也会出现屈曲。屈曲可分为正弦屈曲和螺旋屈曲。

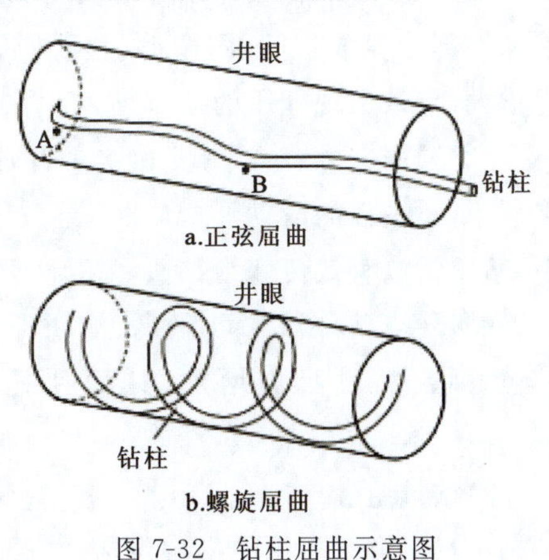

图 7-32　钻柱屈曲示意图

正弦屈曲。加载了过大钻压钻柱首先出现的是正弦屈曲，正弦屈曲下钻柱每个周期都与井壁点接触。由于钻柱发生弯曲，钻压将不再沿钻柱传递到钻头，在接触点部分钻压沿着钻具切线方向作用到了井壁上（由此产生附加的侧向力）。

螺旋屈曲。发生正弦屈曲后，如果继续增大钻压，当钻压达到一定程度时，钻柱会弯曲成三维螺旋状态。此时，钻柱与井壁之间的接触不在一个平面内，而是三维的空间点接触，其接触状态更为复杂。螺旋屈曲和正弦屈曲一样，也会导致一部分钻压在和井壁接触中消耗，而传递不到钻头。

7.3.2.2 影响托压产生的主要因素

1)井眼轨迹

定向井轨迹不规则，造成井眼井壁多处出现台阶，钻具本体、钻具接头或扶正器支持在井壁台阶上，增加摩阻或将钻具卡在台阶中，从而使加压无进尺，进而导致托压现象的产生。井眼轨迹对托压的影响主要包括以下 4 方面。

(1)井斜角主要影响钻具对下井壁的侧压力。井斜角越大，钻具对下井壁的侧压力越大，钻具受到的摩擦力就越大，发生托压的概率也就越大。

(2)井眼曲率主要影响钻具在井眼中弯曲产生的附加刚性侧压力(图 7-33)。井眼曲率越大，钻具弯曲越严重，附加刚性侧压力越大，钻具受到的摩擦力就越大，发生托压的概率也越大。

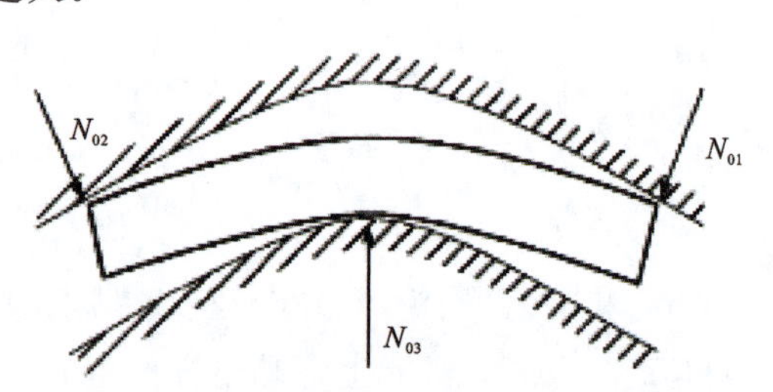

图 7-33 刚性钻柱在弯曲井眼中受井壁约束而产生附加刚性侧压力

(3)斜井段长度的影响。随着斜井段长度的增加，侧压力和附加刚性侧压力也相应增大，钻具受到的摩擦力就会增大，发生托压的概率也会增大。

(4)在实际钻进过程中，由于实际井眼轨迹偏离设计轨道时，需要多次进行调整，这将使得井眼质量变差。钻具在延伸过程中会卡在某一位置，或者钻具上某一点就会支卡在井壁槽中，这会使得钻压在有键槽位置因钻柱发生阻卡而部分或完全损失，从而产生托压现象。

2)井眼不清洁

井眼不清洁对托压的影响包括 3 方面(图 7-34)。

(1)环空岩屑浓度高，使钻柱与钻井液之间的固-液摩擦部分变成了固-固摩擦，从而使钻柱受到的摩擦力增大，导致出现托压的概率增大。

(2)岩屑在大斜度井段和水平井段的下井壁形成岩屑床，对钻柱的滑动形成阻力，导致钻柱上下活动受阻，钻压无法有效传递给钻头。

(3)环空钻井液含砂量高、滤饼厚，使滤饼对钻柱的包角增大，黏吸力增加，从而使托压发生的概率增大。

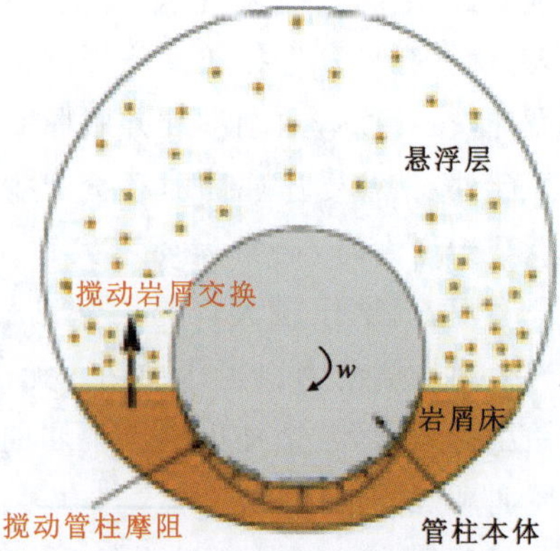

悬浮层
搅动岩屑交换
岩屑床
搅动管柱摩阻
管柱本体

图 7-34 环空岩屑与岩屑床

3)钻具组合

钻具组合对托压的影响包括 4 方面。

(1)重量大的钻柱对井壁的侧压力大,导致摩阻大,容易引起托压。

(2)钻柱受压屈曲时还会产生附加侧压力,导致钻柱摩阻增大,也容易引起托压。

(3)若螺杆钻具及其稳定器外径过大,其与井壁之间的间隙过小,则稳定器会紧贴井壁,滑动钻进时钻压加在稳定器上无法传递给钻头,从而造成托压现象发生。

(4)在定向中,由于现场人员未能计算所能加载的最大钻压,导致钻具受压时发生多次屈曲,从而增大摩阻,导致托压现象发生。

4)钻井液的润滑性

钻井液的润滑性越差,摩阻系数越大,钻柱受到的摩擦力就越大,就越容易发生托压。钻井液的润滑性与钻井液类型、含砂量、润滑剂类型与加量等有关。与水基钻井液相比,油基钻井液的润滑性更好,更有利于预防和控制托压。

5)高渗透地层

在钻进高渗透地层时,井壁上形成的滤饼相对较厚,对钻柱包角较大,易黏吸而造成托压;在钻进泥页岩等易掉块地层时,不规则井壁会对钻柱中稳定器、钻杆接头等不等径部位形成阻卡,容易形成托压。

6)地层交结变化

地层胶结变化时,尤其是地层新被钻开,井壁尚未光滑,定向时井底钻具总成中的接头或扶正器卡在地层交界处,造成托压。

7.3.3　解决措施

7.3.3.1　优化井眼轨道

设计井眼轨道时应考虑摩阻扭矩、井眼长度、各种工况下钻柱的受力状况和工程施工的难易程度等因素,必须与钻柱设计、钻井参数设计和钻井液设计等相结合。在满足工程需要的情况下,造斜点尽量下移以减少斜井段的长度,减轻斜井段的钻柱重量,从而避免因钻柱摩阻太大而发生托压。井眼轨道应尽可能平滑,控制井眼曲率不能过大,以尽可能降低附加刚性侧压力、钻柱的摩擦阻力和发生托压的概率。

对于井眼轨迹原因造成的托压问题,一般在连续定向时,每个单根钻完后,缓慢划眼2～3遍,最后需剩余2～3m不划眼,原因在于前面划眼将井壁尽可能修复平滑,且此段划大后,下面更有利于增加定向造斜率,而最后所剩井段不划眼就是尽可能不破坏定向趋势。

7.3.3.2　优化钻具组合

减少钻铤的使用。在滑动钻进时,下部钻具组合尽量减少钻铤的使用,可用加重钻杆或螺旋钻铤代替,以减小钻具的重量以及与井壁的接触面积,降低摩擦阻力和发生托压的风险。

减少稳定器的使用。稳定器与井眼之间的间隙对钻具的造斜率有较大影响,近钻头稳定器对造斜率的影响尤为突出。由于稳定器尺寸较大,易与井壁接触而增大钻柱的摩擦阻力,因此在滑动钻进阶段,除非需要较高的造斜率,尽量不使用稳定器。

采用倒装钻具组合。倒装钻具组合就是把加重钻杆或者钻铤加在直井段或者井斜角、水平位移较小的井段,而在下部井斜角大、水平位移大的井段(钻头附近)采用普通钻杆或无磁承压钻杆,以增加钻具的刚性和重量,增大下部钻柱的推动力。对于水平位移较大的定向井,采用倒装钻具组合,可以有效减小下部钻具的重量,从而减小下部钻具组合对下井壁的压力,使钻具与井壁间的摩擦力降低,可有效减轻托压的程度。

使用牙轮钻头。牙轮钻头适合于高钻压钻进,而高钻压有利于克服更大的摩阻,从而在定向钻井中能够减少托压的发生。而且采用较高钻压钻进时的机械钻速相对较高,可以增加钻具活动的频率,从而减小滤饼对钻具的黏吸作用。由于钻头牙轮的滚动,加压到托压消除时,钻头上的扭矩较 PDC 钻头小得多,所以发生蹩转盘、憋泵和工具面波动的概率更小。

7.3.3.3 提高井眼清洁程度

为了研究岩屑运移,提高井眼清洁程度,设计了岩屑运移可视化模拟实验,如图 7-35、图 7-36 所示。该装置可以实现井斜角在任意角度内任意改变,能够控制加砂含量与速度,同时可以研究井斜角、岩屑、钻杆转速、压力损耗等因素对钻井液携岩的影响。

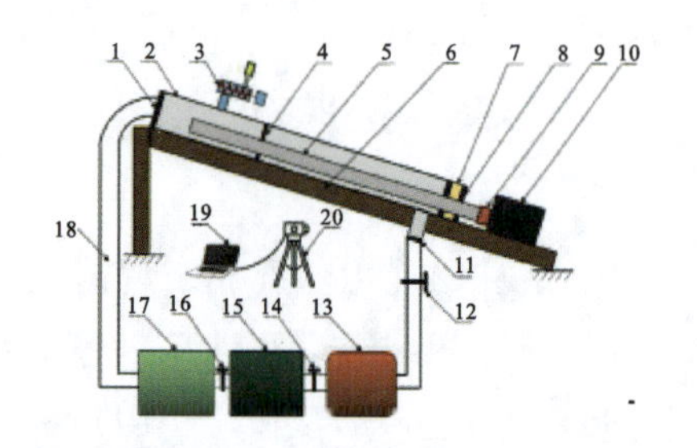

1.端盖;2.玻璃管;3.岩屑供给装置;4.偏心法兰盘;5.实心玻璃管;6.便角度支架;7.偏心装置;8.顶盖;9.联轴器;10.电机;11.转换接头;12.截止阀;13.泥浆泵;14.截止阀;15.泥浆池;16.截止阀;17.沉淀池;18.橡胶软管;19.计算机;20.高速摄像机

图 7-35 实验模拟装置结构组成示意图

图 7-36 实验装置实物图

利用上述装置对岩屑颗粒的动态运移特征(图 7-37、图 7-38)、水平井段岩屑颗粒的运移规律(图 7-39)、斜井段岩屑颗粒的运移规律(图 7-40)等进行研究分析。

岩屑床的演变过程分为几个阶段:岩屑床静止、岩屑床不完全运动、岩屑床完全运动,不存在岩屑床。环空中岩屑以蠕移、滚动、跳跃、层移、悬移这几种运动形式运动并相互转变。水平井段,混合岩屑的临界启动排量 7.8L/min,随着岩屑粒径的增大,临界启动返速减小,且钻井液流变性能是影响岩屑运移的重要因素。斜井段中,混合岩屑的临界启动排量 10.1L/min,岩屑的启动速度随着岩屑粒径的增加呈线性降低。

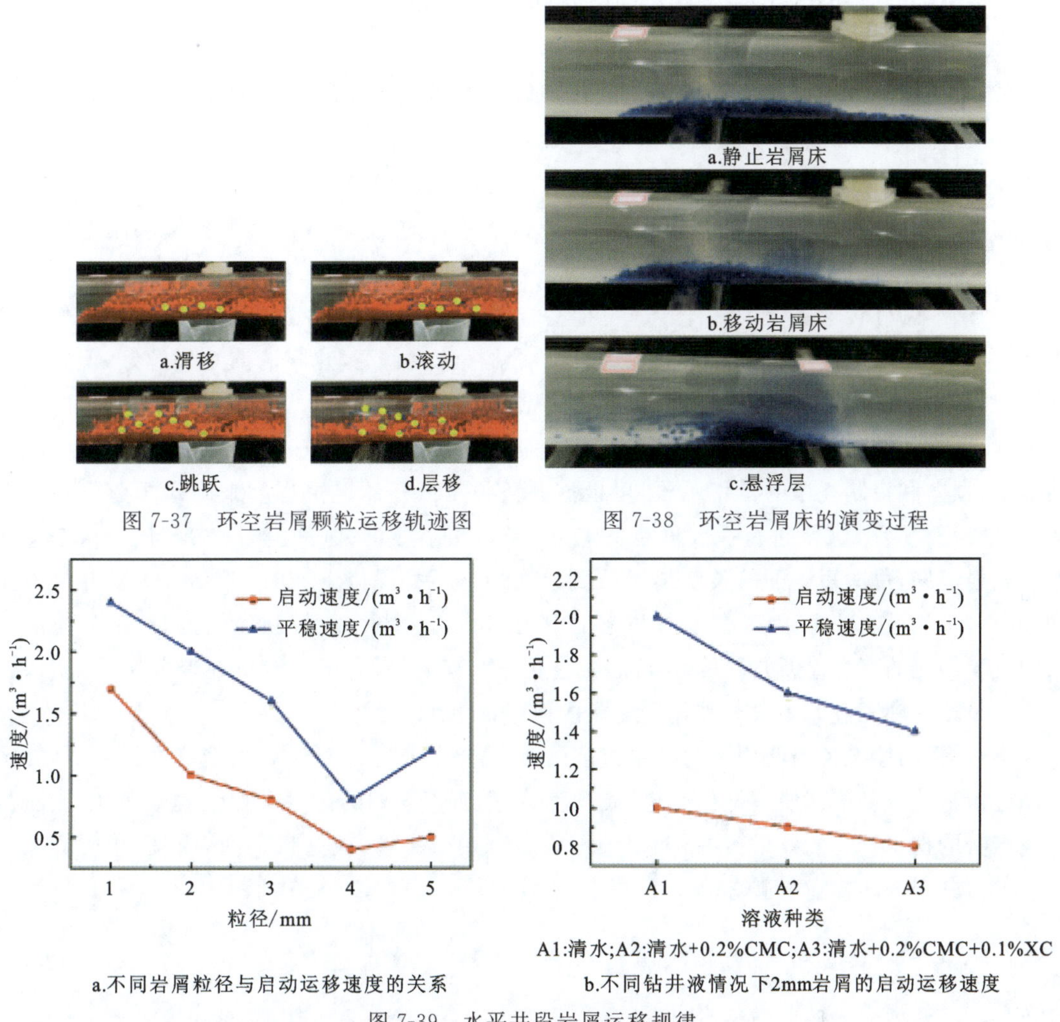

图 7-37 环空岩屑颗粒运移轨迹图

图 7-38 环空岩屑床的演变过程

a.不同岩屑粒径与启动运移速度的关系

b.不同钻井液情况下2mm岩屑的启动运移速度

图 7-39 水平井段岩屑运移规律

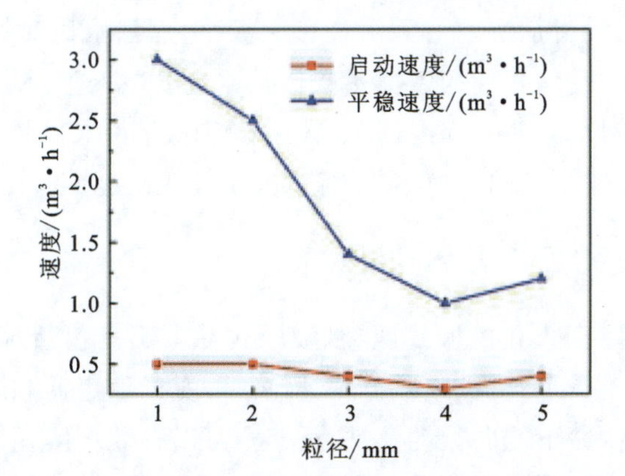

图 7-40 斜平井段岩屑不同粒径的启动运移速度

根据上述实验分析研究，为了提高井眼清洁程度，主要采取的工程措施如下。

(1)适当提高钻井液密度和环空返速。在任意井斜角井眼中，无论是层流还是紊流，提高环空返速都能增强钻井液的携岩能力，从而降低环空岩屑浓度；适当增加钻井液密度，也可降低岩屑床的厚度，从而改善井眼清洁程度。

(2)调整钻井液的流型和流变性能。在井斜角较小的井段，钻井液为层流时井眼清洁效果最佳，层流状态下，提高钻井液的动切力和动塑比，可以降低环空钻屑浓度，并可用高黏度段塞清除岩屑。在大斜度井段中，钻井液为紊流时，清洁效果更好，但由于现场条件所限，钻井液在环空中无法形成紊流，所以可以通过提高钻井液的动塑比，形成平板型层流来提高井眼清洗效果。还可以保持低剪切速率下的钻井液黏度，以提高悬浮岩屑的能力。

(3)调节钻杆转速。增大钻杆转速可扰动岩屑床，使岩屑重新分散到钻井液中，并使钻杆周围形成紊流，阻止岩屑在钻杆接头附近聚集。钻杆转速越高，井眼清洁效果越好，但转速过高对定向设备具有一定危害，且会增加套管与钻杆间的磨损。

(4)短起下钻破坏岩屑床。在定向钻井过程中，采取短起下钻破坏岩屑床是提高井眼清洁效果、预防和控制托压的常用手段，可根据井段长度或托压严重程度来确定短起下钻的频次。一般每150～200m进行一次短起下作业。在大井斜定向井(井斜>40°)岩屑易沉在下井壁形成岩屑床，每次短起下的长度尽量拉到上次短起下井深以上200～300m，水平井可以拉到20°～30°井斜的井段，因为在定向井施工中的钻具结构中往往带几柱钻挺，在新施工的井眼中由于钻挺的存在。新井眼的环空泥浆上返速度较大，岩屑床一般沉在老井眼中，所以在施工中只拉新施工过的井段对破坏岩屑床的作用很小。

(5)加强固控设备的使用。泥浆中有害固相、劣质般土等含量过高易造成泥饼偏厚，在定向钻进中易造成黏卡。使用好离心机、震动筛，加强有害固相的清除是加强泥浆净化的关键，泥浆本身的携带岩屑的效果再好，如果地面设备利用效果差，被携带上的有害固相同样又进入井下对井眼的净化造成破坏。

7.3.3.4 提高钻井液的润滑性

加强钻井液润滑性方面，具体做法如下：一是加强润滑剂的加量；二是润滑剂之间的配合使用。对于油基钻井液，润滑剂浓度对润滑性影响极小，而油水比对钻井液的润滑性影响较大，例如，油水比90/10油基钻井液的摩擦系数比油水比68/32油基钻井液低40%以上。水基钻井液中加入极压润滑剂与防卡润滑剂(如膨化石墨配合液体润滑剂使用)，可大大提高润滑性，从而降低钻杆与滤饼之间的摩擦系数，降低发生托压的概率。

7.3.3.5 安装防托压工具及安装位置

防托压工具主要有液压式和机械式两类，液压式井下工具包括水力振荡器(如图7-41)、水力加压器和旋冲钻井工具等；机械式井下工具包括可变径稳定器和降摩减扭工具等。水力振荡器通过轴向振动减少井下侧向振动及黏滑振动，可以有效缓解托压。旋冲钻井工具可使井底钻具产生良性振动，克服摩阻，同时产生高频冲击力并向钻头传递，进行冲击破岩，并有效传递钻压。水力加压器利用循环钻井液产生的液压对钻头加压，为钻头提供稳定的钻压。可变径稳定器有利于增强井眼轨迹的控制能力，不仅能降低井眼轨迹的弯曲度，而且能增大复合钻井的比例，缩短可能出现托压的滑动钻进时间。图7-42为WeatherFord滚子降摩减扭工具，外壳上有高强度的轮子及锁销，外壳的凸起部分撑起轴向布置的轮子使其与井壁（套管）直接接触，从而将钻杆轴向运动的滑动摩阻转变为滚动摩阻，减小了轴向摩阻系数和轴向摩阻。外壳上还设置有周向的滚轮，周向滚轮向内凸起，与本体接头直接接触，在复合钻进中将钻杆的周向摩阻变为滚动周向摩阻，减小周向摩阻系数，从而减小了周向摩阻。

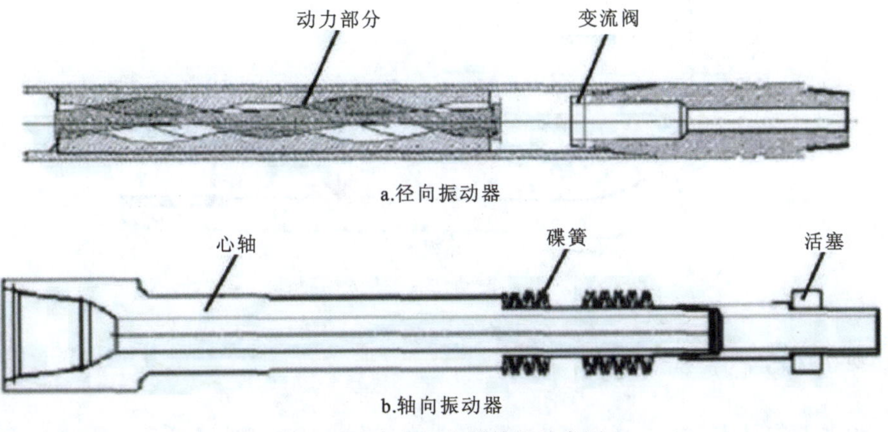

图 7-41　水力振荡器结构示意图

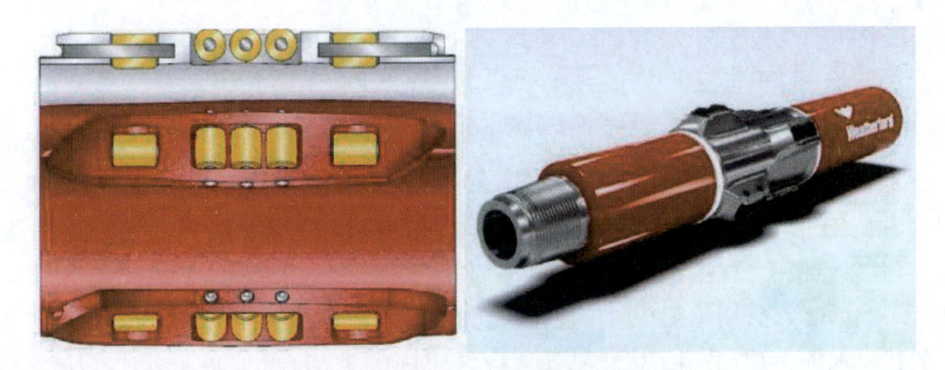

图 7-42　WeatherFord 滚子降摩减扭工具

水力振荡器是目前应用较普遍的振动减摩工具，但由于水力振荡器振动的有效传播距离有限，所以在钻具组合中的安放位置不同，起到的作用也不同。水力振荡器安放位置与工具本身的性能参数、井眼轨迹、钻具组合、钻井参数、钻井液性能、排量等参数密切相关。轴向力、侧向力和摩阻相互影响，下部钻柱摩阻会使上部钻柱轴向力增大，轴向力增大引起侧向力增大，进而增大了上部钻柱摩阻，引起钻柱整体摩阻增大，因此解决托压问题要优先克服近钻头段的摩阻，振动源应优先安放在靠近钻头的位置（图 7-43）。研究表明，相同造斜率、井斜角条件下，当井斜角较小时，振动源最优安放位置受井深影响较小；当井斜角较大时，振动源最优安放位置相对钻头的距离随井深增加而增长。相同井深、井斜角条件下，振动源最优安放位置相对钻头的距离随造斜率增大而缩短；当造斜率较小时振动源最优安放位置变化幅值较小，当造斜率较大时振动源最优安放位置变化幅值较大。

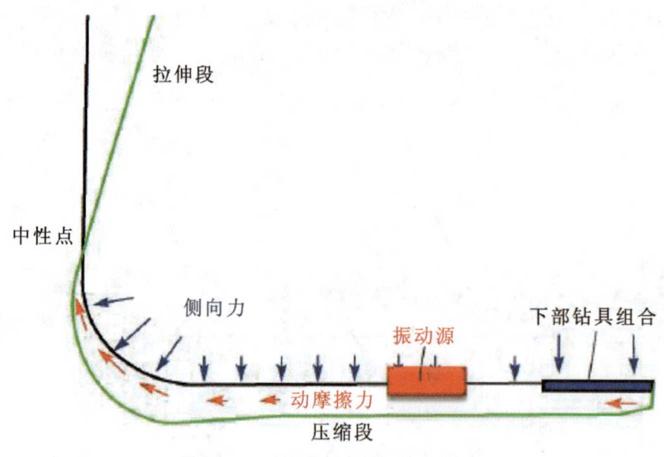

图 7-43　振动钻具的受力情况

7.3.3.6　复合定向钻进技术

复合钻进工艺具有钻进效率高、井(孔)壁光滑等优势,能有效降低钻进阻力,在现有技术手段下采用复合钻进技术是一种有效的解决托压问题的方法。

7.3.4　工程案例

1)潘二矿东一 A 组煤采区(东翼)11313 工作面底板灰岩水害地面区域探查治理工程S1-4 井

S1-4 井施工过程中,钻遇 FS131 断层以及松散的破碎带,该井段需要定向造斜,定向施工难度大,井斜不便于控制,导致在该位置形成"S"形弯,最大狗腿度达到 12.04°/30m,最大井斜 96.12°,仰角大,后期施工孔内出现托压现象(图 7-44)。针对 S1-4 孔井眼轨迹不好的情况产生的托压现象,后期采用了优化钻孔轨迹,控制狗腿度,降低仰角。同时,为减小摩阻及扭矩,采用"倒装"钻具结构,在直井段或井斜较小的井段增加配重钻挺的数量,将Φ88.9mm 钻杆配置放置在钻孔下部的造斜段及水平段,有效地给下部钻具加压,Φ88.9mm 钻杆的刚性低,减少钻具与泥饼的接触面积防止托压和粘附卡钻。

2)任楼煤矿 $7_2$64 地面区域探查工程

建设 RL1、RL2 两个地面井场,共布置 4 个主孔,14 个分支孔,总工程量 15 500.81m,如图 7-45 所示。RL1-1 布置 3 个分支孔,RL1-2 布置 4 个分支孔,RL1-1 与 RL1-2 共用一开井段,累计工程量 7 590.29m。RL2-1 布置 3 个分支孔,RL2-2 布置 4 个分支孔,RL2-1 与 RL2-2 共用一开井段,累计工程量 7 910.52m。

探查区内 82 煤埋深 493～538.5m,钻孔沿地层走向布置。RL1-2 孔组二开着陆点埋深 711m,水平段平缓,水垂比 2.0 左右,属于高水垂比钻孔。施工时,水垂比达到 1.3 后,开始出现加尺困难、钻具托压现象。解决措施主要有合理使用钻铤和螺杆与优化定向工艺。

合理使用钻铤和螺杆。使用钻铤加压时,应控制钻铤使用量,防止因钻具自重过大、管柱与井壁接触面积大,而提升管柱摩阻。钻井时控制钻压,勤活动钻具,减少钻压损耗,提高钻效。

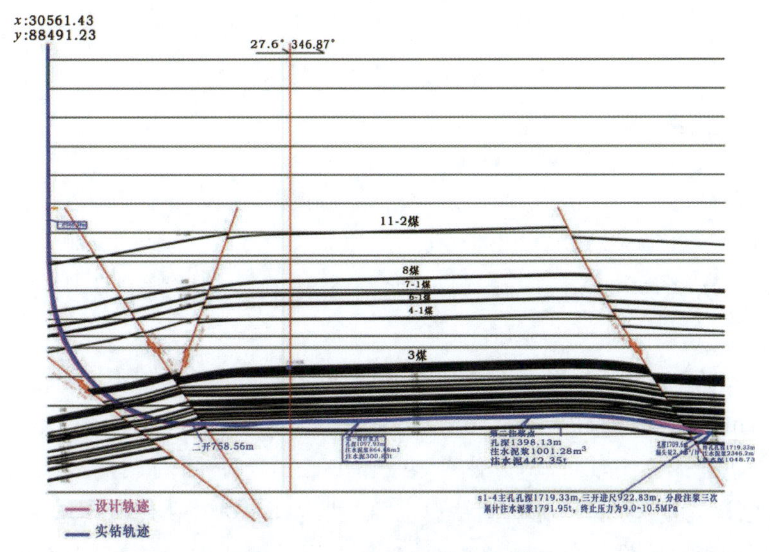

图 7-44　S1-4 井实钻轨迹剖面图

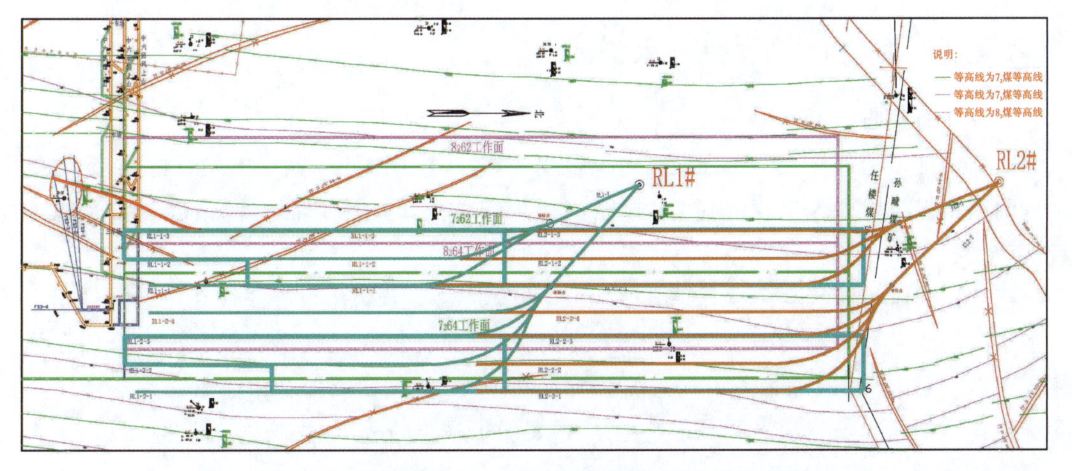

图 7-45　任楼煤矿 $7_2$64 地面区域探查工程井眼布置图

螺杆扶正器对造斜率的影响尤为突出。由于扶正器尺寸较大,易与井壁接触而增大钻柱的摩擦阻力,因此在水平分支孔阶段,多使用不带扶正器的螺杆,除非需要较高的造斜率。

优化定向工艺。连续定向时,每个单根钻完后,缓慢划眼 2～3 遍,最后需余 2～3m 不划眼,原因在于前面划眼将井壁尽可能修复平滑,且此段井眼划大后,下面更利于增加定向造斜率。而最后所剩井段不划眼,就是尽可能不破坏定向趋势,保证钻孔沿设计轨迹行进。

采取均匀分摊式定向。例如在设计中当前 10m 需要定向钻进 3m,下一个 10m 需要定向钻进 5m,在实际施工中,将当前 10m 定向钻进 4m,下一个 10m 定向钻进 4m,这样既能让钻孔轨迹比较圆滑,减缓钻杆磨阻,又可以在一定程度上缓解后期定向托压,极大地提高了钻效。

7.4 注浆堵水工程重复透扫孔工艺技术优化

7.4.1 重复透扫孔孔内工况分析

(1)水平井钻遇的地层一般有起伏,地层可钻性和强度各向异性强,钻孔轨迹在局部井段也存在一定的起伏,重复透扫孔时容易岔孔。

(2)两淮煤田水平井是以井底马达为主的复合钻进和滑动钻进工艺,井壁容易出现台阶、大肚子等不规则形状。

(3)固井水泥候凝 48h 后,水泥石强度与井壁地层围岩强度相差不大,重复透扫孔难以沿着原轨迹钻进,出现岔孔现象。

(4)水平井轨迹控制困难,井斜方位需频繁监测,工具面需实时调整。

基于上述情况,分支多的情况下侧钻点也随之增多,出现岔孔的机率增加,扫孔作业工作量随之增大,严重影响工作计划和进度,增加工程成本。因此,注浆过程中需根据工程实际情况,优化重复透扫孔工艺技术,预防注浆后扫孔时出现岔孔,减少透扫孔作业工作量。

7.4.2 重复透扫孔工艺技术优化

1)设计时预防

在某矿区域治理注 17-10 分支孔施工过程中,为了探明 F608 断层的发育情况,矿方要求钻进到侧钻点位置先施工探孔后,再封固探孔从侧钻点采用降垂深定向钻进的技术施工注 17-10 分支(图 7-46)。

施工探孔时的轨迹全角变化率几乎为 0°,也就是说实际探孔轨迹曲线在三维立体图上是一条平滑的直线。当侧钻施工注 17-10 分支时,造斜的全角变化率达到 10°以上,至使在施工注 17-10 分支孔漏点注浆后扫孔时经常扫到探孔中去,每次扫到探孔中去就必须重新封固探孔。重新侧钻继续施工注 17-10 分支孔,严重增加了施工的成本、影响施工进度。

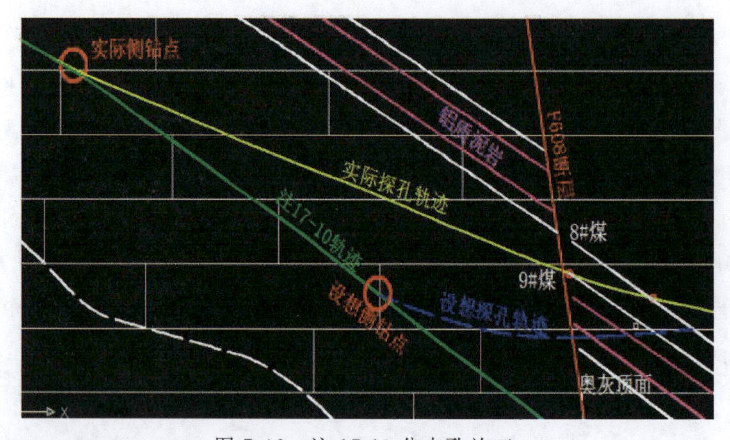

图 7-46 注 17-10 分支孔施工

在设计探孔轨迹时采用较大的造斜率，使探孔在侧钻点位置附近的全角变化率远远大于注 17-10 分支孔在侧钻点附近的全角变化率(如图 7-46)。如此在施工注 17-10 分支孔漏点注浆扫孔，到设想侧钻点附近时钻头轨迹会尽可能的在全角变化率小的轨迹中穿行。由此可以减少很多的无用钻进进尺，增加施工的效率。

2)施工分支孔顺序上预防

在一个区域治理中，当设计已经确定时，合理的选择每个分支孔的施工先后顺序就成为影响注浆后扫孔是否出现岔孔的关键因素。图 7-47 是一个已经确定的多分支水平井区域治理的设计轨迹。施工人员在安排分支孔施工顺序时尽量按照 1、2、3、4、5 分支的顺序施工。施工完 1 分支封孔侯凝后，由侧钻点 1 开始侧钻施工 2 分支，以此类推施工完其余的分支孔。按照顺序，当在施工 1 分支孔时遇到漏失点注浆结束扫孔，扫到侧钻点 1 的位置的时候，由于下部分支孔还未施工，下部为奥灰灰岩地层，灰岩的硬度要远远大于水泥浆的凝固硬度，因此在扫孔时钻头会沿着 1 分支的原有轨迹前进，很难出现岔孔的现象。

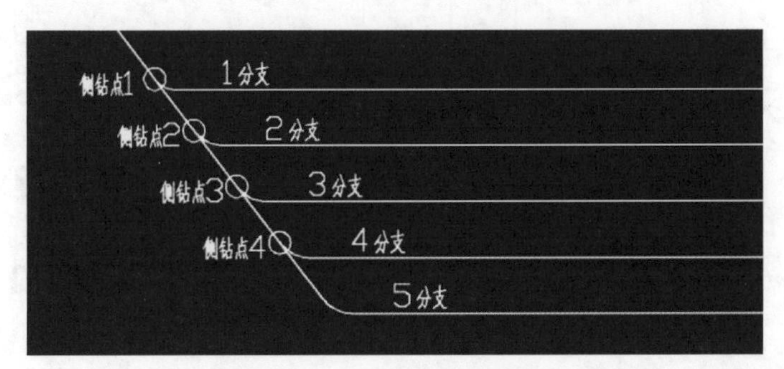

图 7-47　分支孔施工顺序

若先施工 2 分支孔、后施工 1 分支孔。即 2 分支孔施工结束封孔侯凝后由侧钻点 1 侧钻施工 1 分支孔，当在施工 1 分支孔时遇到漏失点注浆结束扫孔就很容易从侧钻点 1 附近出现岔孔。由于 2 分支已经施工完成，1 分支和 2 分支轨迹都是由水泥浆填充，两条轨迹的软硬程度相当，所以当扫孔至侧钻点 1 附近时，钻头会沿着变化率小的轨迹前进，即扫孔时进入 2 分支孔，给施工带来较大的麻烦。以此类推，先施工 3、4、5 分支，再施工 1 分支或者 2 分支，同样在扫孔时容易出现岔孔。

3)选择水泥浆外加剂来预防

在注浆压力达到快要结束的压力时，可以在水泥浆中加入适当的缓凝剂来延缓水泥的凝固速度，从而在扫孔时水泥还未凝固。

在正常注浆时使用的为普通硅酸盐水泥，此水泥的初凝时间为不得早于 45min，一般为 1～3h；终凝时间不得迟于 12h，一般为 5～8h。

通过加入 0.1%的蔗糖可以使水泥的初凝时间延长到 21h，如果采用 0.1%蔗糖后掺法可以使水泥的初凝时间延长至 37h，当采用蔗糖后掺法，蔗糖含量达到 0.2%时水泥的初凝时间达到 144h。按照以上配比加入缓凝剂可以使水泥的凝固时间延长至 21～144h，从而使注完浆扫孔时水泥浆凝固时间还未达到初凝时间。大大降低了扫孔时出现岔孔的概率，保证正常的施工生产。另外，在注浆后期加入适量黏土浆，降低水泥凝固强度。

4)高效注浆扫孔钻头

新型高效注浆扫孔钻头(图 7-48),通过双母接首与钻杆连接,下至水泥胶结塞面后进行工作,底部研磨齿 6 先直接与孔内水泥堆积物接触研磨,形成导向作用,防止钻头偏离原孔轨迹,侧面研磨齿 2 开始与孔壁周围的水泥堆积物接触研磨,使孔径与原孔径保持一致。由于钻杆内部、液体通道 4、水眼 7、孔内环空形成液体运动路径,在具体的研磨过程中,液体经过钻杆进入钻头内部,再从水眼 7 流出,进行冷却钻头及冲刷水泥堆积物,液体携带水泥堆积物途经底部泄水沟槽 8、相邻两组侧面研磨齿 2 与钻头胎体 3 之间形成的侧面沟槽后,进入钻孔环空,将水泥堆积物带出孔内,避免因钻孔底部水泥胶结物的堆积造成的憋泵、钻头泥包等问题。

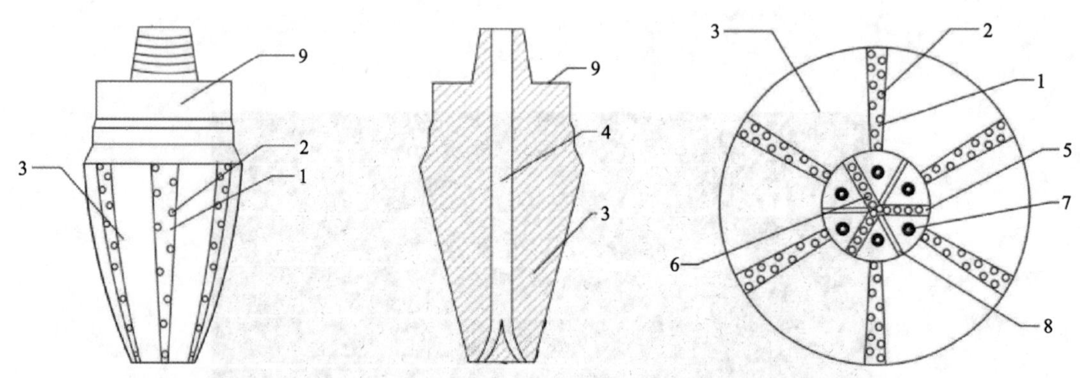

1.侧面镶齿沟槽;2.侧面研磨齿;3.钻头胎体;4.液体通道;5.底部镶齿沟槽;6.底部研磨齿;7.水眼;8.泄水沟槽;9.连接部

图 7-48 高效注浆扫孔钻头

5)其他优化事项

水泥塞结石强度若大于井壁围岩强度(水泥塞可钻性级别高于围岩或水泥塞压入硬度高于围岩),则采用内锥式扫孔钻头;反之则采用外锥式扫孔钻头。两淮矿区灰岩抗压强度为60.0~150.0MPa,f 值为 6~7,属于中等—硬岩石,注浆采用 M32.5 普通/复合硅酸盐水泥,水灰比一般为 1.5~0.6,水泥石的抗压强度一般为 20~30MPa,因此,透孔一般采用外锥式扫孔钻头。

根据前文分析,后退式钻进不需要重复透扫水泥石,可以节省工期和成本,建议采用后退式钻进分支水平井,依次进行注浆。

透扫孔时加强井眼轨迹监测,确保扫孔在原主井眼中钻进,避免岔孔。

8 复杂情况下的水平井下管与固井技术

8.1 复杂情况下水平井下管与固井作业难点

水平井一般具有较长的斜井段和水平段，存在套管下入困难、固井质量难以保证等问题。

8.1.1 套管下入困难

两淮矿区瓦斯治理水平井目标层一般为主采煤层，褶皱及断层构造发育，顺层难度较大，顶底板有煤线，而煤层容易遇水膨胀易破碎，实际轨迹起伏，存在不同程度的狗腿度，不能使用常规井的套管附件作业，增加了套管下入难度，套管不能下至设计井深(图 8-1)。

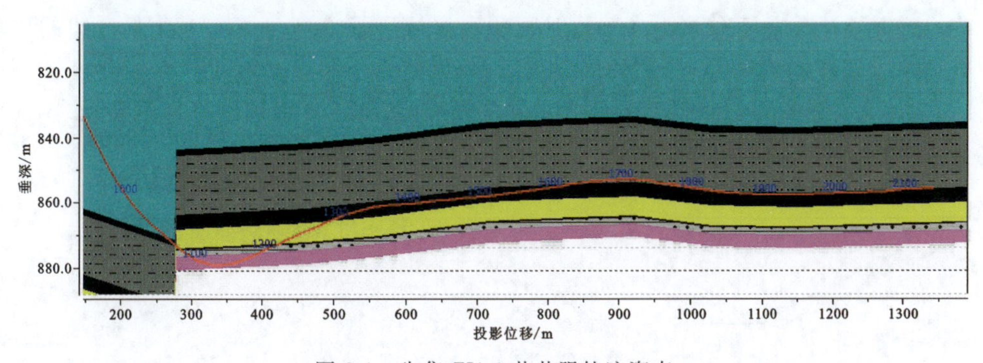

图 8-1 朱集 ZJ1-1 井井眼轨迹姿态

大斜度井段和水平井段套管对井壁的侧压力很大，从而大大增加了下套管摩擦阻力(图 8-2)。另外，套管与井壁的接触面积越大，黏着力也越大，大大增加了套管下入的阻力(图 8-3)。水平段长，驱动力不足，靠套管自重难以下到预定井深。

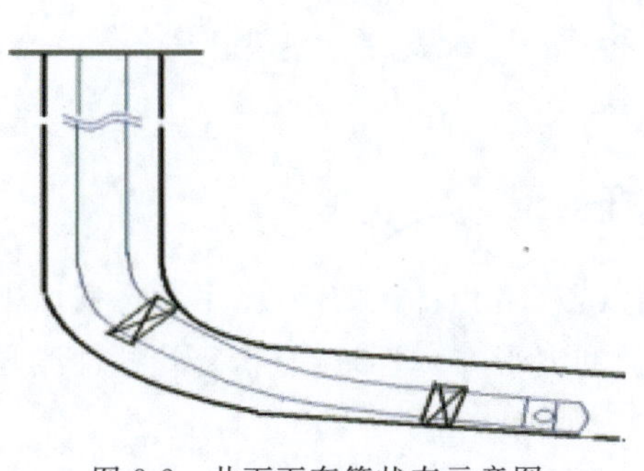

图 8-2 井下下套管状态示意图

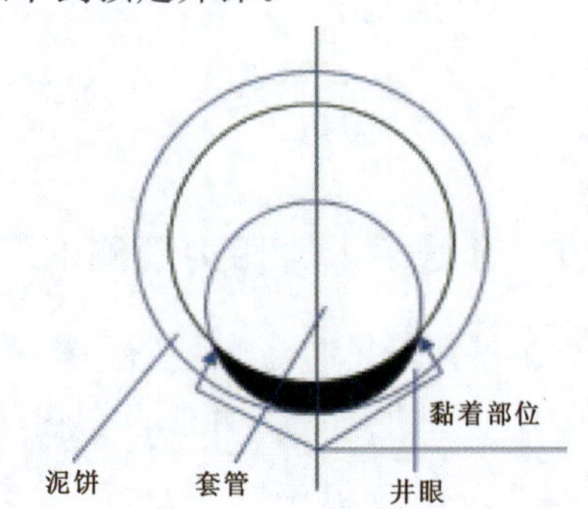

图 8-3 套管与井壁接触面上的黏附作用

8.1.2 固井质量难以保证

斜井段和水平段井径不规则(如键槽、大肚皮、椭圆井眼)的目的层段,环空返速影响顶替效率。另外,高比重、高黏度、高切力钻井液的使用,使洗井困难,也会降低了钻井液的顶替效率。

套管不易居中,引起流速剖面非对称分布,低边钻井液不容易被替走(图 8-4),顶替效率低,水泥胶结质量差、强度低。研究发现,当套管居中度由 100%下降至 67%和 50%时,套管环空紊流顶替排量分别增加 l 倍和 3 倍。

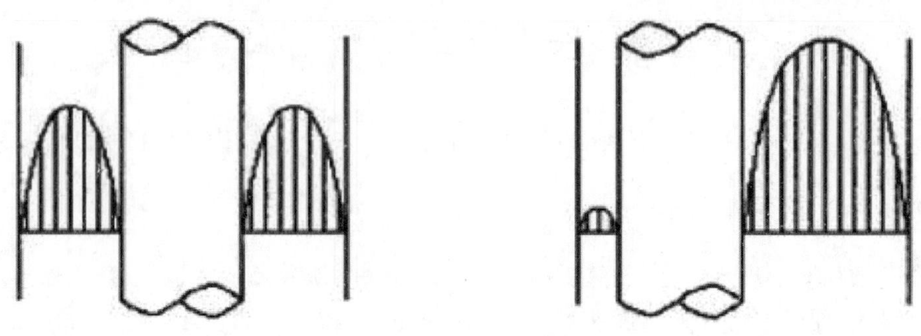

图 8-4 同心环空与偏心环空流速分布示意图

钻井液类型及其性能对水泥浆稠化时间和水泥抗压强度产生影响。井眼低边的岩屑难以清除干净,水泥浆不能进行有效封固,在注水泥作业后,管柱下部都存在钻井液窜槽问题(图 8-5)。另外,水泥浆的游离液,会在大斜度和水平井环空高边形成较长水带,造成连通构槽,影响封隔,也会造成窜槽(图 8-6)。

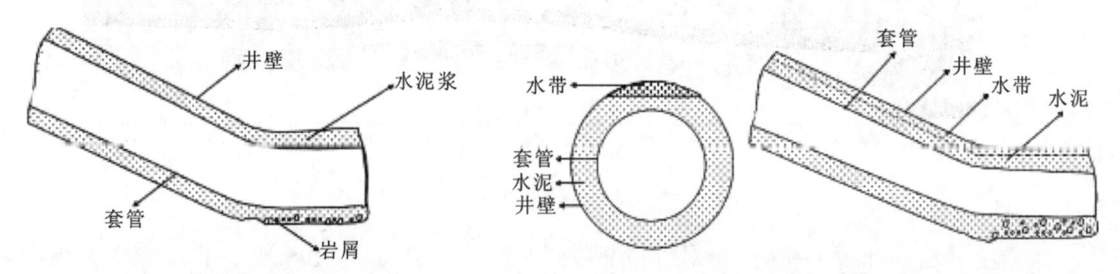

图 8-5 井眼低边残留岩屑示意图

图 8-6 大斜度和水平井里高边水带示意图

8.2 套管下入摩阻力和可下入深度预测

8.2.1 套管下入摩阻力预测的三维软杆模型

三维软杆模型把井眼轨迹曲线看作一空间曲线,忽略套管柱的刚度,不考虑截面上的弯矩以及套管柱截面的剪切力,并假设套管柱的受力和变形在弹性范围内,套管柱轴线与井眼轴线相同。

选取直角迪卡尔坐标系 $ONED$(图 8-7)。N 轴指向正北,单位矢量为 $\vec{i}$,E 轴指向正东,单位矢量为 $\vec{j}$,D 轴垂直向下,单位矢量 $\vec{k}$。$(\vec{t},\vec{n},\vec{b})$ 为自然坐标系,其中 $\vec{t}$ 指向井眼的切向方向,$\vec{n}$ 指向主法线方向,$\vec{b}$ 指向副法线方向。假如 $\vec{g}$ 为重力方向的单位矢量,有 $\vec{g}=\vec{k}$。

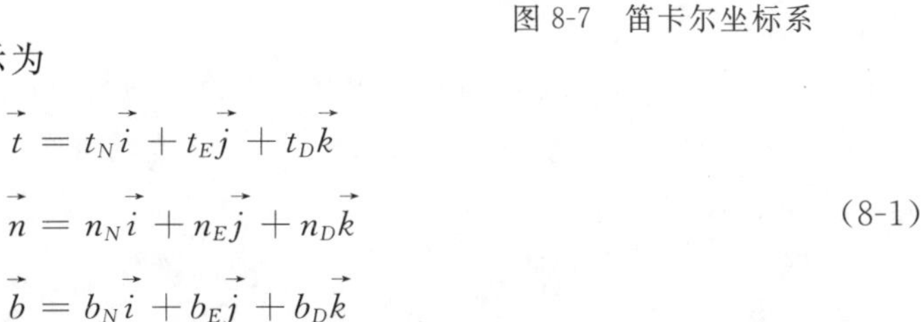

图 8-7 笛卡尔坐标系

1)空间几何关系

在固定坐标系下 $\vec{t}$、$\vec{n}$、$\vec{b}$ 可表示为

$$\begin{aligned}\vec{t}&=t_N\vec{i}+t_E\vec{j}+t_D\vec{k}\\ \vec{n}&=n_N\vec{i}+n_E\vec{j}+n_D\vec{k}\\ \vec{b}&=b_N\vec{i}+b_E\vec{j}+b_D\vec{k}\end{aligned}\tag{8-1}$$

根据微分几何理论,式中的方向余弦可表示为

$$\begin{aligned}t_N&=\sin\alpha\cos\varphi\\ t_E&=\sin\alpha\sin\varphi\\ t_D&=\cos\alpha\end{aligned}\tag{8-2}$$

$$\begin{aligned}n_N&=(K_\alpha\cos\alpha\cos\varphi-K_\varphi\sin\alpha\sin\varphi)/K_p\\ n_E&=(K_\alpha\cos\alpha\cos\varphi+K_\varphi\sin\alpha\sin\varphi)/K_p\\ n_D&=(-K_\alpha\sin\alpha)/K_p\end{aligned}\tag{8-3}$$

$$\begin{aligned}b_N&=(-K_\alpha\sin\varphi-K_\varphi\sin\alpha\cos\alpha\cos\varphi)/K_p\\ b_E&=(K_\alpha\cos\varphi-K_\varphi\sin\alpha\cos\alpha\sin\varphi)/K_p\\ b_D&=(K_\varphi\sin^2\alpha)/K_p\end{aligned}\tag{8-4}$$

式中,α 为井斜角,(°);φ 为方位角,(°);K_α为井斜变化率,(°)/m;K_φ为方位变化率,(°)/m;K_p为井眼变化率,(°)/m。

根据井斜变化率,方位变化率及狗腿度的定义,得到井斜变化率 K_α、方位变化率 K_φ及狗腿度 K_p的表达式:

$$K_\alpha=\frac{\Delta\alpha}{\Delta l};K_\varphi=\frac{\Delta\varphi}{\Delta l};K_p=\frac{\gamma}{\Delta l}\tag{8-5}$$

上式中 γ 为狗腿角,我国钻井行业中狗腿角的标准计算公式为

$$\gamma=\sqrt{\Delta\alpha^2+\Delta\varphi^2\sin\left(\frac{\alpha_i+\alpha_{i+1}}{2}\right)}\tag{8-6}$$

2)管柱力学模型的建立

首先假设套管柱的轴线和井眼轴线同心并且具有相同的曲率半径。因此,在水平井中,管柱的轴线是一条空间任意曲线。依据微积分原理,可将套管柱沿井眼轴线方向离散成若干微元段。对于每个微元段来说,都可以看作是一段平面曲线,只不过是位于空间一般位置平面上。该平面曲线所在的一般位置平面,被称之为“狗腿平面”,按照鲁宾斯基(Lubinski)提

出的方法，在狗腿平面上，该平面曲线被简化成一圆线。建立三维软杆力学模型之前提出了以下基本假设。

(1)Lubinski 提出的“狗腿角平面”是普遍适用的，而且所有的单元管柱的井眼曲率在井眼空间曲线上是交会于一点的。

(2)管柱为柔性管柱且管柱与井眼轨迹轴向方向线重合。三维软杆模型建立过程中，单元坐标系以空间矢量为空间曲线的 3 个单位矢量，即切线矢量、主法线矢量和副法线矢量。然后根据微分几何原理将单元坐标系上的变量投影到大地坐标系中进行运算，使运算结果更加接近实际情况。

取弯曲段的单元管柱 L_i，管柱单元下端点 i 的井斜角和方位角为 α_i、φ_i，管柱单元上端点 $i+1$的井斜角和方位角分别为 α_{i+1}、φ_{i+1}。管柱单元曲线弧长为 L_i，单元管柱的浮重为 q_i。单元管柱受力情况如图 8-8 所示。

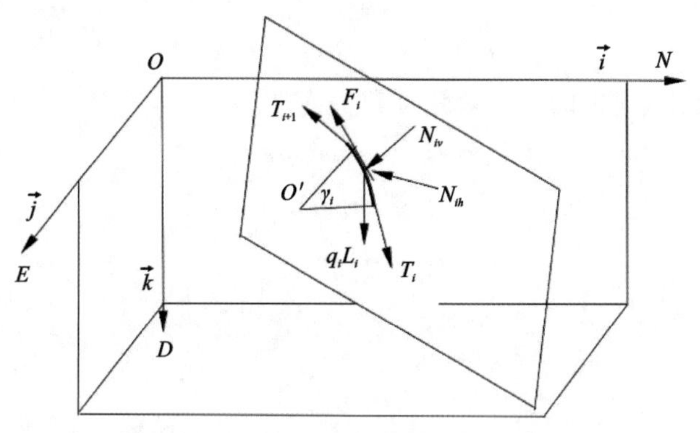

图 8-8　三维空间套管柱单元体受力图

将该单元管柱所受的压力 $\overrightarrow{N_i}$，分解为狗腿平面 V 上的侧压力 $\overrightarrow{N_{iv}}$ 和与狗腿平面相垂直方向平面 H 上的侧压力 $\overrightarrow{N_{ih}}$，则有

$$\overrightarrow{N_i} = \overrightarrow{N_{iv}} + \overrightarrow{N_{ih}} \tag{8-7}$$

其中，侧向力 $\overrightarrow{N_{ih}}$ 是由重力引起的，将重力分解为狗腿面 V 上的分力 G_v和 H 平面上的分力 G_h及井眼轴线切线方向的分力 G_t，其中 γ_{gn} 为重力方向与主法线方向之间的夹角，γ_{gb} 为重力方向与副法线方向之间的夹角，γ_{gt} 为重力方向与井眼(管柱)轴线切线方向之间的夹角，根据向量间的夹角计算公式得到

$$\begin{aligned}
\cos\gamma_{gn} &= \frac{n_D}{\sqrt{n_N^2 + n_E^2 + n_D^2}} \\
\cos\gamma_{gb} &= \frac{b_D}{\sqrt{b_N^2 + b_E^2 + b_D^2}} \\
\cos\gamma_{gt} &= \frac{n_D}{\sqrt{t_N^2 + t_E^2 + t_D^2}}
\end{aligned} \tag{8-8}$$

由式(8-8)可得到重力的分量表达式为

$$\begin{cases} G_v = G \cdot \cos\gamma_{gn} = q_i L_i \cdot \cos\gamma_{gn} \\ G_h = G \cdot \cos\gamma_{gb} = q_i L_i \cdot \cos\gamma_{gb} \\ G_t = G \cdot \cos\gamma_{gt} = q_i L_i \cdot \cos\gamma_{gt} \\ G = \overrightarrow{G_{gn}} + \overrightarrow{G_{gb}} + \overrightarrow{G_{gt}} \end{cases} \tag{8-9}$$

在副法线 $\vec{b}$ 方向上，根据静力平衡原理可以得到 H 平面上的侧向力计算公式为

$$N_{ih} = G_h = q_i L_i \cos\gamma_{gb} \tag{8-10}$$

式中，q_i 为单位长度的套管柱在钻井液中的浮重，N/m。

在狗腿平面上，管柱的受力分析如图 8-9 所示。

根据静力平衡建立方程：

$$\begin{cases} \sum X' = -F_{iv} + G_t + T_i \cos\frac{\gamma}{2} - T_{i+1} \cos\frac{\gamma}{2} = 0 \\ \sum Y' = N_{iv} + G_v + T_i \sin\frac{\gamma}{2} + T_{i+1} \sin\frac{\gamma}{2} = 0 \\ F_{iv} = \mu_i \mid N_{iv} \mid \end{cases} \tag{8-11}$$

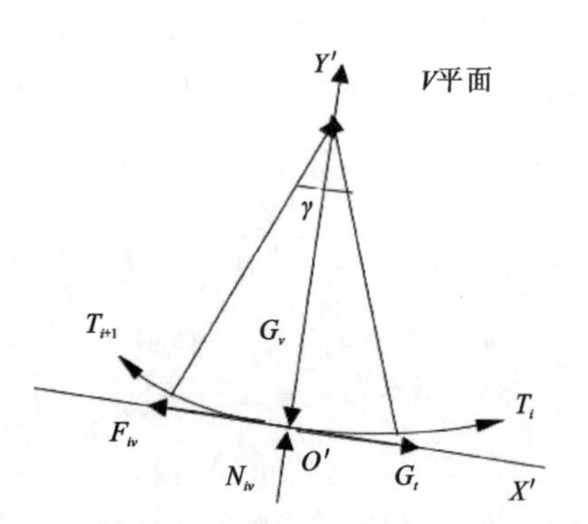

图 8-9　狗腿平面管柱受力

式中，F_{iv} 为在狗腿平面内，微元段管柱所受摩阻力，N；γ 为狗腿角，(°)；μ 为套管的摩擦系数；T_i 管柱节点处的轴向力，N。

当 $N_{iv} \geqslant 0$ 时，推导得出井壁对管柱的压力及管柱轴向力公式为

$$N_{iv} = \frac{1}{\mu\sin\frac{\gamma}{2} - \cos\frac{\gamma}{2}}\left(G_t \sin\frac{\gamma}{2} + G_v \cos\frac{\gamma}{2} + 2T_i \sin\frac{\gamma}{2}\cos\frac{\gamma}{2}\right) \tag{8-12}$$

$$T_{i+1} = T_i - \frac{1}{\cos\frac{\gamma}{2}} \cdot \mu \cdot N_{iv} + \frac{1}{\cos\frac{\gamma}{2}} \cdot G_t \tag{8-13}$$

当 $N_{iv} \geqslant 0$ 时，单元管柱受到的总侧向力为

$$N_i = \sqrt{N_{iv}^2 + N_{ih}^2} \tag{8-14}$$

则当 $N_{iv} \geqslant 0$ 时，单元管柱受到的总摩擦力为

$$F_i = \mu_i \sqrt{N_{iv}^2 + N_{ih}^2} \tag{8-15}$$

当 $N_{iv} < 0$ 时，推导得出井壁对管柱的压力及管柱轴向力公式为

$$N_{iv} = \frac{1}{\mu\sin\frac{\gamma}{2} + \cos\frac{\gamma}{2}}\left(G_t \sin\frac{\gamma}{2} + G_v \cos\frac{\gamma}{2} + 2T_i \sin\frac{\gamma}{2}\cos\frac{\gamma}{2}\right) \tag{8-16}$$

$$T_{i+1} = T_i + \frac{1}{\cos\frac{\gamma}{2}} \cdot \mu \cdot N_{iv} + \frac{1}{\cos\frac{\gamma}{2}} \cdot G_t \tag{8-17}$$

所以当 $N_{iv} < 0$ 时，单元管柱受到的总侧向力为

$$N_i = \sqrt{N_{iv}^2 + N_{ih}^2} \tag{8-18}$$

则当 $N_{iv} < 0$ 时，单元管柱受到的总摩擦力为

$$F_i = \mu_i \sqrt{N_{iv}^2 + N_{ih}^2} \tag{8-19}$$

利用迭代叠加计算方法，从套管柱底端开始叠加计算到井口，就可以计算出整个套管所受的总摩擦阻力。

3）模型适用条件

三维软杆摩阻计算模型是以管柱轴线与井眼轴线一致并且管柱在下入过程中与井壁连续接触为前提推导建立的。模型在建立过程中考虑了井眼轨迹曲线的空间性，认为井眼轨迹是一条任意空间曲线，同时，假定 Lubinski 提出的"狗腿角平面"是普遍适用的，即在井眼空间曲线上，井眼曲率交会于一点。在计算过程中，将井眼轨迹曲线分微元段简化为狗腿平面上的圆弧线。因此，三维软杆模型适用于方位角变化显著且狗腿度较为严重的水平井。

8.2.2 套管可下入深度确定方法

通过构建的下套管摩阻力预测理论模型，编程求解套管轴向力、侧向力和摩阻力分布特征，可以预测套管最大下入深度与套管尺寸的关系。

不考虑套管扶正器的影响，运用三维软杆模型预测水平井下套管过程中的摩阻力、侧向支撑力和轴向力。当井口处轴向力等于零时，认为套管下入深度已经到达极限，对应的水平位移长度即为水平井的极限长度。

1）管柱的总摩阻应小于受阻点以上管柱浮重

按近似计算方法。管柱所受的总摩阻（F_m）应比管柱总长度减去水平段长度后的那部分浮重（T_a）要小，管柱才能继续下入，否则无法下到预定的深度。判别关系式为

$$T_a > F_m \tag{8-20}$$

在深井、水平段较长时，有可能出现管柱无法下入的情况。在实际生产中有时用游车、大钩在管柱的顶端施加压力帮助管柱下入，计算时可将上述压力加在浮重上。

2）管柱弯曲应力小丁管柱许用应力

管柱随井眼弯曲时，产生弯曲应力，因螺纹处管壁薄，易产生应力集中，故该处弯曲应力将比管柱本体提前达到许用应力。在下管柱时要上提下放管柱，使弯曲段的管柱受力增加。弯曲段管柱受力包括：弯曲段下管柱在钻井液中的浮重（T_a'）、弯曲段以下摩擦阻力（F_m'）、管柱弯曲时一侧的拉应力（σ_w），这 3 个力的和应小于管柱的最小许用应力（σ_{min}），判别关系式为

$$\sigma_{min} > F_m' + T_a' - \sigma_w \tag{8-21}$$

式中，$\sigma_{min} = \sigma_m K_{应力}$，其中 σ_m 为管柱本体钢材屈服强度；$K_{应力}$ 为管柱螺纹处降低应力系数。

3）管柱处于弯曲段时应不发生屈曲变形

管柱通过弯曲段时可能在弯曲应力达到钢材许用应力之前就发生较大的变形。使管柱的圆形截面变成椭圆形截面，严重时呈扁状，这种变形称为屈曲变形，也称为失稳破坏，屈曲变形是不允许的。管柱产生屈曲变形时的应力可用理论力学方法计算，小直径管柱比大直径管柱承受失稳破坏的能力更高。

4)管柱处于弯曲段时强度应满足要求

在进行下入过程中管柱的强度校核时,以管柱是否出现流动现象或发生显著的塑性变形为破坏标志,因此常采用第四强度理论对管柱进行强度校核,管柱通过弯曲段管柱的等效应力应小于材料的最小许用应力。

根据以上评价准则即可判断管柱在水平段的可下入性。管柱在下入时,如果同时满足以上情况,则管柱在水平井中就是安全的。

8.2.3 下套管的水平位移极限长度实例分析

以淮南某-1L 水平井为例开展计算。淮南某-1L 井井身结构设计一开采用 444.5mm 钻头钻至基岩以下 20m,下入 339.7mm 表层套管。二开采用 311.1mm 钻头钻至着陆点(1 310.92m),下入 244.5mm 技术套管。三开水平段设计要求在 13 煤层顶板 0~5m 范围内钻进,采用 215.9mm 钻头,水平段长 1300m。完钻井深 2 610.92m,下入 139.7mm 生产套管,井身结构见表 8-1、图 8-10。

表 8-1 设计井身结构参数表

开钻次序	井深/m	钻头/mm	套管/mm	水泥返深/m
一开	基岩下 20	444.5	339.7	地面
二开	1 310.92	311.1	244.5	地面
三开	2 610.92	215.9	139.7	800

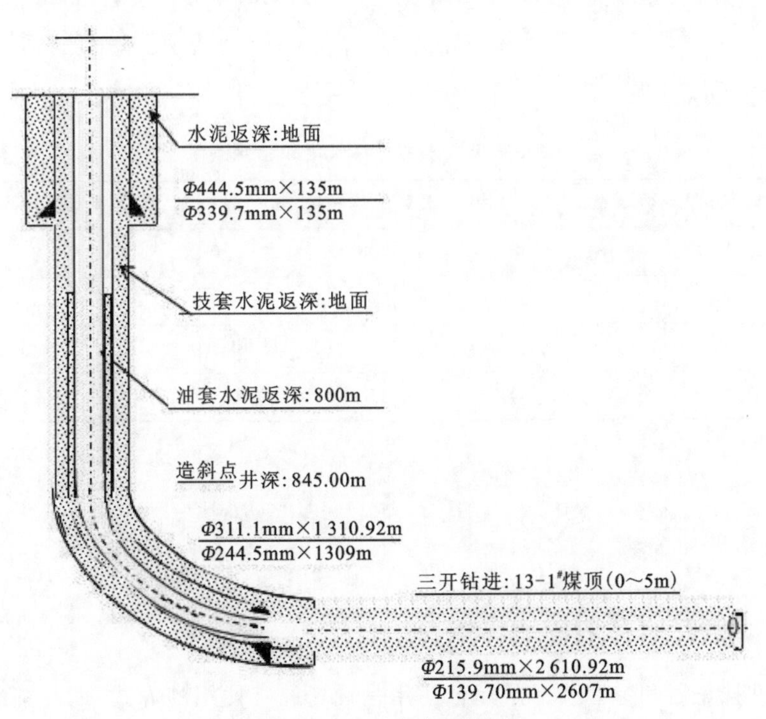

图 8-10 设计井身结构图

根据淮南某-1L井井身结构特点，相关参数如表8-2所示。

表8-2 井眼与管柱参数表

参数项	单位	数值	参数项	单位	数值
套管抗弯刚度	N·m^2	1.65×10^6	水平井段埋深	m	1145
生产套管钢级		N80	水平井井径	mm	215.9
生产套管壁厚	mm	9.17	造斜段曲率半径	m	300
生产套管外径	mm	139.7	钻井液密度	g/cm^3	1.2
生产套管线重	kg/m	29.76	套管钢材密度	g/cm^3	7.9
技术套管下深	m	1309	套管与地层摩阻力系数		0.1～0.4
造斜点埋深	m	845	弹簧片型套管扶正器压缩变形弹性系数	cm/N	$2.77e^{-4}$
刚性扶正器外径	mm	210			

根据表8-2中数据，计算极限的水平位移长度和极限套管下入深度如表8-3所示。套管与地层摩阻系数越大，极限水平位移长度越短，则水平井极限套管下入深度越小。下套管摩阻系数一般通过经验参考值和现场实测值反算获得，套管内摩阻系数一般在0.25～0.35范围内，裸眼段摩阻系数一般在0.35～0.4范围内。通过调整钻井液泥饼的润滑性能、井壁规则程度和井眼清洁程度，可以有效降低套管与地层摩阻系数，或在此基础上配套使用顶驱下套管技术，则大幅度提升极限套管下深。朱集东ZJ1-1井井深2 140.00m，水平段长1 030.00m；朱集东ZJ1-2井井深2 046.00m，水平段长1 148.71m。针对这两口大位移的水平井，采用顶驱下套管技术，顺利将生产套管送入到B靶点。

表8-3 极限水平位移长度和套管下深

套管与地层摩阻系数	极限水平位移长度/m	极限套管下入深度/m
0.1	5400	6100
0.2	3920	4620
0.3	2500	3510
0.4	1650	2660

8.3 扶正器选择与安装

8.3.1 选择扶正器时的注意事项

目前，刚性扶正器和弹性扶正器配合使用是现场经常使用的方式，即在井径较大处加弹性扶正器，在井径小的部位加刚性扶正器。当井斜角较小时使用弹性扶正器，当井斜角较大时使用刚性扶正器，水平井、大位移井一般使用刚性扶正器。总之，扶正器的使用既要保证套管的顺利下入，也要保证良好的套管居中度以提高顶替效率。选择扶正器时应注意以下几点。

(1)综合考虑井眼的实际地层情况，选择相应的扶正器，否则扶正器容易失效。例如在酸性地层要选择抗酸的扶正器。

(2)在水平井或大位移井中有缩颈或键槽的井段要选择双弓弹性扶正器，以免造成卡套管现象，同时选择外径较小的扶正器。

(3)由于弹性扶正器的扶正条刚性小，在旋转下套管时极易失效，所以在旋转下套管井尽量减少或者不使用弹性扶正器。

(4)单弓型扶正器受压极易变形，避免在水平井和大位移井中使用。

(5)在一口井不要单一的使用一种扶正器，应该多种扶正器配合使用，例如在一口井中全部使用刚性扶正器，会增加套管的刚度，加大下入难度。

(6)在水平井和大位移井中，井斜角较大处一般选用刚性扶正器，在上部井斜角较小处一般选用双弓型弹性扶正器，水平段一般选用双弓弹性扶正器和刚性扶正器隔加的方式，有利于套管的安全下入。

(7)在定向井或水平井在井斜大于45°的造斜段，最好使用滚柱螺旋扶正器(图8-11)。尤其是在下大直径的套管柱时，一方面有利于降低摩阻，防止卡套管，另一方面可以改变水泥浆的流动状态，提高顶替效率。

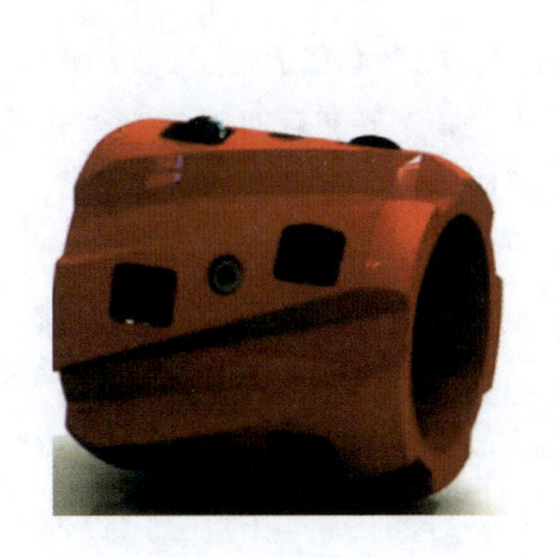
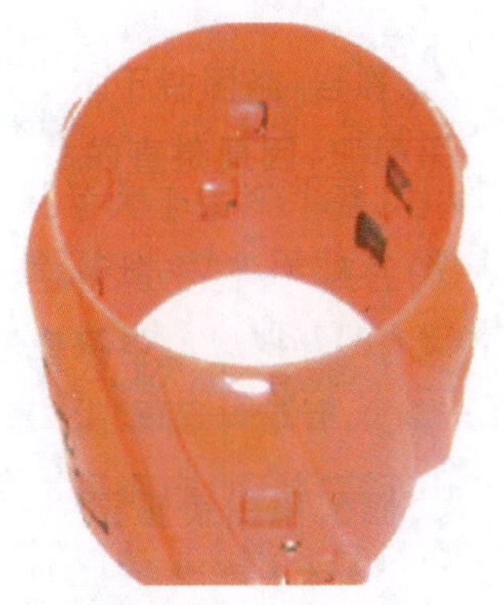

图8-11　滚柱螺旋扶正器

市场上扶正器类型较多，各种扶正器性能特点对比如表8-4所示。

表8-4　不同扶正器性能特点对比表

特性	冲压式刚性扶正器	聚合物/锌合金刚性扶正器	滚珠/滚轮刚性扶正器	编织式弹性扶正器	焊接式弹性扶正器	焊接式弹性扶正器
耐磨及降低套管下入摩阻	否	是	是	否	否	是
变径段通过能力	否	否	否	是	否	是

续表 8-4

特性	冲压式刚性扶正器	聚合物/锌合金刚性扶正器	滚珠/滚轮刚性扶正器	编织式弹性扶正器	焊接式弹性扶正器	焊接式弹性扶正器
提高环空过流面积/紊流效益	是	是	否	是	是	是
整体式成型结构	是	是	否	否	否	是
水平井适应性	是	否	是	否	否	是

8.3.2 安装扶正器时的注意事项

选择好扶正器后就要对扶正器进行合理的安放，扶正器的安放首先是计算理论安装位置，其次考虑套管的实际下入深度与长度，综合优化设计套管的实际安放位置，在安放时还要注意以下事项。

(1)在井径较小的井眼内，扶正器尽量避免安装在扶正器止动环、套管接箍和套管加厚部分上面，否则会使套管的刚性增大，增加下入难度。

(2)应该让扶正器可以在套管接箍、扶正器止动环与套管两端加厚部分两两之间自由移动，方便套管的下入。

(3)扶正器止动环安装在无接箍平接式套管上，配合套管扶正器的使用。

(4)使用螺旋扶正器时，建议旋向交错的安装，避免下套管时引起套管转动。

(5)扶正器的使用数量要经过合理的工程计算确定，使用扶正器会对套管与井眼环空产生流动阻力，研究表明，每使用 100 个扶正器大约会增加 3MPa 的液体流动阻力。

(6)在井眼曲率较大的井段应适当减小扶正器间距，在狗腿角大的井段应该多加扶正器。

(7)大位移井第一个扶正器安装在套管鞋以上 2～3m 处，靠近这个单根上接头以下2～3m处再加一个，浮箍所在的套管在中间加装一个扶正器。

(8)如果下层套管和上层套管重叠段需要水泥封固的话，在重叠段也需加装一个刚性扶正器。

(9)在直井段，一般是每 3 根套管加 1 个弹性扶正器；在大斜度的长井段和水平井段应增加扶正器的数量，一般 1 根套管加 1 个扶正器或 3 根套管加 2 个扶正器。

(10)在疏松砂岩段应严格控制扶正器的使用数量，因为扶正器肋条容易嵌入井壁，破坏井壁结构并增加套管摩阻力，肋条的嵌入会使套管扶正器失去部分或全部的扶正作用；在致密岩层的倾斜井段，可适当多加扶正器。

(11)根据扶正器间距计算方法和现场实际情况，一般 5″套管可采用每根套管装一只扶正器；井斜角大于 10°装 7″套管时，可每根套管装一只扶正器；井斜小于 10°时，可以每两根套管装一只扶正器；井斜大于 30°装 9″套管时，可每根套管装一只扶正器；井斜角在 5°～30°范围内可每两根套管装一只扶正器；井斜小于 5°时，可每 3 根套管装一只扶正器。

8.3.3　套管居中度的确定方法

套管居中偏心距如图 8-12，确定合理的居中度范围，对于提高水泥浆顶替效率，提高固井质量至关重要。

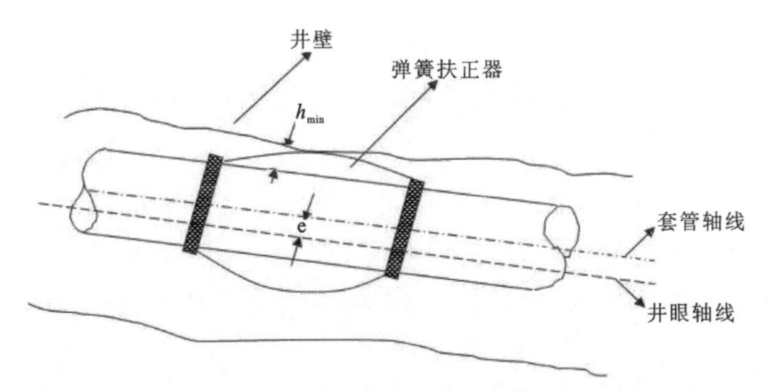

图 8-12　套管居中偏心距示意图

我国套管居中度标准为居中度大于 67%，按照式(8-22)进行计算。套管许可偏心距取值同心环空间隙的 1/3，套管最大偏心距小于或等于套管许可偏心距。现标准中的套管居中度未考虑与井斜角、套管内外的液体密度差、水泥浆、钻井液的动切力等因素的影响，难于满足大斜度井、水平井的固井质量需求。

$$\varepsilon=\frac{R-r-e}{R-r}\times 100\%=\frac{(D-D_{co})/2-(D-D_{co})/6}{(D-D_{co})/2}\times 100\% \tag{8-22}$$

式中，R、r 分别为井眼半径和套管半径，m；D、D_{co} 分别为井眼直径和套管外径，m；e 为套管偏心环空偏心距，m。

图 8-12 中 h_{min} 为满足水泥浆顶替效率的偏心环空窄间隙极限宽度。假设水泥浆和钻井液在套管和井壁之间的流动是平板流，则井斜角不为 90°时，满足水泥浆顶替效率的偏心环空窄间隙极限宽度可按下式计算：

$$h_{min}=R-r+\frac{2(\tau_s+\tau_m)}{(\rho_s-\rho_m)g\cos\theta}-\sqrt{(R-r)^2+\left[\frac{2(\tau_s+\tau_m)}{(\rho_s-\rho_m)g\cos\theta}\right]^2+\frac{4(\tau_s-\tau_m)(R-r)}{(\rho_s-\rho_m)g\cos\theta}} \tag{8-23}$$

水平段满足水泥浆顶替效率的偏心环空窄间隙极限宽度可按下式计算：

$$h_{min}=\frac{2\tau_m}{\tau_m+\tau_s}(R-r) \tag{8-24}$$

偏心环空极限偏心距 e 按下式计算：

$$e=R-r-h_{min} \tag{8-25}$$

式中：τ_s、τ_m 分别为水泥浆和钻井液的动切力，Pa；ρ_s、ρ_m 分别为水泥浆和钻井液的密度，kg/m^3；θ 为井斜角，(°)；R、r 分别为井眼半径和套管半径，m。

根据水泥浆和钻井液的性能参数以及井眼的环空条件，通过极限偏心距公式，可确定环空窄间隙处钻井液可以被完全替走时的偏心环空极限偏心距。极限偏心距的定量计算，有利于指导大斜度井和水平井内下套管时扶正器的安放间距设计，使套管下入之后的环空最窄间隙不低于偏心环空极限最窄间隙。该方法将井斜角、套管内外液体的密度差以及水泥浆、钻井液的动切力等因素对套管偏心的影响都考虑在内，更接近于套管的实际工况。

套管居中度按下式计算：

$$\varepsilon = \frac{h_{\min}}{R-r} \times 100\% \tag{8-26}$$

从上面偏心环空窄间隙极限宽度计算公式可以看出，影响偏心环空窄间隙极限宽度的因素主要有井眼和套管尺寸配合、钻井液和水泥浆密度差、钻井液和水泥浆动切力、井斜角。由于套管的尺寸和井眼尺寸的配合已经系列化，也就是说套管层次和每层套管的下入深度确定之后，相应的套管尺寸和井眼直径也就确定了。考虑现场一般不会通过随意改变套管尺寸和井眼直径的差值的方法来增大偏心环空窄间隙极限宽度。因此，下面主要分析后 3 种因素对居中度的影响。

1）井斜角对居中度的影响规律

为了更直观的分析居中度随井斜角的变化规律，采用表 8-5 数据可以计算出极限偏心距理论下的套管居中度，将其数据绘制成井斜角从 0°～90°时的变化曲线如图 8-13 所示。

表 8-5　井斜角计算数据表

组别	井眼直径/mm	套管外径/mm	水泥浆密度/(kg·m^{-3})	钻井液密度/(kg·m^{-3})	水泥浆动切力/Pa	钻井液动切力/Pa
1	215.9	177.8	1500	1200	11	8.5
2	241.3	196.9	1800	1300	16	10

图 8-13 中，曲线 1、2 分别对应表 8-5 中的第 1、第 2 两组数据，横线代表国家标准。从图中可以看出，井斜角对套管居中度的影响非常显著，井斜角越大，满足水泥浆顶替效率的居中度要求越高。但国标中并未考虑井斜角对居中度的影响，显然是不合理的。

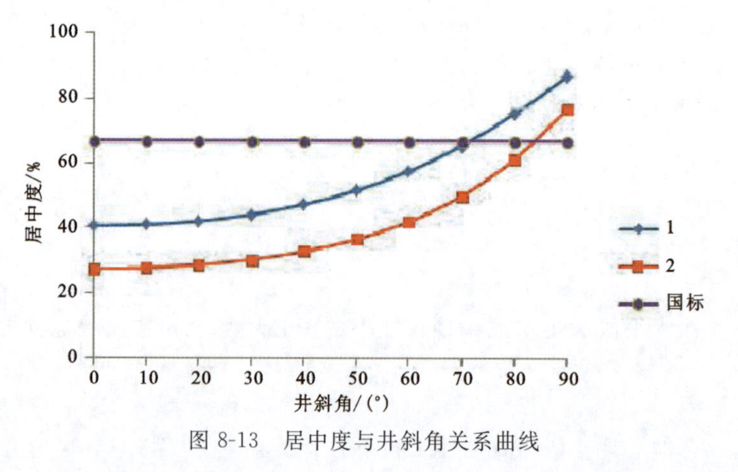

图 8-13　居中度与井斜角关系曲线

2）钻井液和水泥浆动切力对居中度的影响规律

为了分析动切力对居中度的影响规律，采用表 8-6 数据，固定井斜角即可计算出极限偏心距理论下的套管居中度。利用表 8-6 中第 1 组数据可以计算出水泥浆动切力对居中度的影响规律，如图 8-14a 所示。利用表 8-6 第 2 组数据可以计算出钻井液动切力对居中度的影响规律如图 8-14b 所示。

表 8-6　动切力计算数据表

组别	井眼直径/mm	套管外径/mm	水泥浆密度/（kg·m^{-3}）	钻井液密度/（kg·m^{-3}）	水泥浆动切力/Pa	钻井液动切力/Pa
1	215.9	177.8	1500	1200	11～18	8.5
2	241.3	177.8	1500	1200	11	3～10

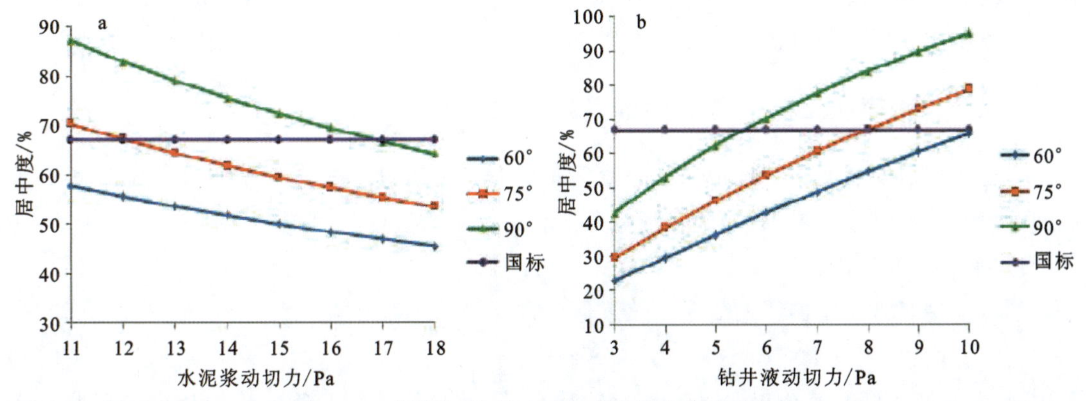

图 8-14　水泥浆、钻井液动切力与居中度关系曲线

由图 8-14a 可以看出，水泥浆动切力越大，对居中度的要求越低。由图 8-14b 可以看出，钻井液的动切力越大，对居中度的要求越高。由此可见，国标中不考虑钻井液和水泥浆的动切力对居中度的影响是不合理的。而且对于复杂地层，可以通过调节水泥浆与钻井液的动切力配比来降低对套管居中度的要求，这样更灵活可控，有利于减少下套管困难，提高固井质量。

3）水泥浆与钻井液密度差对居中度的影响规律

为了分析密度差对居中度的影响规律，取密度差从 200kg/m^3 增加到 700kg/m^3 时，采用表 8-7 中的数据进行计算，得出极限偏心距理论下的套管居中度，分别绘制出不同井斜角情况下密度差与居中度的关系曲线（图 8-15）。

表 8-7　密度差计算数据表

	井眼直径/mm	套管外径/mm	水泥浆动切力/Pa	钻井液动切力/Pa
1	215.9	177.8	11	8.5

从图 8-15 中可以看出，在大斜度井及井斜角小于 90°的水平井中，随着水泥浆与钻井液的密度差的增大，对居中度的要求越低。因此，目前国内采用的套管居中度标准中未考虑水泥浆与钻井液密度差对居中度的影响是不合理的。

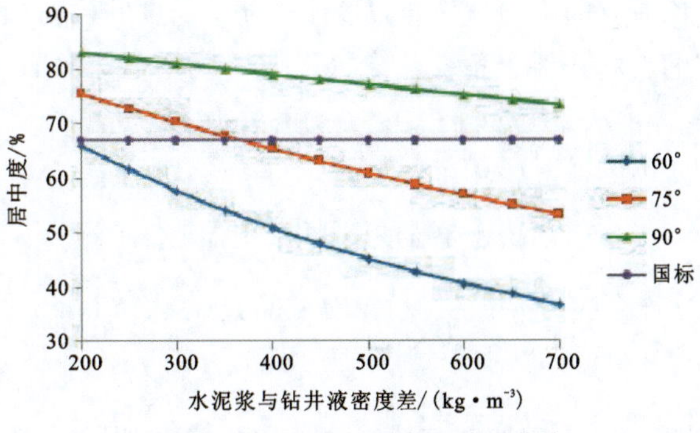

图 8-15　密度差与居中度关系曲线

通过以上分析可以得出，在大斜度井及井斜角小于 90°水平井中，井斜角越大，对套管居中度的要求越高，适当提高

水泥浆动切力，降低钻井液动切力，提高水泥浆与钻井液的密度差，可以有效的降低对套管居中度的要求。而在井斜角90°的水平井段，改变密度差的方法并不适用。相比而言，利用极限偏心距计算的套管居中度，考虑的影响因素更为全面，得出的结果更具说服力。

因此，可按如下方法对套管居中度进行设计：以极限偏心距理论为依据的套管居中度设计为前提，当计算结果小于目前国内采用的套管居中度标准时，就采用67%的行业标准，否则就采用极限偏心距理论的计算结果作为标准。这样就能充分保证套管具有足够高的居中度，有效地提高固井质量。以此方法设计出的套管居中度即为套管最小许可居中度。

8.3.4 套管扶正器安装间距的确定方法

套管扶正器安装间距的确定原则是套管最大偏心距小于或等于套管许可偏心距。在安装间距设计计算时取临界条件，即套管最大偏心距等于套管许可偏心距。

1) 弹簧片型套管扶正器

弹簧片型套管扶正器压缩变形量按近似公式(8-27)计算为

$$S = K_C P \tag{8-27}$$

式中，S 为弹簧片型套管扶正器压缩变形量，cm；K_C 为弹簧片型套管扶正器压缩变形弹性系数，cm/N；P 为复位力，N。

当套管轴向拉力远大于套管自重分量时(见式8-28)，套管最大偏心距可按照公式(8-29)近似计算为

$$T > \frac{W_e L \cos\bar{\alpha}}{2} \tag{8-28}$$

$$y_{\max} = (K_C + \frac{200}{B}) \left\{ (W_e L \sin\bar{\alpha})^2 + 4T^2 \left[\tan^2\left(\frac{\Delta\alpha}{2}\right) + \tan^2\left(\frac{\beta}{2}\right) \right] - 4TW_e L \sin\bar{\alpha} \tan\left(\frac{\Delta\alpha}{2}\right) \right\}^{1/2} \tag{8-29}$$

$$B = \frac{8\pi^4 EJ}{L^3} + \frac{2\pi^2 T}{L} \tag{8-30}$$

$$\beta = \arccos(\cos^2\bar{\alpha} + \sin^2\bar{\alpha}\cos\Delta\varphi) \tag{8-31}$$

$$J = \pi(D_{co}^4 - D_{ci}^4) \times 10^{-12}/64 \tag{8-32}$$

式中，W_e 为单位长度套管在钻井液中的浮重，N/m；L 为套管扶正器安装间距，m；$\bar{\alpha}$ 为 L 长度井段对应的平均井斜角，(°)；$\Delta\alpha$ 为 L 长度井段对应的井斜角变化量，(°)；β 为 L 长度井段对应的平均井斜全角变化量，(°)；D_{co} 为套管外径，mm；D_{in} 为套管内径，mm；E 为钢材弹性模量，一般为 2.06×10^{11} Pa；J 为套管惯性矩，m^4。

2)刚性套管扶正器

当相邻两扶正器全为刚性扶正器时，有

$$y_{\max} = \frac{D - D_{rc}}{2} + \frac{200}{B} \left\{ (W_e L \sin\bar{\alpha})^2 + 4T^2 \left[\tan^2\left(\frac{\Delta\alpha}{2}\right) + \tan^2\left(\frac{\beta}{2}\right) \right] - 4TW_e L \sin\bar{\alpha} \tan\left(\frac{\Delta\alpha}{2}\right) \right\}^{1/2} \tag{8-33}$$

式中，D_{rc} 为刚性套管扶正器外径，cm；其他同上。

3)刚性-弹簧片型套管扶正器混合使用

当相邻两扶正器一只为刚性扶正器,一只为弹簧片型扶正器时,有

$$y_{\max}=\frac{D-D_{rc}}{4}+\left(\frac{K_C}{2}+\frac{200}{B}\right)\left\{(W_e L\sin\bar{\alpha})^2+4T^2\left[\tan^2\left(\frac{\Delta\alpha}{2}\right)+\tan^2\left(\frac{\beta}{2}\right)\right]-4TW_e L\sin\bar{\alpha}\tan\left(\frac{\Delta\alpha}{2}\right)\right\}^{1/2} \tag{8-34}$$

在进行全井或某一井段的套管扶正器安装间距设计计算时,从下往上逐跨进行设计计算。先试取一个间距 L 值,计算出上扶正器处的井眼井斜角 α_2 和方位角 φ_2,逆向计算出套管最大偏心距 $y_{\max}$,将其与套管许可偏心距$(D-D_{co})/6$ 进行比较。若套管最大偏心距小于套管许可偏心距,则适当增大间距 L 再重新计算,反之减小间距 L 再计算,直至二者基本相等,此时间距 L 值就可作为扶正器安装间距值。

8.3.5 套管扶正器安装间距实例分析

以淮南某-1L 水平井为例开展计算。扶正器间距主要受到管柱浮重、轴向力和抗弯刚度的影响,管柱与地层摩阻系数可以直接影响轴向力。利用表 8-2 中数据计算扶正器间距,结果如表 8-8 所示。套管壁厚、套管钢级均能够影响套管的抗弯刚度,抗弯刚度越大,则扶正器安放间距越大。轴向力对套管横向挠度的影响一般较小,轴向拉力时,套管横向挠度略微减小;轴向力为压力时,套管横向挠度略微增大。套管单根长度在 9m 左右,故每根套管安放一只扶正器,主要布置于水平井段。

表 8-8　水平井段扶正器最大间距

扶正器类型	扶正器间距/m
弹簧片型扶正器	10.83
刚性扶正器	12.63
弹簧片-刚性扶正器	11.71

8.4　顶驱下套管技术

8.4.1 技术优势

常规的下套管在下套管期间不能快速循环、旋转和上下活动套管。在复杂的地层可能会发生垮塌、缩径和岩屑沉积等,从而导致下套管失败。淮南煤田瓦斯地面抽采的煤层顶板水平井套管安全快速下入一直是作业难点,甚至多口井以及单井多次因套管下入难度大、下入不成功导致井下事故或填井侧钻。据统计,由于缩径和卡钻造成的非生产时间占整个下套管过程的 49%。然而最有效的避免缩径和卡钻办法是钻井液保持循环。顶驱下套管技术有效解决了传统下套管施工中的各种难题,把顶驱钻进的优点应用到下套管施工中。

顶驱下套管过程中，钻井液可以随时循环或者一直保持循环，在不稳定地层下套管时，钻井液可以保持循环，有利于井眼的稳定。通过应用顶驱下套管装置(图 8-16)，提高下套管作业生产效率并且保障作业安全，可以在套管下入遇阻时及时循环钻井液并旋转套管串，实现井眼轨迹不佳情况下套管安全高效下放到位。相比于常规下套管方式，旋转下套管方式减小了套管与井壁间的摩擦系数，从而使套管避免了过大的轴向载荷，降低了后期套变的风险。顶驱下套管技术提高了自动化程度，降低了劳动强度，提高了下套管施工的安全性和效率。

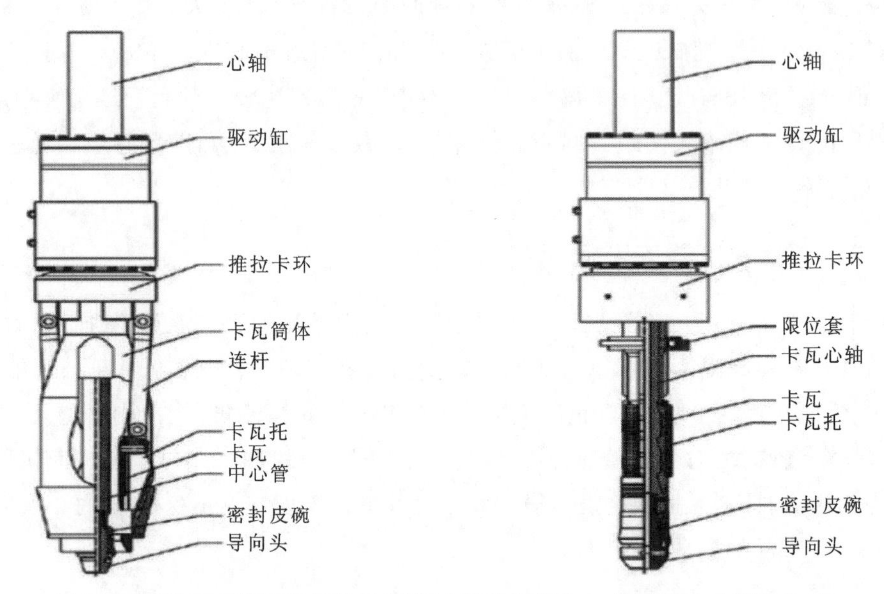

图 8-16　顶驱下套管装置结构示意图(左图为外部动力式，右图为内部动力式)

顶驱下套管系统是一种基于顶部驱动的钻井系统(图 8-17)。顶驱下套管装置是集机械与液压于一体的新型套管送入装置。该装置需针对不同规格的套管配套相应系列工具，以适应相同规格各种常用壁厚的下套管作业。

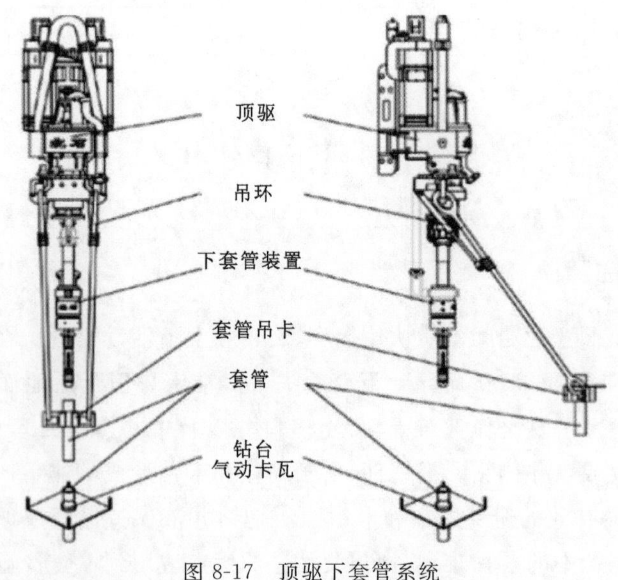

图 8-17　顶驱下套管系统

顶驱旋转下套管技术的优点有以下 3 点。

(1)可以随时循环钻井液。顶部驱动装置密封连接套管和顶驱,确保了可以随时循环钻井液,携带岩屑。钻井液循环保证了井眼的清洁和尺寸,确保了下套管作业的安全顺利进行。钻井液随时循环对于深井、复杂井和水平井的井眼稳定至关重要。

(2)拓展了顶驱的应用。顶驱借助顶部驱动装置可以实现套管旋转固井和套管钻井顶驱下套管技术缩短了处理事故的时间,减少了非生产时间。顶驱下套管工具可提升没有节箍的套管,大大提高下套管的效率。顶驱下套管技术也具有扶正套管的功能,消除了扶台的使用,提高了套管的安全性。

(3)微痕抓卡技术,减小套管损伤。顶驱下套管装置上的卡瓦面积大,增大了卡瓦与套管的接触面积,使受力面积更大,力更均匀、套管的损伤更小,甚至可以忽略。与传统的套管钳相比,顶驱下套管装置的使用减小了上扣过程中的损伤,提高了套管的化学抵抗力,延长了套管的寿命。

8.4.2 系统结构组成

顶驱下套管系统是一个集液压和机械为一体的顶驱钻井系统。根据套管的大小 ,顶驱下套管装置可以分为两种结构:内部动力和外部动。无论套管的尺寸如何,两种结构的主要结构都是相同的。它们都是由连接螺纹、液压传动机构、滑移机构和导向接头组成。但在实际操作中,为了保证操作的安全,还是需要建立一些辅助机构的。

(1)顶驱下套管装置。顶驱下套管装置主要功能是举升套管、传递扭矩和实时建立循环。

(2)吊环。实际上顶驱套管本身也具有举升功能,但由于下驱深度较大或井下环境复杂,很难保证其安全。所以需要使用吊环来辅助吊装,以确保安全。

(3)套管吊卡。为了抓住一个套管,将向下的套管管柱提起,增加了套管吊索。通过这种方式,不需要建立一个承载平台,操作起来既非常方便,又特别安全。

(4) 气动卡瓦。为了提高顶驱套管作业的安全性和自动化水平,必须采用气动卡瓦,使司钻能够实现卡瓦和套管柱的远程控制。当然,这并不是一成不变的,而是要根据实际场景来设置,如果没有气动卡瓦,普通卡瓦仍然可以发挥作用。

(5)视频监控系统。为了随时监控套管,顶部驱动套管系统上还安装了视频监控系统。该系统能够提高套管作业的可视化程度,并始终处于监控状态。在井架上安装彩色摄像机是一种常见的做法,该监控系统不仅可以监控井架的运行是否正常,还可以及时掌握碗体磨损、滑损等情况。

(6)智能防撞装置。当套管与下套管装置连接时,无论是内卡还是外卡,挂钩都应下降到一定高度。一旦过了头,整个重力就会落在套管上,导致套管变形或套管上的螺纹塌陷。因此,增加了一种智能防撞装置。当吊钩放下时,智能防撞装置会实时注意吊钩分套管的距离。一旦与机匣上的联轴器接触,信号会自动返回到司钻的控制室,司钻会及时刹车,确保人员、机匣管柱和设备的安全。

8.4.3 工作原理与工艺流程

顶驱下套管系统的基本功能是完成单根套管从抓取到送入的全过程，并且在需要的时候能够将顶驱施加的驱动扭矩传递给套管驱动套管旋转。在钻完井眼后，卸下钻杆吊卡、吊环及保护接头，选择和套管尺寸及重量相配套的下套管装置和工具，并安装到顶驱下部。

1)工作原理

顶驱的顶部驱动轴与下套管装置的上端连接在一起，当外壳工作时，顶部驱动可以精确地控制外壳上的扭矩。在工作过程中，顶部驱动装置中的液压源可以有效地保证结构的上、下油室充满油。同时，充油会自动上升到额定压力。通过气缸的上下运动，驱动滑块的结构打开或复位，通过传动力夹紧或松开套筒，通过转动传递达到起升载荷的目的，实现起升和下套管的动作。下套管装置采用自密封皮碗密封，可以在套管作业的同时循环钻井液，以减少或避免复杂事故的发生。

2)工艺流程

利用顶驱下套管系统进行下套管作业，其整个下套管过程和常规接钻杆作业一样，运行的套管的主要工艺流程如下：①抓管钳抓取单根套管，提升至井口悬挂的套管接头处与其对接，驱动工具在导向头的辅助下插入单根套管至极限卡位环处。②活塞下行使卡瓦与卡瓦心轴相对滑动，迫使卡瓦卡紧套管的同时压缩弹簧。③顶驱带动顶驱下套管装置旋转，使卡紧的单根套管与井口悬挂的套管对接上扣。④放下套管并开启泥浆循环系统，套管放下，到位后液压缸泄压，卡瓦在弹簧的反向推力作用下上行，解除卡瓦卡紧状态，完成单次下套管作业，同时为下一根套管做好准备。

在下套管过程中，遇到井眼缩颈、井壁坍塌、岩屑沉淀问题时，可以通过顶驱钻井装置主轴水眼和顶驱下套管装置中心孔，向单根套管和套管柱内灌注泥浆并循环泥浆。启动顶驱钻井装置的旋转上扣机构，带动单根套管旋转，使单根套管与套管柱在井内旋转，保证套管柱能顺利正常下到井底。

8.4.4 技术应用效果

项目组针对朱集东 ZJ1-1 井和 ZJ1-2 井地层情况、下管难点和下管固井技术要求，设计基于顶驱下套管技术的细化方案并实施，整个下套管过程顺利，未发生异常情况。

朱集东 ZJ1-1 井井深 2 140.00m，水平段长 1 030.00m，井眼轨迹姿态起伏，见图 8-1。生产套管采用顶驱下套管技术，套管尺寸、钢级、壁厚、下探深度分别为 Φ139.72mm、P110、9.17mm、2 140.42m，钻井液密度为 1.41g/cm^3、黏度 54s。

朱集东 ZJ1-2 井井深 2 046.00m，水平段长 1 148.71m，井眼轨迹姿态起伏，见图 7-28。生产套管采用顶驱下套管技术，套管尺寸、钢级、壁厚、下探深度分别为 Φ139.72mm、P110、9.17mm、2 042.44m，钻井液密度为 1.41g/cm^3、黏度 54s。

8.5 两淮煤田下管固管工艺

8.5.1 一开下管固管

一开结束后，下入表层套管，固井封固地表疏松层，水害防治井套管尺寸为Φ244.5mm，钢级为J55，壁厚为8.94mm，瓦斯治理井套管尺寸为Φ339.7mm，钢级为J55，壁厚为9.65mm。固井使用42.5级普通硅酸盐水泥（瓦斯治理井一般采用G级水泥），固井水泥浆返至地面，水泥浆密度为(1.85 ±0.03)g/cm^3。

下管固管作业要求需要以下几点：①表层套管作业要防跑、防脱，确实起到防塌、防漏的作用；②表层套管下入井内后要保证做到垂直、周正，确保与二开设计井径同心，固定井口后方可固井；③固井时严格计算水泥量和替浆量。井径按钻头直径扩大15%计算，在此基础上水泥浆量再附加10%，套管内留20m水泥塞，注灰、替浆排量不小于20L/s；④套管用纯水泥浆进行固管，并对套管止水检查；⑤打完水泥浆后应立即关闭所有管道阀门至水泥初凝后解阀；⑥固井完毕后及时起钻，防止立旗杆现象；⑦在固井结束48h后进行套管试压，试压压力不小于8MPa，30分钟内降压小于0.5MPa为合格。

下套管作业需要注意套管连接方式和下管方法：①下套管采用丝扣连接。套管丝扣连接后，点焊加固，确保接缝焊牢，以防套管脱落孔内。②准确计算套管柱重量，当套管柱重量远低于钻机承载能力时，直接提吊下管。③套管柱提起和下放要匀速、平稳，避免造成井内液柱压力激动，上提高度以刚好打开吊卡为宜，下放坐吊卡（卡瓦）时注意避免冲击载荷；套管内和井下防掉落物。④控制套管柱下放速度，使其环空钻井液的返速不大于钻进时的最高返速。⑤下套管过程中，如套管柱静止时间超过3分钟应上下活动套管，井下不正常时，要进一步缩短静止时间。套管活动距离应大于套管柱自由伸长的增量。⑥下套管时应有专人观察井口钻井液返出情况和悬重变化情况，如发现有异常情况应采取相应的措施。⑦短套管位置要反复核对，防止错下，套管柱下深应达到设计要求。⑧下完后查对下井和备用套管根数是否与送井套管总根数相符。⑨下完套管先灌满钻井液后，小排量开通泵循环，排量从小到大，直至达到固井设计要求。

固井作业需要注意以下两点：①一开套管采用大泵量正循环水泥浆全封闭固井，即使用孔口注浆装置连接套管注入水泥浆直至井口返浆，而后进行清水清孔，清水清孔量应根据套管长度科学计算，保证固井质量；②48小时后冲扫至套管底口上3～5m。

8.5.2 二开下管固管

二开结束后，下入技术套管，水害防治井套管尺寸为Φ177.8mm，钢级为J55，壁厚为8.05mm，瓦斯治理井套管尺寸为Φ244.48mm，钢级为J55，壁厚为8.94mm。固井使用42.5级普通硅酸盐水泥（瓦斯治理井一般采用G级水泥），固井水泥浆返至地面，水泥浆密度在1.5～1.6g/cm^{3}之间（瓦斯治理井水泥浆密度在1.60～1.85g/cm^{3}之间），二开套管也采用大泵量水泥浆全封闭固井。

1)套管附件与套管柱的连接

套管附件与套管柱的螺纹连接及旋合要求应符合规定;特殊专用附件应遵守产品说明书,按下套管措施进行安装、连接和操作;短套管接箍与本体连接丝扣要上扣至规定扭矩。套管附件与套管柱连接使用专用密封胶,禁止电焊。套管扶正器的安装按固井设计要求间距,下入套管扶正器(参见 8.3 节),铰链扶正器跨骑在套管接箍上,并穿好销子。

2)穿引鞋

造斜段在下套管前,先划眼试孔,顺利后方可下入,套管底口穿引鞋。套管进入斜井段,要严格控制下放速度,遇阻时严禁强压硬下。对于非自灌型浮箍、浮鞋,应按下套管措施要求专人连续向套管内灌钻井液,每 20 根灌满一次钻井液;定期检查自灌装置是否有效(可以从套管悬重的变化和井口返出钻井液的情况来判断),一旦发现自灌装置失效,按技术指令向套管内灌满钻井液。

朱集东瓦斯治理 ZJ1-2 井井身结构如图 6-38,技术套管固井作业出现了复杂情况,具体情况和采取的解决措施如下:钻头尺寸为 Φ311.1mm,井深为 1 114.41m,套管尺寸为 Φ244.48mm,钢级为 J55,壁厚为 8.94mm,下入深度为 897.29m。钻井液密度为 1.67g/cm^3,黏度 100s,与表层套管重叠段环容 33.66L/m,井径扩大率按 25% 计算,裸眼段环容71.86L/m。

该井二开完钻后下钻通井 9 次,下部井段多处遇阻,返出大量不规则掉块,钻井液密度从 1.26g/cm^3 提高至 1.67g/cm^3 仍不能有效抑制掉块情况,提高密度通井期间未发生漏失。下套管前最后一次通井,972~980m 段井壁仍有垮塌。

具体采用的解决措施有以下几点:①自浮箍以上,每 3 根套管加 1 只弹性扶正器。②固井前大泵循环不少于 2 周,彻底携带干净掉块并且进出口钻井液密度误差≤0.02,具备以上条件方可进行固井作业。③由于多次下钻通井,造成下部井段出现大肚子及不规则井眼,井眼容积按钻头直径 25%计算,保证水泥浆返出地面。固井施工提前试运转注灰车辆,采用单车注水泥浆。④大泵量替浆 30m^3,水泥泵车替清水 5m^3 至碰压,碰压后放回水检查浮箍坐封情况,如座封不好,则根据返浆量泵入井内,在最高施工压力上再加 2~3MPa,关井侯凝。⑤如果固井中发生漏失导致水泥浆低返,固井结束后从井口环空灌水泥浆,确保水泥浆返出地面。⑥水泥浆柱设计为前 25t 水泥配 1.60~1.65g/cm^3 水泥浆;后 40t 水泥配 1.80~1.85cm^3 水泥浆。

钻头尺寸为 Φ311.1mm,井深为 1 114.41m;钻杆尺寸为 Φ127.0mm,下入深度为 1114m;水泥塞位置位于 697.29~1114m 段。水泥塞目的为填充下部井眼,加固破碎带,重新侧钻。钻井液性能为密度 1.58g/cm^3,黏度为 86s。

该井二开完钻后多次起下钻通井,下部井眼轨迹复杂存在大肚子井眼和掉块严重现象,940~980m 井段遇堵严重,此次作业钻具能否顺利起出地面,存在很大风险;地层未做承压试验,起完钻具后,挤堵压力无参考范围,压力过高易压漏地层,压力小则挤入量少,起不到加固破碎带的作用。

具体采用的解决措施有以下几点:①固井前确保起下钻顺畅,无遇堵现象。②下钻到底后充分循环钻井液 2 周以上,降低井筒温度,保障井底无掉块。③井眼处于压稳状态,进出口钻井液密度差≤0.02。④提前检查提升系统和液压大钳，保证设备状况正常。施工前上提1柱钻具后再下入管串，记录悬重变化。⑤打水泥塞过程中，保持上下活动旋转钻具，时刻注意观察压力表和扭矩表压力变化。⑥提前试运转注灰车辆，采用单车注水泥浆，注替结束后，起钻具至井深690m循环出多余水泥浆，排量不小于固井前循环排量。⑦替完浆高速提钻，确保在水泥浆稠化前起完钻具并完成挤堵作业。⑧提起做水泥浆稠化试验，确保满足施工时间。⑨挤堵作业以300L/min排量挤注清水，密切观察压力变化，防止压漏地层，挤堵压力最高不超过15MPa。

8.5.3　三开下管固管

两淮煤田三开套管为瓦斯生产套管，应根据具体地层情况、井身结构、轨迹形态等，准确计算套管下入摩阻力及可下入深度、扶正器选择与安装位置等，建议采用顶驱下套管技术，其他三开下管固管作业及要求参见一开、二开下管固管。朱集东瓦斯治理ZJ1-2井生产套管下管固管技术措施如下：钻头尺寸为Φ215.9mm，井深为2046m，套管尺寸为Φ139.72mm，钢级为P110，壁厚为9.17mm，下入深度为2 042.44m。钻井液密度为1.41g/cm^3，黏度为54s。

上层244.48mm技术套管下入深度为897.29m，重叠段环容为25L/m，井径扩大率按15%计算，裸眼段环容为33.07L/m。

具体采用的施工措施有以下几点：①在连接引鞋的套管位置加1只滚珠扶正器，连接浮箍的套管加1只滚珠扶正器，浮箍以上套管串2根套管加1只滚珠扶正器，再2根套管1只刚性扶正器，依次累加；重叠段每5根加1只弹性扶正器，保证套管居中。②固井前循环洗井2周以上，要求振动筛无泥饼、岩屑，进出口钻井液密度差小于0.02。③固井施工提前试运转注灰车辆，采用单车注水泥浆。④水泥浆密度设计为进入上层套管环空井段水泥浆密度1.65～1.70g/cm^3，裸眼井段水泥浆密度1.85～1.90cm^3。⑤大泵压胶塞并替清水18m^3，水泥泵车替清水5.5m^{3}至碰压，要求水柜参考流量计准确计量。⑥如果固井中发生漏失导致水泥浆低返，固井结束后从井口环空灌水泥浆，确保水泥浆返出地面。

8.6　提高固井质量的技术措施

8.6.1　优化钻井设计

水平井井身结构设计应考虑完井注水泥问题，要选择合适的套管/井眼尺寸比，一般比值应在0.65～0.7范围内，有条件时应尽可能增大曲率半径，同时在钻井过程中要求：①保持井径规则，避免形成键槽；②井眼轨迹规则，不应有不符合设计要求的全角变化率井段；③凡钻进循环漏失均应进行认真堵漏处理。

8.6.2　井眼净化与通井

完井电测后，保持钻井液密度同完钻前钻井液密度不变，下原钻具钻通井，在遇阻、遇卡井段反复划眼，充分洗井，确保井眼畅通。然后采用双扶(≥Φ209mm)模拟管柱对水平段进行刚性二次通井，在键槽、缩径井段、电测遇阻段等反复划眼，保证井眼通畅，便于套管能顺利下至设计井深位置。

进行全井筒承压，满足固井施工要求，除砂器用好，彻底净化好钻井液。水平段及大斜度井段每200m循环钻井液一周，确保循环井眼干净，振动筛上无岩屑。通井期间要大排量循环不低于2周，在压力允许的情况下尽量提高循环排量(正常钻井排量的1.2～1.5倍)，最大限度地将水平井段沉积的岩屑循环干净，并清除井壁上的虚泥皮。

研究表明：在井斜角0°～45°的区域内，层流的净化速度较高，在井斜角45°～55°的区域内，两种流态的效果无多大区别，在井斜角55°～90°的区域内，紊流的净化速度高。依据上述结论，下套管前通井应采取如下措施：①在0°～45°范围内，必须使钻井液流态为层流，建议钻井液屈服值为9.58Pa，YP/PV值为1以上；②在45°～55°范围内，两种流态都采用，但以紊流最好；③在55°～90°范围内，采用紊流洗井。如果不能采用紊流，只能是层流时，必须尽可能提高YP/PV值。

8.6.3 套管安全下入技术

(1)在大斜度和水平段注入润滑钻井液。为降低下套管摩阻，要求通井结束起钻前在水平段及大斜度井段钻井液中加入润滑材料或者2%的玻璃微珠，提高润滑性能，使摩阻系数小于0.05。

(2)套管柱附件优选。浮鞋、浮箍回压阀应是加压弹簧结构，能自动回位，确保在水平段能够工作正常；浮鞋强度高、流线好。选择弓型弹性套管扶正器和刚性套管扶正器，并混合使用，目前采用的主要是一体式双弓弹性扶正器和刚性树脂螺旋扶正器(图8-18)。在浮鞋以上2～3m处加弓型扶正器，在大斜度井段使用螺旋刚性扶正器，并利用固井模拟软件进行扶正器间距计算，要求封固段套管居中度不低于67%。不同材质的螺旋刚性扶正器应用条件与性能差异较大(表8-9)。

双弓弹性扶正器　　刚性螺旋扶正器

图8-18　一体式双弓弹性扶正器和刚性螺旋扶正器

(3)套管漂浮和减阻技术。在大斜度井中，由于摩阻大导致下套管困难，为了保证套管柱顺利下到位，可采用套管漂浮(图8-19)和减阻技术。套管漂浮和减阻技术主要由浮鞋、漂浮接箍、双弓扶正器和滚轴扶正器实现。下套管时的漂浮方法和机理：通过固井仿真软件对下套管摩阻进行预测，在井身结构一定、扶正器加放确定的情况下，大钩载荷减少为零即遇阻，据此也就确定了漂浮接箍的加放位置。

表 8-9 不同材质刚性扶正器的性能对比

参数	树脂	镀锌合金	铝合金
刚性(冲击强度)/(英尺/磅)	30	13	30
强度(抗挤压)/GPa	228	221	70
密度/($g \cdot cm^{-3}$)	1.5	6.0	2.7
耐高温/(℃/℉)	245/473	N/A	>175/347
摩阻系数(无润滑时)	0.25	0.4	0.4
启动扭矩	很小	>40%	>40%

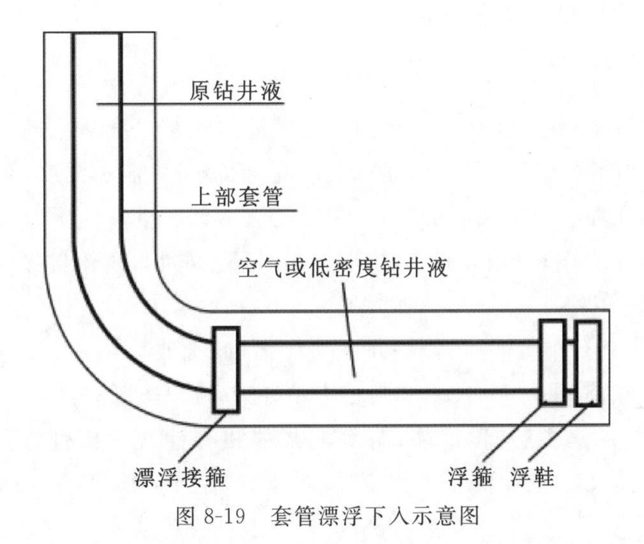

图 8-19 套管漂浮下入示意图

漂浮接箍作用原理:将漂浮接箍安装到套管柱某一部位,接箍以下为低密度液体或空气,接箍上部为钻井液。由于接箍以下为低密度物质,因而降低了套管柱在井筒内的重量,在浮力不变的情况下降低了套管的浮重,提高套管下入的能力。浮鞋与漂浮接箍的距离为漂浮长度,漂浮力是通过套管内外密度差来实现。在实际应用中,漂浮长度的选取非常关键。优选套管漂浮附件,一是要满足套管漂浮时井下压力要求,二是要避免套管到位后不能打通、建立不了循环。

(4)套管抬头居中技术。在管串顶部加放一根 2~3m 的短套管,前 5 根套管每根放 1 只扶正器,使浮鞋离开井壁,以减小前部套管摩阻,引导套管顺利进入水平段。采用倒置的套管串结构。

水平段下入壁厚较小的套管,直井段下入壁厚较大的套管,来增加对水平段套管的推进力。套管加压装置,为套管下行增加额外的驱动力。

8.6.4 优选水泥浆体系

应选择零自由液、低失水、稳定性好、防漏防窜能力强的水泥浆体系,避免固井后在套管高边出现水带。与直井和一般的斜井相比，水平井的水泥浆性能应达到如下指标要求：①水泥浆自由液为零。因为在水泥浆静止情况下，其中所含的自由水将聚集在浆体的顶部，形成一个横向贯通的水槽。②严格控制水泥浆失水量。一般控制在50ml/30min·7MPa。③严格控制水泥浆颗粒沉降。水泥颗粒向井眼下侧发生沉降现象，并且形成疏松的水泥环，控制标准为水泥石上、中、下密度差小于0.08g/cm^3。④缩短稠化过渡时间，形成直角稠化。有利于阻止地层流体的侵入，防止地层流体在环空形成窜槽。

水平井的水泥浆应该严格达到以下几条标准：①水泥浆自由水较小，甚至为零；②有较好的沉降稳定性；③较短稠化过渡时间；④流变性好，易实现紊流顶替；⑤凝固后的水泥石无收缩现象产生。

8.6.5 优选前置液，提高顶替效率

在注水泥之前，先注入前置液，目的是清除水泥封固段附着在井壁、套管外壁上的泥皮和稠钻井液，提高顶替效率，使水泥在两个界面均有较高的胶结强度。前置液一般包括冲洗液、隔离液或具有双作用的隔离液，可加重，能有效冲洗、稀释钻井液和泥皮，并具有良好的隔离、缓冲性能，不影响水泥环的胶结强度；使用量和密度应结合环空液柱压力综合考虑，能够控制井下不稳定地层，防止坍塌；一般设计为400～500m环空体积，紊流接触时间为10min，提高对套管壁的化学清洗效果。

冲洗液与钻井液具有相溶性，稀释钻井液功能强；冲洗液与钻井液在较低返速下能达到紊流顶替，冲洗能力强；满足水基、油基和高密度钻井液井况作业需要。

隔离液具有较好的隔离、悬浮性能，与水泥浆的相容性及配伍性好。动塑比大于钻井液，顶替效率高，能有效防止和降低其他流体对水泥浆的污染，保证作业安全、提高固井质量。

8.6.6 优化注水泥工艺，提高水泥浆的顶替效率

1)活动套管柱

改变顶替过程液体流场，增加周向和轴向的旋流作用和回流作用，对顶替偏心环空间窄间隙及滞留在井壁的泥糊和泥饼是非常有利的。套管旋转时，窄间隙及边壁滞留的钻井液将带入宽间隙，而宽间隙的水泥浆却因旋流作用被挤入窄间隙，从而使偏心环形空间各间隙处的钻井液趋于均匀流动。上下活动套管柱能使井壁和套管近壁层的钻井液处于剪切和流动状态，破坏了钻井液的胶凝结构和触变特性，提高了水泥浆顶替效果。上下活动套管建议距离为6～12m，时间为顶替水泥浆全过程。

2)紊流注水泥作业

由于紊流注水泥作业能对井眼产生良好的清洗效果，防止钻井液滞流区形成窜槽。因此，设计的原则是，只要井下条件允许，优先选用紊流施工。紊流顶替接触时间可以从图8-20、图8-21得到。

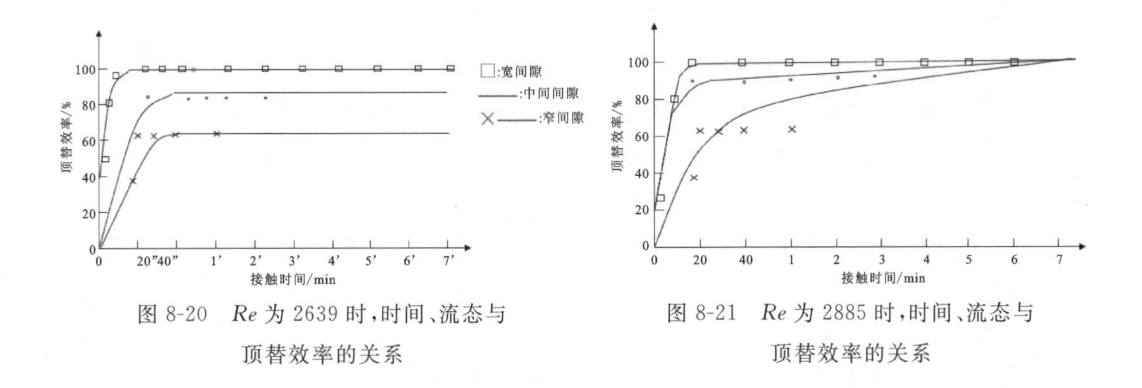

图 8-20 *Re* 为 2639 时，时间、流态与顶替效率的关系

图 8-21 *Re* 为 2885 时，时间、流态与顶替效率的关系

由图可知，当水泥浆处于层流或层流过渡到紊流期间，*Re*＝2369 时，接触时间对窄间隙水泥浆顶替效果的影响并不明显，顶替效率仅有 70％左右。当 *Re*＝2855 时，各间隙水泥浆顶替效率接近 100％，紊流接触时间为 5～6min，一般推荐紊流接触时间为 6～8min。

8.7 固井事故预防与处理

固井事故主要有套管事故、替空、灌肠、插旗杆、尾管事故、固井质量不合格等。

8.7.1 套管事故

套管事故包括卡套管、套管落井等。

1)卡套管事故

卡套管事故原因有以下几点：①压差卡，套管尺寸大于钻杆外径，与井壁的接触面积大于钻杆与井壁的接触面积，易发生压差卡套管；②环空桥堵卡，钻井液性能不良，形成了虚厚泥饼，或井眼不清洁，下套管时刮下的泥饼或岩屑堵塞环空而卡套管；③井壁坍塌卡，在下套管时激动压力大，易压漏薄弱地层引起井漏，造成井壁坍塌而卡套管；④落物卡，如扶正器质量差，下套管过程中刮坏扶正器局部堆积，下放遇阻上提遇卡；⑤井底沉砂多，将套管柱插入沉砂中，造成卡套管，并堵塞套管鞋水眼。

卡套管事故预防需要注意以下几点：①设计合理的井身结构；②通井井眼轨迹平滑，并避免全角变化率过大和台阶出现；③下套管前保证井眼清洁通畅；④调整钻井液性能，将泥饼厚度和摩擦系数降低，并减少套管扶正器将泥饼刮下堵塞环空的可能性；⑤对于大斜度、大位移井(根据套管长度和井下情况，选择合理摩擦系数值)，可采用漂浮套管、滚子扶正器等工具；⑥减少套管静止时间；⑦避免落物；⑧在下套管过程中套管被卡，解卡后，原则上应考虑起出套管，通井，保证井眼畅通后再进行下套管作业。

卡套管事故处理需要注意以下几点：①套管遇阻卡首先应活动套管，全力上提尝试解卡，判断卡钻类型；②压差卡套管时，循环调整钻井液性能，适当降低钻井液静液柱压力或浸泡解卡剂；③砂桥、坍塌或沉沙卡套管时，设法建立循环，提高钻井液黏度、切力；④解卡措施无效且套管未下到井底，循环通时可就地固井；循环不通时，可挤水泥方式固井。

2)套管脱落事故

套管脱落事故原因:①螺纹连接不好,如套管错扣、伤扣、上扣未到位、螺纹质量不合格等,导致套管脱落;②氢脆作用导致套管断裂落井;③操作失误造成套管柱落井。

套管脱落事故预防的措施有以下几点:①下套管前及下套管过程中要检查套管螺纹。保证套管正常上扣到位,若发生错扣,应将公母扣一并甩掉;②最初几根套管时,使用安全卡瓦;③处理套管阻卡时,不应超过套管本体及螺纹的抗拉强度的安全要求;④精心操作,避免人为操作失误。

套管脱落事故处理的步骤如下:①首先确认套管所在位置及状态,确定打捞方法;②若套管掉入井内,可下套管捞矛等工具打捞,然后通井再下套管;③条件允许的情况下,可尝试下套管对接后就地固井。

8.7.2 替空或灌肠

固井结束未能碰压,若把套管下部水泥替空,或者在管内留下过多的水泥塞,则成为固井事故。

替空或灌肠原因有以下几点:①水泥浆顶替量过多或过少会造成替空或灌肠;②胶塞未入井,胶塞密封失效,胶塞提前入井,会造成替空或灌肠;③水泥浆闪凝或提前稠化,造成灌肠;④环空桥堵,顶替压力高,而提前停止顶替。

替空或灌肠预防需要注意以下几点:①选择合格的套管附件,包括分级箍、浮鞋、浮箍、胶塞等;②固井作业中保证胶塞正常下入;③保证水泥质量,控制水泥浆的性能稳定、密度均匀,避免水泥浆混合污染;④固井前校验钻井泵泵效和计量仪表;⑤防止设备故障停止时间过长。

替空或灌肠处理的步骤如下:①钻水泥塞处理灌肠,根据情况决定补救措施;②根据需要,挤水泥处理替空事故。

8.7.3 尾管事故

尾管事故主要有尾管柱中途坐挂、尾管挂封隔器提前坐封、送入工具无法脱手、插旗杆等。

尾管事故原因有以下几点:①尾管挂质量问题或操作不当,提前坐挂或坐封;②因送入工具原因质量问题或操作不当,导致送入工具无法脱手,水泥固死送入钻具(插旗杆);③水泥浆闪凝或尾管顶部水泥浆过多,造成送入钻具插旗杆。

尾管事故预防的措施有以下几点:①选用质量合格的尾管固井工具,尾管挂入井前认真检查尾管挂及送入工具并进行倒扣试验;②控制下尾管速度,平稳操作,注意阻卡,防止尾管中途坐挂或坐封;③注入适量冲洗液,防止井壁坍塌或泥饼脱落堵塞尾管挂流道;④精确控制水泥浆添加剂质量及加量,防止闪凝插旗杆;⑤严格按照厂家操作规程进行坐挂、坐封和倒扣等操作。

尾管事故处理的步骤如下:①尾管挂提前坐挂,尝试起出检查更换。②尾管挂封隔器提前坐封,尝试起出检查更换;若已下到井底在固井前坐封,可考虑脱手起出送入钻具,然后在尾管挂以下射孔,在射孔段以下坐桥塞,钻杆插入循环固井。③尾管挂坐挂后送入工具无法脱手，尝试起出检查更换；固井后无法脱手，起出尾管后，钻水泥塞或侧钻；若无法起出，则尽快在水泥浆以上松扣倒开钻杆，可考虑侧钻，必要时进行套铣、磨铣、打捞等处理。④钻杆插旗杆时，则尽快在水泥浆以上松扣倒开钻杆，可考虑侧钻，必要时进行套铣、磨铣、打捞等处理。⑤尾管注水泥浆过程中因环空堵塞等原因，造成憋泵无法将水泥浆顶替到位，应上提送入工具，清洗水泥，起出钻杆。

8.7.4 固井质量不合格

固井质量不合格主要有水泥强度不合格、水泥返高不够、窜槽等。目前固井质量检测方法主要有 CBL-VDL 和 SBT。

固井质量不合格原因有以下几点：①井身结构不合理；②漏、喷、塌及特殊地层等复杂情况未处理完善，会影响固井质量；③井眼状况差，井径不规则，钻井液性能差，井眼不清洁；④水泥浆体系和配方不合理，冲洗液和隔离液选择不当，环空液柱压力不够，未考虑邻井注水影响等；⑤注水泥过程中发生复杂情况，如漏失、环空堵塞，会造成水泥返高不够；⑥设备及工具故障造成作业的不连续；⑦气窜及水窜影响固井质量。

固井质量不合格预防的措施有以下几点：①合理设计井身结构；②尽量处理漏、喷、塌及特殊地层等复杂情况后，下套管固井；③保证井径规则，井眼通畅；④固井前调整钻井液性能，循环至井眼干净；⑤根据测井结果和井底温度，若有必要调整固井施工设计；⑥选择合理的泵速顶替水泥浆，在不压漏地层的前提下提高水泥浆的顶替效果；⑦保证设备完好，若有故障可根据故障严重程度及修理时间，决定是否替出井内水泥浆等；⑧固井施工全过程中环空液柱压力要保证压稳油、气层，高压油气层在施工结束后，可采取环空憋压候凝方法；⑨注水泥后保持套管内外压力稳定，水泥未达到预期强度或电测检测固井质量前，不要降低液柱压力或进行试压等作业。

固井质量不合格处理的措施主要有以下两点：①水泥浆返高不够造成漏封，可考虑在水泥面位置射孔循环固井，若循环不通可分段挤水泥；②若界面胶结不好，如窜槽、替空和微间隙等，可挤水泥补救。

9 钻遇复杂情况与防治措施

两淮矿区钻遇复杂情况主要有井塌卡钻、井漏、缩径卡钻、钻遇破碎地层等。

井塌是井壁失稳造成岩石剥落、掉块、垮塌的现象，严重时会导致钻具被卡埋、井眼报废等事故。定向井施工过程中发生井塌是地层破碎、裂隙发育、岩层松软等地质条件的综合反映。在两淮矿区水害防治工程和瓦斯治理工程中，出现的复杂情况以坍塌卡钻为主。

9.1 井塌卡钻预防与处理

9.1.1 两淮矿区井塌现象

(1)振动筛处返出岩屑异常增多，存在上部地层岩屑，形状各异，大小不一，棱角分明，不是钻头切削的形状。

(2)钻进时，扭矩异常、泵压升高，悬重也随之下降，返出流量不稳定，严重时容易憋钻。

(3)接单根时，停泵有回压，开泵憋压，接单根后悬重不正常，转动困难。

(4)起下钻时，起钻遇卡，下钻也遇阻；阻卡点不固定，阻卡忽大忽小，需要活动钻具或划眼通过。划眼时会经常憋泵、憋扭矩，严重时钻头提起后放不到原来的位置，越划越浅。

(5)井塌严重时，活动钻具无法通过井塌位置，在塌层以上划眼时，泵压、扭矩、悬重和返出正常；当钻头进入塌层后，泵压、扭矩升高，悬重下降，井口返出流量减少。

9.1.2 井塌预防

9.1.2.1 优化井身结构和井眼轨迹

(1)根据地应力分布规律及地层压力、破裂压力和坍塌压力，确定合理的井身结构。

(2)避免同一裸眼井段喷漏同存，喷、漏会引起井眼液柱压力下降，容易引起井塌。

(3)易垮塌复杂地层应考虑设计套管封固。

(4)裸眼段设计不应过长，避免钻井时间过长或发生其他复杂情况导致井壁失稳。

(5)对于裂缝性漏失地层(如石灰岩裂缝溶洞等)，原则上应下套管封固上部地层，避免下部作业井漏引起上部井眼坍塌。

(6)定向井设计应考虑地应力影响，井眼方位尽量选择在最小水平主地应力方向。还应考虑井斜对井壁稳定的影响；井眼轨迹应尽量避开断层、破碎带等复杂易垮塌地层。

9.1.2.2 优化钻井液配方及性能

(1)优选钻井液类型与配方。

(2)提高钻井液的抑制性,防止泥页岩水化膨胀。

(3)降低钻井液滤失量,减少滤液进入地层引起井壁化学因素失稳。

(4)加强钻井液的封堵能力,封堵地层的层理和裂隙,阻止钻井液滤液进入地层。

(5)保持钻井液活度与地层水的活度平衡。

(6)采用合适的钻井液 pH 值,防止碱性过高加剧泥页岩的水化。

(7)合适的黏度和切力,过低容易冲刷井壁。

任楼煤矿 $7_2$64 地面区域探查工程 RL1-2-1 第二次压水试验后,砂质泥岩地层发生垮塌掉块。三开改用低固相不分散钻井液体系[采用水解聚丙烯酰胺(PHP)做絮凝剂,羧甲基纤维素钠(Na-CMC)做降失水剂,石墨做润滑剂]后,RL1-2-1 分支孔掉块现象得到了及时治理,后续分支不再发生掉块现象。同时可保持平均日进尺 120m 左右,最高平均进尺达到 170m。低固相不分散钻井液体系中加入的 PHP 对劣质黏土及钻屑有絮凝作用,可以使其絮凝成团,快速清除岩屑。Na-CMC 对抑制黏土质泥岩、页岩的造浆及防塌成效显著。石墨可减少钻具回转时的摩阻,利于开高转速,减少钻压损失,提高机械钻速。低固相不分散钻井液体系既保证了钻孔安全,又使钻效大大提高,是项目准时完工的一道保障。

朱集东煤矿瓦斯抽采井 ZJ1-2 井三开(897.00～2 046.00m)钻进,该井段主要位于煤层上的砂质泥岩层水平段,防塌工作是重中之重,要求钻井液保持较高的密度、较强的抑制性和良好的封堵能力,同时井段较长,润滑性能也不可忽视。因此,采用了钾盐聚合物钻井液体系,开钻前加足高分子聚合物和聚胺抑制剂,防止泥岩分散和煤层坍塌垮塌,提高钻井液的防塌性和封堵性;再加入适量聚合物抑制剂和水花好的土浆,提高井壁稳定能力。钻入煤层后及时加入足量沥青粉和超细碳酸钙,对煤层微裂隙进行封堵,中压失水控制在 5mL 以内。适当提高黏切力,控制钻井液流型,防止钻井液对井壁冲刷严重;配合工程操作措施,防治煤层机械破坏,增强防塌能力;改善泥饼质量,定量补充各种材料,稳定钻井液性能,满足快速钻进要求。

9.1.2.3 工程措施

(1)选用合适的钻井液密度,保证钻井液液柱压力能够平衡地层坍塌压力。

(2)对于易坍塌的松散和破碎地层等特殊井段,应简化井下钻具组合。

(3)在易垮塌井段应尽量避免高转速和大排量,防止钻具磕碰及钻井液冲刷引起井壁失稳。

(4)起钻时要连续或定时向井内灌入钻井液,保持液柱压力。

(5)控制起下钻速度,避免抽吸和激动压力影响井壁失稳。

(6)避免钻头、扶正器泥包造成起钻抽吸抽垮地层。

(7)发生井漏时应及时灌注钻井液保持液柱压力,钻井液不足时,可灌清水。

(8)密切观察井塌征兆,适时进行短起下钻,及时发现并采取有效措施防止井塌。

9.1.2.4 井塌处理

(1)保持连续活动钻具和循环,防止井塌卡钻。

(2)提高钻井液黏度和切力,增强携砂能力。

(3)分次替入适量高黏度钻井液循环携带塌块。

(4)因钻井液密度偏低导致的井塌,应逐步加大钻井液密度,使钻井液液柱压力与地层坍塌压力平衡,同时应考虑钻井液的封堵能力。

(5)因泥岩吸水膨胀造成井塌,则应提高钻井液的抑制、封堵性能,提高泥饼质量,降低失水。

(6)因钻井液与地层活度不平衡造成井壁失稳,应调整钻井液活度,维持与地层的活度平衡。

(7)划眼处理井塌时,应采用低转速、适当排量,分段划眼和循环。

(8)处理井塌的钻具组合应尽量简化钻具,使用不带水眼的牙轮钻头。

9.1.3 坍塌卡钻预防与处理

井眼坍塌可能完全埋死井眼或部分桥堵,钻头无法循环或循环受限而卡钻。坍塌卡钻是指井壁坍塌埋住钻具而发生的卡钻。坍塌卡钻特征:部分坍塌卡钻与砂桥卡钻相似。如果是完全坍塌卡钻,一般全无泥浆返出、泵压迅速急剧升高、钻具完全不能活动。

9.1.3.1 坍塌卡钻预防

(1)发现坍塌现象,应及时处理、避免卡钻。

(2)在可能的条件下要监测地层压力,地层压力高会增加井壁的不稳定性,因而需要适当提高钻井液密度。提高钻井液密度虽然并不能直接解决胶结不好地层的卡钻,但是可以帮助形成泥饼,起到稳定地层的作用。对于与裂缝和断层有关的井眼失稳问题,提高钻井液密度对井眼的稳定性没有多大作用,反而在一定情况下会使问题恶化。

(3)钻井液必须能够形成一个坚韧、低渗透性的泥饼。

(4)不要使用超出净化井眼所需的泥浆排量,太高的返速会冲蚀已形成的泥饼并影响到地层,同时避免引起井漏。

(5)靠近胶结不好的地层处,要尽可能避免转动钻头和扶正器,否则会导致泥饼脱落并引起地层的不稳定。

(6)起下钻通过复杂地层时,应特别小心,尽量减少泥饼的脱落,尽量简化钻具组合。

(7)在钻穿潜在的严重漏失层位(如断层或煤层)前,要停止钻进,然后进行循环来做好准备工作,循环时避免定点循环,经常变换钻头位置,尽量避开易漏易塌井段。干净的环空有利于在严重井漏发生时防止环空堵塞并卡钻。

(8)严格控制通过裂缝性地层时的起下钻速度,以减少对地层的干扰。

(9)砂桥式坍塌卡钻预防要防止出现大肚子井眼;提高泥浆的携带能力和悬浮性能,在可能的情况下提高泥浆的排量;起钻或接单根前增加泥浆循环时间。

9.1.3.2 坍塌卡钻处理

坍塌卡钻处理顺序为循环钻井液→转动→震击→打捞套铣→套铣松扣。

(1)在钻进中卡钻,应保持冲洗液循环并进行上下反复扫孔。

(2)在提下钻或接单根过程中卡钻,应立即接通水龙头、开泵恢复冲洗液循环。

(3)循环过程中,应逐渐提高冲洗液的黏度与切力,提高携带岩屑能力,防止坍塌岩屑堆积。

(4)循环一段时间后仍不能解卡时,应回转并上下活动钻柱。活动钻柱以下压为主,上提钻柱时应严格控制上提拉力,防止因上提过猛而使卡钻恶化。

(5)回转并上下活动钻柱后仍不能解卡时,可在孔口或孔内将震击器连接到钻柱中,以一定吨位进行上击。

(6)如仍不能解卡,应采取倒扣、套铣方法处理,具体见9.7节。

9.2 井漏及防治措施

9.2.1 井漏的类型及原因分析

井漏主要分为渗透性漏失、裂缝性漏失、溶洞漏失以及人为因素漏失4种类型。

1)渗透性漏失

渗透性漏失多发生在渗透性良好、孔隙度大的砂岩及砂砾岩地层中,这种地层岩石颗粒较粗,颗粒之间未胶结或胶结差。渗透性漏失原因,主要是井内压力不平衡,即钻井液的循环当量密度超过了地层压力系数,使钻井液漏入地层。渗透性漏失量较小,约0.15~2m^3/h,漏速较慢,现象是泥浆池液面缓慢下降,或返出的钻井液减少。渗透性漏失一旦发生,就会一直持续下去,直到钻井液中的固体颗粒流入地层孔隙堵塞通道,漏失才会停止。

渗透性漏失预防措施有以下4点:①适当的钻井液密度;②较低的循环压力,使之不超过地层压力;③减少泵的排量,钻井液中加入适当颗粒堵漏剂,使在井壁上形成泥饼,最后减小或终止漏失;④减少井下压力激动,开泵和起下钻速度要求平稳,如钻井液的触变性较大时,下钻应分段循环钻井液。

2)裂缝性漏失

裂缝性漏失常发生在含有石灰岩、白云岩、断层、地层不整合面、地层破碎带、火成岩侵入体等地层中,漏失通道是大的孔隙洞穴及大的裂缝。

3)溶洞漏失

溶洞漏失常出现在石灰岩、白云岩等地层中,特点是漏失量大,持续时间长,经常发生有进无出的大漏失,且这种漏失的发生往往是突然的。

4)人为因素漏失

井内液柱压力大于地层破裂压力时,地层就会发生井漏。钻井作业中,人为因素造成的漏失,往往是由操作和钻井液流变性这两方面所引起的,常见有以下几种情况:①起下钻时,特别是下钻时下放速度过快，或者是在钻头、稳定器泥包的情况下，猛提猛放钻柱，造成压力激动将地层压裂发生井漏。②下套管时，下放速度过快，造成压力激动，将地层压裂发生井漏。③钻井液切力过高，特别是静切力过高时，加上开泵过猛或是下钻速度过快，造成瞬时压力激动将地层压漏。

潘二矿东一A组煤采区(东翼)11313工作面底板灰岩水害地面区域探查治理工程4口井分支水平井均钻遇井漏，各井漏点平面及剖面位置见图9-1、图9-2。

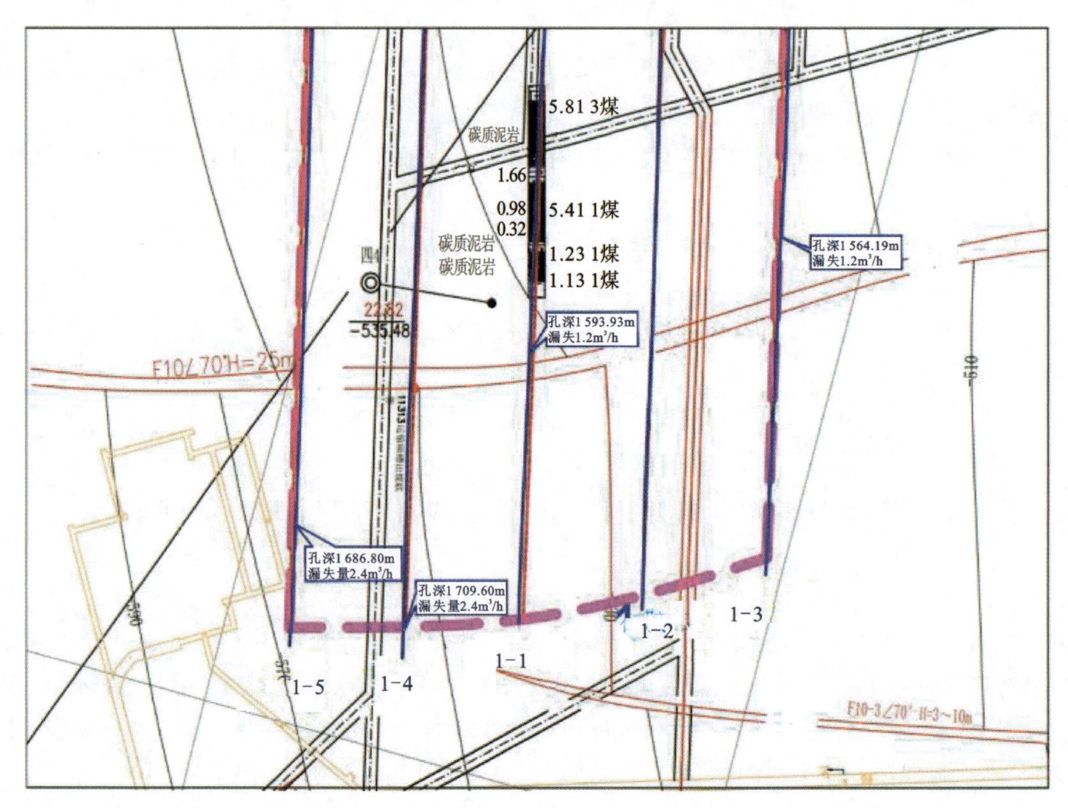

图9-1　漏失点平面位置示意图

S1-1钻孔在钻进过程中发生小范围内的局部漏失，具体情况：孔深1 593.93m开始漏失，累计漏失量1.2m³/h，至终孔1 695.93m持续漏失，经过对地层的判别，该漏失区域位于F10断层下盘，与F10断层面水平距离为62.22m，分析漏失层位为断层和松散的破碎带等。

S1-3钻孔在钻进过程中发生小范围内的局部漏失，具体情况：孔深1 564.19m开始漏失，累计漏失量1.2m³/h，随后漏失量不断减小，1 641.96m以深不再漏失，经过对地层的判别，该漏失区域位于F10断层下盘，与F10断层面水平距离为77.27m，分析漏失层位为断层和松散的破碎带等。

S1-4钻孔在钻进过程中发生小范围内的局部漏失，具体情况：1 709.60m开始漏失，累计漏失量2.4m³/h，1 716.00m以深不再漏失，经过对地层的判别，该漏失区域位于F10断层上盘，与F10断层面水平距离为29.79m，确定漏失层位为断层和松散的破碎带等。

S1-5钻孔在钻进过程中发生小范围内的局部漏失，具体情况：1 686.80m开始漏失，累计

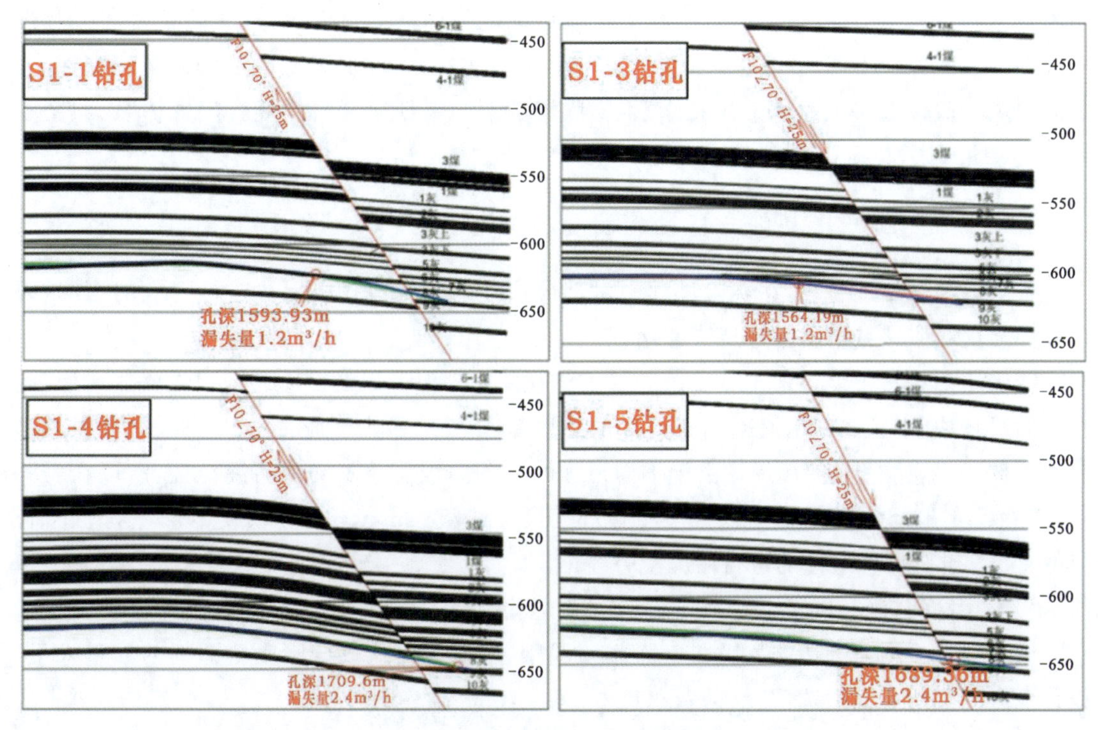

图 9-2 漏失点剖面位置示意图

漏失量 2.4m³/h,1 690.30m 以深不再漏失,经过对地层的判别,该漏失区域位于 F10 断层上盘,与 F10 断层面水平距离为 6.42m,确定漏失层位为断层和松散的破碎带等。

9.2.2 井漏的预防措施

对待井漏,应坚持以预防为主的方针,特别应尽量避免人为因素引起井漏,主要从以下几个方面采取预防措施:①选择合理的井身结构,确定合理的套管层数以及套管鞋的坐放位置;②采用平衡钻进法,准确预测和预报地层压力。根据地层压力预报,及时调整钻井液密度;③使用好钻井液固控设备,维护良好的钻井液性能,特别是流动性能,使钻井液静切力不要太高;④严格控制下钻和下套管速度及开泵速度,避免压力激动造成井漏;⑤在钻入易漏失地层前,应先加入带堵漏材料的钻井液钻开易漏地层。

9.2.3 防漏堵漏配方体系优选

在煤岩钻进时,需根据施工实际情况加入相应添加剂进行调整,完成煤层孔隙的封堵从而保证井壁稳定性。例如,加入水解聚丙烯酰胺(PHP)对劣质黏土及钻屑有絮凝作用,使其絮凝成团,快速清除岩屑;加入 Na-CMC 对抑制黏土质泥岩造浆及抑制防塌成效显著;对于漏失严重地层,加入降滤失剂 NH_4-HPAN、腐殖酸钾、FSL-1 及聚丙烯酸钾,同时加入堵漏材料、堵漏剂等。

钻井液性能要求一般为:密度 1.05～1.2g/cm³,应根据实际需要调整;漏斗黏度 25～30s;漏失量小于 8mL/30min;pH 值在 8～9 之间。

根据实际的钻井液性能需要，进行了防漏堵漏配方体系的室内优选，实验主要通过测试不同钻井液配方在不同尺寸缝板、孔板下的滤失量和滤失时间，判断钻井液的防漏堵漏性能。最终通过实验优选出了两种钻井液体系：膨胀堵漏剂与惰性堵漏材料复合配方体系、预交联堵漏剂堵漏配方体系。

9.2.3.1 膨胀堵漏剂与惰性堵漏材料复合配方体系

常规的惰性堵漏材料，在实验过程中对部分尺寸的缝板和孔板无法进行有效的堵漏，因此选择复配膨胀堵漏材料来进行防漏堵漏。

膨胀堵漏材料主要包括1～2mm粒径的细粒膨胀堵漏剂以及2～4mm粗粒膨胀堵漏剂。在实验过程中，细粒膨胀堵漏剂具有更好的膨胀量，50min最大膨胀量可达383%，而粗粒膨胀堵漏剂最大膨胀量为210%。由于不同尺寸的缝（孔）板有着不同的堵漏特征，所以在实验中，将大尺寸孔板（孔径2mm、3mm、4mm）、大尺寸缝板（2mm、3mm）以及小尺寸孔（缝）板（1mm）3个部分有针对性的进行堵漏配方复配。

1）大尺寸孔板（2mm、3mm、4mm）堵漏配方复配

大尺寸孔板堵漏成功的关键在于膨胀堵漏剂，所以首先从改变膨胀堵漏剂的加量入手，设计配方并进行实验测试，结果见表9-1。

表9-1 不同膨胀堵漏剂加量的堵漏配方实验结果

堵漏配方	孔板尺寸/mm	实验压力/MPa	漏失量/mL
配方一：4%细粒膨胀堵漏剂＋2%粗粒核桃壳＋1%云母片＋1%植物纤维	2	0.69	65
	3	0.69	70
	4	0.69	135
配方二：3%细粒膨胀堵漏剂＋2%粗粒核桃壳＋1%云母片＋1%植物纤维	2	0.69	132
	3	0.69	142
	4	0.69	130
配方三：2%细粒膨胀堵漏剂＋2%粗粒核桃壳＋1%云母片＋1%植物纤维	2	0.69	180
	3	0.69	172
	4	0.69	227

由表9-1所示，对于2mm、3mm孔板而言，配方一在漏失量方面更具优势，因而适合这两种孔板的膨胀堵漏剂加量应为4%。而对4mm的孔板，配方一与配方二漏失量在伯仲之间，配方二的漏失量甚至还要更小一些，配方三的漏失量远大于配方一、配方二，由此并结合经济性考虑，认为配方二更好一些，因而确定对于4mm孔板堵漏，细粒膨胀堵漏剂的加量应为3%。

2）大尺寸缝板堵漏配方复配（2mm、3mm）

对于2mm、3mm缝板，只用常规惰性堵漏材料可以实现封堵，加入膨胀堵漏剂后封堵效

果并没有明显的提升，可知对其封堵效果的好坏主要与惰性材料的配比有关。首先对比两种使用不同粒径核桃壳的堵漏配方在不加膨胀堵漏剂时的堵漏效果，结果见表 9-2。

表 9-2 两种粒径核桃壳配方实验结果

堵漏配方	缝板尺寸/mm	实验压力/MPa	漏失量/mL
配方一：2%细粒核桃壳+1%云母片+1%植物纤维	2	0.69	40
	3	0.69	53
配方二：2%粗粒核桃壳+1%云母片+1%植物纤维	2	0.69	60
	3	0.69	45

如表 9-2 所示，对于 2mm 缝板，使用细粒核桃壳的配方漏失量更小，而 3mm 缝板则恰恰相反，因而配方一更适合 2mm 缝板，而配方二对 3mm 缝板堵漏效果更佳。随后又对使用不同加量的核桃壳的配方进行了测试，实验结果见表 9-3。

表 9-3 核桃壳不同加量配方实验结果

堵漏配方	缝板尺寸/mm	实验压力/MPa	漏失量/mL
配方三：3%细粒核桃壳+1%云母片+1%植物纤维	2	0.69	47
	3	0.69	42
配方四：1%细粒核桃壳+1%云母片+1%植物纤维	2	0.69	175
	3	0.69	213

如表 9-3 所示，对比配方一，配方三在漏失量方面略有减少，但是也相差无几。而配方四的漏失量远大于配方一，综合考虑经济性和有效性两个方面，认为 2%的核桃壳加量是最优加量。综上所述，对于 2mm 缝板，配方一是最优配方，对于 3mm 缝板，配方二是最优配方。

3)小尺寸孔、缝板堵漏配方(1mm)

对于 1mm 缝板，起到堵漏效果的主要是植物纤维和细粒膨胀堵漏材料，因此设计了 3 种配方，实验结果见表 9-4。

表 9-4 3 种配方的堵漏效果

堵漏配方	尺寸/mm	类型	实验压力/MPa	漏失量/mL
配方一：3%细粒膨胀堵漏剂+1%云母片+1%植物纤维	1	孔板	0.69	15
		缝板	0.69	9
配方二：2%细粒膨胀堵漏剂+1%云母片+1%植物纤维	1	孔板	0.69	21
		缝板	0.69	13
配方三：1%细粒膨胀堵漏剂+1%云母片+1%植物纤维	1	孔板	0.69	60
		缝板	0.69	17

如表 9-4 所示，对于 1mm 孔板，配方一、配方二的封堵效果旗鼓相当，而配方三漏失量远大于堵漏要求。对于 1mm 缝板，3 个配方都能形成有效的封堵。综合考虑经济和有效两个方面，得出 1mm 孔板的最优配方为配方二，1mm 缝板的最优配方为配方三。

4)总结

经过试验，得到了使用水：膨润土(钠土)：纯碱＝1000：7.2：2.9 的基浆时，适合各个缝(孔)板的比较科学合理的堵漏配方，将其汇总如下。

1mm 缝板：2％细粒(1～2mm，下同)核桃壳＋1％云母片＋1％植物纤维。

2mm 缝板：2％细粒核桃壳＋1％云母片＋1％植物纤维。

3mm 缝板：2％粗粒(2～4mm，下同)核桃壳＋1％云母片＋1％植物纤维。

1mm 孔板：2％细粒膨胀堵漏剂＋1％云母片＋1％植物纤维。

2mm 孔板：4％细粒膨胀堵漏剂＋2％粗粒核桃壳＋1％云母片＋1％植物纤维。

3mm 孔板：4％细粒膨胀堵漏剂＋2％粗粒核桃壳＋1％云母片＋1％植物纤维。

4mm 孔板：3％细粒膨胀堵漏剂＋2％粗粒核桃壳＋1％云母片＋1％植物纤维。

9.2.3.2 预交联堵漏剂堵漏配方体系

预交联堵漏剂(FTDL-9005)是一种已经复合配比好的桥接堵漏剂。将 50gFTDL-9005 溶于水后进行分类，其成分组成如表 9-5 所示。

表 9-5 FTDL-9005 的成分及比例表

成分	含量/g	成分比例	1％配比 300mL 含量/g
橡胶颗粒(≥2mm)	6.69	2	4.0
核桃壳(1～2mm)	13.18	4	7.9
絮状交联纤维	3.93	1	2.4
小颗粒(20～40 目)	3.71	1	2.2
粉土(40～60 目)	6.73	2	4.0
小计	34.24	10	20.5

由表 9-5 可知，50g 的 FTDL-9005 溶于水后剩余 34.24g，剩余的百分比为 68.48％，得出其中小于 200 目的颗粒占有 31.25％。其他成分还包括橡胶颗粒、核桃壳、絮状交联纤维、小颗粒和粉土，它们所占比例依次为 2：4：1：1：2。

1)堵漏基浆的选择

根据实验方案，首先测试了配方：4％钠土＋0.3％HV-CMC；4％钠土＋0.5％HV-CMC；0.5％HV-CMC；1.0％HV-CMC 和 1.5％HV-CMC 的六速旋转黏度、滤失量、密度和 pH 值。测试结果如表 9-6 所示。

根据表观黏度、塑性黏度和动切力的参数值分析基浆配方，得出配方一和配方三为最合适基浆配方，根据滤失量和 pH 值分析配方一为最佳基浆配方。因此，将配方一作为实验基浆，即：4％钠土＋0.3％HV-CMC。

表 9-6　基浆的基本性能参数

序号	配方	表观黏度/(mPa·s)	塑性黏度/(mPa·s)	动切力/Pa	滤失量/mL	密度/(g·cm^{-3})	pH
配方一	4％钠土＋0.3％HV-CMC	25.5	18	7.2	18	1.04	9
配方二	4％钠土＋0.5％HV-CMC	41.5	26	14.88	14	1.04	9
配方三	0.5％HV-CMC	19.5	14	5.28	40	1.02	7
配方四	1.0％HV-CMC	46.5	27	18.27	24	1.02	7
配方五	1.5％HV-CMC	80.5	35	43.68	20	1.02	7

2)堵漏材料 FTDL-9005 的堵漏效果

在基浆"4％钠土＋0.3％HV-CMC"的基础上，添加堵漏材料 FTDL-9005 来测试堵漏效果，实验结果如表 9-7、表 9-8 所示。

表 9-7　1.0％～3.0％FTDL 和基浆的堵漏漏失量　　单位：mL

序号	配方	孔板尺寸/mm				缝板尺寸/mm		
		1	2	3	4	1	2	3
配方一	基浆＋1.0％FTDL	105	300	300	300	63	123	300
配方二	基浆＋2.0F％TDL	46	300	300	300	26	67	103
配方三	基浆＋3.0％FTDL	30	300	300	300	14	40	122

表 9-8　1.0％～3.0％FTDL 和基浆的堵漏漏失时间　　单位：s

序号	配方	孔板尺寸/mm				缝板尺寸/mm		
		1	2	3	4	1	2	3
配方一	基浆＋1.0％FTDL	30	25	30	35	25	40	30
配方二	基浆＋2.0％FTDL	35	40	35	43	20	25	35
配方三	基浆＋3.0％FTDL	30	50	36	40	8	28	35

由上述表 9-7 分析可得，对于简易中压堵漏仪中的缝板，只有加量为 1.0％的 FTDL 的配方一没有堵住 3mm 缝板，其它尺寸缝板则全部被 3 种不同加量 FTDL-9005 的配方封堵成功。从孔板封堵结果分析，可得 3 种不同加量的配方只能封堵住 1mm 的孔板，对剩余孔板都没能有效封堵。并且被有效封堵的孔板缝板，随着 FTDL-9005 加量的增加，漏失量逐渐减小。从堵漏漏失时间表 9-8 中分析可知，被有效封堵的孔板缝板，漏失时间与 FTDL-9005 的加量成正比；没有被有效封堵的孔板，漏失时间与 FTDL-9005 的加量成反比。

从配方一、配方二和配方三对 1mm 孔板的封堵效果来看，各配方的漏失量依次为：105mL、46mL 和 30mL。从各配方对 3mm 缝板的封堵效果来看，各配方的漏失量依次为：

300mL(封堵失败)、103mL、122mL。从以上两组数据可知,配方二比配方一的封堵效果好,配方二与配方三的封堵效果差不多。从节约成本方面考虑,选用配方二作为后续添加其他惰性堵漏材料的实验基浆,记为基浆 2。

3)复配堵漏材料 FTDL-9005 和其他惰性堵漏材料

根据相关文献,选择在基浆 2"4.0%钠土+0.3%HV-CMC+2.0%FTDL"中加入锯末或者棉籽壳后,测试复配桥堵材料的堵漏效果。首先测试基浆 2 加入(1.0%、2.0%、3.0%)锯末的堵漏效果,实验结果如表 9-9、表 9-10 所示。

表 9-9 不同加量锯末的实验基浆 2 堵漏漏失量 单位:mL

序号	配方	孔板尺寸/mm				缝板尺寸/mm		
		1	2	3	4	1	2	3
配方一	基浆 2	46	300	300	300	26	67	300
配方二	基浆 2+1.0%锯末	20	140	160	300	7	48	300
配方三	基浆 2+2.0%锯末	7	120	210	300	5	28	300
配方四	基浆 2+3.0%锯末	4	130	95	300	2	28	260
配方五	基浆+3.0FTDL+3.0%锯末	9	105	85	200	0	19	115

表 9-10 不同加量锯末的实验基浆 2 堵漏漏失时间 单位:s

序号	配方	孔板尺寸/mm				缝板尺寸/mm		
		1	2	3	4	1	2	3
配方一	基浆 2	35	40	35	43	20	25	35
配方二	基浆 2+1.0%锯末	15	36	46	38	8	25	35
配方三	基浆 2+2.0%锯末	10	30	55	35	10	20	40
配方四	基浆 2+3.0%锯末	6	26	30	51	0	16	30
配方五	基浆+3.0FTDL+3.0%锯末	8	18	20	55	0	12	35

从表 9-9 分析得出:加入低百分比的锯末会影响基浆 2 对 3mm 缝(孔)板的封堵能力,但随着锯末添加量的增加,浆液从各个孔板和缝板漏失的浆液量整体上呈下降趋势。从 3mm 缝板和 4mm 孔板的封堵效果来看,锯末对这种尺寸较大的孔缝板不能有效封堵。产生这种情况的原因为堵漏剂 FTDL 中缺少一种颗粒适中、经过水浸泡可膨胀的填充颗粒材料。封堵较小的孔缝,加入锯末后,FTDL-9005 的堵漏效果有较大改善。但由于锯末的粒径较小,对尺寸较大孔板缝板的堵漏效果没有明显改善。同时,提高 FTDL 的加入量,将其加入量由 2.0%提高到 3.0%,孔板缝板全都被有效封堵成功,因此在实际钻探工程中存在较大的孔缝地层,为了能够有效封堵孔缝地层裂隙,可以适当提高堵漏剂 FTDL 的添加量。由表 9-10 得

出:能够有效封堵的孔板和缝板的混合浆液,漏失时间整体上随锯末加量的增加而逐渐减小;不能有效封堵的孔板和缝板的混合浆液,漏失时间没有明确的规律。

测试基浆2加入(1.0%、2.0%)棉籽壳的堵漏效果,实验结果如表9-11、表9-12所示。

表9-11 不同加量棉籽壳的实验基浆2堵漏漏失量 单位:mL

序号	配方	孔板尺寸/mm				缝板尺寸/mm		
		1	2	3	4	1	2	3
配方一	基浆2+1.0%棉籽壳	24	165	135	220	4	27	90
配方二	基浆2+2.0%棉籽壳	10	135	130	180	0	22	85

表9-12 不同加量棉籽壳的实验基浆2堵漏漏失时间 单位:s

序号	配方	孔板尺寸/mm				缝板尺寸/mm		
		1	2	3	4	1	2	3
配方一	基浆2+1.0%棉籽壳	5	26	30	50	5	18	30
配方二	基浆2+2.0%棉籽壳	18	42	40	50	0	10	16

由表9-11分析可得:1.0%和2.0%棉籽壳都能有效的封堵中亚堵漏仪所有的孔缝板。随着棉籽壳的添加量增加,混合堵漏浆液的漏失量逐渐减小。复配棉籽壳的堵漏与复配锯末堵漏作用原理相似。但相对于同加量的锯末,棉籽壳的封堵效果更好。其原因可能是棉籽壳密度比锯末小,且呈片状,在混合浆液中更易分散,优化了桥接堵漏剂中材料的级配性,增强了桥堵材料的"悬浮拉筋"作用。

由表9-12分析可得:随着棉籽壳添加量增加,孔板的漏失时间逐渐增大,而缝板的漏失时间逐渐减小。孔板的漏失时间与一般状况不同。根据实验过程观察,棉籽壳浓度大,堵漏浆液漏失速率慢,而棉籽壳浓度小的浆液则与之相反。分析原因可能是在封堵孔板过程中,棉籽壳成层片状,在孔板表面形成了一层封堵层,而没有进入到孔板的孔中,且棉籽壳材料比较松软,在堵漏过程中有压实排液这一过程;而棉籽壳在缝板中以直立形式插入,没有垂直方向上的叠加,因而没有压实排液这一过程。可得出对孔隙的堵漏浆液复配惰性材料时,如果惰性材料为棉籽壳且施工工艺要求快速封堵,则需要低浓度的棉籽壳浆液,对于缝隙的堵漏,则与之相反。

4)最大尺寸孔缝板组合的最优配方

综合分析各个组数据,可得1mm的孔板和1mm、2mm的缝板,使用基浆+1.0%FTDL的混合浆液可以进行有效封堵;基浆+2.0%FTDL和基浆+3.0%FTDL的混合浆液封堵孔板缝板的能力一样,可以有效封堵1mm、2mm和3mm的缝板和1mm的孔板。

使用基浆+2.0%FTDL+(1.0%、2.0%和3.0%)锯末的混合堵漏浆液,测试其结果为:不同锯末加量的混合浆液封堵孔缝板的尺寸基本相同,均可以有效封堵1mm、2mm和3mm的孔板和1mm、2mm的缝板,但锯末的加入会降低堵漏剂FTDL对缝板的封堵能力。

使用基浆＋2.0％FTDL＋(1.0％和2.0％)棉籽壳的混合堵漏浆液，其测试结果为：两组不同加量棉籽壳的混合浆液，对中压堵漏仪的所有孔板缝板都能进行有效封堵。

综上以上信息分析，对于含有最大孔板缝板组合尺寸的最优配方如表9-13所示。

表9-13 不同尺寸孔缝组合的最优配方

最大尺寸/mm		最优配方
孔板	缝板	
1	2	4.0％钠土＋0.3％HV-CMC＋1.0％FTDL
1	3	4.0％钠土＋0.3％HV-CMC＋2.0％FTDL
4	3	4.0％钠土＋0.3％HV-CMC＋2.0％FTDL＋1.0％棉籽壳

5)总结

经过试验分析，最终得到了比较科学合理的防漏堵漏配方为4.0％钠土＋0.3％HV-CMC＋2.0％FTDL＋1.0％棉籽壳，适用于堵漏实验中所采用的1～4mm孔板、1～3mm缝板的所有尺寸。

9.2.4 井漏采取的应急措施

如在钻进中发现井漏，则应果断采取措施，防止井漏造成井下事故。因为突发性的裂缝型或溶洞型漏失极易造成井塌埋钻具的卡钻事故，井漏发生时必须采取以下措施。

发现井漏后，立即停泵，上提钻具至套管鞋内或是安全的井段，利用钻井液中的岩屑和胶凝作用自行封堵地层达到堵漏的目的。具体做法为一旦发现井漏，立即停止钻进，停泵上提钻具至套管鞋内，特别注意在井漏严重时，要尽快的起钻，为了防止井漏后液柱压力下降太多造成井塌埋钻具，应不停地向环空灌钻井液，以尽可能快的速度将钻具起至安全井段。静止6～8h，并往环空灌入钻井液，了解液面高度，测定漏速。如钻具未提至安全井段而是在裸眼里的安全井段，则要注意活动钻具，防止卡钻。小排量开泵试验，然后停泵观察，如液面不降，则可用小排量循环。小排量不漏则可逐步加大排量，使之缓慢的达到正常钻进时的排量要求。如果不漏，正常后则可试探性的缓慢的下钻，并开泵试验，观察返出的情况及钻井液液面的变化。控制钻速，使钻屑在裂缝上形成桥堵。如仅仅是返回流量减少，此时最好的办法是降低泵排量减少钻井液循环压力，边钻进观察。

提高钻井液的黏度、切力，使其在井壁上形成糊堵作用。

可能的情况下逐步降低钻井液的密度。

在钻井液中加入颗粒状的固体堵漏剂，或泵入黏稠的含堵漏剂的钻井液，对于渗透性漏失或裂缝性漏失，是最有效的堵漏方法之一。

大裂缝、溶洞型漏失，则先泵入堵漏剂，后泵入水泥浆或柴油膨润土等封堵剂来进行堵漏。

《关于2020年地质测量和防治水工作的意见》(淮矿煤业安〔2020〕4号)附件《灰岩水害地面区域探查治理技术管理规定》第二十一条规定，钻遇下列几种情况，须停钻注浆：钻井液消

耗量大于等于 $3m^3/h$ 时;钻井冲液消耗量小于 $3m^3/h$ 时;水平分支孔每钻进 300m 后;过陷落柱影响区、物探异常区后;遇构造破碎带等钻进困难时;钻孔终孔后。

根据上述规定,同时为保障东一 A 组煤采区(东翼)11313 工作面底板灰岩水害地面区域探查治理工程施工进度及注浆质量,对 4 口漏失井采取的措施是:对钻遇钻井液漏失量小于 $3m^3/h$ 时,水平分支孔每钻进 300m 进行注浆(S1-4 井);对于水平长分支孔须分 2 段进行注浆(S1-1、S1-3、S1-5);钻遇钻井液漏失量大于 $3m^3/h$ 时,向前钻进 5～10m 的注浆层段后起钻进行高压注浆。

9.3　缩径卡钻及防治措施

泥岩在钻井液长期浸泡下会出现缩径及周期性垮塌的情况,要求尽可能缩短三开钻井周期,在施工过程中合理调配钻井液,确定合理的钻井液密度,保证井壁稳定,同时提高泥饼质量,控制失水,防止减少缩径对施工的影响。每钻进 200～300m 短起下钻一次,清理岩屑床及虚泥饼,及时了解掌握井壁稳定情况。起下钻遇阻卡井段应重点划眼,保证钻具能够顺利通过。

起钻前要充分循环钻井液,起下钻遇阻卡应秉承起钻遇卡以下放为主,下钻遇阻以上提为主的处理原则,严禁起钻遇卡大力上提,下钻遇阻大吨位下砸或随意开泵旋转下放的野蛮施工方式。

如潘二矿东一 A 组煤采区(东翼)11 313 工作面底板灰岩水害地面区域探查治理工程 S1-4 井施工过程中在井深 1 077.00～1 090.00m 段起下钻困难,岩屑录井该段岩性为灰色砂质泥岩,细腻光滑,遇水易膨胀,是造成井内缩径卡钻的直接原因,现场采用上述措施,钻具安全提离孔底,未造成钻井事故。

9.4　钻遇破碎地层及防治措施

增加破碎地层破碎岩块之间的胶结力。这种地层避免使用无固相钻井液,采用低固相(必要时采用较高固相)钻井液。在钻井液中加入优质的膨润土材料及具有黏接作用的钻井液处理剂。在井内液柱压力作用下进入到地层之中的钻井液失去水分,而膨润土和黏接剂堆积在破碎岩块之间,提高破碎岩块之间的胶结力。

快速造壁。避免大量钻井液进入到破碎地层之中。快速造壁通过钻井液设计来实现,在钻井液设计中控制钻井液滤失量和形成的泥皮质量。

封堵裂缝。是破碎地层孔壁稳定的核心,掉块、坍塌的破碎地层坍塌压力较大,需提高钻井液密度平衡地层的坍塌压力来维持孔壁的稳定。如果不能有效封堵裂缝,钻井液就不能有效平衡地层的坍塌压力,反而提高压力会使地层裂缝进一步扩大。大量钻井液进入地层,甚至造成恶性循环而使地层越塌越严重。

对于具有掉块、坍塌现象的严重破碎地层需适度提高钻井液的密度或黏度。提高钻井液密度是为了提高钻井液的液柱压力,平衡地层的坍塌压力。而提高钻井液的黏度,一方面是提高钻井液的悬浮能力，当地层发生掉块或坍塌时不至于迅速下沉；另一方面是为了减小钻井液对孔壁的冲刷。

谨慎施工，小心操作，避免由于操作失误引起孔壁的不稳定，如提钻灌浆，避免裸眼孔段因为失去钻井液的支撑而垮塌。起下钻速度平稳、适度，避免抽垮地层或压裂地层；控制钻进速度，防止由于钻进速度太快造成岩屑颗粒大或岩屑过多引发井内事故。

朱集东ZJ1-2井井深870m开始二开侧钻，钻井至1 079.61m完钻，下钻通井至1000m附近时，井内多处受阻，其后起钻多次调整钻具组合，第三次采用Φ311.1mm钻头+Φ203mm钻铤×1根+Φ127mm加重钻杆×3立柱+Φ127.0mm钻杆若干通井。通井至井深1017m时井壁突然垮孔，造成泵压升高，钻机扭矩增大，钻具无法回转，用200t钻机拉力上提钻具和下放钻具均无效。事故处理方面如下：①采用大泵量（两个大泵同时开启），上拉下窜的方式处理，一天内拉出8m，继续采用此种方式处理，效果越来越差，泥浆大部分压入孔内，一天内只能上提1m左右，甚至更小，最后就不动了。此时钻机提拉力达200t左右，也无效果。②采用硫酸铝浸泡解卡24h，没有效果。③采用60t井下上击器震击，也没有效果。④采用反丝钻杆处理打捞出钻铤1根、震击器1个后，经研究后，放弃处理。井内钻具落鱼鱼头在井深622m处。

事故原因分析如下：①钻遇F16断层（正断层，断层倾角60°～70°，落差0～30m，如图9-3）破碎带，孔壁突然垮塌，造成埋钻或卡钻，是本次事故的主要原因。②钻井液性能不稳定，未起到保护孔壁的作用，是本次事故的次要原因。

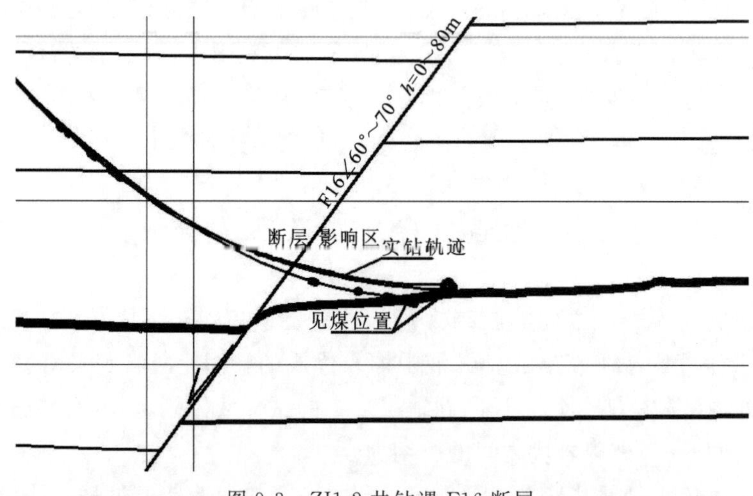

图9-3　ZJ1-2井钻遇F16断层

9.5　钻具断裂落井事故处理

朱集东ZJ1-2井井深863m二开侧钻，钻进至994.35m，随钻测斜发现井斜不增反降，井斜降低2°。为了查明原因，钻机立即起钻，钻具起至地面后检查发现定向仪器引斜部件丝扣断裂是造成井斜错误的主要原因。现场相关主要技术人员经过分析讨论，认为剩余的井段造斜已经无法满足设计靶点轨迹的施工，经多方请示汇报后，决定对二开造斜段进行填井，回填深度 870～994.35m，用水泥 15t。

淮南矿区某井(图 9-4)定向钻进至井深 909.92m，井斜 6.68°，方位 149.53°，复合钻进至井深 911.03m 时，钻压 5～6t，转速 20r/min，泵压由 13MPa 降至 11MPa，井内气泡多，泵压下降，定向仪器不解码，接着检查泵排空气，循环处理泥浆，接通知继续复合钻进 1m，但半小时无进尺，经过两次检查泵排空气、循环处理泥浆无结果，起钻至无磁钻铤时发现无磁钻铤公扣断，定向接头、螺杆及钻头以及定向仪落井，鱼头 901.38m，鱼长 9.75m。原钻具组合：Φ311.2mm 牙轮钻头＋Φ203mm1.75°单弯螺杆×8.14m＋Φ203mm 转换接头 631×4A10×0.47m＋Φ165mm 定向接头×0.82m＋Φ165 无磁钻铤×1 根＋Φ177.8mm 钻铤×3 根＋Φ127mmHWDP×30 根＋Φ127mm 钻杆串。事故处理过程如下。

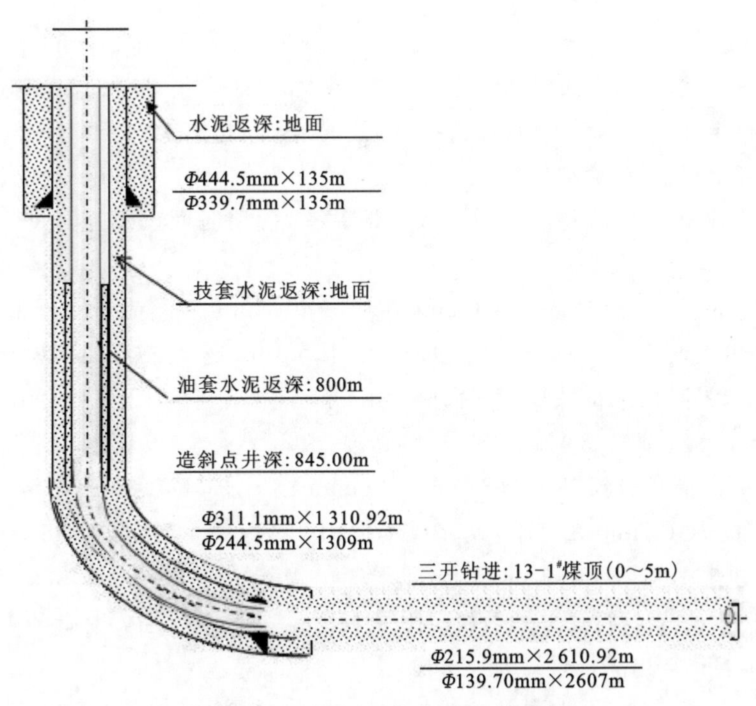

图 9-4　淮南矿区某井井身结构图

下入 Φ273mm 篮式卡瓦打捞筒＋Φ193mm 转换接头 Φ631×410＋Φ127mmHWDP×30 根＋Φ127mm 钻杆串，下至井深 897.14m 遇堵，转动钻杆划眼至鱼头，反复上提下放钻具无果后打捞鱼头。当时单泵压 8.5MPa 上升至 16MPa、悬重 50t 上升至 70t，拆单泵双凡尔泵压 7MPa，处理事故最大悬重拉至 95t 未开，循环活动钻具后上提悬重 80t，钻具脱开，恢复原悬重 50t，再次打捞鱼头，提至悬重 75t 钻具脱开，分析打捞筒内卡瓦磨损无法打捞鱼头，起钻，打捞出定向仪器 2.55m。

更换打捞筒内卡瓦，循环活动钻具打捞落鱼，由泵压 3.5MPa 上升至 7MPa，悬重 50t 提升至 85t 提开钻具，悬重至 54t，停泵、上提钻具，摩阻 4～6t，提出 1 柱钻具后起钻，起出落尽钻具、螺杆、钻头，事故解除，图 9-5 为打捞出的钻具和打捞筒。

图 9-5　打捞出的钻具和打捞筒

下入钻具组合为 Φ311.2mm 钢齿牙轮钻头＋双母接头 630mm×630mm＋631mm×410mm 接头＋Φ127mm 加重钻杆×30 根＋Φ127mm 钻杆串。下钻至井深 863m 开泵循环划眼将无线仪器推至井底，开始磨铣仪器落物，钻压 0.5～1t，扭矩 10～14kN·m，扭矩大、有憋跳钻情况。反复上提下放，活动钻具，小钻压 0～0.5t，磨铣耗时 3h30min，无任何改变情况，振动筛处捞砂也没有任何落物。考虑下入的旧钻头，使用时间已经超过 60h，决定起钻更换磨鞋。

下入 Φ286mm 磨鞋＋Φ411mm×410mm 接头＋Φ127mm 加重钻杆×30 根＋Φ127mm 钻杆串，开始磨铣井底落物，钻压 0.5～1t，扭矩 4～14kN·m，最大扭矩 18kN·m。磨铣期间有憋停现象，振动筛处有极少量铁屑，磨铣耗时 4h30min，井底落物未返出地面，起钻。起出磨鞋直径磨小 5mm，鞋底面 1/3 复合片掉落，磨鞋圆边磨圆。

下入 Φ280mm 磨鞋打捞杯＋Φ631mm×410mm 接头＋Φ177.8mm 钻铤×2＋Φ127mm 加重钻杆×30 根＋Φ127mm 钻杆串。磨铣参数：钻压 0.5～1t，单泵排量 28L/s，泵压 4MPa，转速 20r/min，扭矩 15kN·m。技术措施：每磨铣 1.5h，提离井底 5～10cm，开双泵大排量冲洗井底 5min，停泵 10min，打捞井底落物。耗时 14h 起钻完，磨鞋打捞杯起出井口，出井磨鞋直径磨小 4mm，打捞杯内满桶仪器碎片落物。

为保证井底干净，再次下入磨鞋打捞杯到底，每磨铣 0.5～1h，进行开双泵 5min，停泵 10min 进行打捞，耗时 8h 起钻完。起钻前仍有扭矩，蹩钻情况，分析捞杯内落物，判断井底还有落物，决定更换钻具组合下镶齿牙轮钻头下钻继续磨铣落物。

下入钻具组合：Φ311.2mm 牙轮钻头＋双母接头 Φ630mm×630mm＋Φ203mm 钻铤×2＋Φ631mm×410mm 接头＋Φ177.8mm 钻铤×2＋Φ127mm 加重 HWDP×30 根＋Φ127mm 钻杆串，耗时 6h 下钻到底。磨铣参数：钻压 0.5～1t，单泵排量 28L/s，泵压 4MPa，转速 20r/min，扭矩 15kN·m。技术措施：始磨钻压 0.5～1t，根据扭矩变化，调整钻压，每磨 10cm，上提钻具，下压 8～10t，重复 3 次，再继续磨铣，磨铣 1m 后，扭矩逐渐减小，钻压加至 4～5t，扭矩正常，上提钻具，转速由 20r/min 缓慢增加至 100r/min，钻压加至 5～6t，又钻进 1m，扭矩参数正常，判断井底清理干净，复杂情况解除。如图 9-6 为打捞出的仪器碎块和磨鞋。

图 9-6　打捞出的仪器碎块和磨鞋

9.6　划眼复杂情况处理

淮南矿区某井钻进至井深 1334m，二开钻进过程中，循环处理泥浆后起钻，起钻过程中，井下摩阻大，上提下放钻具困难，只得接顶驱开泵倒划眼起钻至井深 909m，摩阻正常，开始循环处理泥浆，循环过程中振动筛处筛出大量掉块及细砂，待振动筛处砂子量少后，正常起钻完，本次起钻时长 25h。后反复通井划眼，调整钻井液，井下改善不明显，为了保证下套管的安全，最后甲方要求填井侧钻，复杂划眼情况处理时间合计为 13.56d。出现复杂情况的原因有：①因煤层坍塌，井筒内存在大井径井段，且在井斜较大的井段，钻屑及掉块极易在该处沉淀聚集，易造成起下困难。②施工完导眼后，要求从导眼 1200m 井斜 69°处侧钻，实际从 1192m 井斜 67.9°处侧钻，回填和侧钻时水泥在大井径和大井斜井段胶结不好，后期受扰动极易掉块。③施工队只有两个柴油机，施工过程中双机带双泵柴油机负荷很大，无法正常运转，被迫降低施工排量，5 个凡尔施工(排量 40L/s)造成井下砂子带不出来。④因各种原因，施工周期过长(二开钻井周期 47.02d，其中设备修理、等停、复杂等损失 21.28d)，井壁受钻井液浸泡时间过长，造成部分井段井壁失稳掉块。

复杂处理过程如下。

采取最简单的常规钻具进行通井清砂，钻具组合：Φ311.1mm 江钻牙轮＋Φ630mm×630mm 双母接头＋Φ631mm×410mm 转换接头＋Φ127mm 加重 HWDP×4 根＋Φ127mm 钻杆串×30 根＋Φ127mm 加重 HWDP×26 根＋Φ127mm 钻杆串。

组合完钻具，检修顶驱更换方保接头后下钻，下钻至井深 1112m 遇阻，划眼至井底 1334m，到底后采取大排量 40L/s 循环钻井液携砂。循环过程中，配 200s 稠浆进行井底推砂，循环至振动筛处没有发现掉块情况，但带出大量细砂，待振动筛处砂子量少后起钻。起钻至井深 1293m，井下出现摩阻增大，上提下放困难，开始接顶驱开泵循环倒划眼起钻作业。

倒划眼起钻至井深 1102m，上提下放困难，活动间距小于 1m，开不开泵，井口不返泥浆，但是钻具能够转动。采用固井车进行小排量慢慢开泵，至井下逐渐恢复正常，井口返出大量细砂和掉块。又倒划眼起至 845m，循环处理并将钻井液密度提至 1.38g/cm^3。

划眼至1161m，期间1140～1157m重复划眼11h，上提下放困难，划过井段放不到原井深，复杂情况未得到改善，因下入牙轮钻头使用至后期，起钻更换牙轮钻头。

划眼至1157m，井斜61°，划眼困难，井下蹩钻、扭矩大，调整划眼参数，提高泥浆黏切，划眼至加压10t，划眼30cm后，钻压明显放空，划眼2m后，上提下放钻具摩阻正常，继续划眼作业。

划眼至井深1278～1285m处(此处井斜78.93°～83°)，划眼困难，循环出大量岩屑掉块、煤块(图9-7)、少量水泥，待循环返砂量少后，加压2～3t无效，加压12t开始划眼，至井深1298m划眼钻时3～4h/m。

图9-7　返出的煤块

划眼至井深1310m，钻时1h/m，循环准备短起下钻，检验上部井段是否稳定，起钻至井深1173～1169m处遇阻卡，憋泵由泵压14MPa上升至20MPa，停一台泵，采用小排量循环，待泵压平稳后，逐渐提排量至48L/s，循环耗时5h30min。期间循环出大量岩屑掉块、煤、及细砂，上提下放钻钻具摩阻、扭矩变小后，开泵上提带出2柱钻杆，由井深1142起钻至912m畅通，开泵循环清砂。

下钻至1186m遇阻，循环划眼至井深1235m处，阻卡严重，上提下放困难，打倒车，摩阻扭矩大，划过井段仍放不到原井深，循环清砂，砂子量少后，接单根划眼至井深1246m，接立柱开泵下钻至1310m，此井段无明显遇阻卡现象。循环至井下带出大量煤块，煤块最大长度14cm、宽10cm、厚度4.5cm。

起钻至井深1218m处阻卡，循环清砂后起钻至1161m井段正常起钻。

通过改变不同的钻具组合、加扶正器、调整泥浆性能参数、加大排量等各种措施，划眼至1164m，划眼无效，无法顺利划眼至井底，起钻后下入光钻杆填井。

9.7　井下钻具与仪器探棒打捞

对于埋卡钻及钻具脱扣、滑扣、折断等复杂情况，如采用上述针对性措施无法处理，则应对井下钻具和仪器打捞，采用下述方法。

9.7.1　井下仪器探棒打捞步骤

仪器探棒价值高，应优先打捞，打捞步骤如下：①卸立柱，钻具静止，准备抽油杆打捞锚及配套工具；②下抽油杆打捞锚，与井下仪器探棒对接；若井深较深，抽油杆自重不足，可在抽油杆上方加倒装配重；③起抽油杆实施打捞；④如打捞锚与井下仪器探棒无法对接，可采取钻具倒扣方法处理。

9.7.2　井下钻具倒扣处理方法

井下钻具倒扣处理主要采用机械倒扣方法，机械倒扣工具中最常用有反扣螺纹公锥与反扣螺纹母锥。

1)使用方法

把倒扣捞锥接在反扣钻具的下端,倒扣捞锥与落鱼对扣,上提钻具超过原悬重一定拉力(通常 NC50 螺纹附加拉力为 200～300kN),为了可靠起见,可反复提拉几次,然后倒扣。

2)注意事项

(1)由于倒扣捞锥上部接的是反扣钻具,打捞对扣时需要正旋钻具,所以,在下入反扣钻具时,必须按规定扭矩紧扣,防止对扣时将上部钻具倒开。

(2)如发现鱼头上部有井壁垮塌、掉块或岩粉堆积等,应加强钻井液性能维护,并进行井眼冲洗,直至鱼头上部畅通无阻、井壁稳定。

(3)如遇钻具抱死、卡死,可采取套铣清除、倒扣打捞。

3)套铣作业

(1)根据井眼尺寸及套铣物的材质、尺寸和套铣要求选择铣鞋、铣管。初次套铣下 1～2 根铣管,再次套铣直井段可多下几根(一般铣管总长不超过 60m)。井眼与铣管最小间隙为 12.7～25.4mm(1/2″～1″),铣管与落鱼间隙最小为 3.2mm(1/8 ″)。

(2)组合:铣鞋+铣管+震击器+加重钻杆+钻杆。

(3)下钻至鱼顶以上 0.5m,开小排量打通后开大排量冲洗鱼顶 30min。

(4)使用小排量循环缓慢下放钻具探鱼顶并套落鱼,若泵压略增证明鱼顶已进入铣管内,开始套铣。

(5)以较小的钻压和较低的转速套进,通常钻压选用 5～10kN,转速 30～50r/min,待铣鞋工作平稳时,再加大钻压套铣。

(6)套铣时,保持适当的排量,以冷却铣鞋和携带铣屑。

(7)套铣过程中发现泵压升高、扭矩不平稳及憋跳现象,应立刻上提钻具,活动套铣钻具,调整参数,减小钻压、转速和排量,待泵压恢复正常后方可套铣。

(8)每套铣 3～5m,上提划眼一次,以观察扭矩变化和阻卡情况。

4)套铣作业注意事项

(1)下铣管前要保持井眼畅通。

(2)下铣管遇阻时不可硬压,可以划眼,必要时起出铣管下钻通井。

(3)在套管内套铣,选用合适的圆弧型梅花齿铣鞋,防止磨铣套管。

(4)若无合适的铣管,需用套管作铣管用时,必须在螺纹上紧后焊止推片,防止套铣时倒扣。

(5)起下铣管使用卡瓦及安全卡瓦。

(6)钻井液有适当的黏切力,以保证携带金属屑。

(7)禁用转盘卸扣。

10　典型工程案例

安徽省煤田地质局在注浆堵水定向多分支水平井和煤层气抽排地面定向水平井方面进行了大量实践工作，取得了良好的工程效果。下面介绍 3 个工程应用案例，以期对地面定向多分支水平井的推广应用提供借鉴和参考。

10.1　潘二矿西四 A 组煤采区底板灰岩水害地面区域探查治理工程

10.1.1　治理区地质概况

潘二矿位于安徽省淮南市潘集区境内，隶属淮南矿业(集团)有限责任公司。西四 A 组煤采区，东起西四 A 组煤采区矸石胶带机上山(沿灰岩掘进)外扩 30m，西至西四 A 组煤采区回风上山(沿 3 煤掘进)外扩 30m，南起西四 A 组煤采区矸石胶带机上山和西四 A 组煤采区回风上山上段见 3 煤位置外扩 30m 范围。北至西四 A 组煤采区矸石胶带机上山和西四 A 组煤采区回风上山下段见 3 煤位置外扩 30m(图 10-1)。西四 A 组煤采区灰岩地层综合对比表见表 10-1。

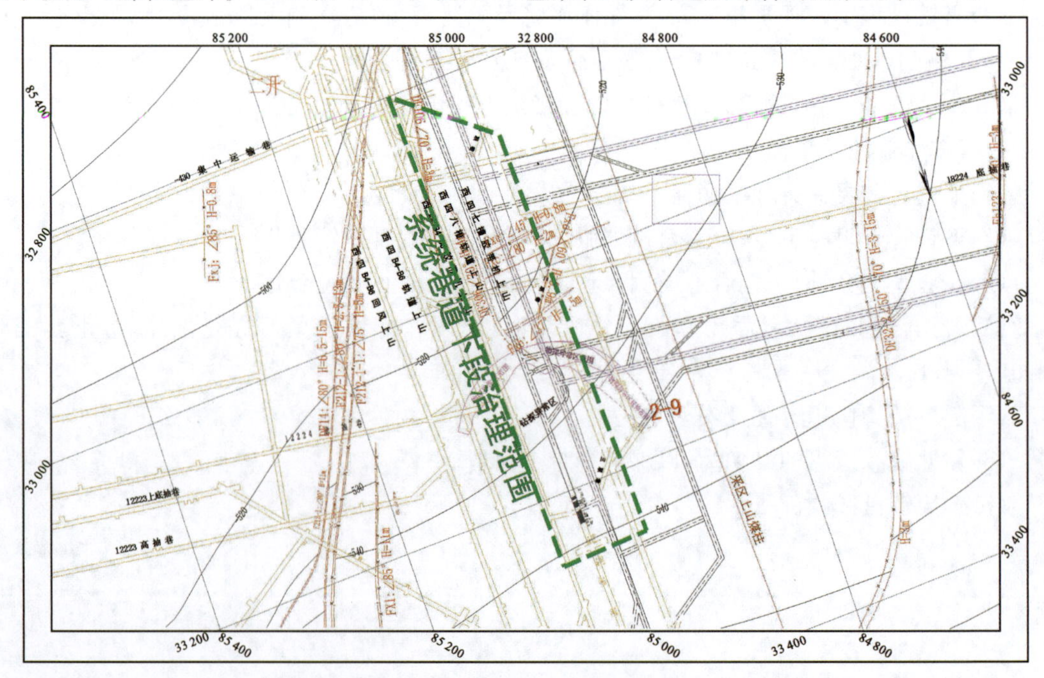

图 10-1　治理区域平面位置图

表 10-1 西四 A 组煤采区灰岩地层综合对比表

名称	厚度/m		岩性	描述
	最小～最大	平均		
A 组煤底板	11.80～25.10	16.60	以海相泥岩、砂泥岩互层为主，局部为细粒砂岩	下部见龟甲石构造菱铁层位区域对比标志
C_3^1	1.10～3.10	1.86	灰岩	局部夹泥质、蜓科化石，偶见燧石结核
	1.83～8.17	4.89	粉砂岩、砂质泥岩为主	局部见鲕粒及菱铁质
C_3^2	0.60～3.00	1.73	灰岩	赋存稳定，含海百合茎化石
	2.13～7.80	4.32	黏土岩、粉砂岩为主	局部含煤线、含植物化石
$C_3^{3上}$	1.64～8.91	5.38	灰岩	厚层状、局部冲刷变薄，含海百合茎化石，具有溶蚀裂隙
	2.83～23.71	6.66	黏土岩为主	局部含煤线、含鳞木碎片、海豆芽等植物化石
$C_3^{3下}$	0.73～14.00	8.18	灰岩	厚层，赋存稳定，局部冲刷变薄，含海百合茎化石，溶洞及溶蚀裂隙较发育
	0.72～7.86	5.57	黏土岩、粉、细砂岩为主	常见植物化石碎片及黄铁矿结核
C_3^5	2.10～6.71	3.72	灰岩	赋存较稳定，见海百合茎化石
	1.10～6.60	3.93	砂质泥岩、泥岩为主	局部含铝质，见植物化石及黄铁矿薄层
C_3^6	0.52～3.95	2.58	灰岩	赋存不稳定，局部沉缺，含海百合茎化石
	1.52～4.49	2.73	黏土岩、细砂岩	含植物化石碎片及黄铁矿，局部含煤线
C_3^7	1.58～3.40	2.21	灰岩	赋存稳定，含海百合茎及纺锤虫化石
	1.58～3.40	3.30	泥岩为主	泥岩赋存较稳定并夹煤线为其特征
C_3^8	0.95～2.55	1.63	灰岩	赋存不稳定，局部沉缺，局部发育溶洞并被泥质充填
	3.64～10.93	6.19	黏土岩、中砂岩	局部含煤线
C_3^9	0.55～3.39	2.50	灰岩	赋存不稳定，局部缺失，富含纺锤虫化石
	11.10～25.00	15.35	砂质泥岩为主，夹薄煤层	含黄铁矿结核及海豆芽化石，局部见火成岩，厚层状、间距大为区域对比标志
C_3^{10}	2.40～4.46	3.08	灰岩	含海百合茎及纺锤虫化石，局部底板发育有煤线
	1.30～5.10	3.05	泥岩为主	局部见煤线及火成岩，见黄铁矿晶体
C_3^{11}	10.15～17.20	14.29	灰岩	赋存较稳定，局部见蜓科化石密集发育及黄铁矿
	2.33～11.80	5.26	泥岩，火成岩	泥岩中含植物化石碎片及黄铁矿，见灰白色火成岩及薄层天然焦
C_3^{12}	0.64～2.05	0.95	灰岩	薄层状，性脆，较硬，含海百合茎化石，偶见黄铁矿晶体
C_2	2.05～8.77	4.62	铁铝质泥岩为主	紫红色、灰绿色为主，局部见黄铁矿
奥灰	108.70～131.90	125.35	灰岩、白云质灰岩为主	
寒灰	>965.5		灰岩、白云质灰岩为主	

10.1.2 工程概况

布置地面多分支近水平定向钻孔，在治理区外侧进入西四 A 组煤采区 1 煤底板 80m 深度或沿 C_3^9 灰顺层钻进，探查是否存在隐伏陷落柱或导水通道等地质异常体。对探查到的溶隙、裂隙以及太灰和奥灰含水层间的垂向导水通道等进行注浆隔离，确保工作面不发生灾变性水害，实现巷道安全掘进的目标。本次施工 D2 孔组共完成 1 个主孔，7 个分支(含设计变更增加 4 个)，详见表 10-2，平面布置见图 7-8，D2 孔口位置坐标为 X：3 632 595.292；Y：39 485 310.818；Z：+20.366。完成钻探工程量累计 6 808.44m，总计注水泥 16 129.01t。

表 10-2 D_2 孔组施工工作量表

钻孔编号	孔段	有效进尺/m	完钻孔深/m	注浆量/t
D2 主孔及 D2-11	一开	336.20	1 272.32	1 258.03
	二开	368.27		
	第一段	300.73		
	第二段	267.12		
D2-12	三开	542.77	1 258.51	723.19
D2-10	三开	451.03	1 286.65	1 241.99
D2-10-2	三开	569.45	1 273.95	5 984.68
	三开	569.79	1 274.29	
	三开	569.79	1 274.29	
	三开	569.79	1 274.29	
	三开	569.79	1 274.29	
D2-10-3	三开	556.56	1 261.06	1 383.57
D2-10-1	三开	594.80	1 299.30	2 999.24
D2-10-4	三开	542.35	1 246.85	2 538.31
合计		6 808.44		16 129.01

10.1.3 井身结构和轨迹设计

(1)一开钻孔结构为 Φ311mm 孔径钻进至孔深 336.20m，0～336.20m 下入 Φ244.5mm×8.95mm一开套管 336.10m，材质 J55 石油套管；用 P.042.5 纯水泥浆(用纯水泥 16.52t)对环状间隙进行全封闭固管，并进行止水检查。

(2)二开钻孔结构为 Φ216mm 孔径钻进至孔深 704.47m(从孔深 366.12m 开始造斜)，0～704.47m 下入 Φ177.8mm×8.05mm(原设计壁厚 8.08mm，因石油套管无此壁厚标准，故经设计变更，改为壁厚 8.05mm 石油套管)二开套管 704.50m，材质 J55 石油套管；用 P.0 42.5 纯水泥浆(用纯水泥 18.44t)对环状间隙进行全封闭固管，并进行止水检查。

(3)三开顺层钻孔结构为 Φ152mm 孔径从孔深 704.50m 开始定向钻进至设计深度，裸孔并进行注浆。分支孔孔间距由原来 42～46m 缩小为 21～27m。

设计钻孔结构如图 7-9。井身结构数据如表 10-3。

表 10-3 井身结构数据表

井段	孔径/mm	孔深/m	套管尺寸/mm	钢级	壁厚/mm	套管下深/m	固井水泥返高/m
一开	331	336.20	244.50	J55	8.94	0～336.20	地面
二开	216	704.50	177.80	J55	8.05	0～704.50	地面
三开	152	设计孔深					

10.1.4 钻进施工设备与仪器

钻进施工的主要设备与仪器的型号、规格及数量见表 10-4。

表 10-4 钻进施工设备与仪器表

投入的主要施工机械设备表						
序号	名称	型号	数量	工作能力	电机功率	备注
1	钻机	ZJ-30DBQ	1	提拉 215t	600kW	带顶驱
2	井架	“A”41.5m	1	负荷 215t		
3	泥浆泵	F-1000	1	排量 40L/s	800kW×2	
4	泥浆泵	NBW350	1			
5	柴油发电机组		2		400kW×2	备用
6	固控系统	四级固控	1			
7	钻具类		Φ89mm 钻杆、Φ89mm 加重钻杆、Φ159mm 钻铤、Φ203mm 钻铤、Φ244.5mm 钻铤、Φ121mm 钻铤			
8	定向类		MWD 无线随钻定向仪、Φ178mm 螺杆钻具、Φ159mm 无磁钻铤			
9	拧卸类		液压大钳、吊钳等			
10	仪器类		黏度计、比重称、失水量计等			
11	其它类		高压管、潜水泵、电焊机、压风机等			

主要定向及检测仪器					
序号	仪器名称	规格型号	数量	生产厂家	备注
1	无线随钻测斜仪	YST-48R	2	北京海蓝科技开发有限责任公司	
2	随钻 γ 测井	TYSJ-2	2	陕西渭南煤矿专用设备厂	
3	高精度测斜仪	JJX-3	1	上海地学仪器研究所	
4	数字测井仪	TYSJ-2	1	陕西渭南煤矿专用设备厂	
5	泥浆自动测量仪	ZNL-3	1	河北永明地质工程机械有限公司	

10.1.5 钻进施工

10.1.5.1 钻井参数

直孔段主要采用正循环、机械回转钻进的方法施工。造斜段及水平段主要采用正循环、定向钻进及复合钻进方法施工。

转速:回转钻进时,转速一般控制在40～120r/min,复合钻进时,转速一般小于35r/min。

钻压:采用钻铤加压,中和点在所加钻铤重量的2/3以下,一般孔底钻压大于80kN。

泵量:泵量大于20L/s左右。

10.1.5.2 钻井液工艺

采用优质高分子化学低固相泥浆作冲洗液,其性能要求:比重1.1～1.2,黏度24～28s,pH值8～9,泥饼的摩擦系数小于0.1,含沙量低于0.5%,钻井液塑性黏度和动切力的比值不小于2∶1。

主要材料为优质钠土、烧碱、羧甲基纤维素钠Na-CMC(高黏)、聚丙烯酸钾、增黏141、防塌降失水剂、磺化沥青、白油等。

采用四级泥浆固控系统,泥浆不落地;钻机配备专业泥浆管理人员,钻进过程中,测试现场泥浆性能指标(黏度、比重等)。

10.1.5.3 各开次钻进技术措施

1)一开直孔段钻进

井段为0.00～340.00m,地层为第四系300.00m左右+二叠系,井斜角≤1°。钻具组合为塔式钻具组合Φ311mm牙轮钻头+Φ244.5mm钻铤(28m左右)+Φ203mm钻铤(28m左右)+Φ159mm钻铤(28m左右)+Φ127mm钻杆。钻进参数为钻压50～120kN,转速40～120r/min,泵量30～50 L/s。

主要措施有如下几点:①为了保证井身质量,开孔吊打,采用大泵量、高转速、轻压钻进,逐渐加深进入基岩后转入正常钻进,采用大泵量、中等转速、合适轻压钻进,每钻完1个单根循环泥浆5～10min;每次起钻前充分循环钻井液,保持井眼干净。②上部地层松软,钻时快,易垮塌,采用高黏度泥浆护壁;钻具在孔内静放时间不得超过半小时。③严格控制起下钻速度,防止抽吸压力或激动压力造成井塌等井下复杂事故。④钻进时,要做到早开泵、慢开泵、晚停泵。⑤起钻时应连续向环空灌浆,若灌入量大于或小于应灌入量,均应停止起钻作业,进行观察。下钻时若井口返出钻井液异常,应立即停止作业,先小排量开泵循环,待正常后再继续下钻。⑥钻达设计井深340m后,调整泥浆性能,黏度25s左右、比重1.2左右,起钻前大排量循环泥浆两周以上,进行短起下钻,确保井眼畅通,顺利后方可下套管、固井。

2)二开造斜段钻进

造斜井段为D2孔415～700m,D3孔376～700.00m,地层为二叠系+石炭系,井斜角为0°～86°,造斜率为7.8°/30m,钻具组合为Φ215.9mm钻头+Φ178mm螺杆+MWD定向短节

＋Φ159mm 无磁钻铤＋Φ159mm 钻铤 3 根＋Φ127mm 斜台阶钻杆＋Φ127mm 加重钻杆 200m 左右＋Φ127mm 钻杆。

钻进参数包括钻压(140～160kN)和泵压(10～12MPa)。

主要措施有如下几点:①本次下入的钻具组合,其结构柔性比较好,禁止硬砸硬压,特别是下钻到造斜点时,严格控制下钻速度。② 调整和维护好泥浆性能,使流动性、润滑性、携岩性、抑制性、防塌性都达到最佳状态,并严格使用四级净化装置。③若井下情况复杂,需要进行通井和划眼时,原则上采用上一趟钻具结构,如因实际情况必须改变钻具结构时,钻具的钢性必须小于上趟钻具的钢性,且有正、倒划眼的能力。④进行短起下一次,确保井眼干净、畅通。⑤以上钻具组合及钻进措施和参数,由定向井工程师现场根据轨迹控制的实际需要确定或调整。⑥每钻进 1 个单根测量 1 次井斜和方位,及时预算井身轨迹,做到垂深、位移、井斜、方位四到位。⑦旋转钻进时,可根据现场施工情况,调整钻进参数,改变增斜率,以增加旋转钻进的井段,提高施工速度。⑧加强简易水文观测,发现冲洗液消耗或漏失立即起钻。

3)三开水平段钻进

钻具组合为 Φ152 复合片钻头＋Φ120mm 螺杆钻具＋Φ121mm 无磁定向接头＋Φ121mm 无磁钻铤＋钻柱稳定器＋随钻振击器＋Φ89mm 斜肩钻杆＋Φ89mm 加重钻杆＋Φ121mm 钻铤＋Φ89mm 钻杆。根据需要及时调整好轨迹,保持轨迹平滑。备有足够的加重钻杆提供钻压。

注意振动筛岩屑的返出量,返出正常,继续钻进;若返出量减少,立管压力波动大,采取控制钻速,适当增加转盘转速,提高排量,短起下,调整泥浆黏度等措施,保持井眼清洁。

钻进过程中,加强岩屑录井、钻进参数等监测分析,及时反馈,合理进行井斜、方位调整,确保水平井眼按设计轨道穿行,钻进时地质录井做好各参数的记录工作。

井眼加深,钻柱摩阻增大,注意监测有效钻压的临界深度,如磨阻较大,托压严重时及时调整泥浆性能,特别是润滑性,并适时短程起下钻。同时要在直井段适当增加加重钻杆的数量。注意井斜与方位的同步控制,准确预测工具的造斜能力,若与预计有偏差,及时采取措施。

记录套管底口到完钻的钻进方式、螺杆的弯曲度数、定向钻进的工具面、钻压、排量、泵压、机械钻速等,特别是 745m、775m、851m 这 3 个点的机械钻速,为其他 3 个孔的侧钻和注浆后的划眼做准备。

4) 侧钻及划眼要求

钻具组合为 Φ152mm 牙轮钻头＋接头＋Φ89mm 钻杆＋Φ89mm 加重钻杆。

每个孔注浆结束后,套管内留有凝固泥浆。建立泥浆循环系统进行套管内划眼,以免污染正常钻进的泥浆,划眼至 735m 起钻更换钻具组合。

钻具组合为 Φ152mmPDC 钻头＋Φ120mm 螺杆＋Φ120mm 无磁钻铤(MWD 组合)＋Φ89mm 钻杆＋Φ89mm 加重钻杆。

若是同一个孔注浆后继续钻进,则使用与原来钻进时相同弯曲度数的螺杆,并参考上次钻进时的钻进方式、定向钻进的工具面、钻压、泵压、排量划眼。保持在原井眼穿行。

划眼过程中随时观察机械钻速、返出岩屑、测量的井斜和方位数据,确定是否划出新眼。如果确定划出新眼,立即根据实钻井眼轨迹做待钻井眼设计,确保精准钻达控制点。

如果需要侧钻，钻至侧钻点而钻头还在主井眼。则要根据设计轨道要求，摆好工具面，控时钻进，参考地层返砂、钻压、机械钻速、井斜方位等确定是否侧出新眼。

如果长距离不能侧出新井眼，而继续侧钻会导致井眼轨迹不能满足要求。须要注水泥至设计侧钻点后再继续侧钻。

10.1.5.4 钻孔轨迹控制

本次工程均使用无线随钻进行定向钻进，所用仪器为北京海蓝科技开发有限责任公司YST-48R MWD系统。

1)平面位置控制

定向施工过程中严格按设计施工，随时监控井斜、方位，及时上图，发现轨迹偏离设计迹象及时调整井斜、方位，西四A组煤采区系统巷道(下段)底板灰岩水害区域探查治理工程，各分支近水平段实际轨迹较设计轨迹水平偏差均未超过2m，详见表10-5。

表10-5 各钻孔轨迹水平偏移汇总表

孔号	最大偏移处孔深/m	最大偏移/m	备注
D2-11	850.00	1.74	水平偏移<2m
D2-12	750.00	1.74	
D2-10	770.00	1.52	
D2-10-2	1 220.00～1 230.00	0.98	
D2-10-3	1 150.00	0.94	
D2-10-1	1 038.09	1.45	
D2-10-4	1 246.85	1.91	

2)跟层(深)率控制

分支孔水平段采用岩屑录井、伽马数据联合判层，采用无线随钻测量系统监测钻孔轨迹，控制钻孔沿C_3^9灰岩钻进。C_3^9灰岩地层起伏较大，岩层厚度较薄，钻进时持续跟层，施工难度大，辅以跟深控制。以钻孔距1煤底板的距离是否在80m左右，来判断钻孔是否符合跟深要求。西四A组煤系统巷道(下段)底板灰岩水害探查治理工程各分支孔主要沿太原组C_3^9灰钻进。由于断层影响和太原组C_3^9灰较薄，采取跟层、跟深钻进(距1煤底板下80m左右施工)相结合，跟层(深)率达到85%～100%，详见表10-6。

表10-6 各分支孔跟层(深)率统计表

孔号	D2-11	D2-12	D2-10	D2-10-2	D2-10-3	D2-10-1	D2-10-4
跟层(深)率/%	85	100	100	90	100	93	100

3)录井及随钻测井

钻孔施工为无芯钻进，顺层段的要求是在目的层内长距离顺层延伸，顺层率要求达到

80%以上,在施工过程中,需同时进行岩屑、钻时、钻井液录井工作,对整个钻进过程人工实时监控,将既得数据与以往数据快速对比分析,结合治理区地质信息,对钻孔轨迹进行及时调整,做到有效保障钻孔顺层率。

岩屑录井。松散层不捞砂样,但必须判定基岩界面。进入基岩段之后开始录井,每1m捞1包岩屑样至完钻,并做好鉴定,建立地层剖面。现场整理、汇总岩屑录井表,对地层做出初步的判定和划分。主孔及D2-11分支孔自进入基岩面(305m)开始每1m捞取1包岩屑样品,D2-12、D2-10、D2-10-2、D2-10-3、D2-10-1、D2-10-4分支孔自二开套管底口704.50m开始每1m捞取1包岩屑样品,岩屑装盒并注明岩性起止深度,每1m留存1盒,地质技术人员对岩屑进行了鉴定,该孔岩性主要有泥岩、细砂岩、砂质泥岩、煤和灰岩相间组成。水平段岩性主要为灰岩、煤和砂质泥岩等。

钻时录井。间距要求为自基岩段每1m记录1个点,至完井。要随时记录钻时突变点,以便及时发现标志层,卡准标志层深、厚度等。尽量保持钻井参数的相对稳定,以便提高钻时参数反映地层岩性的有效性,并记录造成假钻时的非地质因素。必须经常核对钻具长度和井深,每打完1个单根和起钻前必须校对井深,井深误差不得超过0.1m。全井漏取钻时点数不得超过总数的0.5%,目的层井段钻时点不得漏取。7个钻孔钻时录井,钻时正常,未出现掉钻现象。

钻井液录井。分支孔水平段目的层为C_3^9灰岩或顶底板(煤、泥岩地层),较为稳定,但是由于水平段岩粉携带困难,钻进时扭矩较大,所以要求冲洗液具有很好的携带性能和润滑性能,又要防止阻塞裂隙影响后续注浆效果,采用优质高分子化学无固相泥浆作冲洗液。按要求每8h做一次全性能测定;每2h测定一次一般性能(密度、黏度、pH值)。

随钻自然γ测井。随钻伽马测量数据在施工水平段时具有重要的导向作用,一般是根据所钻遇地层的伽马幅值,来判断钻头距离目的层灰岩的远近。当伽马幅值低时,地层岩性为灰岩;当伽马幅值较高时,钻头远离灰岩。所以根据随钻伽马测量数据,就可以判断钻头在水平段的钻进情况,在即将钻出目的层时,校正定向数据,及时调整钻孔轨迹,并保持钻头在目的层中运行。西四A组煤系统巷道(下段)底板灰岩水害探查治理工程各钻孔施工过程中,采用随钻伽马测井技术,结合现场地质录井,及时调整钻井参数,确保了轨迹在目的层位穿行。

10.1.6 施工过程中的异常情况

1)浆液漏失

D2-10分支孔钻进过程中在孔深1 052.91m处出现漏失(最大漏失量为1.9m³/h)。D2-10-2分支孔从孔深704.50m开始侧钻(水平段钻进),钻进至孔深1 273.95m终孔,水平段总长569.45m。施工过程中从孔深1 169.74m(水平段长465.24m)开始至终孔钻井液出现明显漏失,在孔深1 187.05m处最大消耗量达1.40m³/h。

2)井下跑浆

D2-10分支孔完成钻探部分后进行注浆过程中压力突然降至0MPa,经研究后决定暂停注浆,并安排相关人员对井下相关巷道进行仔细排查,观察巷道是否跑浆;同时通知相邻D1孔组密切观察D1-3孔内钻井液性能,判断是否出现窜浆。经排查,井下巷道未发现跑浆迹象,D1-3 孔钻井液中未发现水泥浆液,之后继续注浆,压力逐渐趋于正常。

D2-10-2 分支孔第一次注浆 11h 后压力 1～6MPa 之间波动 14h 后降为 0MPa,西四 A 组煤采区矸石胶带机上山巷道发现跑浆。

经双方认真研究决定,先采用高密度、低流量、间歇式注浆,视井下跑浆情况,再研究下步措施。每注浆 3h,停泵半小时,共停泵 7 次,孔口压力一直为 0,井下巷道跑浆量增大,决定停止注浆,井下建封堵墙。D2-10-2 分支孔共进行了两次封堵。

第一次灌浆封堵共灌入水泥浆 8.97m^3(4.92t),此时井下巷道底帮发现渗水,接到矿方通知停止灌浆,改为双液浆封堵。第二次灌浆封堵采用水泥和水玻璃双液浆封堵,共使用水泥 12.37t,井下无异常,封堵示意图如图 3-9。该孔水平段长度 569.45m,注入水泥 5 984.68t,单位注入水泥量 10.50t/m,吃浆量大。

10.1.7 工程效果

钻孔施工过程中,实钻平面轨迹严格按照设计轨迹进行控制,各分支近水平段实际轨迹较设计轨道水平偏差均未超过 2m。各分支孔主要沿太原组 C_3^9 灰钻进,由于断层影响和太原组 C_3^9 灰较薄,采取跟层、跟深钻进(距 1 煤底板下 80m 左右施工)相结合,跟层(深)率 85%～100%。通过高压注浆治理,煤层底板的断层裂隙已被水泥充填加固,阻断了奥灰水和工作面的水力联系,增加了安全隔水层厚度,达到了注浆结束标准,完成了既定治理目标,注浆效果良好,安全隐患大大降低。

10.2 芦岭煤矿Ⅲ4 采区主体上山过 FD10-1 断层治理工程

10.2.1 治理区地质概况

芦岭煤矿位于安徽省宿州市埇桥区芦岭镇境内,隶属淮北矿业股份有限公司,受控于宿北断裂、光武-固镇断裂及西寺坡逆冲断裂、固镇-长丰断裂。芦岭煤矿Ⅲ4 采区 3 条上山巷道沿线断层众多,其中以 FD10-1 正断层发育规模最大,如图 10-2。断层落差约 60～70m,同时 3 条上山巷道距离太灰含水层较近,Ⅲ4 采区轨道上山甚至可能揭露太灰含水层。从以往探查结果分析,芦岭煤矿 10 煤底板标高－350m 以浅区域太灰含水层富水性较强,q_{91}＝0.078 3～2.57L/(s·m),－350m 以深区域太灰含水层富水性逐渐变弱,q_{91}＝0.00 017～0.398L/(s·m),富水性弱。巷道揭露 FD10-1 断层位置标高约－660～－800m,因此灰岩对巷道影响相对较小。但太灰含水层富水性不均一,水压高,存在底板灰岩水隐患。巷道平面位置见图 10-3,Ⅲ4 采区轨道上山巷道穿断层带剖面示意图如图 10-4。

10.2.2 工程概况

工程利用地面顺层孔沿巷道穿断层探查,对 3 条巷道范围内断层破碎带及巷道底板下 30m 范围进行注浆综合治理。

对Ⅲ4 采区回风、运输、轨道 3 条巷道受 FD10-1 断层带影响的区域进行注浆加固,实现

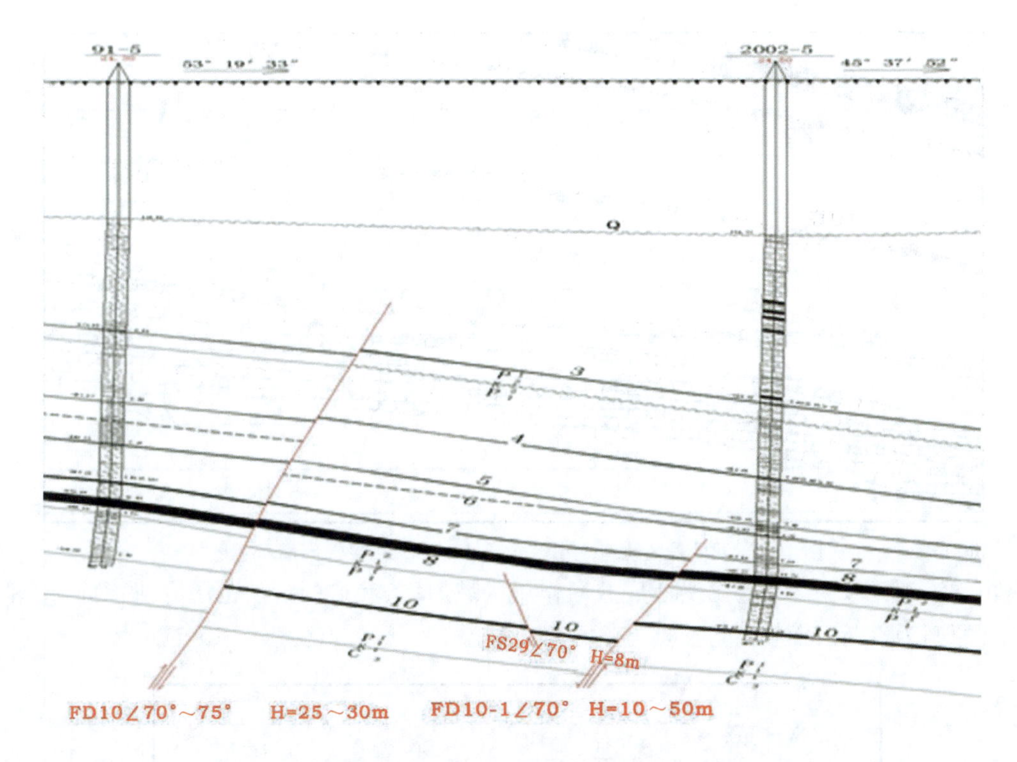

图 10-2　FD10-1 断层剖面示意图

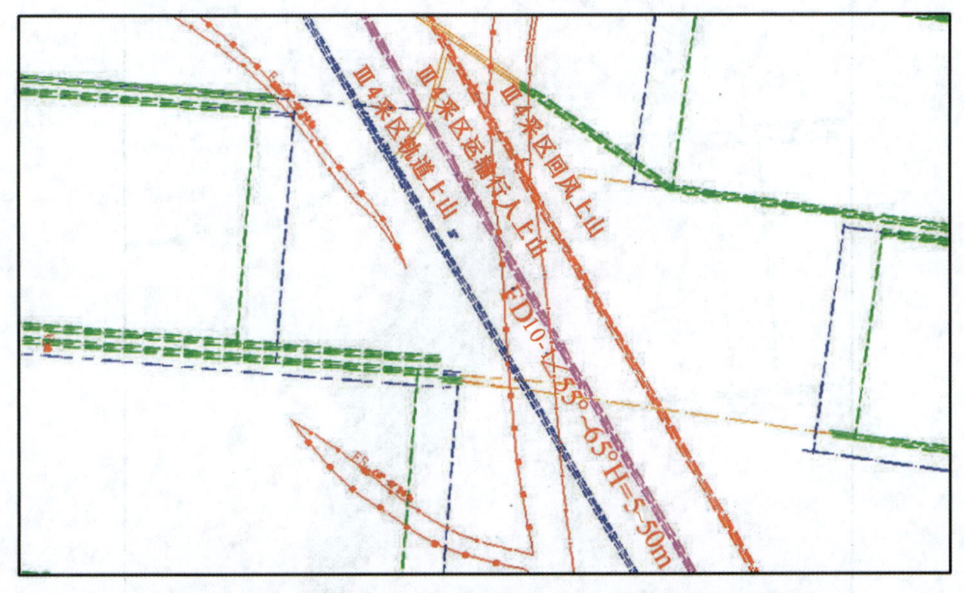

图 10-3　Ⅲ4 采区回风、运输、轨道巷道穿 FD10-1 断层平面示意图

巷道掘进的顺利通过。

治理区域太灰静止水位 H＝－62.08m，水压约 6.7MPa，富水性弱—中等。巷道掘进时太灰水害威胁较大，3 条巷道距离太灰岩层较近，特别是轨道上山可能直接揭露太灰岩层，需要对巷道底板进行探查加固，预防太灰水害。

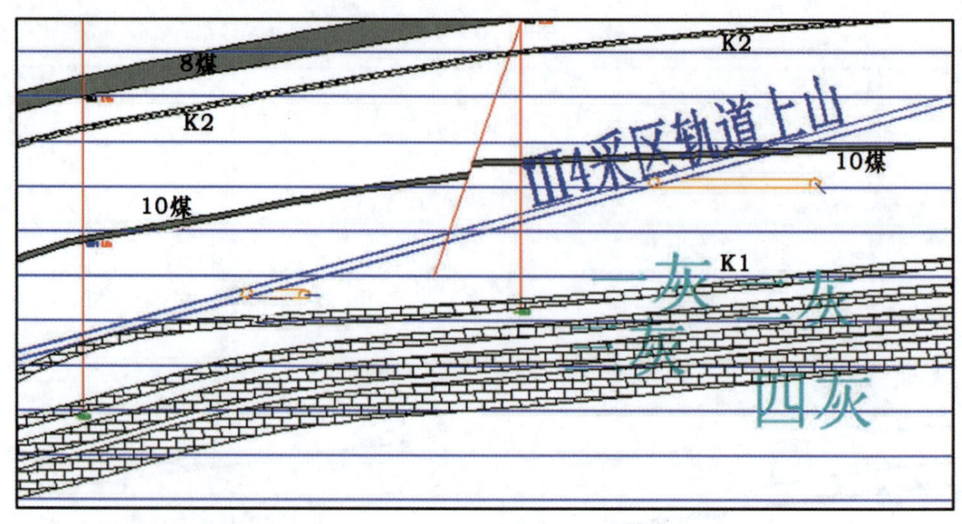

图 10-4　Ⅲ4 采区轨道上山巷道穿 FD10-1 断层带剖面示意图

由于治理区域为 3 条巷道受断层共同作用区域，每条巷道的治理范围有所不同，治理范围基本原则为以断层面和巷道交点为中心前后覆盖 60～100m 区域(图 10-5)。

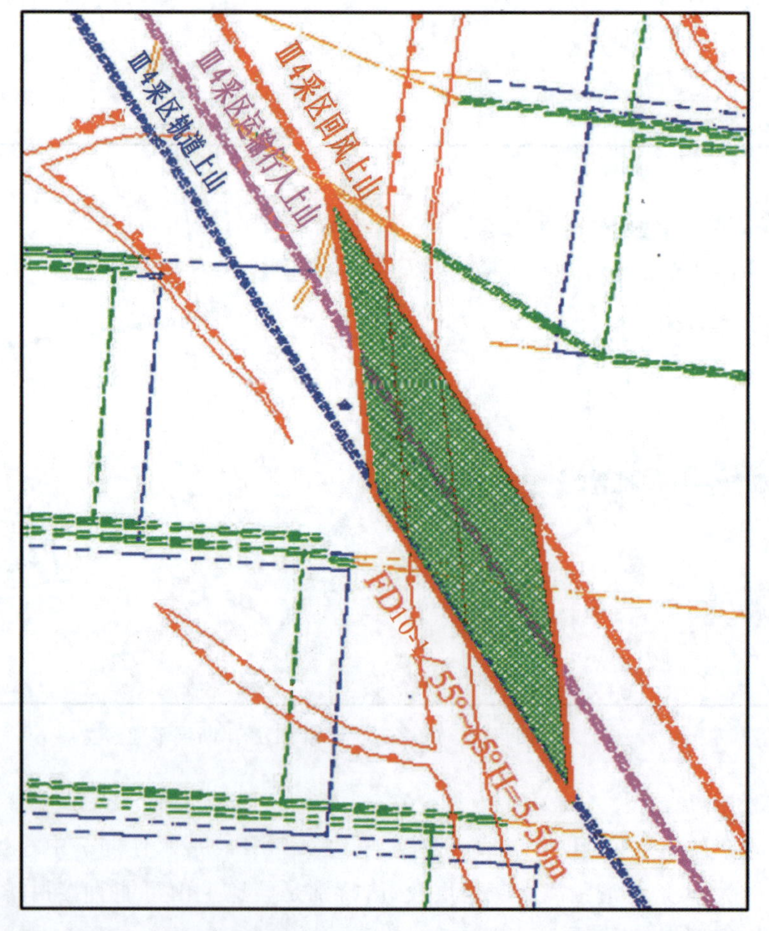

图 10-5　Ⅲ4 采区回风、轨道、运输巷道穿 FD10-1 断层治理范围

根据FD10-1断层的发育情况、断层上下盘关系以及采区主体上山过FD10-1断层附近地层情况、地面施工条件等参数，Ⅲ4采区主体上山过FD10-1断层钻探设计选择下盘开孔钻探设计。本工程共实施1个孔组S1，孔口坐标 X=3 715 031.512m，Y=39 514 244.092m，Z=24.30m。累计施工6个分支孔，其中S1-1（回风上山）、S1-2（运输行人上山）、S1-3（轨道上山）沿巷道中心线布孔，S1-4（回风上山底板）、S1-5（运输行人上山底板）、S1-6（轨道上山底板）沿巷道底板标高下30m左右布孔。工作量详见表10-7，平面布置见图10-6，钻孔结构见图10-7。累计完成钻探进尺3 458.02m，其中受注段长度2 656.22m，注入水泥12 561.89t。

表10-7　FD10-1断层6个分支孔施工工作量表

钻孔编号	施工次序	注浆总量/t	注浆段长/m	单位注浆量/(t·m^{-1})
S1-1	⑤第一段	111.00	160.20	0.69(巷道冒浆)
	⑧第二段	743.40	231.70	3.21
	⑨第三段	808.60	333.80	2.42
	单孔	1 663.00	333.80	4.98
S1-2	④第一段	1 960.83	337.90	5.80
	⑥注浆封堵	234.67	139.20	1.69(巷道冒浆)
	⑦第二段	1 081.89	440.80	2.45
	单孔	3 277.39	440.80	7.44
S1-3	①第一段	456.42	391.90	1.16(巷道冒浆)
	②第二段	1 435.80	439.80	3.26
	③第三段	1 032.58	535.62	1.93
	单孔	2 924.80	535.62	5.46
S1-4	⑯注浆封堵	68.60	229.20	0.30
	⑰第一段	173.90	269.20	0.65
	⑱第二段	508.00	344.00	1.48
	单孔	750.50	344.00	2.18
S1-5	⑭第一段	572.00	340.90	1.68
	⑮第二段	446.60	452.00	0.99
	单孔	1 018.60	452.00	2.25
S1-6	⑩注浆封堵	245.60	169.20	1.45
	⑪第一段	439.20	409.00	1.07
	⑫第二段	1 351.60	503.90	2.68
	⑬第三段	891.20	550.00	1.62
	单孔	2 927.60	550.00	5.32
合计		12 561.89	2 656.22	4.73

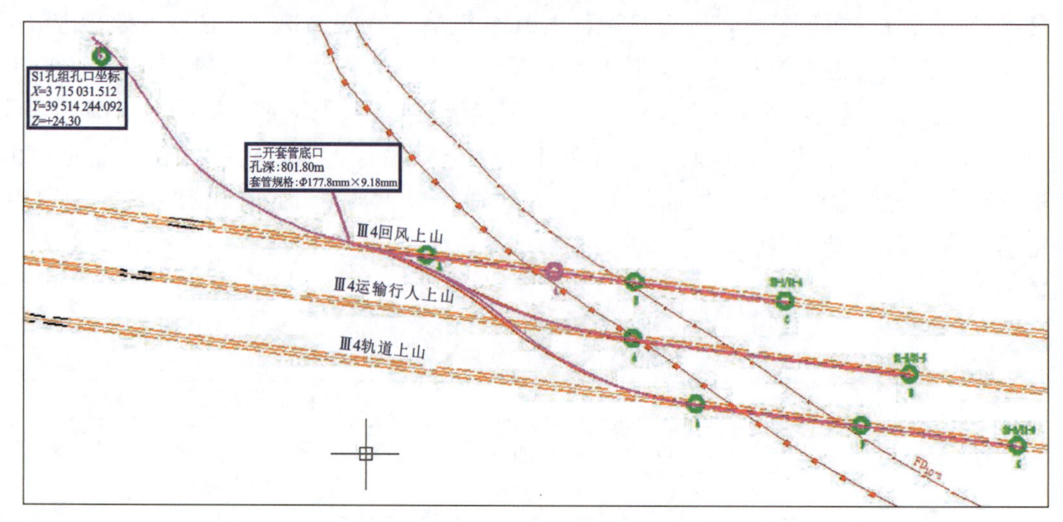

图 10-6　钻孔竣工布置平面图

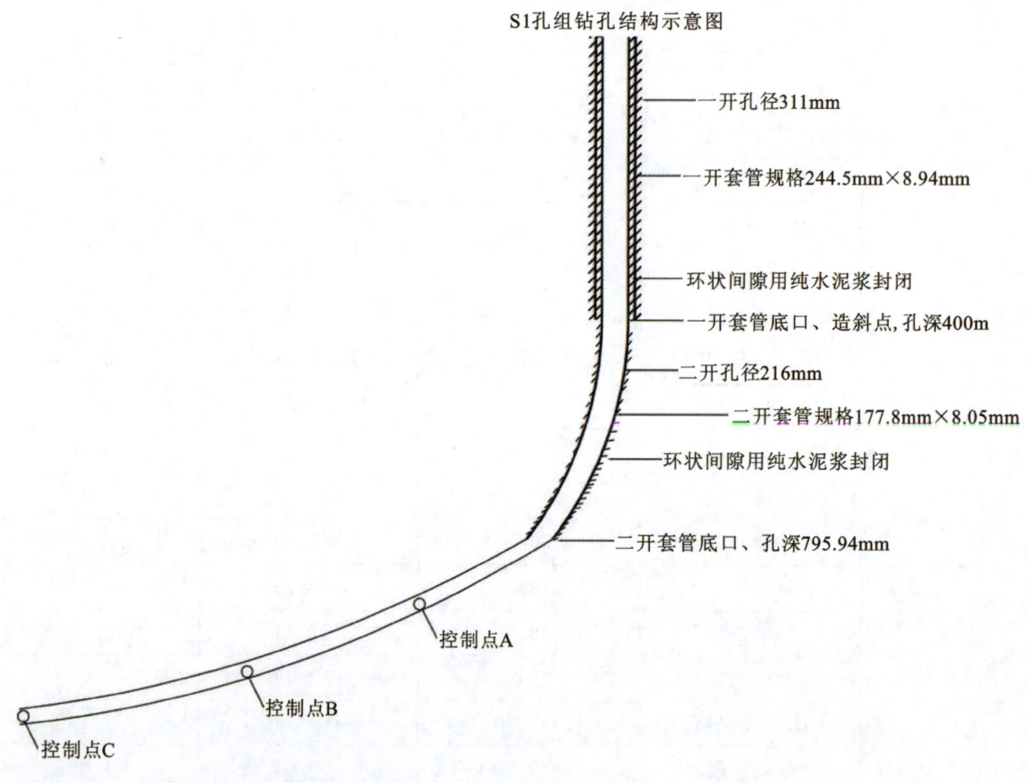

图 10-7　钻孔结构示意图

10.2.3　钻进施工设备与仪器

投入的主要设备和仪器见表 10-8。

表 10-8 主要施工机械设备统计表

序号	设备名称		规格型号	数量	备注
1	钻机		ZJ-32	1	
2	井架		41.5m“K”形塔	1	
3	泥浆泵		F-1000DBZ	1	
4	泥浆泵		QZ3NB-350	1	
5	固控系统		YYT-4	1	22.5m^3+31.3m^3+35m^3
6	柴油发电机组		D400S4KZ5	1	备用
7	钻杆		Φ89mm	1600m	
8	钻铤		Φ203mm、Φ159mm	若干	
9	定向及数字测井仪器	螺杆	Φ172mm、Φ120mm	若干	
		无磁钻铤	Φ159mm、Φ105mm	若干	
		无线随钻定向仪	海蓝 48R 型	2	
		高精度测斜仪	JJX-3	1	
		数字测井仪	TYSJ-2	1	
10	泥浆测量仪		ZNL-3	3	
11	注浆设备	灰罐		2	各 100t
		螺杆泵	L-4	2	
		搅拌机	YT	4	
		注浆泵	3ZB35/126	2	
		注浆泵	3NB-260	1	
		下料仪	XLY	2	自动下灰计量
		注浆管	Φ51mm		耐压 35MPa
12	在线监测系统	电磁流量计	NJLDB-40	1	试验压力 37.5MPa
		在线浓度计	GB-CMR/ACBH516128AC/NTJ81219329	1	量称 0~100%水泥浆
		压力变送器	PT500-20M-RS485-RTU-0.5-M24-2m-2088S	1	量称 0~20MPa

10.2.4 钻进施工

一开 Φ311mm 孔径，进尺 397.90m，下入 Φ244.5×8.94mm 石油套管 397.90m；二开 Φ216mm 孔径，进尺 403.90m，孔深 801.80m，下入 Φ177.8mm×9.19mm 石油套管801.80m；三开进尺 2 656.22m，其中 S1-1 孔钻进段长 333.80m，终孔深度 1 135.60m；S1-2 孔钻进段长

440.80m,终孔深度 1 242.60m;S1-3 孔钻进段长 535.62m,终孔深度 1 337.42m;S1-4 孔钻进段长 344.00m,终孔深度 1 145.80m;S1-5 孔钻进段长 452.00m,终孔深度 1 253.80m;S1-6 孔钻进段长 550.00m,终孔深度 1 351.80m。

1)钻孔轨迹控制

巷道查治钻孔轨迹的垂深控制在巷道顶底板范围之内,钻孔沿预设巷道中心位置钻进,符合设计要求,能够最大程度地揭露 3 条巷道过 FD10-1 断层区域的地层孔隙、裂隙及导水通道,为高压注浆加固断层带,有效消除水害隐患提供保障。底板加固钻孔沿巷道底板标高下 30m 左右钻进,符合设计要求,能够最大限度地揭露 3 条巷道底板灰岩及 FD10-1 断层区域的地层孔隙、裂隙及导水通道,为高压注浆加固巷道底板、FD10-1 断层带,有效消除底鼓和突水风险,实现巷道的安全掘进提供保障。S1 孔组钻孔轨迹控制情况如 10-9,符合设计要求。

表 10-9 各钻孔轨迹水平偏移记录表

孔号	控制点	设计井深/m	实钻井深/m	设计垂深/m	实钻垂深/m	设计位移/m	实钻位移/m	实际与设计对比误差/m
S1-1	A	864.51	862.85	711.30	711.41	268.44	268.70	深 0.8 左 0.5
	B	1 017.80	1 017.79	749.80	749.42	415.51	415.84	深 0.1 右 0.8
	C	1 133.19	1 135.60	781.00	782.35	522.10	526.38	深 0.1 右 0.6
S1-2	A	1 030.82	1 029.03	765.10	766.05	429.49	430.34	深 0.9 右 1.0
	B	1 238.57	1 242.60	818.90	822.03	624.18	628.83	深 0.8 左 0.2
S1-3	A	1 091.99	1 093.56	777.50	776.92	455.73	455.91	深 0.2 右 0.2
	B	1 216.76	1 218.36	811.30	812.01	575.82	575.64	浅 0.3 右 0.2
	C	1 335.41	1 337.42	844.80	845.08	689.65	689.97	浅 0.2 右 0.2
S1-4	A	970.02	969.98	765.30	765.48	359.06	356.17	浅 0.1 右 0.5
	B	1 143.40	1 145.80	813.10	813.50	522.10	507.05	浅 0.3 右 0.7
S1-5	A	1 043.48	1 043.79	796.30	796.56	429.13	429.47	浅 0.2 右 0.5
	B	1 252.11	1 253.80	852.70	853.82	624.18	626.09	深 0.2 右 1.4
S1-6	A	1 102.68	1 102.82	807.00	807.38	489.24	491.10	深 1.4 右 0.9
	B	1 228.40	1 228.54	844.20	841.87	605.09	605.25	浅 0.9 右 0.5
	C	1 346.87	1 351.80	877.00	877.88	714.90	714.97	深 0.1 右 0.6

2)钻孔施工精度

工程在二开钻进过程中揭露 3 煤、5 煤、8 煤,煤层赋存形态整体呈西南部埋深浅,东北部埋深深的趋势,通过对钻孔实际揭露煤层位置情况进行统计(表 10-10),以及与距离较近的 2020-4、2019-2 钻孔柱状进行对比,煤层整体形态吻合。

表 10-10 S1 主孔揭露煤层统计表

煤层名称	见、止煤深度/m	坐标 X/m	横坐标 Y/m	垂深 H/m
3 煤	见煤深度 338	3 715 028.56	39 514 234.59	337.52
	止煤深度 340	3 715 028.30	39 514 234.63	339.50
5 煤	见煤深度 548	3 715 054.25	39 514 260.02	538.79
	止煤深度 551	3 715 055.18	39 514 261.38	541.29
8 煤	见煤深度 587	3 715 067.94	39 514 279.73	569.47
	见煤深度 613	3 715 078.71	39 514 294.50	587.95

工程在三开各分支孔均揭露 10 煤，实际揭露煤层位置情况见表 10-11，比预计埋深深。通过与距离较近的 2019-2、2019-3 钻孔柱状进行对比，受 FD10-1 断层拖曳牵引作用影响，断层附近地层倾角变大，越靠近断层此现象越明显。

表 10-11 各分支孔揭露 10 煤层统计表

孔号	见、止煤深度/m	坐标 X/m	横坐标 Y/m	垂深 H/m
S1-1	见煤深度 814.00	3 715 222.88	39 514 376.54	694.07
	止煤深度 860.00	3 715 265.53	39 514 381.86	710.41
S1-2	见煤深度 811.00	3 715 220.12	39 514 376.18	692.92
	止煤深度 862.00	3 715 264.94	39 514 389.88	712.88
S1-3	见煤深度 809.00	3 715 218.16	39 514 376.00	692.36
	止煤深度 863.00	3 715 263.25	39 514 397.12	712.73
S1-4	见煤深度 805.00	3 715 214.86	39 514 374.78	690.40
	止煤深度 826.00	3 715 233.55	39 514 378.83	699.06
S1-5	见煤深度 806.00	3 715 215.76	39 514 375.00	690.76
	止煤深度 825.00	3 715 232.79	39 514 379.02	698.17
S1-6	见煤深度 804.00	3 715 213.95	39 514 374.58	690.02
	止煤深度 827.00	3 715 234.38	39 514 379.76	699.23
	见煤深度 1 224.00	3 715 576.39	39 514 501.34	840.61
	止煤深度 1 245.00	3 715 596.41	39 514 503.68	846.51

10.2.5 工程效果

巷道查治孔（S1-1、S1-2、S1-3）沿巷道设计中心线布置，底板加固孔（S1-4、S1-5、S1-6）沿巷道底板标高下 30m 左右布置，钻进过程中无漏失情况发生，注浆 18 次（其中注浆封堵 3 次），累计注水泥 12 561.89t。除 S1-1 孔第一段注浆（结束压力 15MPa）、S1-3 孔第一段注浆

(结束压力 8.8MPa)因巷道冒浆终止注浆外,其余 13 次注浆结束压力 15.4～17MPa,实现了最大程度充填巷道和底板治理区段内地层裂隙,有效地加固了目标治理区段。

10.2.6 建 议

1)存在的问题

钻进裸眼段穿断层破碎带。定向孔三开裸孔段穿过 FD10-1 断层,断层破碎带区域可能存在塌孔、抱钻严重的施工情况,施工安全风险大。水平段顺煤较长,成孔困难,井眼跨塌严重。

2)建议

水平井长顺煤段井眼跨塌问题的解决建议如下。

(1)采用了钾盐聚合物钻井液体系,开钻前加足高分子聚合物和聚胺抑制剂,防治泥岩分散和煤层坍塌垮塌,提高钻井液的防塌性和封堵性;再加入适量聚合物抑制剂和水化好的土浆,提高井壁稳定能力。

(2)钻入煤层后及时加入足量沥青粉和超细碳酸钙,对煤层微裂隙进行封堵,中压失水控制在 5mL 以内。

(3)适当提高黏切力,控制钻井液流型,防止钻井液对井壁冲刷严重,配合工程操作措施,防治煤层机械破坏,增强防塌,改善泥饼质量,定量补充各种材料,稳定钻井液性能,满足快速钻进要求。

10.3 朱集东煤矿 1422(3)工作面地面瓦斯区域治理工程(ZJ1-2 井)

10.3.1 治理区地质概况

朱集东煤矿地跨安徽省淮南市潘集区和蚌埠市怀远县,井田内大部分属淮南市潘集区,东部一小部分属蚌埠市怀远县,矿井中心距淮南市洞山约 38km。ZJ1 井组位于淮南矿区朱集东煤矿西二区的采矿权范围内。朱集东煤矿北起 F201 及明龙山断层,南与潘四东煤矿相邻,东临潘二煤矿深部井田,西与朱集西煤矿交界。东西走向长约 12.5km,南北宽约 3.5km,面积约 42.432 1km^2,开采深度由－350m～－1200m。

10.3.2 工程概况

工程目的与任务主要是通过在朱集东西二盘区 1422 和 1412 工作面实施 ZJ1-1、ZJ1-2 水平井井位,在 13-1 煤层顶板顶板钻水平井孔,进行淮南区块在煤层顶板钻孔对 13-1 煤层进行地面瓦斯治理试验,ZJ1-1、ZJ1-2 设计平面布置图如图 10-8,ZJ1-2 轨迹剖面示意图如图10-9。通过煤层顶板水平井压裂和排采试验,探索适用该区块 13-1 煤层特点的压裂、排采工艺技术。

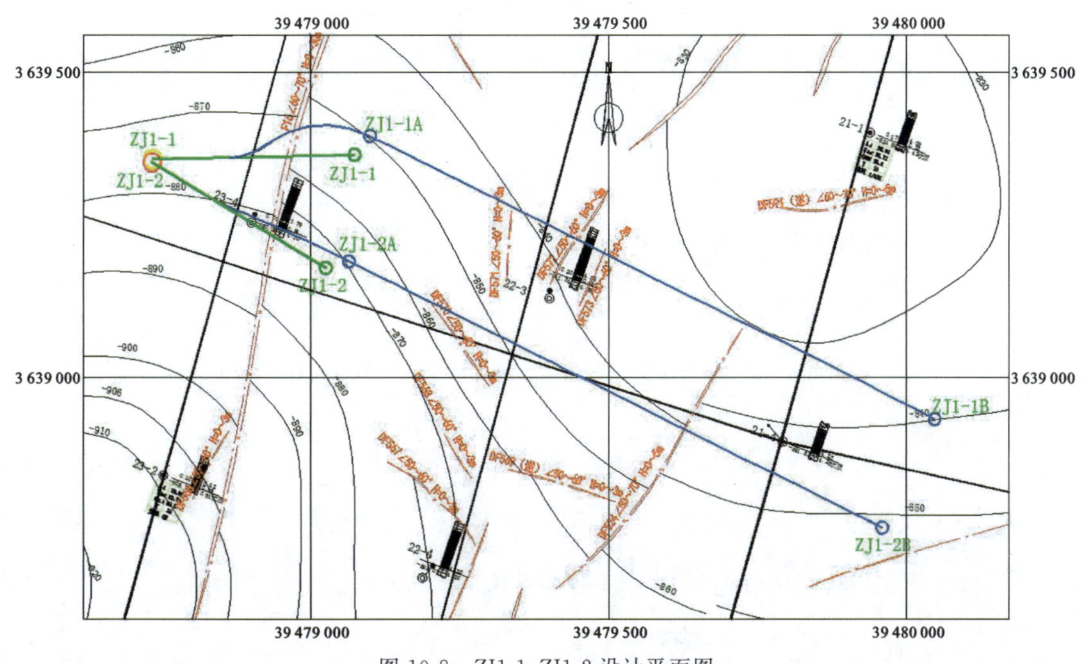

图 10-8 ZJ1-1、ZJ1-2 设计平面图

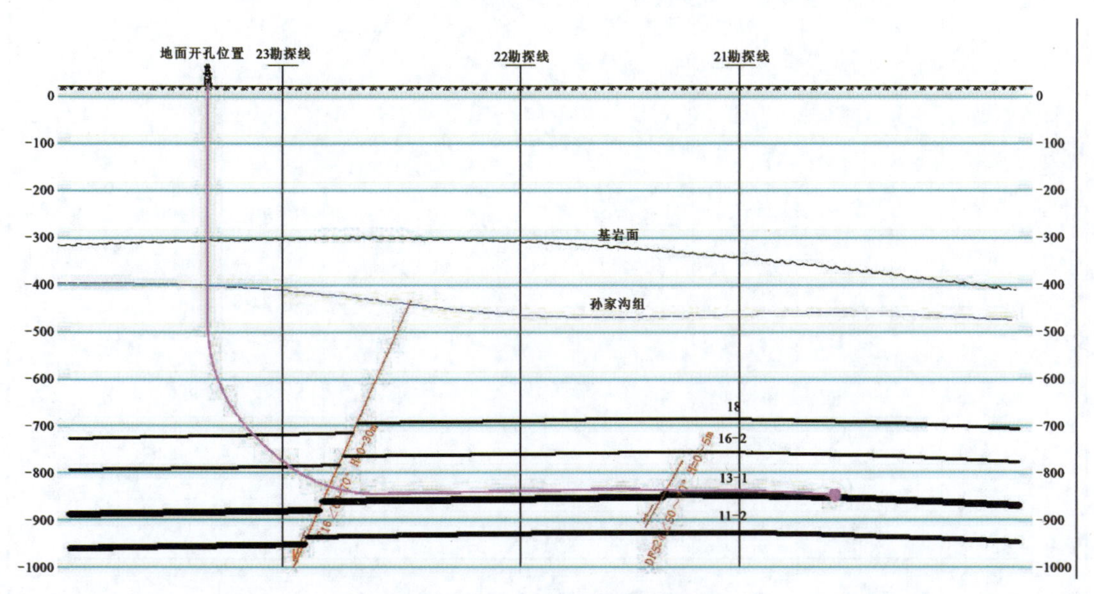

图 10-9 ZJ1-2 轨迹剖面示意图

ZJ1-2 井由安徽省煤田地质局第一勘探队负责实施，设计井深 2 094.00m（后变更为 2 046.00m）。ZJ1-2 井设计的主要基础数据见表 10-12。

ZJ1-2 井于 2021 年 05 月 11 日开钻，2021 年 10 月 06 日完井。该井完井深度 2 046.00m，有效进尺 2 688.32m（含导眼回填进尺 342.32m），最大井斜 96.20°，井底位移 1 286.44m。井身质量、煤层保护、完井质量合格，圆满完成了工程任务。

表 10-12　ZJ1-2 井设计的主要基础数据表

<table>
<tr><td colspan="2">井别</td><td colspan="2">瓦斯治理试验井（水平井）</td><td>垂深</td><td colspan="2">869m（B 点，不含补心高）</td><td colspan="2">目的层</td><td>13-1 煤层</td></tr>
<tr><td colspan="2">地面坐标（初测）</td><td colspan="8">X=3 639 352.05m　　Y:39 478 731.18m</td></tr>
<tr><td rowspan="2">靶心要求</td><td>靶心A</td><td colspan="8">靶心坐标：X:3 639 189.85m　　Y:39 479 063.74m
靶心垂深：888m（不含补心高）
水平位移：370.00m
方位角：115°59′59″
靶心要求：靶心垂向上下移动小于 0.5m；靶心水平左右移动小于 10m</td></tr>
<tr><td>靶心B</td><td colspan="8">靶心坐标：X:3 638 753.16m　　Y:39 479 959.10m
靶心垂深：869.10m（不含补心高）
水平位移：1366m
方位角：115°59′59″
靶心要求：靶心垂向上下移动小于 2.5m；靶心水平左右移动小于 10m</td></tr>
<tr><td colspan="2">地理位置</td><td colspan="8">安徽省淮南市潘集区潘集镇魏圩村</td></tr>
<tr><td colspan="2">构造位置</td><td colspan="8">朱集-唐集背斜及尚塘-耿村集向斜的东段</td></tr>
<tr><td colspan="2">完钻原则</td><td colspan="8">①导眼钻穿 13-1 煤层留足测井口袋
②完成地质目的，定深完钻</td></tr>
<tr><td colspan="2">完钻层位</td><td colspan="8">上石盒子组</td></tr>
<tr><td colspan="2">完井方式</td><td colspan="8">套管完井</td></tr>
<tr><td colspan="2">层位</td><td>垂深/m</td><td>斜深/m</td><td>钻井液密度/（g·cm^{-3}）</td><td>地层压力系数</td><td>倾向</td><td>倾角/（°）</td><td>岩性描述</td><td>故障提示</td></tr>
<tr><td colspan="2">第四系</td><td></td><td></td><td></td><td></td><td></td><td></td><td></td><td rowspan="5">防塌
防卡
防漏
防涌</td></tr>
<tr><td colspan="2">第三系</td><td>328.20</td><td></td><td></td><td></td><td></td><td></td><td></td></tr>
<tr><td rowspan="3">二叠系</td><td>石千峰组</td><td>437.20</td><td></td><td></td><td></td><td rowspan="3">SW</td><td></td><td></td></tr>
<tr><td rowspan="2">上石盒子组</td><td>A:888</td><td>1097</td><td></td><td rowspan="2">0.8～0.9</td><td rowspan="2">0～6</td><td rowspan="2"></td></tr>
<tr><td>B:869.10</td><td>2094</td><td></td></tr>
<tr><td colspan="2">备注</td><td colspan="8">①要求导眼钻穿 13-1 煤层，测井测到 13-1 煤层底板，了解该层煤层厚度和埋藏深度，为平段调整提供依据
②设计井深 0m 对应地面海拔 22.3m（初测数据），不含补心高，现场施工时应根据地面复测海拔和补心高修正设计井深数据
③根据中间测井情况及现场实钻轨迹，可随时调整钻井剖面
④实钻过程中要求靶心 A 进入 13-1 煤顶，井眼轨迹在距煤层顶板 0～2m 内，每隔 200～300m 下探一次 13-1 煤层</td></tr>
</table>

10.3.3　井身结构和轨迹设计

ZJ1-2 井设计井身结构如图 10-10，设计井身结构参数如表 10-13。

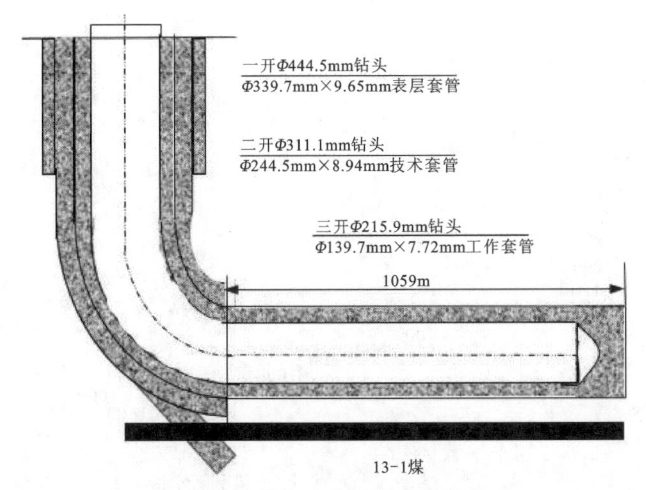

图 10-10　ZJ1-2 井设计井身结构

表 10-13　ZJ1-2 井设计井身结构参数

类别	开钻次序	井深设计/m		钻头尺寸/mm	套管尺寸/mm	壁厚/mm	钢级	扣型	水泥浆返深/m
		ZJ1-1	ZJ1-2						
水平井	一开	310	310	444.5	339.7	9.65	J55	LTC	地面
	二开	1094	1097	311.1	244.5	8.94	J55	LTC	地面
	三开	2153	2094	215.9	139.7	7.72	P110	LTC	地面
导眼井	设计斜深	1 015.18		1 052.05					
	水平井侧钻井深	818.18		812.05					

设计轨迹垂直平面、水平面投影图如图 10-11。

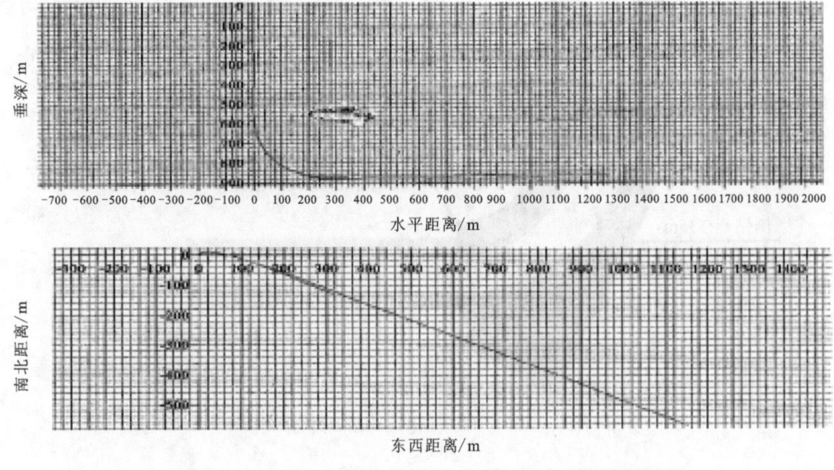

图 10-11　ZJ1-2 设计轨迹垂直平面、水平面投影图

设计轨迹三维投影图如图 10-12。

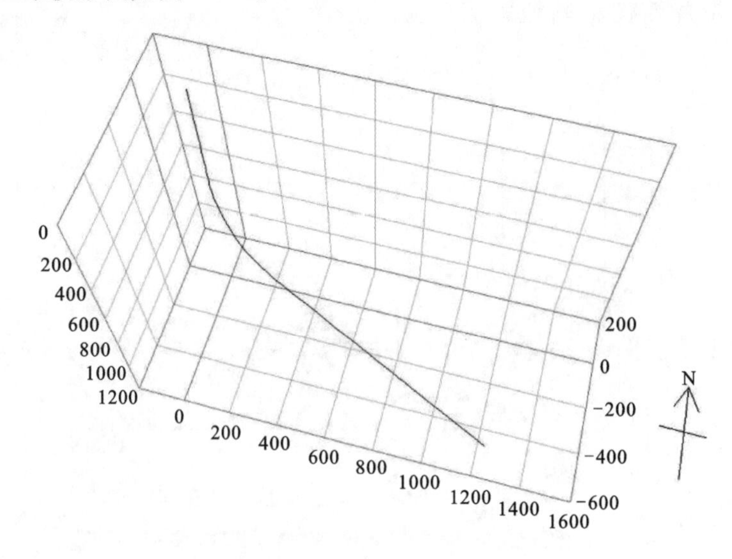

图 10-12　ZJ1-2 设计三维投影图

10.3.4　钻进施工

钻进使用的钻机为 ZJ50/3150DB 钻机，实际井身结构如图 10-13，实际井身结构参数如表 10-14。

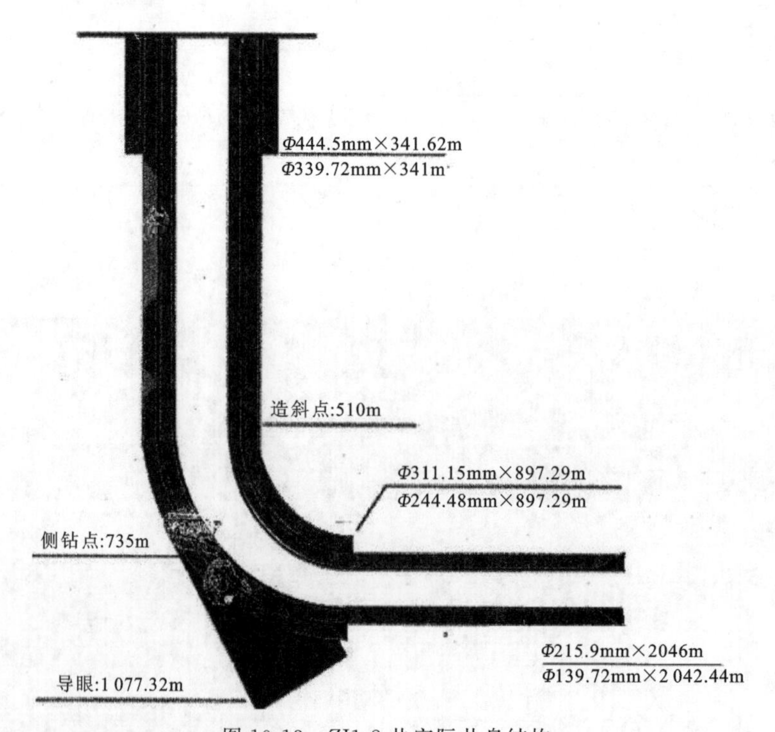

图 10-13　ZJ1-2 井实际井身结构

表 10-14 ZJ1-2 井实际井身结构参数

开钻次序	井深/m	钻头尺寸/mm	套管下深/m	套管尺寸/mm	壁厚/m	钢级	扣型	水泥浆返深/m
一开	341.62	444.5	341.00	339.72	9.65	J55	STC	地面
二开	897.29 1 070.00	311.15 215.9	897.29	244.48	8.94	J55	LTC	地面
三开	2 046.00	215.9	2 042.44	139.72	9.17	P110	偏梯	地面

10.3.4.1 各开次钻进技术措施

工程使用的钻具组合如表 10-15。

由于本区段施工参考资料少,实钻中钻遇断层多,地层复杂,地层应力不稳定,存在起下

表 10-15 工程使用的钻具组合

序号	钻进井段/m	钻具组合(组合结构、位置、内外径、是否防磁、钻头尺寸、型号、弯接头装置角等)	备注(说明目的)
1	0～841.62	Φ444.5mm 牙轮钻头＋Φ216mm×1.25″LG＋定向接头＋Φ203mmNDC＋Φ165mmDC×1 根＋Φ127mmDP	一开钻进
2	341.62～1 077.32	Φ215.9mmPDC＋Φ172mm×1.5″LG＋定向接头＋Φ172mmNDC＋Φ127mmHWDP×19 根＋Φ127mmDP	二开导眼
3	732.91～1 085.91	Φ311.15mmPDC＋Φ216mm×1.5″LG＋定向接头＋Φ203mmNDC＋Φ127mmHWDP×22 根＋Φ127mmDP	二开钻进(M1)
4	843.93～994.35	Φ311.15mmPDC＋Φ216mm×1.5″LG＋定向接头＋Φ203mmNDC＋Φ127mmHWDP×19 根＋Φ127mmDP	二开钻进(M2)
5	852.47～1 079.61	Φ311.15mmPDC＋Φ216mm×1.5″LG＋定向接头＋Φ203mmNDC＋Φ165mmDC×1 根＋Φ127mmHWDP×21 根＋Φ127mmDP	二开钻进(M3)
6	464.05～1 101.27	Φ311.15mmPDC＋Φ216mm×1.5″LG＋定向接头＋Φ203mmNDC＋Φ127mmHWDP×15 根＋Φ127mmDP	二开钻进(M4)
7	590.00～1 114.41	Φ311.15mmPDC＋Φ216mm×1.5″LG＋定向接头＋Φ203mmNDC＋410×631 变扣＋Φ127mmHWDP×9 根＋Φ127mmDP	二开钻进(M5)
8	900.00～2 046.00	Φ215.9mmPDC＋Φ172mm×1.5″LG＋4A11×410 变扣＋坐键接头＋Φ127mmNHWDP＋Φ127mmHWDP×1 根＋Φ127mmHWDP×3 根＋Φ127mmDP×60 根＋Φ127mmHWDP×27 根＋Φ127mmDP	三开钻进

钻困难、二开提前遇煤13-1、造斜位置确定困难等情况。因此，二开施工进行了5次井眼轨迹的调整，最终在509m进行二开造斜钻进获得成功。

一开井眼施工的井斜变化为0°～0.9°，方位角为147.62°。钻进参数中钻压为40～50kN，排量为33L/s，泵压为5.5MPa。

钻井液采用膨润土钻井液，密度为1.03～1.06g/cm³，黏度为40～65s。

一开钻井液配制以防塌、防漏为目的，保证正常钻进，提高钻效。钻进液基本配方为6%～8%NV-1+4%Na_2CO_3(土量)+0.2%～0.4%HV-CMC。

二开导眼施工的测斜深度为1 062.83m，井斜变化为76.16°，方位角为115.52°。钻井液采用低固相聚合物钻井液加聚胺钾盐钻井液，密度为1.03～1.06g/cm³，黏度为40～65s。

二开直井段所钻地层岩性主要为泥岩、砂质泥岩、砂岩及砂泥岩互层，钻井液以悬浮携带、井眼清洁为主，采用低固相聚合物钻井液；定向造斜段地层夹多层煤层，以井壁稳定为重点，采用聚胺钾盐钻井液。

直井段基本配方为0.2%～0.3%Na_2CO_3+4%～5%NV-1+0.1%NaHO+0.5%～2%HP或KPAM+0.5%～1%NH_4HPN+0.5%～1%COP-HFL+0.5%～1%LV-CMC。

造斜段基本配方为0.2%～0.3%Na_2CO_3+3%～4%NV-1+0.2%～0.5%HP+0.5%～1%COP+0.5%～1%LV-CMC+2%～4%石墨+1%～2%CFL+5%～7%KCL+0.2%～0.5%聚胺抑制剂+2%～4%H乳化石蜡或2%～4%CGY。

二开井眼施工分为5个阶段，分别是M1、M2、M3、M4、M5。

M1阶段：测钻点为735m，测斜深度为1 062.83m，井斜为76.16°，方位角为115.52°。井眼在井深1080m见13-1煤在此处完钻。在843.93～1 085.91m段回填。

M2阶段：测钻点为863m，测斜深度为994.00m，井斜为65°，方位角为114.32°。因定向仪器损坏造斜率跟不上在此处完钻。在852.47～943.30m段回填。

M3阶段：测钻点为870m，测斜深度为1 079.61m，井斜为91.23°，方位角为115.42°。因通井至1 018.00m遇卡钻(残留钻具在井深586～1008m)，与甲方汇报协商后完钻。在464.05～586.00m段回填。

M4阶段：测钻点为545m，测斜深度为1 101.27m，井斜为91.46°，方位角为118.15°。因通井至1 002.00m遇阻，在此处完钻。在590.00～855.00m段回填。

M5阶段：测钻点为590m，井斜为9.05°～95.52°，方位角为54.4°～119.22°。钻进参数中钻压为40～80kN，排量为58～62L/s，泵压为8.5～19MPa。钻井液采用低固相聚合物钻井液，密度为1.15～1.18g/cm³，黏度为40～65s。井深1114m完钻，井底井斜84.5°，方位角121°，垂深746.21m。

三开井眼施工的井斜变化为61°～96.20°，方位角为115.5°～120.10°。钻进参数中钻压为40～160kN，排量为30～36L/s，泵压为14.2～18.5MPa。钻井液采用聚胺钾盐钻井液，密度为1.28～1.6g/cm³，黏度为50～90s。井深2046m完钻，垂深864.58m，井斜91.5°，方位角119°，水平位移1 286.49m。

10.3.4.2 轨迹控制

ZJ1-2井是一口煤层气开发治理水平井，定向精度要求高，在二开定向施工中，在590m

处下仪器使用1.5°螺杆进行侧钻，所钻地层较软，极易侧钻，二开排量大，对境内仪器冲蚀极大，需及时与地质和测量人员沟通，了解地层，确保造斜率，使井眼轨迹圆滑。

有效控制井眼轨迹避免出现大的狗腿度，制定合理的施工方案是关键。准确地测出井眼轨迹参数，并及时提供建议，分析和预测井眼轨迹。由于在16-13-1煤层之间，造斜率不高，基本是全根定向，及时了解和分析地层走向、倾角对井斜、方位变化所造成的影响，通过录井砂样分析，及时调整轨迹，保证顺利达到地质要求。

轨迹控制顺利完成976.00m(1070～2 046.00m)水平段的地质导向任务，箱体钻遇率约92.21%(因断层断距大导致约76.00m在箱体之外)，其中在煤层中穿行325.00m(钻遇断层3次)，且轨迹整体平滑，气测显示良好，全烃值范围0.06%～80.06%，平均全烃值14.32%。

轨迹控制措施有以下几点：①直井段全角变化率以MWD随钻监测数据为依据，每20～30m单点测斜，连续3点狗腿度不得超标。②二开造斜段采用MWD+Gamma的随钻监测仪器跟踪监控井眼轨迹，测量间距10m，实钻井眼轨迹要求平滑，造斜段严格控制方位。③水平段轨迹以MWD+方位Gamma的随钻监测仪器跟踪监控井眼轨迹，每10m取一组数据，控制按设计轨迹施工，根据随钻方位伽马、气测录井、岩屑录井、钻时录井等资料确定的控制原则为依据，及时微调方位和井斜，对井眼轨迹做进一步优化和调整，控制轨迹在13-1煤层底板0～2m范围内。④如果发现井眼轨迹有偏离趋势或与邻井有靠近趋势，应加密测斜，及时采取措施。⑤完井数据以MWD随钻测斜数据为准，方位角修正角为−5.37°。⑥井眼光滑，轨迹位于要求的靶区内。

10.3.5　固井施工

1)表层套管级固井情况

一开采用Φ444.5mm钻头，钻至341.5m，下入Φ339.72mm×9.65mm×J55表层套管31根，套管总长351.50m，下深341.00m，高出地表10.50m。

注入前置液10m^3，G级水泥54t(水泥浆40m^3)，水泥浆最大密度1.80g/cm^3，最小密度1.75g/cm^3，替清水26.7m^3，水泥浆返出地面，侯凝48h后钻水泥塞至一开井深。

2)技术套管及固井情况

二开采用Φ311.15mm钻头，钻至井深1 114.41m，下入Φ244.48mm×8.94mm×J55技术套管79根，套管总长908.49m，下深897.29m，高出地表11.20m。

注入前置液12m^3，G级水泥65t(水泥浆52m^3)，水泥浆最大密度1.84g/cm^3，最小密度1.67g/cm^3，替浆35m^3，碰压10MPa，浮箍坐封正常，水泥浆返出地面。侯凝48h后，探水泥塞面870.00m，钻水泥塞至897m，划眼至905m憋泵憋停顶驱，倒划眼至885m，循环返出大量掉块，下钻、划眼至1114m后起钻下光钻杆打水泥塞两次。

3)生产套管及固井情况

三开采用Φ215.90mm钻头，钻至井深2046m，下入Φ139.72mm×9.17mm×P110生产套管186根，套管总长2 052.77m，下深2 042.44m，高出地表10.33m，阻流环位置位于2 029.63m。

注入前置液6m^3，G级水泥88t(水泥浆68m^3)，水泥浆最大密度1.89g/cm^3，最小密度

1.65g/cm^3，替浆23.5m^3，碰压9～15MPa，浮箍坐封正常，水泥浆返出地面。侯凝48h后，通过测声幅，检测评价水泥环胶结情况，固井质量合格。再进行完井套管试压，打压20.1MPa，稳压30min，压降0.1MPa，试压合格后完井。

入井工具附件二开固井为9-5/8″旋转式浮鞋1只，浮箍1只，胶塞1只，13-3/8″9-5/8″钢板1只，9-5/8″×12-1/4″弹扶20只。入井工具附件三开固井为5-1/2″旋转式浮鞋1只，浮箍1只，胶塞1只，8-5/8″5-1/2″钢板1只，8-1/2″×5-1/2″滚珠扶正器25只，8-1/2″×5-1/2″弹扶20只，8-1/2″×5-1/2″刚性扶正器25只。

固井添加剂用量见表10-16。

表10-16　固井添加剂用量

<table>
<tr><th>作业类型</th><th>添加剂名称</th><th>使用量/t</th><th>固井水泥用量/m³</th></tr>
<tr><td rowspan="2">技术套管一次水泥塞挤堵作业</td><td>降失水剂</td><td>1</td><td rowspan="2">25</td></tr>
<tr><td>缓凝剂</td><td>0.5</td></tr>
<tr><td>技术套管二次水泥塞挤堵作业</td><td>降失水剂</td><td>0.5</td><td>25</td></tr>
<tr><td>生产套管固井</td><td>降失水剂</td><td>1</td><td>30</td></tr>
<tr><td colspan="4">添加剂呈液体状，无色、无刺激性气味、无毒。按一定比例与工业用水相混，主要作用：降失水剂控制水泥浆中的失水量；缓凝剂延长水泥浆的凝固时间</td></tr>
</table>

10.3.6　存在的问题与建议

(1)二开通井划眼困难。适当提高钻井液密度，加大钻井液维护力度，提高抑制封堵能力，同时加大短起下频次。

(2)定向托压问题。一方面加强固相控制，消除多余固相；另一方面加入1%的石墨和2%的水基润滑剂，进一步提高钻井液的润滑性，将摩阻系数控制在0.08以下。

(3)进一步优化二开轨迹，降低造斜率和二开最大井斜。二开井斜不超过90°为宜。优化二开钻具组合，加强短起下清砂和划眼操作。

(4)进一步提高三开水平段钻进速度。强化煤层和易垮塌井段的封堵，提高防塌、抑制能力，保证钻井液性能稳定和井壁稳定。钻进中与地质导向技术人员密切配合，分析断层及岩性，精确控制煤层顶板位置，保证井眼轨迹圆滑。使用旋转下套管装置，确保三开套管顺利下到位。

主要参考文献

白永慧. 煤层气多分支水平井技术在宁武盆地的应用研究[D]. 西安:西安石油大学，2015.

蔡记华，刘浩，陈宇，等. 煤层气水平井可降解钻井液体系研究[J]. 煤炭学报，2011，36(10)：1683-1688.

曹立虎，张遂安，石惠宁，等. 煤层气多分支水平井井身结构优化[J]. 石油钻采工艺，2014，36(3)：10-14.

陈健，陈萍，刘文中，等.煤系共伴生资源利用现状及两淮煤田前景分析[J]. 洁净煤技术，2015，21(6)：105-108.

崔树清，王风锐，刘顺良，等. 沁水盆地南部高阶煤层多分支水平井钻井工艺[J]. 天然气工业，2011，31(11)：18-21.

丁同福，汪敏华，刘满才，等.叠层多分支水平井精准建造陷落柱堵水塞技术[J]. 煤炭科学技术，2022，50(7)：244-251.

冯超. 污染场地双管导向钻进注入修复工艺研究[D].北京:中国地质大学(北京)，2021.

高德利等.井眼轨迹控制[M].东营:石油大学出版社,1994.

郭晓阳，邓存宝，凡永鹏，等. 煤层多分支水平井叶脉仿生瓦斯抽采实验研究[J]. 岩石力学与工程学报，2019，38(12)：2418-2427.

郝登峰，徐影，郭增付.煤矿水害治理多分支水平井精准定导向技术研究[J]. 钻探工程，2023，50(1):125-132.

胡长勤，刘坤鹏. 多分支水平井注浆技术在防治灰岩水害中的研究与应用[J]. 能源与环保，2020,42(7)：65-69.

胡广青，易小会.两淮煤田煤储层含气特征及影响因素分析[J]. 西部资源，2019(6)：42-43.

胡愀彭. 煤层底板注浆加固多分支水平井钻井工艺技术研究[D].北京:煤炭科学研究总院，2020.

姜瑞忠，刘秀伟，王星，等. 两区复合煤层气藏多分支水平井压力动态分析[J]. 西安石油大学学报(自然科学版)，2020，35(4)：53-62.

姜瑞忠，刘秀伟，王星，等.煤层气藏多分支水平井非稳态产能模型[J]. 油气地质与采收率，2020，27(3)：48-56.

蒋平，郑超，葛际江，等.石油树脂悬浮体调剖剂性能及其堵水机制[J]. 中国石油大学学报(自然科学版)，2020，44(1)：124-130.

库里奇茨基.定向斜井与水平井钻井的地质导向技术[M].北京:石油工业出版社,2003.

李明忠，陈会娟，张贤松，等. 煤层气多分支水平井井筒压力及入流量分布规律[J]. 中国石油大学学报(自然科学版)，2014，38(1)：92-97.

李三喜，田继宏，闫波，等. 低孔低渗油气藏多分支水平井裸眼射孔工艺技术研究与应用——以东海平湖油气田 BB5 井为例[J]. 中国海上油气，2013，25(2)：74-78.

李辛子，王运海，姜昭琛，等. 深部煤层气勘探开发进展与研究[J]. 煤炭学报，2016(1)：24-31.

李艳昌，刘海龙，贾进章. 对称多分支水平井煤层气水电模拟试验研究[J]. 煤炭科学技术，2022，50(10)：135-142.

刘春春，贾慧敏，毛生发，等. 裸眼多分支水平井开发特征及主控因素[J]. 煤田地质与勘探，2018，46(5)：140-145.

刘大伟，王益山，虞海法，等. 煤层多分支水平井安全钻井技术[J]. 煤炭学报，2011，36(12)：2109-2114.

刘立军，陈必武，李宗源，等.华北油田煤层气水平井钻完井方式优化与应用[J]. 煤炭工程，2019，51(10)：77-81.

刘立焱，刘智勤，吴淑辉，等. 超短半径多分支水平井钻井技术及其应用[J]. 中国石油和化工标准与质量，2020，40(23)：160-162.

刘升贵，周东旭. 里必区块煤层气多分支水平井井型优化[J]. 价值工程，2022，41(25)：60-64.

刘天授. 煤层气多分支水平井钻井常见问题及保障措施[J]. 中国煤层气，2021，18(2)：23-25.

刘展，张雷，将轲，等. 煤层气多分支水平井产能影响因素及增产稳产对策——以鄂尔多斯盆地三交区块为例[J]. 天然气工业，2018，38(S1)：65-69.

路芳芳. 煤层气多分支水平井钻井工艺研究[J]. 中国石油和化工标准与质量，2022，42(14)：182-183.

罗江发，丁同福，汪敏华，等. 叠层多分支水平井精准建造“止水塞”超前治理岩溶陷落柱的实践[J]. 煤炭与化工，2022，45(8)：50-54.

孟召平，刘翠丽，纪懿明. 煤层气/页岩气开发地质条件及其对比分析[J]. 煤炭学报，2013，38(5)：728-736.

穆永亮. 沙曲一矿多分支井仿叶脉顺层布井基础研究[D].阜新:辽宁工程技术大学，2021.

倪小明，苏现波，张小东. 煤层气开发地质学[M]. 北京:化学工业出版社,2009.

宁和平. 试分析煤层气多分支水平井钻井关键技术[J]. 中国石油和化工标准与质量，2022，42(8)：167-169.

牛杰. 沙曲煤矿井上下钻孔对接预抽煤层瓦斯技术效果分析与评价[D]. 徐州：中国矿业大学，2014.

彭江. 关于海上薄油层多分支水平井钻井技术研究[J]. 化工设计通讯，2022，48(3)：22-24.

彭涛，张海潮，任自强，等. 两淮煤田煤系地层岩石热导率特征[J]. 高校地质学报，2014，20(3)：470-475.

秦勇，袁亮，胡千庭，等. 我国煤层气勘探与开发技术现状及发展方向[J]. 煤炭科学技术，2012，40(10)：1-6.

屈平，申瑞臣，付利，等. 三维离散元在煤层水平井井壁稳定中的应用[J]. 石油学报，2011，32(1)：153-157.

任建华，张亮，任韶然，等. 柳林煤层气区块不同井型产能分析研究[J]. 煤炭学报，2015，40(S1)：158-163.

任建华. 煤层气井产能预测及提高产能方法研究[C]. 青岛：中国石油大学(华东)，2014.

申瑞臣，闫立飞，乔磊，等. 煤层气多分支井地质导向技术应用分析[J]. 煤炭科学技术，2016，44(5)：43-49.

苏义脑. 井下控制工程学研究进展[M]. 北京：石油工业出版社，2001.

苏义脑. 油气直井防斜打快技术[M]. 北京：石油工业出版社，2003.

随峰堂，窦新钊. 两淮煤田煤系非常规天然气的系统研究及其意义[J]. 山西煤炭，2016，36(5)：18-20.

谭天宇，李浩，李宗源，等. 煤层气多分支水平井分支井眼重入筛管完井技术[J]. 石油钻探技术，2020，48(4)：78-82.

唐新兴. 两淮地球物理界面及含煤区地球物理特征[J]. 中国煤炭地质，2010，22(7)：66-69.

万庭辉，王静丽，沙志彬，等. 天然气水合物数值模拟中基于 mVIEW 的多分支井建模[J]. 海洋地质前沿，2021，37(11)：60-69.

王克健. 两淮地区燃煤电厂砷、汞、氟、铍和铀大气排放清单的建立[D]. 淮南：安徽理工大学，2020.

王益山，王合林，刘大伟，等. 中国煤层气钻井技术现状及发展趋势[J]. 天然气工业，2014，34(8)：87-91.

吴雅琴，邵国良，徐耀辉，等. 煤层气开发地质单元划分及开发方式优化——以沁水盆地郑庄区块为例[J]. 岩性油气藏，2016，28(6)：125-133.

徐凤银，闫霞，林振盘，等. 我国煤层气高效开发关键技术研究进展与发展方向[J]. 煤田地质与勘探，2022，50(3)：1-14.

徐胜平，彭涛，吴基文，等. 两淮煤田煤系岩石热导率特征及其对地温场的影响[J]. 煤田地质与勘探，2014，42(6)：76-81.

许耀波. 煤层气水平井煤粉产出规律及其防治措施[D]. 煤田地质与勘探，2016 (1)：

43-46.

鄢泰宁.岩土钻掘工程学[M].武汉:中国地质大学出版社,2001.

杨勇,崔树清,倪元勇,等.煤层气仿树形水平井的探索与实践[J].天然气工业,2014,34(8):92-96.

杨勇,崔树清,倪元勇,等.煤层气排采中的“灰堵”问题应对技术——以沁水盆地多分支水平井为例[J].天然气工业,2016,36(1):89-93.

杨勇,崔树清,王风锐,等.煤层气多分支水平井双管双循环井眼清洁技术[J].天然气工业,2017,37(1):112-118.

杨哲.煤矿区地面注浆多分支水平井装备及技术[J].煤矿安全,2020,51(4):125-128.

姚铭樞,邵龙义,侯海海,等.两淮煤田煤储层吸附孔孔隙结构及分形特征[J].中国煤炭地质,2018,30(1):30-36.

姚艳斌,刘大锰,黄文辉,等.两淮煤田煤储层孔-裂隙系统与煤层气产出性能研究[J].煤炭学报,2006(2):163-168.

岳前升,邹来方,蒋光忠,等.煤层气水平井钻井过程储层损害机理[J].煤炭学报,2012,37(1):91-95.

张文永,朱文伟,窦新钊,等.两淮煤田煤系天然气勘探开发研究进展[J].煤炭科学技术,2018,46(1):245-251.

张焱.多底井井眼轨迹设计与控制理论[M].北京:石油工业出版社,2000.

张永平,杨延辉,邵国良,等.沁水盆地樊庄—郑庄区块高煤阶煤层气水平井开采中的问题及对策[J].天然气工业,2017,37(6):46-54.

张哲,唐春安,李连崇,等.煤层气开采过程井壁稳定性的数值试验研究[J].中国矿业,2006,15(9):56-58.

章磊.两淮矿区煤矿深部开采设计研究[J].煤炭科技,2022,43(1):9-12.

郑士田.两淮煤田煤层底板灰岩水害区域超前探查治理技术[J].煤田地质与勘探,2018,46(4):142-146.

ALMEDALLAH M,ALTAHEINI S,CLARK S,et al.海上油田单水平井和多分支井组合开发方案优选方法[J].石油勘探与开发,2021,48(5):1023-1034.

AN L,CAI Z,SI N,et al. The optimization of production and drainage of CMB for multi-branch horizontal well[C]//Advanced Materials Research. Trans. Tech. Publications Ltd,2013,774:1446-1450.

CONNELL L,PAN Z,CAMILLERI M,et al. Description of a CO_2 enhanced coal bed methane field trial using a multi-lateral horizontal well[J]. International Journal of Greenhouse Gas Control,2014,26:204-219.

FAN Y,DENG C,ZHANG X,et al. Numerical study of multi-branch horizontal well coalbed methane extraction[J]. Energy Sources,Part A:Recovery,Utilization,and Environmental Effects,2018,40(11):1342-1350.

GENTZIS T, DEISMAN N, CHALATURNYK R J. Effect of drilling fluids on coal permeability: Impact on horizontal wellbore stability[J]. International Journal of Coal Geology, 2009, 78(3): 177-191.

HOU B, CHEN M, WANG Z, et al. Hydraulic fracture initiation theory for a horizontal well in a coal seam[J]. Petroleum Science, 2013, 10: 219-225.

JIN G, PENG Y, LIU L, et al. Enhancement of gas production from low-permeability hydrate by radially branched horizontal well: Shenhu Area, South China Sea[J]. Energy, 2022, 253: 124129.

LEI Q, RUICHEN S, HONGCHUN H, et al. Drilling technology of multi-branch horizontal well[J]. Acta Petrolei Sinica, 2007, 28(3): 112.

MU Y, FAN N, WANG J. CBM recovery technology characterized by docking ground multi-branch horizontal wells with underground boreholes[J]. Energy Sources, Part A: Recovery, Utilization, and Environmental Effects, 2021, 43(6): 645-659.

NIE R, MENG Y, GUO J, et al. Modeling transient flow behavior of a horizontal well in a coal seam[J]. International Journal of Coal Geology, 2012, 92: 54-68.

PUSPITASARI R, GAN T, PALLIKATHEKATHIL Z J, et al. Wellbore Stability Modelling for Horizontal and Multibranch Lateral Wells in CBM: Practical Solution to Better Understand the Uncertainty in Rock Strength and Coal Heterogeneity[C]//SPE Asia Pacific Oil & Gas Conference and Exhibition. OnePetro, 2014.

QIAO L, MENG G, FAN X, et al. Mechanism model of remote intersection between horizontal well and vertical well for development of coal-bed methane[J]. Journal of China Coal Society, 2011, 36(2): 199-202.

QU P, SHEN R, FU L, et al. Time delay effect due to pore pressure changes and existence of cleats on borehole stability in coal seam[J]. International Journal of Coal Geology, 2011, 85(2): 212-218.

RAN X, ZHANG B, WEI W, et al. Reservoir protection and well completion technology for multi-branch horizontal wells in coalbed methane[J]. Arabian Journal of Geosciences, 2021, 14(9): 802.

REISABADI M, HAGHIGHI M, SAYYAFZADEH M, et al. Effect of matrix shrinkage on wellbore stresses in coal seam gas: An example from Bowen Basin, east Australia[J]. Journal of Natural Gas Science and Engineering, 2020, 77: 103280.

REN J, ZHANG L, REN S, et al. Multi-branched horizontal wells for coalbed methane production: Field performance and well structure analysis[J]. International Journal of Coal Geology, 2014, 131: 52-64.

YANG Y, CUI S, NI Y, et al. Key technology for treating slack coal blockage in CBM recovery: A case study from multi-lateral horizontal wells in the Qinshui Basin[J]. Natural

Gas Industry B，2016，3(1)：66-70.

ZHOU F，XIA T，WANG X，et al. Recent developments in coal mine methane extraction and utilization in China：a review［J］. Journal of Natural Gas Science and Engineering，2016，31：437-458.

附 件

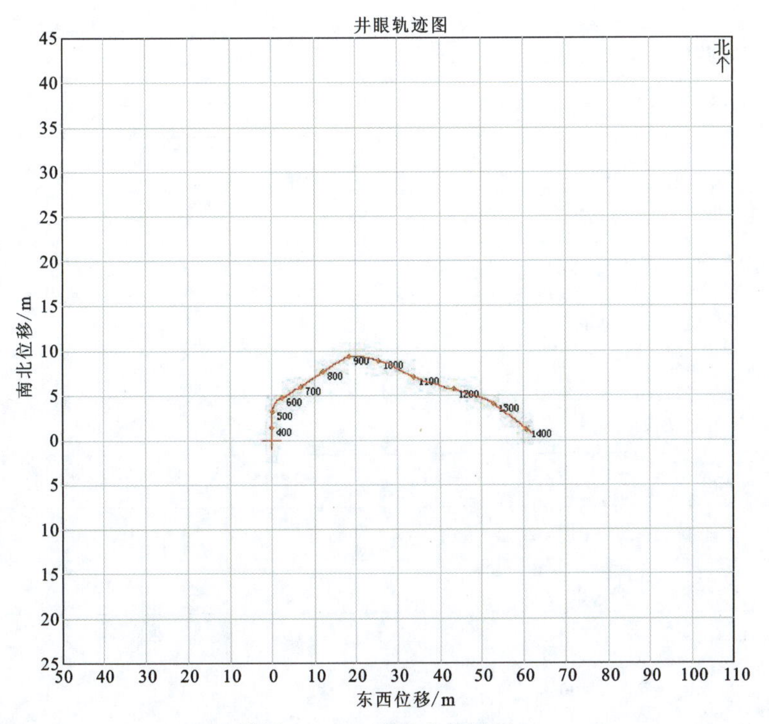

附图 1 23-3 井井身投影图 1

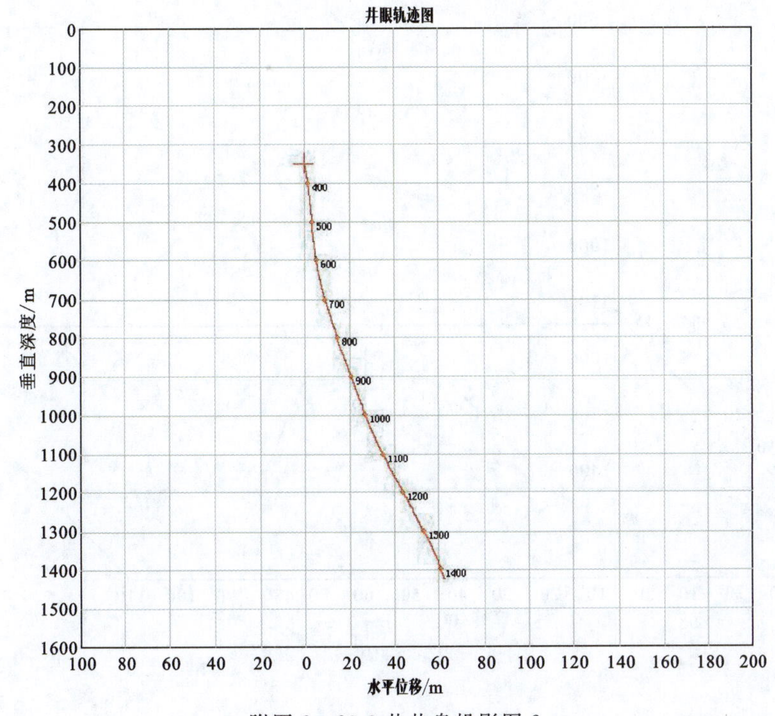

附图 2 23-3 井井身投影图 2

附表 1　23-3 井钻进参数

参数	数值
测井井底东西位移/m	62.535
测井井底南北位移/m	0.656
测井井底水平位移/m	62.538
测井井底闭合方位/(°)	89.399
最大井斜角所在深度/m	1 150.00
最大井斜角/(°)	5.760
最大井斜角对应方位/(°)	95.910
最大全角变化率所在深度/m	575.00
最大全角变化率/[(°)/m]	0.992°/25
最大水平位移所在深度/m	1 425.00
最大水平位移/m	62.538

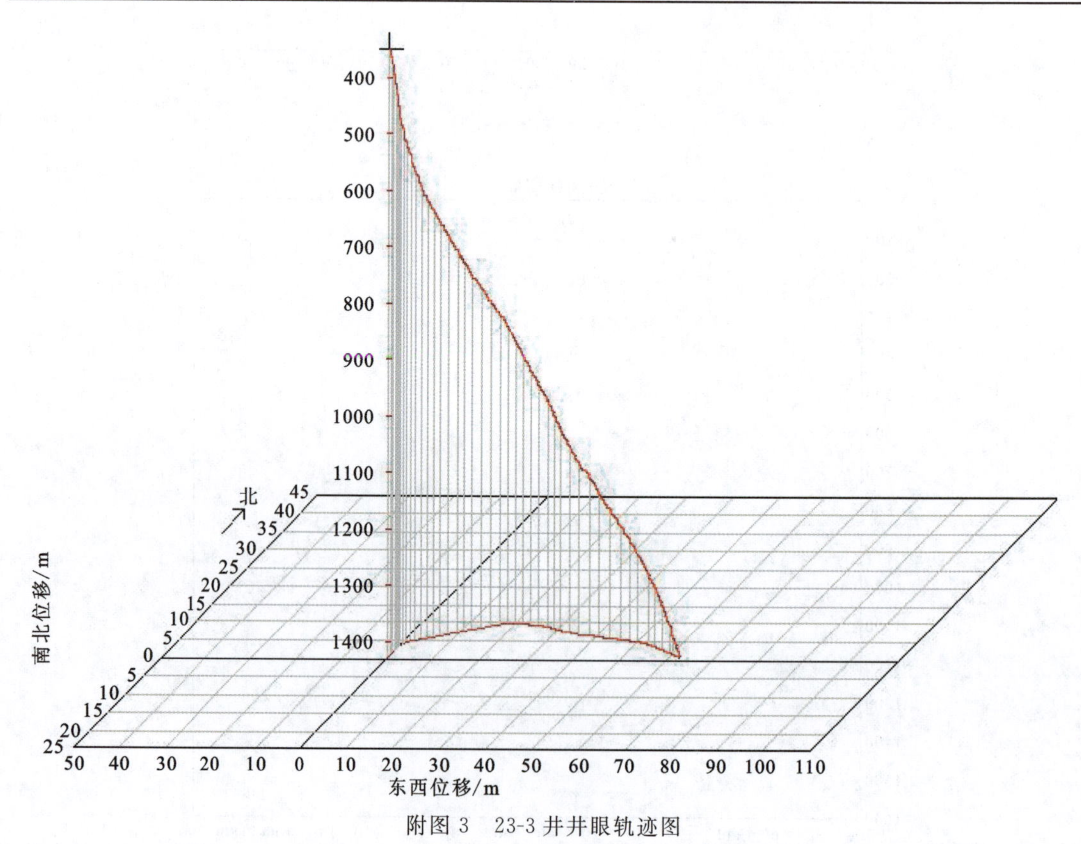

附图 3　23-3 井井眼轨迹图

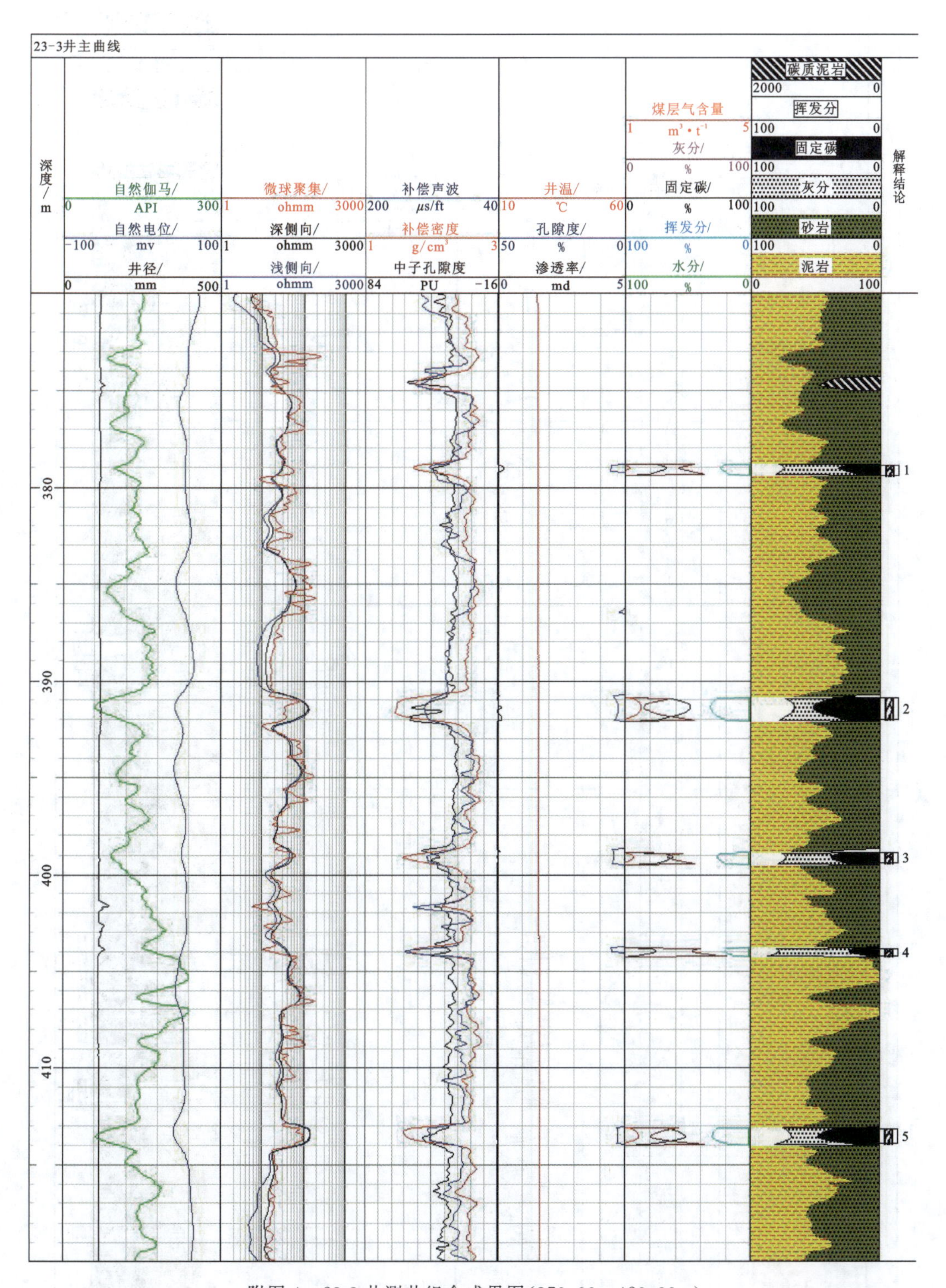

附图4　23-3井测井组合成果图(370.00～420.00m)

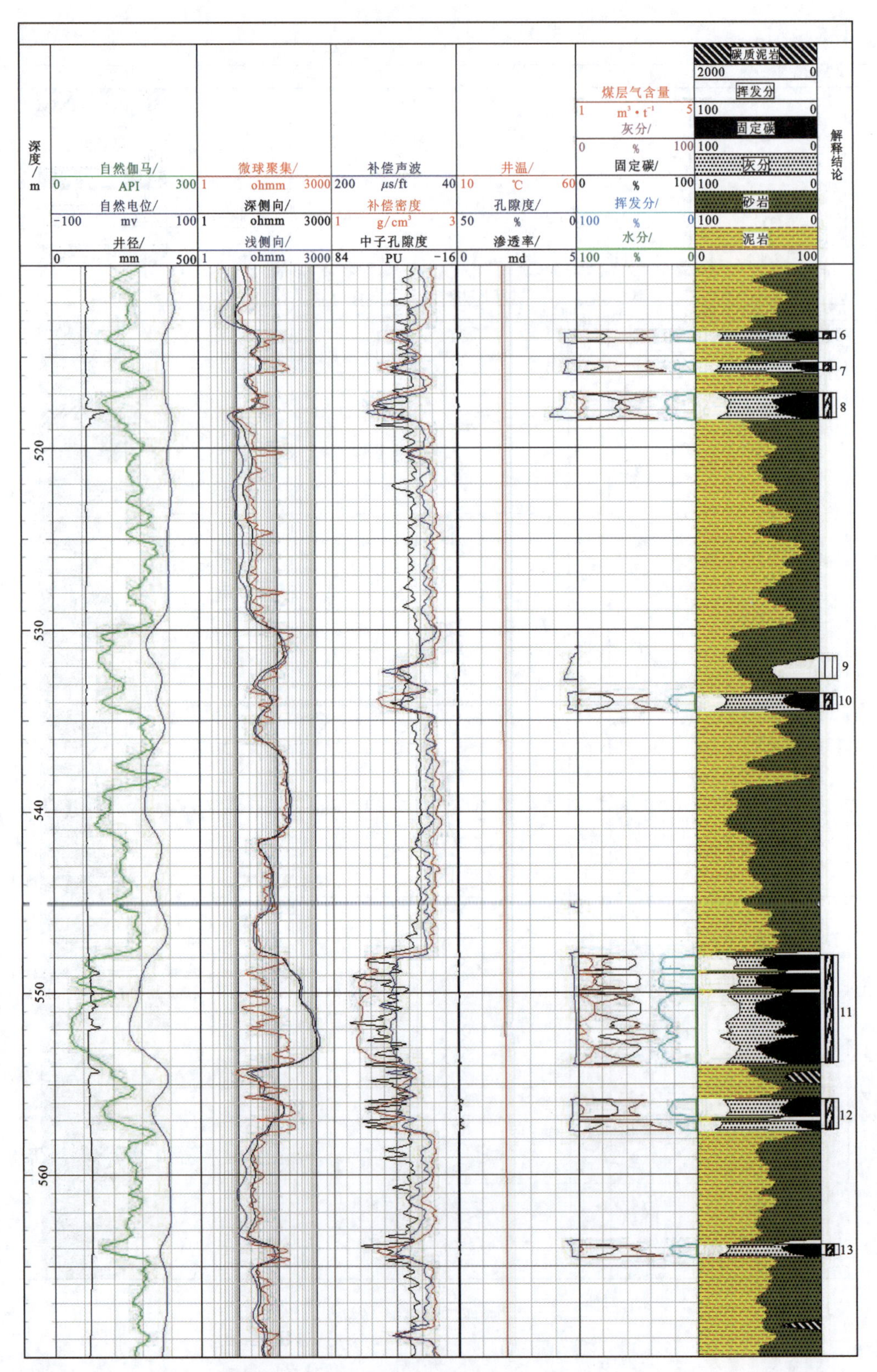

附图5　23-3井测井组合成果图(510.00～570.00m)

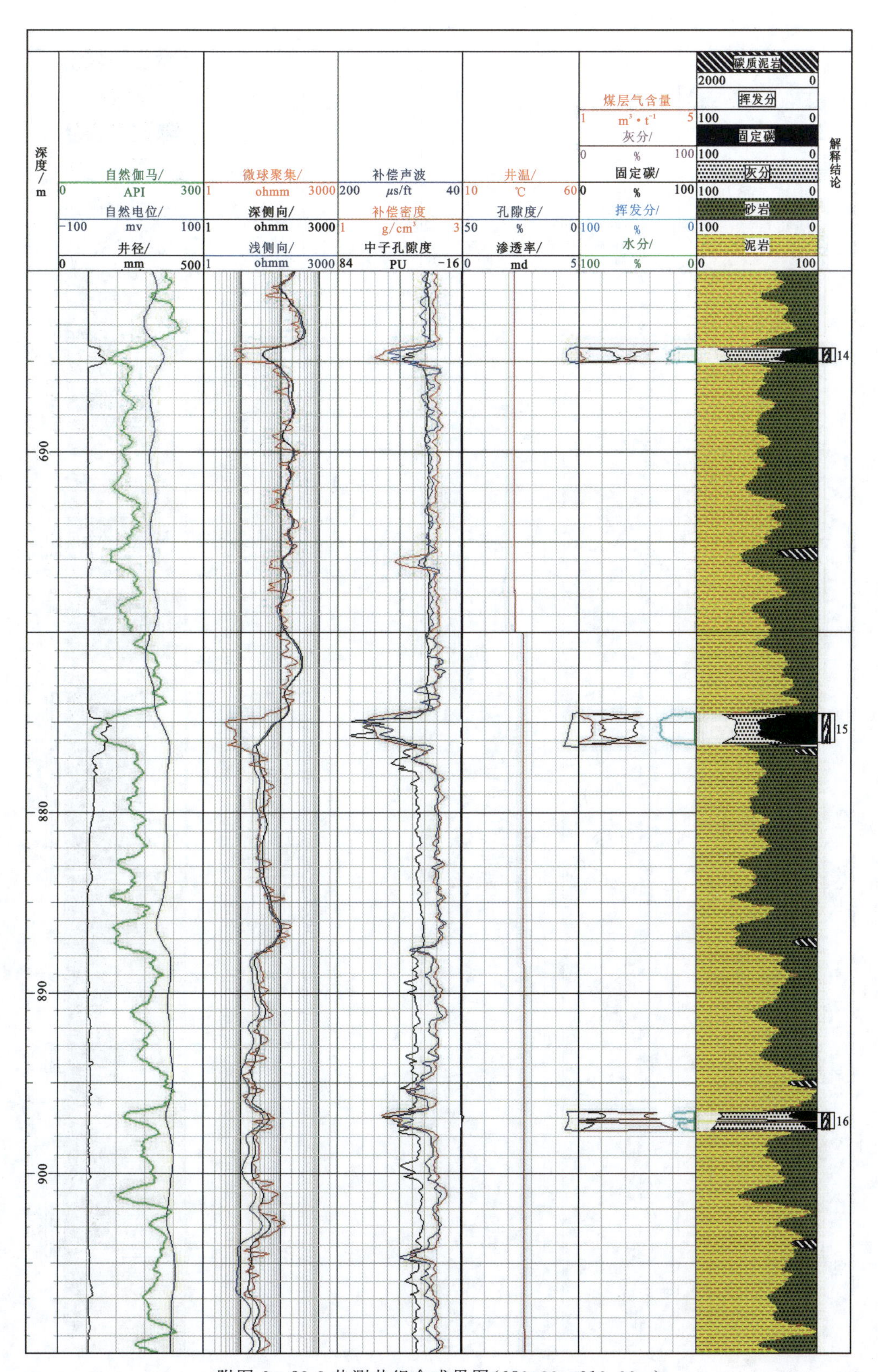

附图 6 23-3 井测井组合成果图(680.00～910.00m)

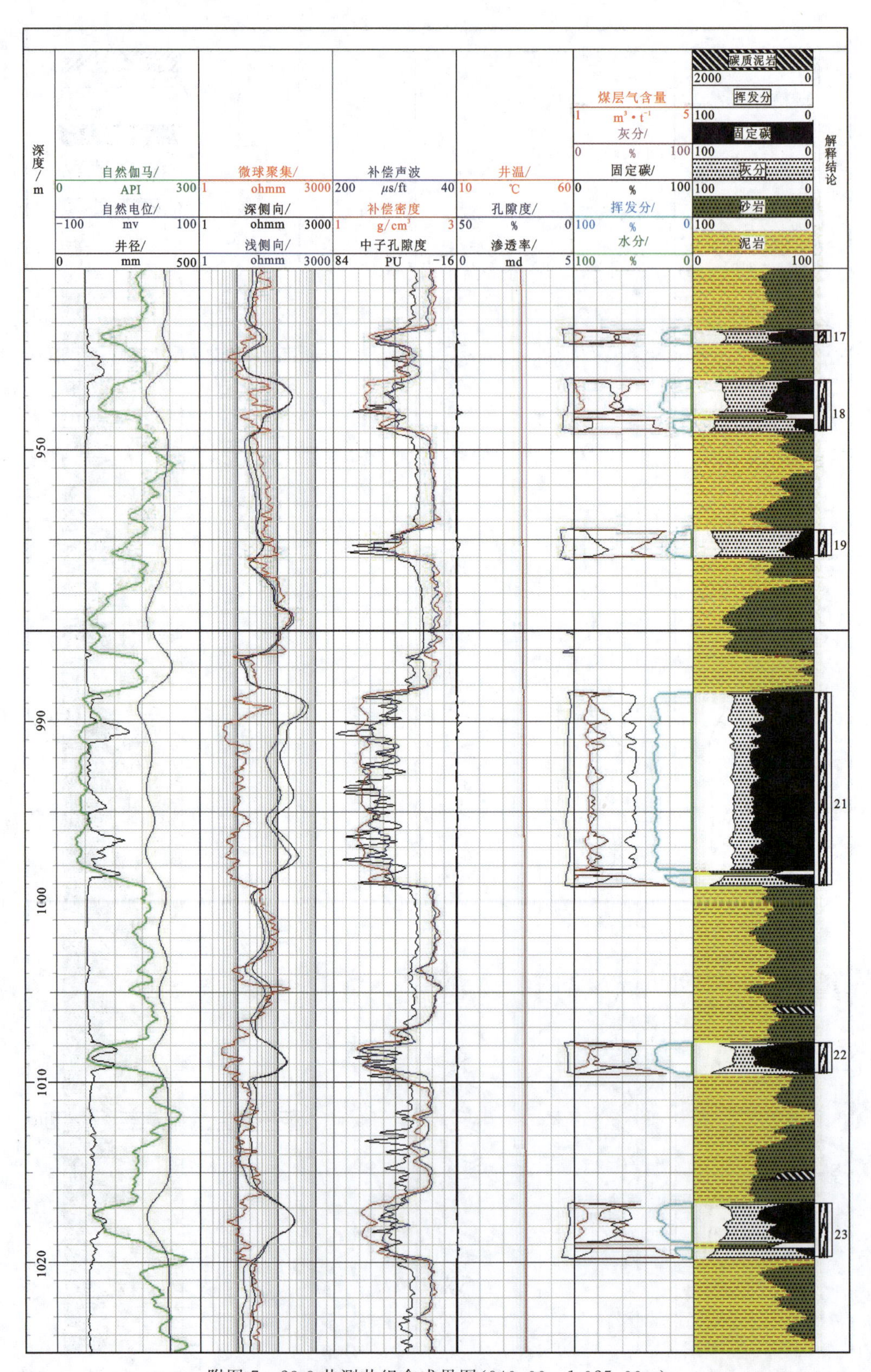

附图7　23-3井测井组合成果图(940.00～1 025.00m)

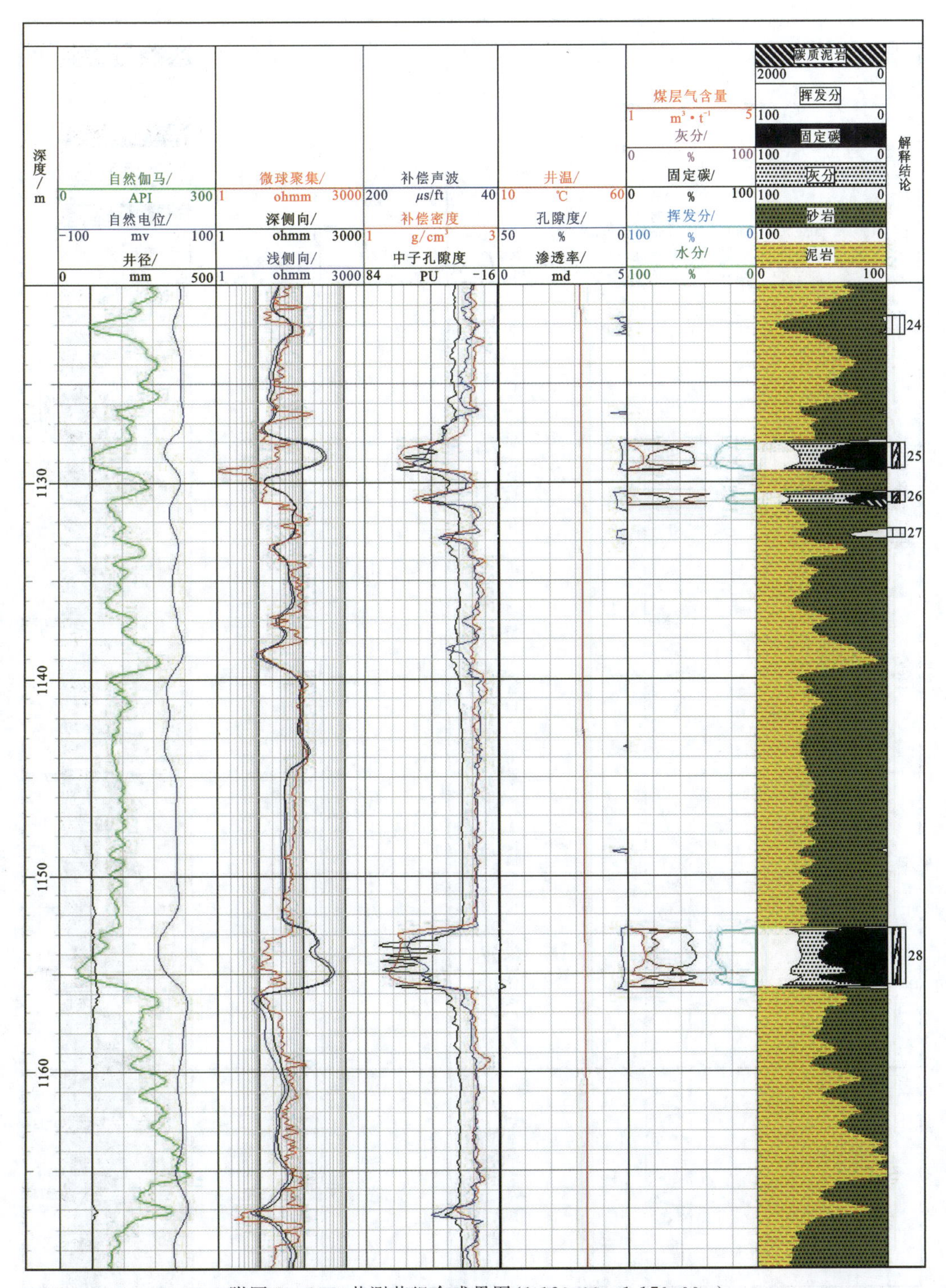

附图 8 23-3 井测井组合成果图(1 120.00～1 170.00m)

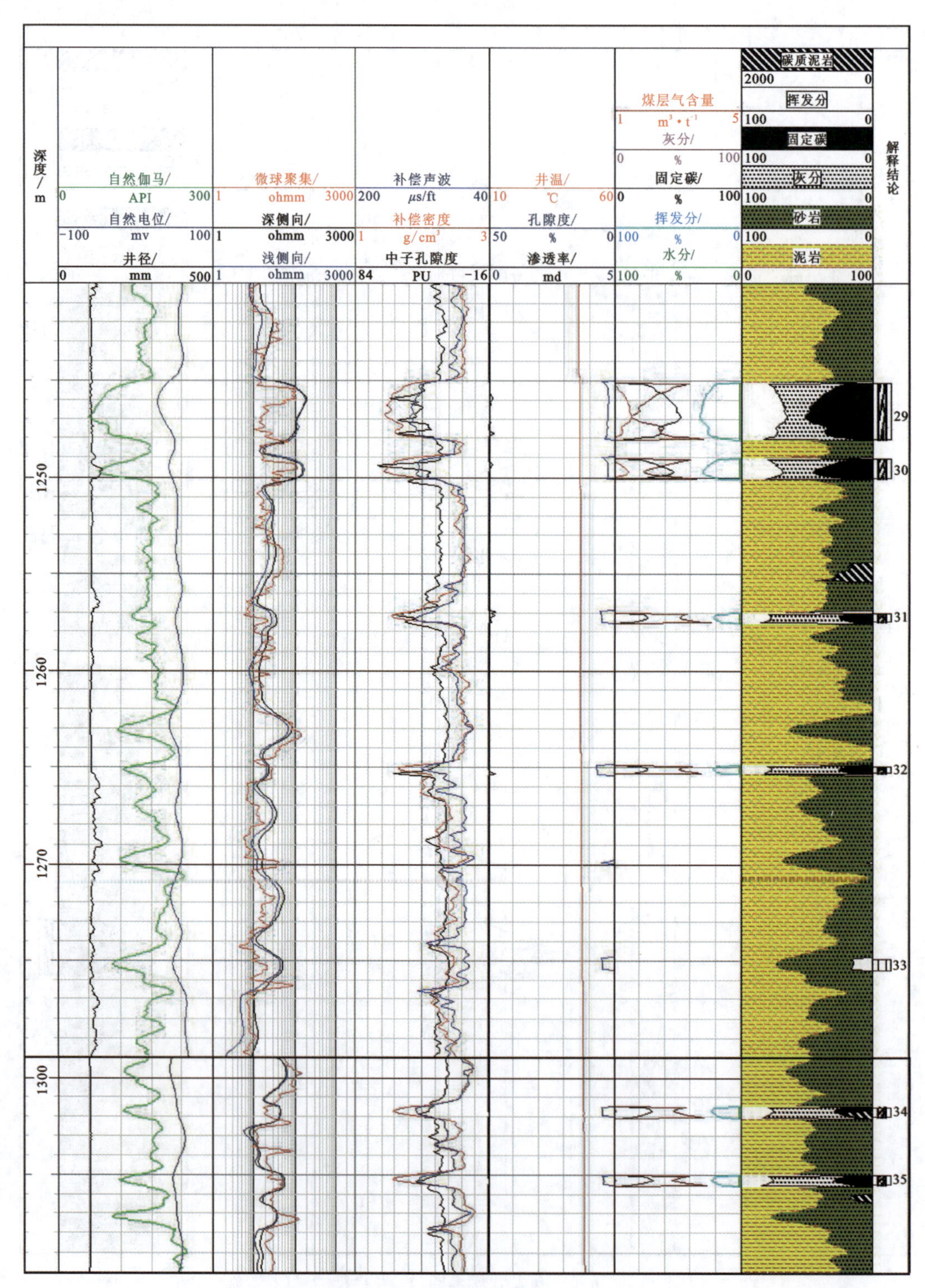

附图9 23-3井测井组合成果图(1 240.00～1 310.00m)

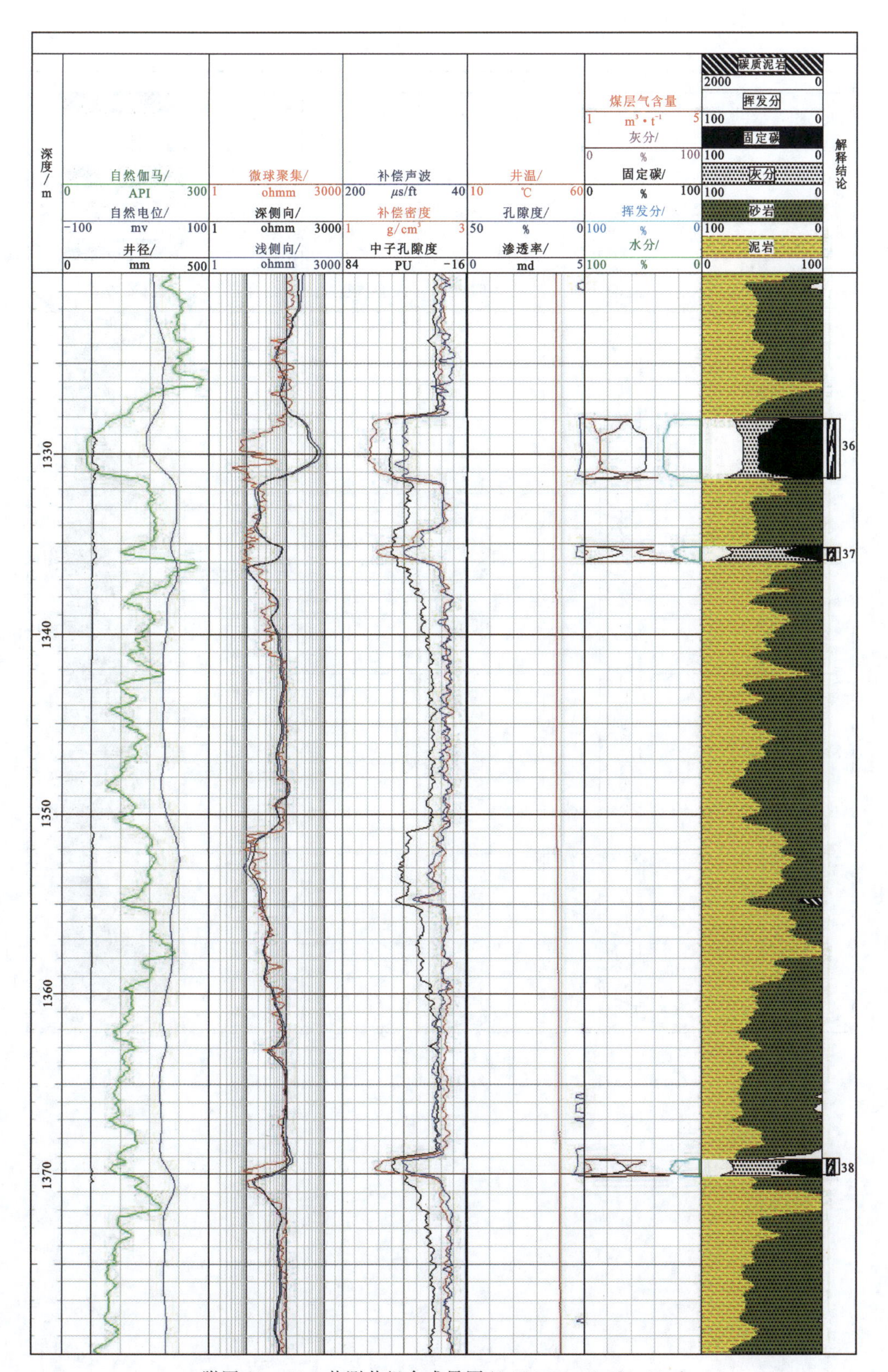

附图10 23-3井测井组合成果图(1 320.00～1 380.00m)

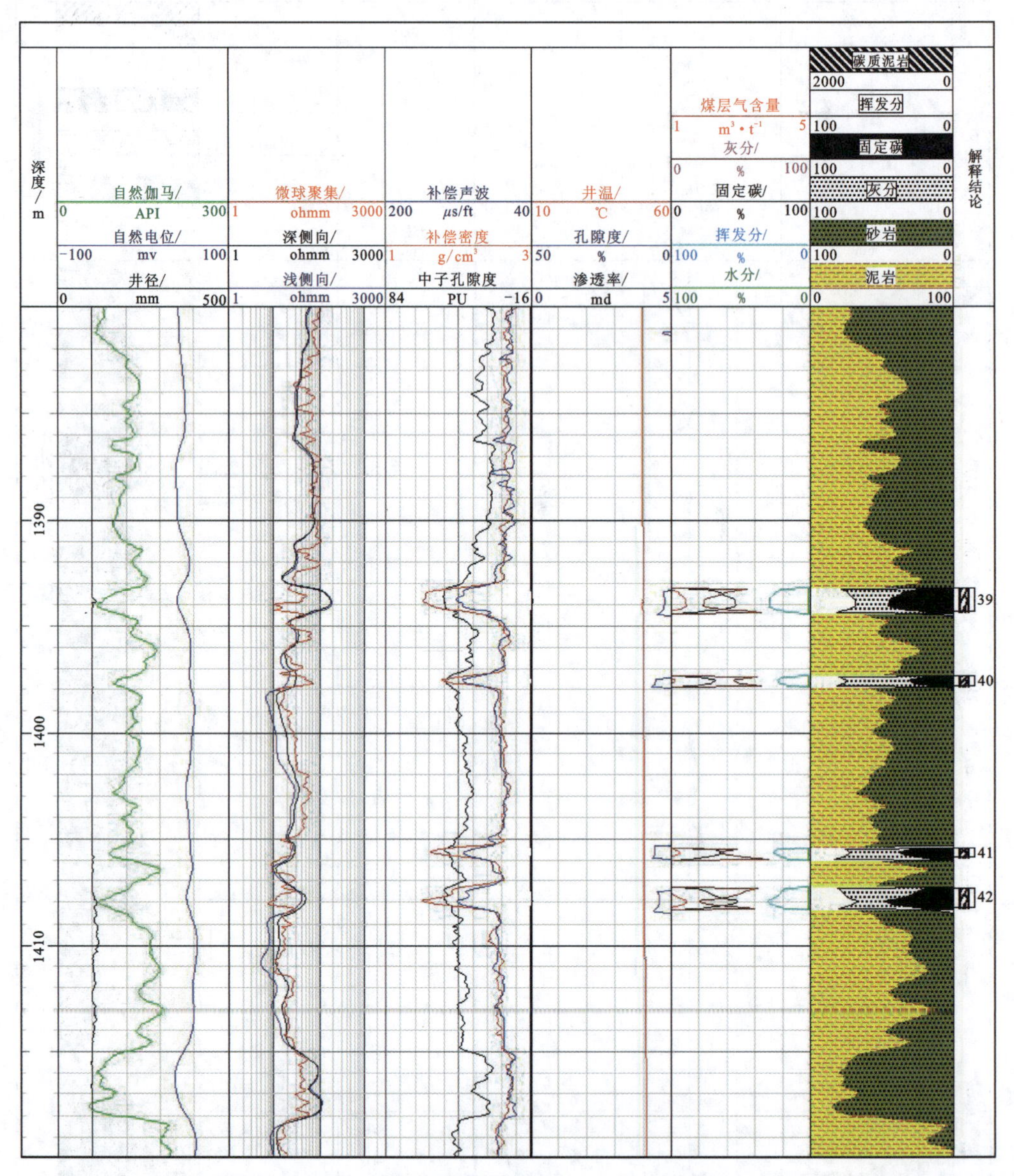

附图 11 23-3 井测井组合成果图(1 380.00～1 420.00m)